普通高等教育土建学科专业“十一五”规划教材

全国高职高专教育土建类专业教学指导委员会规划推荐教材

制冷技术与应用

（供热通风与空调工程技术专业适用）

本教材编审委员会组织编写

贺俊杰　主　编

陈志佳　副主编

阮　文　主　审

中国建筑工业出版社

图书在版编目（CIP）数据

制冷技术与应用/本教材编审委员会组织编写；贺俊杰主编.
—北京：中国建筑工业出版社，2006（2023.8重印）
普通高等教育土建学科专业“十一五”规划教材．全国高职高专教育土建类专业教学指导委员会规划推荐教材．供热通风与空调工程技术专业适用
ISBN 978-7-112-06912-5

Ⅰ. 制… Ⅱ. ①本… ②贺… Ⅲ. 制冷技术－高等学校：技术学校－教材 Ⅳ. TB66

中国版本图书馆 CIP 数据核字（2006）第 099641 号

普通高等教育土建学科专业“十一五”规划教材
全国高职高专教育土建类专业教学指导委员会规划推荐教材
制冷技术与应用
（供热通风与空调工程技术专业适用）
本教材编审委员会组织编写
贺俊杰　主　编
陈志佳　副主编
阮　文　主　审
*
中国建筑工业出版社出版、发行（北京西郊百万庄）
各地新华书店、建筑书店经销
北京密云红光制版公司制版
建工社（河北）印刷有限公司印刷
*
开本：787×1092 毫米 1/16 印张：17 字数：409 千字
2006 年 11 月第一版 2023 年 8 月第十五次印刷
定价：**40.00** 元
ISBN 978-7-112-06912-5
（40421）

本书是高职高专土建学科供热通风与空调工程技术、建筑设备工程技术等专业“制冷技术与应用”课程的教材。

本教材是按照该门课程的教学基本要求编写的。着重阐述了蒸气压缩式制冷的基本原理、设备构造、系统组成、制冷剂和载冷剂的热力性质、制冷循环的热力计算、制冷设备的选择计算、冷藏库制冷工艺设计、制冷机房与管道设计、制冷设备的安装和试运转、制冷装置运行操作与维修、溴化锂吸收式制冷、蓄冷技术等。本书的编写以注重培养学生能力为目的，在书中附有大量思考题与习题，便于学生学习及灵活地掌握、运用知识要点。

本书也可作为供热通风与空调工程技术专业函授教学教材和自学参考书，以及供从事制冷技术的工程技术人员参考。

* * *

责任编辑：齐庆梅　朱首明
责任设计：赵　力
责任校对：张景秋　张　虹

本教材编审委员会名单

序　言

全国高职高专教育土建类专业教学指导委员会建筑设备类专业指导分委员会（原名高等学校土建学科教学指导委员会高等职业教育专业委员会水暖电类专业指导小组）是建设部受教育部委托，并由建设部聘任和管理的专家机构。其主要工作任务是，研究建筑设备类高职高专教育的专业发展方向、专业设置和教育教学改革，按照以能力为本位的教学指导思想，围绕职业岗位范围、知识结构、能力结构、业务规格和素质要求，组织制定并及时修订各专业培养目标、专业教育标准和专业培养方案；组织编写主干课程的教学大纲，以指导全国高职高专院校规范建筑设备类专业办学，达到专业基本标准要求；研究建筑设备类高职高专教材建设，组织教材编审工作；制定专业教育评估标准，协调配合专业教育评估工作的开展；组织开展教学研究活动，构建理论与实践紧密结合的教学内容体系，构筑“校企合作、产学研结合”的人才培养模式，为我国建设事业的健康发展提供智力支持。

在建设部人事教育司和全国高职高专教育土建类专业教学指导委员会的领导下，2002年以来，全国高职高专教育土建类专业教学指导委员会建筑设备类专业指导分委员会的工作取得了多项成果，编制了建筑设备类高职高专教育指导性专业目录；制定了“供热通风与空调工程技术”、“建筑电气工程技术”、“给水排水工程技术”等专业的教育标准、人才培养方案、主干课程教学大纲、教材编审原则，深入研究了建筑设备类专业人才培养模式。

为适应高职高专教育人才培养模式，使毕业生成为具备本专业必需的文化基础、专业理论知识和专业技能，能胜任建筑设备类专业设计、施工、监理、运行及物业设施管理的高等技术应用性人才，全国高职高专教育土建类专业教学指导委员会建筑设备类专业指导分委员会，在总结近几年高职高专教育教学改革与实践经验的基础上，通过开发新课程，整合原有课程，更新课程内容，构建了新的课程体系，并于2004年启动了“供热通风与空调工程技术”、“建筑电气工程技术”、“给水排水工程技术”三个专业主干课程的教材编写工作。

本套教材的编写坚持贯彻以全面素质为基础，以能力为本位，以实用为主导的指导思想，注意反映国内外最新技术和研究成果，突出高等职业教育的特点，并及时与我国最新技术标准和行业规范相结合，充分体现其先进性、创新性、适用性。它是我国近年来工程技术应用研究和教学工作实践的科学总结，本套教材的使用将会进一步推动建筑设备类专业的建设与发展。

“供热通风与空调工程技术”、“建筑电气工程技术”、“给水排水工程技术”三个专业教材的编写工作得到了教育部、建设部相关部门的支持，在全国高职高专教育土建类专业教学指导委员会的领导下，聘请全国高职高专院校本专业多年从事“供热通风与空调工程技术”、“建筑电气工程技术”、“给水排水工程技术”专业教学、科研、设计的副教授以上的专家担任主编和主审，同时吸收工程一线具有丰富实践经验的高级工程师及优秀中青年教师参加编写。可以说，该系列教材的出版凝聚了全国各高职高专院校“供热通风与空调工程技术”、“建筑电气工程技术”、“给水排水工程技术”三个专业同行的心血，也是他们多年来教学工作的结晶和精诚协作的体现。

各门教材的主编和主审在教材编写过程中认真负责，工作严谨，值此教材出版之际，全国高职高专教育土建类专业教学指导委员会建筑设备类专业指导分委员会谨向他们致以崇高的敬意。此外，对大力支持这套教材出版的中国建筑工业出版社表示衷心的感谢，向在编写、审稿、出版过程中给予关心和帮助的单位和同仁致以诚挚的谢意。衷心希望“供热通风与空调工程技术”、“建筑电气工程技术”、“给水排水工程技术”这三个专业教材的面世，能够受到各高职高专院校和从事本专业工程技术人员的欢迎，能够对高职高专教学改革以及高职高专教育的发展起到积极的推动作用。

全国高职高专教育土建类专业教学指导委员会
建筑设备类专业指导分委员会

前　言

本书是根据高职高专教育土建类专业教学指导委员会建筑设备类专业指导分委员会制定的供热通风与空调工程技术专业教育标准、培养方案及教学大纲编写的。全书比较系统地阐述了蒸气压缩式制冷的基本原理、设备构造、系统组成、制冷剂和载冷剂的热力性质、制冷循环的热力计算、制冷设备的选择、冷藏库制冷的工艺设计、制冷机房与管道设计、制冷设备的安装和试运转、制冷装置运行操作与维护等。

制冷技术与应用是供热通风与空调工程技术专业的一门主要专业课，实践性较强，所以在编写过程中充分体现了以下几个特点：

1. 考虑到全国各高职院校在本门课程开设上侧重点不同，使用时可根据地区特点进行有选择的讲授，以满足各院校多种办学的要求。

2. 在理论知识方面突出必需、够用的原则，根据学生就业岗位所需的知识和技能来安排内容，删减了陈旧的内容和复杂的理论计算及公式推导。

3. 遵循理论与实践，教学与应用相结合的原则，力求深入浅出，通俗易懂，突出了高职高专重视实践性、实用性的特点，注重了学生职业能力的培养，增加了实践课程的内容。

4. 本书在内容上尽量体现目前国内本行业的最新发展，比如增加了溴化锂吸收式制冷机、蓄冷技术等。

5. 鉴于 CFC_S即将被禁用，本书减少了 CFC_S为制冷剂的制冷系统的内容，增加了 CFC_S替代物的内容。

6. 为了便于学生掌握所学内容，本教材每章均列出思考题与习题。

本书由内蒙古建筑职业技术学院贺俊杰教授主编。各章编写分工如下：

绪论，第一章，第二章，第三章，第四章中的第一、二节，第五章，第六章由内蒙古建筑职业技术学院贺俊杰编写；第七章，第九章，第十四章由四川建筑职业技术学院毛辉编写；第四章中第三至第五节，第八章，第十章由沈阳建筑大学职业技术学院崔红编写；第十一章，第十二章，第十三章由黑龙江建筑职业技术学院陈志佳编写，并担任本书副主编。本书由黑龙江建筑职业技术学院阮文高级工程师主审。

在编写过程中，参考了大量国内外最新技术、研究成果和新出版的一些教材，在此对本书参考文献中的作者以及给予编者大力支持和帮助的同志表示衷心的感谢。由于编者水平有限，有不妥之处，敬请读者给予批评指导。

目　录

绪　论

一、制冷的概念

制冷技术是研究如何获得低温的一门科学技术。随着我国社会经济和科学技术的快速发展，制冷技术的应用也日益广泛。

冷和热是相比较而存在的，是人体对温度高低感觉的反应，就其本质来说它所反映的是物质分子运动的动能，把物体变冷实际上就是使它的温度降低。温度降低表明物体内部分子热运动减弱，热能减少；温度升高表明物体内部分子热运动加剧，热能增加。要把空间或物体温度降低，就必须从该空间或物体中取出热量，使它们内部的分子热运动减弱，从而使其变冷。

在制冷技术中所说的冷是相对于环境温度而言的。因此，制冷就是使某一空间或某物体达到低于周围环境介质的温度，并维持这个低温的过程。所谓环境介质就是指自然界的空气和水。如前所述，要使某一空间或某物体达到并维持所需的低温，就得不断地从该空间或该物体中取出热量并转移到环境介质中去的过程就是制冷过程。

制冷可以通过两种途径来实现，一种是利用天然冷源，另一种是人工制冷。

天然冷源主要是指夏季使用的深井水和冬天贮存下来的天然冰。在夏季，深井水低于环境温度，可以用来防暑降温或作为空调冷源使用；天然冰可以用作食品冷藏和防暑降温。天然冷源虽具有价格低廉和不需要复杂技术设备等优点，但是，它受到时间和地区等条件的限制，最主要的是受到制冷温度的限制，它只能制取0℃以上的温度。因此，天然冷源只能用于防暑降温、温度要求不是很低的空调和少量食品的短期贮存。要想获得0℃以下的制冷温度，必须采用人工制冷的方法来实现。

二、人工制冷的方法

人工制冷是利用人工的方法实现制冷的，人工制冷需要比较复杂的技术和设备，而且生产的冷量成本较高，但是它完全避免了天然冷源的局限性，它可以根据不同的要求获得不同的低温。

在制冷技术中，人工制冷方法很多，目前广泛应用的制冷方法有以下几种：

1. 液体气化制冷

它是利用液体气化时要吸收热量的特性来实现制冷。

任何液体气化时都要产生吸热效应，液体气化时所吸收的热量叫气化潜热。这个热量随着物质的种类、压力、温度不同而有所不同。例如：1kg质量的水，在101.325kPa压力下，气化时要吸收热量2255.68kJ，这时沸点温度为100℃；在1.2271kPa压力下，气化时要吸收热量2476.32 kJ，这时水的沸点温度为10℃。又如1kg质量的氨液，在101.325kPa压力下气化时，要吸收1370kJ的热量，这时的沸点温度可达－33.4℃；压力在190.11kPa下气化时，要吸收1327.52kJ的热量，这时沸点温度可达－20℃。从上述例子中可以看出，对于同一种物质，压力越低，沸点温度越低，吸热就越大。因此，只要创造一定的低压，就可以利用液体的气化吸热特性获得所要求的低温。

液体气化制冷称为蒸气制冷。蒸气制冷装置有三种：即蒸气压缩式制冷、吸收式制冷、蒸气喷射式制冷。目前应用最广泛的是蒸气压缩式制冷。

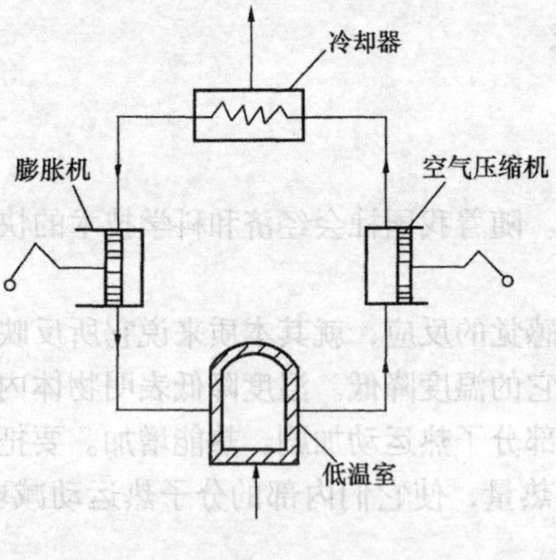

图 0-1　空气压缩制冷循环工作原理图

2. 气体膨胀制冷

它是利用气体绝热膨胀来实现制冷的。

气体被压缩时，压力升高温度也随之升高，反之，如果高压高温的气体进行绝热膨胀时，压力降低而温度也随之降低，从而产生冷效应，达到制冷的目的。空气压缩制冷就是采用这个原理。图 0-1 为空气压缩制冷原理图。空气经压缩机绝热压缩后，压力温度升高，然后在冷却器中定压冷却到常温后，再进入膨胀机进行绝热膨胀，压力降低，体积膨胀，并对外作功，使空气本身的内能减少，温度降低，然后利用低温低压的空气进入低温室来吸收被冷却物体的热量，被冷却物体放出热量而温度降低，空气吸热后温度升高又被压缩机吸入，如此循环便可达到制冷的目的。空气压缩制冷常用于飞机的机舱空调。

3. 热电制冷

它是利用半导体的温差电特性实现制冷的。

热电制冷是将 N 型半导体（电子型）元件和 P 型半导体（空穴型）元件组成的半导体制冷电偶（见图 0-2），在电偶的一端用铜片焊接起来，另一端焊上铜片并接上导线将它们连成一个回路。当直流电从 N 型流向 P 型半导体时，则在连接片（2-3）端产生吸热现象，这端称为冷端，而在连接片（1-4）端产生放热现象，该端称为热端，这样冷端便可以达到制冷的目的。由于一对电偶的制冷量很少，所以在实际使用中是将若干对这样的电偶串联起来，组成热电堆（见图 0-3）。连接时，冷端排在一起，热端排在一起，当半导体制冷器输入一定数量的直流电时，冷端逐渐冷却，并可以达到一定的低温。

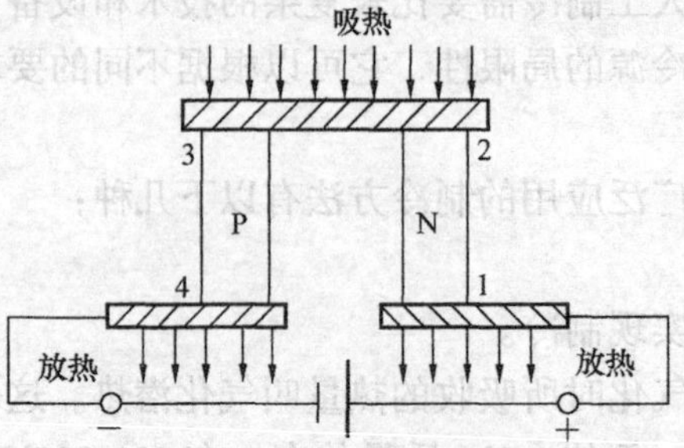

图 0-2　半导体制冷电偶

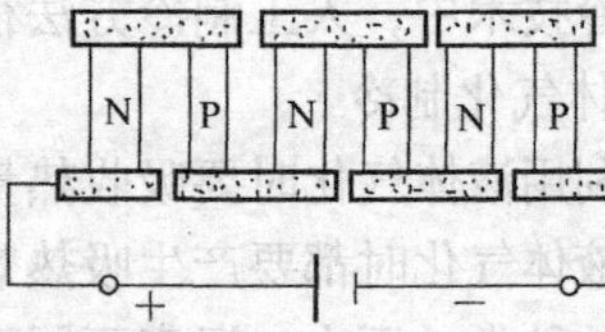

图 0-3　热电堆

热电制冷的系统和过程，不需要凭借某种工质实现能量的转移；整个装置没有任何机械运动部件，运行中无噪声；设备体积小，便于实现自动控制。但是热电制冷耗电量大，制冷量小，能够获得的温差也不大。目前热电制冷在国防、医疗、畜牧等方面都已得到应用，主要应用在冷量需求量较小的场合。

在上述三种制冷方法中，应用最广泛的是液体气化制冷。

除了上述制冷方法外，获得低温的方法还有绝热去磁制冷、涡流管制冷、吸附式制冷等。这些方法在我们专业范围内基本上不用，本书不作介绍。

不同的制冷范围应选用不同的制冷方法。目前，根据制冷温度的不同，制冷技术可分为三类，即

普通制冷——高于 -120℃（153K）；

深度制冷—— -120 ~ -253℃（153 ~ 20K）；

超低温制冷—— -253℃以下（20K 以下）。

空调和食品冷藏属于普通制冷范围，主要采用液体气化制冷。

三、制冷技术的发展概况

现代制冷技术作为一门科学，是 19 世纪中期和后期发展起来的。1748 年，苏格兰科学家库仑（Cullen）观察到乙醚的蒸发会引起温度下降，1755 年，他又在真空罩下制得了少量冰，同时发表了《液体蒸发制冷》论文。1834 年，美国人波尔金斯（Perkins）试制成功了第一台以乙醚为制冷剂的蒸气压缩式制冷机。1844 年高里（Gorrie）在美国费城用封闭循环的空气制冷机建立了一座空调站。1859 年法国人卡列（Carre）制成了氨水吸收式制冷机。1875 年卡列和林德（Linde）用氨作制冷剂，制成了氨蒸气压缩式制冷机，1881 年在波士顿建成了第一座冷库。1904 年在纽约的斯托克交易所建成了制冷量为 1582kW 的空调系统。进入 20 世纪后，蒸气压缩式制冷机的发展很快。压缩机的种类、形式增多了，机器的转速增加了，设备日趋紧凑、体轻，自动化程度不断提高，新的更完善的制冷剂不断出现，……等等。直到今日，蒸气压缩式制冷仍然是使用范围最广泛的一种制冷方法。

19 世纪 50 年代试制出第一台氨水吸收式制冷机。1862 年 F· 开利（Ferdinand Carre）从法国把吸收式制冷机引入美国南部联邦州。蒸气喷射式制冷机是在 1890 年以后才发展起来的。这两种制冷机的热效率低，不如当时正在蓬勃发展的蒸气压缩式制冷机。因此，它们的发展受到一定限制。到了 20 世纪 30 ~ 40 年代，吸收式制冷机再一次获得发展。当时小型吸收式冰箱盛行，氨水吸收式制冷机由小容量向大容量发展。1945 年试制成第一台溴化锂吸收式制冷机。20 世纪 20 年代以后，蒸气喷射式制冷机得到广泛应用。

进入 20 世纪以后，制冷技术有了更大的发展。随着制冷机械的发展，制冷剂的种类也不断增多。1930 年以后，氟利昂制冷剂的出现和大量应用，曾使压缩式制冷技术及其应用范围得到极大的发展。由于氟利昂具有良好的热力性质，使制冷技术的发展进入了一个新的阶段。1974 年以后，人类发现氟利昂族中的氯、氟碳化物（简称 CFC），能严重地破坏臭氧层，危害人类的健康和破坏地球上的生态环境，是公害物质。因此减少和禁止 CFC 的生产和使用，已成为国际社会共同面临的紧迫任务，研究和寻求 CFC 制冷剂的替代物，以及面对由于更换制冷剂所涉及到的一系列工作，也成为急需解决的问题。十多年来，世界各国都投入了大量的人力和财力，对一些有可能作为 CFC 的替代物及其配套技术进行了大量的试验研究，并开始使用混合溶液作为制冷剂，使蒸气压缩式制冷的发展有了重大的技术突破。与此同时，其他制冷方式和制冷机的研究工作进一步加快，特别是吸收式制冷机已经有了更大的发展。而且面对世界性的能源危机和环境污染，对制冷机的发展提出更高的节能和环保要求。

我国人民很早就知道利用天然冰进行食品的冷藏和防暑降温，在《诗经》和《周礼》

中就有了“凌人”和“凌阴”的记载。“凌”就是冰，这说明在奴隶社会的周朝，已有专门管理冰的人员和贮藏冰的房屋。1986年在陕西省姚家岗秦雍城遗址，发掘出可以贮藏190m^{3}冰块的地下冰室。这说明早在春秋时期，秦国就很重视食物冷藏和防暑降温方面的设施建设。我国劳动人民在采集、贮运和使用天然冰方面积累了丰富的经验。然而，由于中国长期处于封建社会，束缚了生产力的发展和技术的进步，现代的制冷技术一直没有得到发展。直到1949年，我国还没有制造制冷设备的工厂，只在沿海几个大城市有几家进行配套安装空调工程的洋行和修理冰箱的小作坊，制冷设备均为国外引进。全国仅有少数冷藏库，总库容量不到3万t。解放后，制冷工业得到飞速发展，据不完全统计目前全国生产制冷设备和制冷应用设备的厂家有130余家。20世纪50年代主要仿制苏、美老式的活塞式压缩机。20世纪60年代开始自行设计制造高速多缸的活塞式压缩机。1964年第一机械工业部制定了5种缸径的中小型活塞式压缩机系列的基本参数、技术条件、试验方法的标准。1958年试制成功1163kW的离心式压缩机。1971年试制成功螺杆式压缩机。目前已有活塞式、螺杆式、离心式、吸收式、蒸气喷射式、热电式六大类制冷机。20世纪80年代许多厂家引进了国外先进的制冷空调技术（包括软硬件），这使我国制冷空调部分产品得到更新换代，技术质量上更上了一个新的台阶。据统计，到20世纪末期，我国冷藏库的总库容量超过500万t；已分别拥有年生产1500万台电冰箱和房间空调器的生产能力，电冰箱和空调器的产量均居世界第一。可以预计，随着国民经济的发展和居民生活水平的提高，制冷机的生产和应用将会达到更高的水平。

四、人工制冷在国民经济中的应用

随着工业、农业、国防和科学技术的发展，人民生活水平的不断提高，人工制冷在国民经济中得到了越来越广泛的应用。从日常的衣、食、住、行到尖端的科学技术都离不开制冷技术。

1. 空气调节工程

制冷技术在空调工程中的应用很广，所有的空调系统均需要冷源，冷源有天然冷源和人工冷源。由于天然冷源受到时间和地区等条件的限制，同时受到制冷温度的限制，所以空调冷源多采用人工制冷，利用制冷装置来控制空气的温度、湿度，从而使空气的温、湿度得到调节。空气调节根据其使用场合不同，分为两种形式：

（1）工艺性空调　这种空调系统主要满足生产工艺等对室内环境温度、湿度、洁净度的要求。例如纺织、仪表仪器、电子元件、精密计量、精密机床、半导体、各种计算机房等都要求对环境的温度、湿度、洁净度进行不同程度的控制，以保证产品的质量。

（2）舒适性空调　这种空调系统主要满足人们工作和生活对室内温度、湿度的要求。例如宾馆饭店、大会堂、影剧院、体育馆、医院、住宅、展览馆以及地下铁道、汽车、火车、轮船、飞机内的空气调节等。

图0-4为空调用制冷系统示意图。它是由制冷系统、冷冻水系统和冷却水系统组成。在该系统中，首先用制冷装置（冷水机组）制得5~7℃的低温冷冻水，然后通过冷水泵送入空气处理装置（或直接送入各个空调房间的风机盘管），在空气处理装置中与空气进行热交换，使空气降温、去湿后通过风管送往空调房间，在夏季，使室内保持舒适的温湿度环境。

冷却水塔也是一个热交换装置，它通过塔顶风机使冷却水与环境空气进行热量交换，使冷却水温降低，以便送到冷凝器中循环使用。

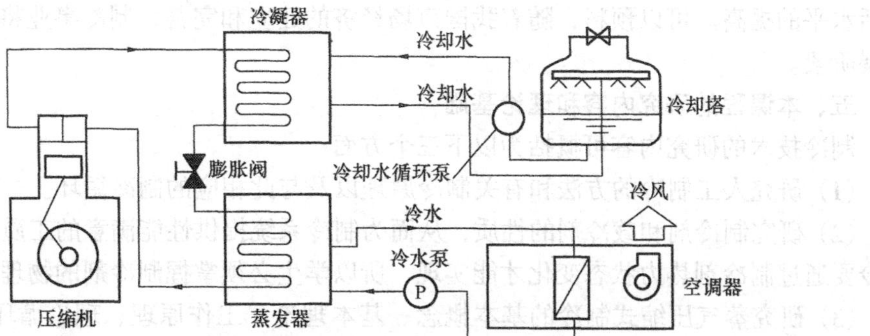

图 0-4 单级蒸气压缩式供冷系统示意图

2. 食品的冷藏

在食品工业中应用人工制冷的场合很多，容易腐坏的食品如肉类、鱼类、禽类、蛋类、蔬菜和水果等都需要在低温条件下加工、冷藏及冷藏运输，以保证食品的原有质量和减少干缩损耗。此外，各种形式的冷库还可以平衡食品生产上的季节性与销售之间的矛盾。

除此之外，冷食品与饮料的生产和贮存也需要制冷装置。目前国内的制冷技术已发展到每个家庭，家用冰箱、冰柜已成为家庭中必备的电器产品。

3. 机械、电子工业

精密机床油压系统利用制冷来控制油温，可稳定油膜刚度，使机床能正常工作。应用冷处理方法，可以改善钢的性能，使产品硬度增加、寿命延长。例如，合金成分较高的钢经淬火后有残余的奥氏体，如果把它在 $-70\sim-90$℃的低温下处理，奥氏体就变成马氏体，从而提高了钢的硬度及强度。经冷处理的刃具，其使用寿命可延长 30%～50%。

电子工业中，许多电子元、器件需要在低温或恒温环境中工作，以提高其性能，减少元件发热和环境温度的影响。例如，电子计算机储能器、多路通信、雷达、卫星地面站等电子设备需要在低温下工作。大规模集成电路、光敏器件、功率元件、高频晶体管、激光倍频发生器等电子元件的冷却都广泛应用制冷技术。

4. 石油化学工业

石油化学工业中许多工艺过程都需要在低温下进行，例如盐类的结晶、溶液的分离、石油的脱脂、天然气的液化、石油的裂解等过程。化学工业中的合成橡胶、合成纤维、合成塑料、合成氨的生产都需要制冷。

5. 国防工业和科学研究

高寒地区的汽车、坦克发动机等需要做环境模拟试验，火箭、航天器也需在模拟高空的低温条件下进行试验，宇宙空间的模拟、超导体的应用、半导体激光、红外线探测等都需要人工制冷技术。

6. 其他方面

除了上述应用外，制冷技术还用于制冰、药物保存、医疗手术过程、现代农业育苗、良种的低温贮存、人工滑冰场等方面。

综上所述，制冷技术的应用是多方面的，它的发展标志着我国国民经济的发展和人民生活水平的提高。可以预料，随着我国市场经济的建立和完善，制冷事业将进入一个新的发展阶段。

五、本课程的研究内容和理论基础

制冷技术的研究内容可概括为以下三个方面：

(1) 研究人工制冷的方法和有关制冷原理以及与此相应的制冷循环。

(2) 研究制冷剂和载冷剂的性质，从而为制冷系统提供性能满意的工质。蒸气压缩式制冷要通过制冷剂热力状态变化才能实现，所以学生必须掌握制冷剂的物理化学性质。

(3) 研究蒸气压缩式制冷的基本概念、基本理论、工作原理、理论循环的热力计算、系统组成、设备构造及选型计算、机房与管道设计、制冷系统安装和试运转等。

制冷的主要理论基础是工程热力学、传热学和流体力学。因此，学习和从事制冷工作的同志应注意在工程热力学、传热学和流体力学方面打下坚实的理论基础。

思考题与习题

1. 什么叫制冷和制冷过程？
2. 实现制冷有哪两种途径？
3. 人工制冷有哪几种方法？最常用的是哪一种？
4. 蒸气制冷有哪几种方法？最常用的是哪一种？
5. 根据制冷温度的不同，制冷技术可分为哪几类？

第一章　蒸气压缩式制冷的热力学原理

第一节　蒸气压缩式制冷的基本原理

我们已经知道，蒸气制冷是目前应用较多的制冷形式，在这种形式中应用最广泛的是蒸气压缩式制冷装置。在讨论蒸气压缩式制冷的基本原理时，首先要清楚蒸气制冷的本质。在日常生活中我们都有这样的体会，如果给皮肤上涂抹酒精液体时，你就会发现皮肤上的酒精很快干掉，并给皮肤带来凉快的感觉，这是什么原因呢？这是因为酒精由液体变为气体时吸收了皮肤上热量的缘故。由此可见，凡是液体气化时都要从周围物体吸收热量。蒸气压缩式制冷原理就是利用液体气化时要吸收热量的这一物理特性来达到制冷的目的。

在制冷装置中用来实现制冷循环的工作物质称为制冷剂或工质。在冷藏库中对食品的冷冻或冷藏，就是利用某一种液体（氨或氟利昂）气化时吸收库内空气和食品的热量来实现的。

由热力学第二定律我们知道，热量总是自发地从高温物体传向低温物体，但不能自发地从低温物体传向高温物体。正像水一样，水自发地由高处流向低处，但不能自发地由低处流向高处。这并不是说水在任何条件下都不能由低处往高处运动，只要外界给水一个提升力还是可以实现的。例如用水泵将水池中的水送往水塔，需要消耗一定的能量（机械能）作为补偿，就能实现这个过程。同样道理，要想低温物体的热量传向高温物体也应当有一个能量补偿过程，显然这个过程要消耗外界的能量（电能或热能）。有了这个补偿过程，热量就可以从低温物体传向高温物体。蒸气压缩制冷循环就是用压缩机等设备，以消耗机械能作为补偿，借助制冷剂的状态变化将低温物体的热量传向高温物体。

那么制冷剂在制冷系统中经过什么样的热力循环实现人工制冷呢？经过哪种热力过程所组成的制冷循环在理论上最为经济？可通过逆卡诺循环加以说明。

一、理想制冷循环——逆卡诺循环

卡诺循环分为正卡诺循环和逆卡诺循环。正卡诺循环是正向循环，如图 1-1 所示。它是使高温热源的工质通过动力装置对外作功，然后再流向低温热源，使热能转化为机械能，也称动力循环；逆卡诺循环是逆向循环，如图 1-2 所示。它是使制冷剂在吸收低温热源的热量后通过制冷装置，并以消耗机械功作为补偿，然后流向高温热源。制冷循环就是按逆向循环进行的。

逆向循环又分为可逆和不可逆两种。可逆循环是一种理想循环，它不考虑工质在流动和状态变化过程中的各种损失。如果在工质循环过程中考虑了各种损失，即为不可逆循环。不可逆循环的损失主要来自两个方面：即制冷剂在流动和状态变化时因内部摩擦、不平衡等引起的内部不可逆损失；以及冷凝器、蒸发器等换热器存在传热温差的外部不可逆损失。为了使学生熟悉和掌握影响制冷循环的各种因素，寻求热力学上最完善的制冷循

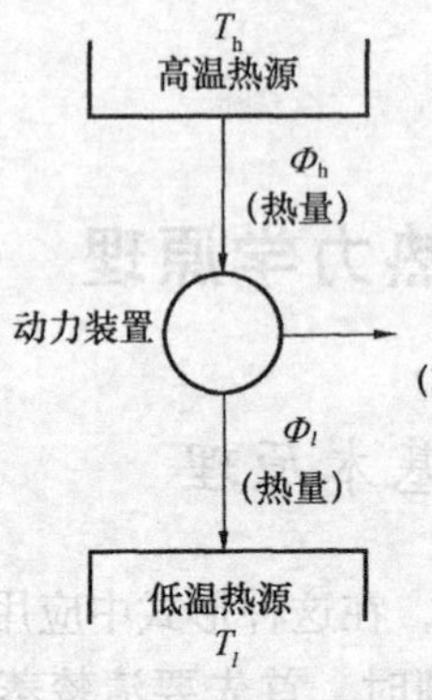

图 1-1　正卡诺循环原理

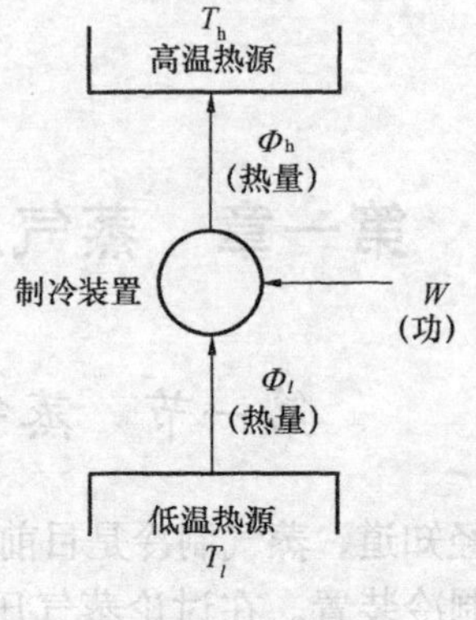

图 1-2　逆卡诺循环原理

环，首先应了解逆卡诺循环。

逆卡诺循环是可逆的理想制冷循环，实现逆卡诺循环的重要条件是：高、低温热源温度恒定；工质在冷凝器和蒸发器中与外界热源之间的换热无传热温差；制冷工质流经各个设备时无摩擦损失及其他内部不可逆损失。

逆卡诺循环是由两个定温和两个绝热过程组成。在湿蒸气区内进行的逆卡诺循环的必要设备是压缩机、冷凝器、膨胀机和蒸发器，其制冷循环以及循环过程，如图 1-3 所示。

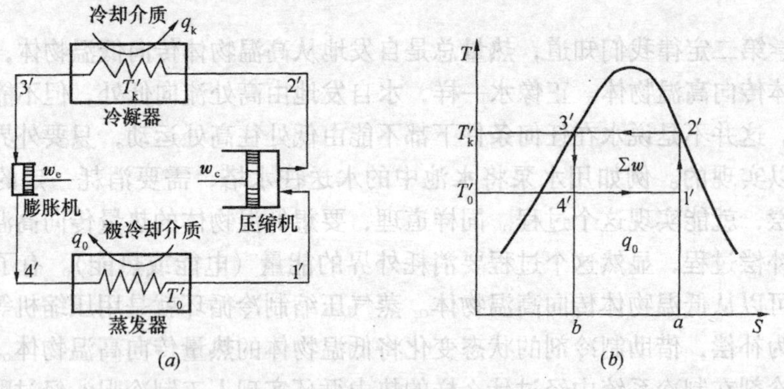

图 1-3　逆卡诺循环过程

由图 1-3 可知，制冷剂在逆卡诺制冷循环中包括四个热力过程。1′→2′为绝热压缩过程，制冷剂由状态 1′经过绝热压缩（等熵压缩）到状态 2′，消耗机械功 w_e，制冷剂的温度由 T'_0升至 T'_k；2′→3′为等温冷凝过程，制冷剂在 T'_k下向冷却剂放出冷凝热量 q_k，然后被冷却到状态 3′；3′→4′为绝热膨胀过程，制冷剂由状态 3′绝热膨胀（等熵膨胀）到状态 4′，膨胀机输出功 w_e，制冷剂的温度由 T'_k降到 T'_0；4′→1′为等温吸热过程，制冷剂由状态 4′在等温 T'_0下从被冷却物体中吸取热量 q_0（即制取单位制冷量 q_0），这时制冷剂又恢复到初始状态 1′，这样便完成了一个制冷循环。如果循环继续重复进行，则要不断地消耗机械功，才能不断地进行制冷。由此可见，在制冷循环中，制冷剂之所以能从低温物体（被冷却物体）中吸取热量 q_0送至高温物体（冷却剂），是由于消耗了能量（压缩功）的缘故。

在逆卡诺循环中，1kg 制冷剂从被冷却物体（低温热源）吸取的热量 q_0，连同循环所

消耗的功 Σw（即压缩机的耗功量 w_c减去膨胀机膨胀时所作的功 w_e）一起转移至温度较高的冷却剂（高温热源），根据能量守恒：

$$q_k = q_0 + \Sigma w \tag{1-1}$$

$$\Sigma w = w_c - w_e$$

制冷循环常用制冷系数 ε 表示它的循环经济性能，制冷剂从被冷却物体中吸取的热量 q_0与循环中所消耗功 Σw 的比值称为制冷系数，即

$$\varepsilon = \frac{q_0}{\Sigma w}$$

对于逆卡诺循环，1kg 制冷剂从被冷却物体（低温热源）吸取的热量为：

$$q_0 = T'_0 \ (S_a - S_b)$$

向冷却剂（高温热源）放出的热量为：

$$q_k = T'_k \ (S_a - S_b)$$

制冷循环中所消耗的净功为：

$$\Sigma w = q_k - q_0 = (T'_k - T'_0)(S_a - S_b)$$

则逆卡诺循环制冷系数为：

$$\varepsilon_c = \frac{q_0}{\Sigma w} = \frac{T'_0(S_a - S_b)}{(T'_k - T'_0)(S_a - S_b)} = \frac{T'_0}{T'_k - T'_0} \tag{1-2}$$

从式（1-2）可知，逆卡诺循环的制冷系数只与被冷却物体的温度 T'_0和冷却剂的温度 T'_k有关，与制冷剂性质无关。当 T'_0升高，T'_k降低时，ε_c 增大，制冷循环的经济性越好。而且，T'_0对 ε_c 的影响要比 T'_k大，这点通过式（1-2）求两个偏导数的绝对值可以看出。

$$\left|\frac{\partial \varepsilon_c}{\partial T'_k}\right| = \frac{T'_0}{(T'_k - T'_0)^2}$$

$$\left|\frac{\partial \varepsilon_c}{\partial T'_0}\right| = \frac{T'_k}{(T'_k - T'_0)^2}$$

由于 $T'_k > T'_0$

所以

$$\left|\frac{\partial \varepsilon_c}{\partial T'_0}\right| > \left|\frac{\partial \varepsilon_c}{\partial T'_k}\right| \tag{1-3}$$

由式（1-3）可知，T'_0与 T'_k对制冷系数 ε 的影响不是相等的，T'_0的影响大于 T'_k。

二、有传热温差的制冷循环

逆卡诺循环的一个重要条件，就是制冷剂与被冷却物和冷却剂之间必须在无温差情况下相互传热，而实际的热交换器总是在有温差的情况下进行传热的，因为蒸发器和冷凝器不可能具有无限大的传热面积。所以，实际有传热温差的制冷循环，制冷系数 ε'_c不仅与被冷却物体温度 T'_0和冷却剂温度 T'_k有关，还与热交换过程的传热温差有关。例如被冷却物体（如冷冻水）在蒸发器中的平均温度为 T'_0，而冷却水在冷凝器中的平均温度为 T'_k时，逆卡诺循环可用图 1-4 中的 1′→2′→3′→4′→1′表示。由于有传热温差存在，在蒸发器内制冷剂的蒸发温度应低于 T'_0，即 $T_0 = T'_0 - \Delta T_0$；而冷凝器内制冷剂的冷凝温度 T_k 应高于 T'_k，即 $T_k = T'_k + \Delta T_k$。此时有传热温差的制冷循环可用图 1-4 中的 1→2→3→4→1 表示，所消耗的功量为面积 12341，比逆卡诺循环多消耗的功可用 2′233′2′和 11′4′41 表示，减少的制冷量为面积 11′4′41。同理可得具有传热温差的制冷循环的制冷系数为：

$$\varepsilon'_c = \frac{T_0}{T_k - T_0} = \frac{T'_0 - \Delta T_0}{(T'_k + \Delta T_k) - (T'_0 - \Delta T_0)}$$

$$= \frac{T'_0 - \Delta T_0}{(T'_k - T'_0) + (\Delta T_k + \Delta T_0)} \tag{1-4}$$

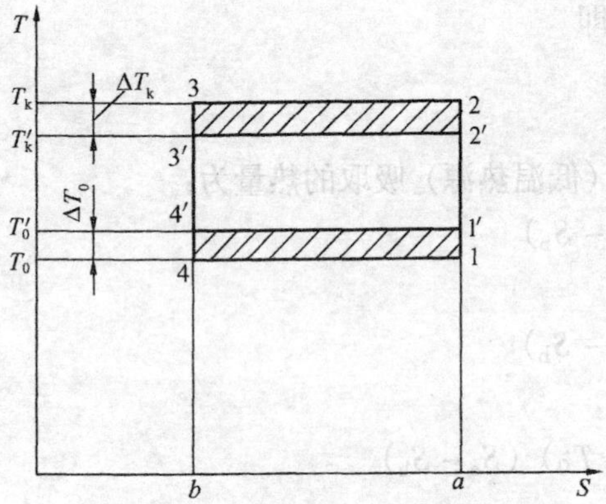

图 1-4　有传热温差的制冷循环

显然 $\varepsilon'_c < \varepsilon_c$，这表明具有传热温差的制冷系数总要小于逆卡诺循环的制冷系数，一切实际制冷循环均为不可逆循环，实际循环的制冷系数总是小于工作在相同热源温度时的逆卡诺循环的制冷系数。

实际制冷循环的制冷系数 ε 与逆卡诺循环的制冷系数 ε_c 之比称为热力完善度 η，即：

$$\eta = \frac{\varepsilon}{\varepsilon_c} \tag{1-5}$$

热力完善度愈接近 1，表明实际循环的不可逆程度愈小，循环的经济性愈好，它的大小反映了实际制冷循环接近逆卡诺循环的程度。实际上，蒸气压缩式制冷采用逆卡诺循环有许多困难，主要有以下几点：

(1) 压缩过程是在湿蒸气区中进行的，危害性很大。因为压缩机吸入的是湿蒸气，在压缩过程中必然产生湿压缩，而湿压缩会引起液击气缸现象，使压缩机遭受破坏，因此，在实际蒸气压缩式的制冷循环中采用干压缩，即进入压缩机的制冷剂为干饱和蒸气（或过热蒸气）。

(2) 膨胀机等熵膨胀不经济。这是因为进入膨胀机的是液态制冷剂，一则它的体积变化不大，再则机件特别小，摩擦阻力大，以致使所能获得的膨胀功常常不足以克服机器本身的摩擦阻力。因此，在实际蒸气压缩式制冷循环中采用膨胀阀代替膨胀机。

(3) 无温差的传热实际上是不可能的。因为冷凝器和蒸发器不可能有无限大的传热面积，实际上在冷凝器和蒸发器中都有传热温差。所以在实际循环中蒸发温度低于被冷却物体的温度，冷凝温度高于冷却剂的温度。

综上可知，虽然逆卡诺循环制冷系数最大，但只是一个理想制冷循环，在实际工程中无法实现，但是通过该循环的分析所得出的结论对实际制冷循环具有重要的指导意义，对提高制冷装置经济性指出了重要的方向。因此，要使实际制冷装置省能运行，必须严格遵循上述原则，这就是详细分析讨论蒸气压缩式制冷基本原理的主要目的。

第二节　蒸气压缩式制冷的理论循环

一、单级蒸气压缩式制冷的理论循环

如前所述，逆卡诺循环是由两个定温、两个绝热过程组成。但是实际采用的蒸气压缩式制冷的理论循环是由两个定压过程，一个绝热压缩过程和一个绝热节流过程组成。它与逆卡诺循环（理想制冷循环）所不同的是：

(1) 蒸气的压缩采用干压缩代替湿压缩。压缩机吸入的是饱和蒸气而不是湿蒸气。

(2) 用膨胀阀代替膨胀机。制冷剂用膨胀阀绝热节流降压。

(3) 制冷剂在冷凝器和蒸发器中的传热过程均为定压过程，并且具有传热温差。

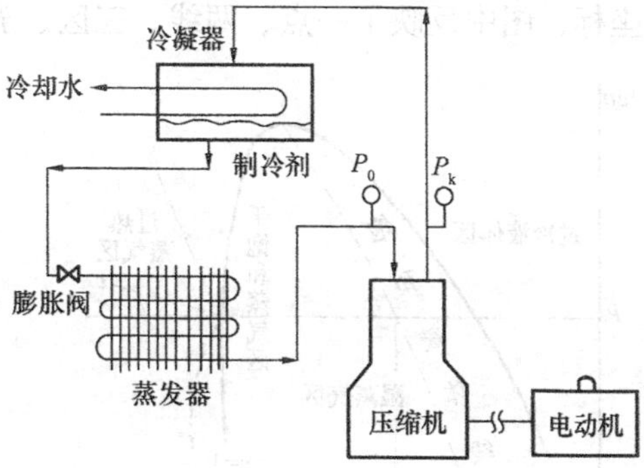

图 1-5　蒸气压缩制冷理论循环

图 1-5 为蒸气压缩制冷理论循环图。它是由压缩机、冷凝器、膨胀阀、蒸发器等四大设备组成，这些设备之间用管道依次连接形成一个封闭的系统。它的工作过程是：压缩机将蒸发器内所产生的低压低温制冷剂蒸气吸入气缸内，经过压缩机压缩后使制冷剂蒸气的压力、温度升高，然后将高压高温的制冷剂蒸气排入冷凝器；在冷凝器内，高压高温的制冷剂蒸气与温度比较低的冷却水（或空气）进行热量交换，把热量传给冷却水（或空气），而制冷剂本身放出热量后由气体冷凝为液体，这种高压的制冷剂液体经过膨胀阀节流降压、降温后进入蒸发器；在蒸发器内，低压低温的制冷剂液体吸收被冷却物体（食品或空调冷冻水）的热量而气化，而被冷却物体（如食品或冷冻水）便得到冷却，蒸发器中所产生的制冷剂蒸气又被压缩机吸走。这样制冷剂在系统中要经过压缩、冷凝、节流、气化（蒸发）四个过程，也就完成了一个制冷循环。

综合上述，蒸气压缩式制冷的理论循环可归纳为以下四点：

(1) 低压低温制冷剂液体（含有少量蒸气）在蒸发器内的定压气化吸热过程，即从低温物体中夺取热量。该过程是在压力不变的条件下，制冷剂由液体气化为气体。

(2) 低压低温制冷剂蒸气在压缩机中的绝热压缩过程。这个压缩过程是消耗外界能量（电能）的补偿过程，以实现制冷循环。

(3) 高压高温的制冷剂气体在冷凝器中的定压冷却冷凝过程。就是将从被冷却物体（低温物体）中夺取的热量连同压缩机所消耗的功转化成的热量一起，全部由冷却水（高温物体）带走，而制冷剂本身在定压下由气体冷却冷凝为液体。

(4) 高压制冷剂液体经膨胀阀节流降压降温后，为液体在蒸发器内的气化创造了条件。

因此，蒸气压缩式制冷循环就是制冷剂在蒸发器内夺取低温物体（空调冷冻水或食品）的热量，并通过冷凝器把这些热量传给高温物体（冷却水或空气）的过程。

二、压焓图（lg$p$-h 图）的结构

在制冷系统中，制冷剂的热力状态变化可以用其热力性质表来说明，也可用热力性质图来表示。用热力性质图来研究整个制冷循环，不仅可以研究循环中的每一个过程，简便地确定制冷剂的状态参数，而且能直观地看到循环各状态的变化过程及其特点。

制冷剂的热力性质图主要有温熵图（T-S）和压焓图（lg$p$-h 图）两种。由于制冷剂在蒸发器内吸热气化，在冷凝器中放热冷凝都是在定压下进行的，而定压过程中所交换的热量和压缩机在绝热压缩过程中所消耗的功，都可用焓差来计算，而且制冷剂经膨胀阀绝热节流后，焓值不变。所以在工程上利用制冷剂的 lg$p$-h 图来进行制冷循环的热力计算更为方便。

压焓图（lg$p$-h 图）的结构如图 1-6 所示。图中以压力为纵坐标（为了缩小图面，通常取对数坐标，但是从图面查得的数值仍然是绝对压力，而不是压力的对数值），以焓为横坐标，图中反映了一点、两线、三区、五态。k 点为临界点，k 点右边为干饱和蒸气线（称上界线），干度 $x=1$；k 点左边为饱和液体线（称下界线），干度 $x=0$；两条饱和线将图分成三个区域：下界线以左为过冷液体区，上界线以右为过热蒸气区，两者之间为湿蒸气区。图中包括一系列等参数线，如等压线 $p=c$，等焓线 $h=c$，等温线 $t=c$，等熵线 $S=c$，等比体积线 $v=c$，等干度线 $x=c$。

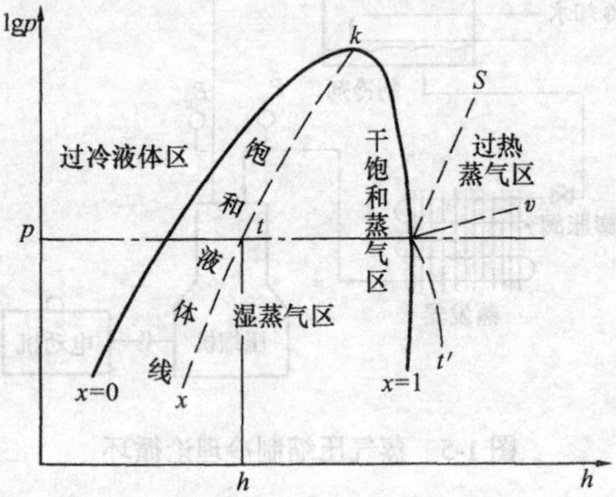

图 1-6　lg$p$-h 的结构

(1) 等压线——水平线。

(2) 等焓线——垂直线。

(3) 等温线——过冷液体区几乎为垂直线；在湿蒸气区因工质状态的变化是在等压、等温下进行的，故等压线与等温线重合，是水平线；过热蒸气区为向右下方弯曲的倾斜线。

(4) 等熵线——向右上方倾斜的虚线。

(5) 等比体积线——向右上方倾斜的虚线，但比等熵线平坦。

(6) 等干度线——只存在于温蒸气区域内，其方向大致与饱和液体线或饱和蒸气线相近，视干度大小而定。

压焓图中的各等参数线形状见图 1-6 所示。在压力、温度、比体积、比焓、比熵、干度等参数中，只要知道其中任何两个状态参数，就可以在 lg$p$-h 图中找出代表这个状态的一个点，在这个点上可以读出其他参数值。对于饱和蒸气和饱和液体，只要知道一个状态参数，就能在图中确定其状态点。

压焓图是进行制冷循环分析和计算的重要工具，应熟练掌握。本书附录中列出了一些常用制冷剂的压焓图。

三、单级蒸气压缩式制冷理论循环在压焓图上的表示

为了进一步了解单级蒸气压缩式制冷装置中制冷剂状态的变化过程，现将制冷理论循环过程表示在压焓图上，如图 1-7 所示。并说明如下：

点 1：为制冷剂离开蒸发器的状态，也是进入压缩机的状态，如果不考虑过热，进入压缩机的制冷剂为干饱和蒸气。根据已知的 t_0 找到对应的 p_0，然后根据 p_0 的等压线与 $x=1$ 的饱和蒸气线相交来确定点 1。

点 2：高压制冷剂气体从压缩机排出进入冷凝器的状态。绝热压缩过程熵不变，即 $S_1=S_2$，因此，由点 1 沿等熵线（$S=C$）向上与 p_k 的等压线相交便可求得点 2。

1→2 过程为制冷剂在压缩机中的绝热压缩过程。该过程要消耗机械功。

点 4：为制冷剂在冷凝器内凝结成饱和液体的状态，也就是离开冷凝器时的状态。它是由 p_k 的等压线与饱和液体线（$x=0$）相交求得。

2→3→4 过程为制冷剂蒸气在冷凝器内进行定压冷却（2→3）和定压冷凝（3→4）过程。该过程制冷剂向冷却水（或空气）放出热量。

点 5：为制冷剂出膨胀阀进入蒸发器的状态。

4→5 为制冷剂在膨胀阀中的节流过程。节流前后焓值不变（$h_4 = h_5$），压力由 p_k 降到 p_0，温度由 t_k 降到 t_0，由饱和液体进入湿蒸气区，这说明制冷剂液体经节流后产生少量的闪发气体。由于节流过程是不可逆过程，因此在图上用一虚线表示。点 5 由点 4 沿等焓线与 p_0 等压线相交求得。

5→1 过程为制冷剂在蒸发器内定压蒸发吸热过程。在这一过程中 p_0 和 t_0 保持不变，低压低温的制冷剂液体吸收被冷却物体的热量使温度降低而达到制冷的目的。

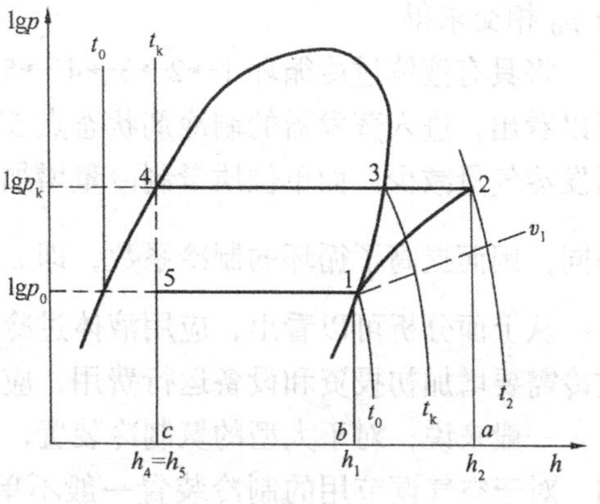

图 1-7 制冷理论循环在 lg*p*-*h* 上的表示

制冷剂经过 1→2→3→4→5→1 过程后，就完成了一个制冷理论基本循环。

四、液体过冷的制冷循环

制冷理论基本循环（即饱和循环）没有考虑制冷剂的液体过冷，而液体过冷直接影响到制冷装置的循环性能，因此必须加以分析和讨论。

具有液体过冷的循环称为液体过冷的制冷循环。实现液体过冷的办法有：(1) 增设专门的过冷设备（即过冷器）；(2) 适当增加冷凝器的传热面积，使一部分传热面积用于过冷；(3) 采用回热循环（增加过冷度）。

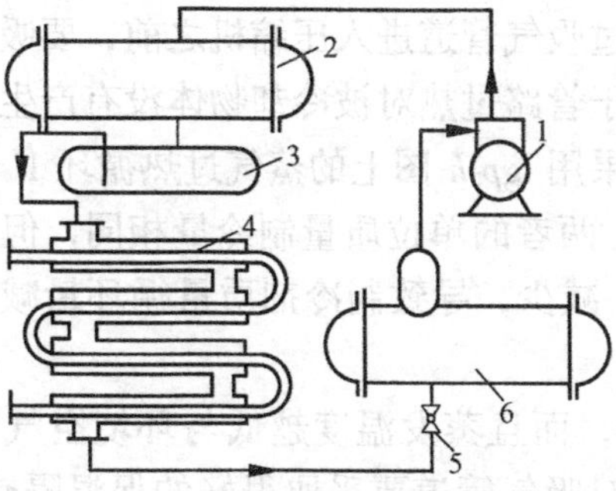

图 1-8 具有液体过冷的制冷循环

1—压缩机；2—冷凝器；3—贮液器；

4—过冷器；5—节流阀；6—蒸发器

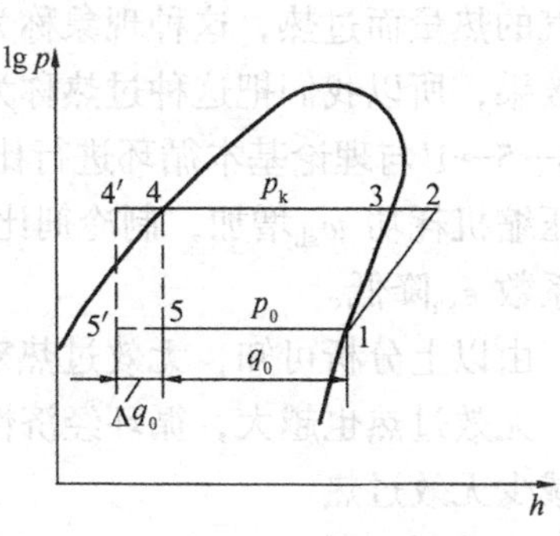

图 1-9 过冷循环在 lg*p*-*h* 图上的表示

图 1-8 所示为设有过冷器液体过冷的制冷循环。图 1-9 所示为液体过冷循环在压焓图（lg*p*-*h* 图）上的表示。其工作过程是：将冷凝器排出的饱和液体制冷剂送入过冷器中进行过冷，利用深井水使饱和液体在定压下冷却到低于冷凝温度的过冷液体状态，我们把这个再冷却的过程称为液体过冷。如图 1-9 中的点 4′所示，该点的温度称为过冷温度 t_{rc}，其中 4→4′表示制冷剂液体在过冷器中的定压过冷过程。冷凝温度与过冷温度的差值称为过冷度 Δt_{rc}（$\Delta t_{rc} = t_k - t_{rc}$）。点 4′由 p_k 与 t_{rc} 相交求得，点 5′由点 4′作等焓线

与 p_0 相交求得。

将具有液体过冷循环 1→2→3→4′→5′→1 与无过冷循环 1→2→3→4→5→1 进行比较，可以看出，进入蒸发器的制冷剂状态点 5′的干度比点 5 的干度要小，这说明节流后产生的闪发蒸气量减少，而单位质量制冷量增加了 Δq_0，即 $\Delta q_0 = h_5 - h'_5$。由于压缩过程中耗功相同，因而提高了循环的制冷系数，即 $\varepsilon_{rc} = \dfrac{q_0 + \Delta q_0}{w_{rc}}$提高了制冷循环的经济性。

从上面分析可以看出，应用液体过冷在理论上对改善循环是有利的。但是，采用液体过冷需要增加初投资和设备运行费用，应进行技术经济指标的核算来确定是否采用液体过冷。一般来说，对于大型的氨制冷装置，蒸发温度 t_0在 -5℃以下时采用液体过冷比较有利；对于空气调节用的制冷装置一般不单独设置过冷器，而是适当增加冷凝器的传热面积，实现制冷剂在冷凝器内过冷。

五、蒸气过热的制冷循环

对于制冷理论基本循环，压缩机吸入的是饱和蒸气，实际上压缩机吸入的制冷剂蒸气往往是过热蒸气。产生吸气过热的原因主要有：(1) 蒸发器与压缩机之间的吸气管路吸热而过热；(2) 在蒸发器内气化后的饱和蒸气继续吸热而过热。

图 1-10 所示为蒸气过热的制冷循环在 lg*p*-*h* 图上的表示。蒸气过热过程是等压过程，它是在蒸发压力下使饱和蒸气继续吸热而过热。图中 1→1′是蒸气过热过程。压缩机吸气状态点 1′是由 p_0 等压线与吸气温度 $t_{1'}$的交点来确定，由点 1′沿等熵线与 p_k 等压线相交求得点 2′，过热后的压缩机吸气温度 $t_{1'}$与蒸发温度 t_0的差值称为过热度（$\Delta t_{sh} = t_{1'} - t_0$）。

根据蒸气过热时所吸收的热量对循环性能的影响不同，蒸气过热分为无效过热和有效过热两种，下面分别介绍。

1. 无效过热（又称有害过热）

从蒸发器出来的低压低温制冷剂蒸气，在通过吸气管道进入压缩机之前，要吸收周围空气的热量而过热，这种现象称为管路过热。由于管路过热对被冷却物体没有产生任何制冷效果，所以我们把这种过热称为无效过热。如果用 lg*p*-*h* 图上的蒸气过热循环 1′→2′→3→4→5→1′与理论基本循环进行比较，可以看出，两者的单位质量制冷量相同，但过热循环压缩机耗功 w_{sh}增加，制冷剂比体积 v 增加，q_v减少，导致制冷剂质量循环量减少，制冷系数 ε_{sh}降低。

由以上分析可知，无效过热对循环是不利的，而且蒸发温度越低与环境空气温差越大，无效过热也越大，循环经济性越差。因此，对吸气管道要采取很好的保温隔热措施，以减少无效过热。

2. 有效过热

在制冷循环中为了防止湿蒸气进入压缩机造成液击事故，吸气少量过热对压缩机工作比较有利，所以在设计时要考虑吸入压缩机的制冷剂蒸气有适当的过热度，如 R717 作制冷剂，其过热度一般取 5～8℃，用氟利昂作制冷剂时过热度较大，这时，吸入蒸气的过热发生在蒸发器自身的后部；其次，在使用热力膨胀阀的氟利昂制冷系统中，为了应用过热度来调节膨胀阀的开启度，制冷剂蒸气在离开蒸发器以前就已经过热。由于上述形式的过热所吸收的热量均来自被冷却空间，因此产生了有用的制冷效果，我们把这种过热称为有效过热。这部分热量应计入单位质量制冷量内，这时，有效过热循环的单位质量制冷量

为 $q_{sh}=h_{1'}-h_5$。因过热增加的单位质量制冷量为 $\Delta q_{sh}=h_{1'}-h_1$。

从图 1-10 中可以看出，随着 Δt_{sh}增加，单位质量制冷量增加，压缩机耗功也增加，而制冷系数 $\varepsilon_{sh}=\dfrac{q_0+\Delta q_0}{w+\Delta w}$是否也增加，应具体分析。它与制冷剂性质有关，理论计算与实验均可证明，对 R717、R22 制冷剂，吸入过热蒸气对制冷系数是不利的；而对 R12、R502 制冷剂，蒸气过热能使制冷系数有所提高。

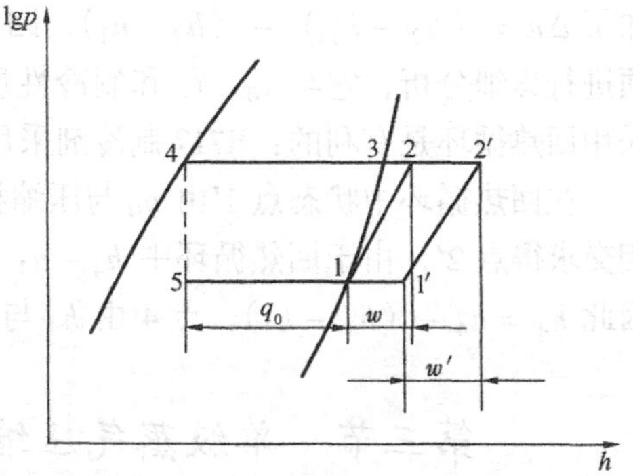

图 1-10　吸气过热的循环在 lgp-h 图上的表示

六、蒸气回热制冷循环

为了使膨胀阀前制冷剂液体有较大的过冷，同时又能保证压缩机吸入具有一定过热度的蒸气，常常采用蒸气回热制冷循环。

它是利用气、液热交换器（又称回热器）使节流前的制冷剂液体与蒸发器出来的低温制冷剂蒸气进行热交换，使液体过冷，低温蒸气过热，这样不仅可以增加单位质量制冷量，而且可以减少低温制冷剂蒸气与环境空气之间的传热温差，减少甚至消除蒸发器与压缩机之间吸气管道的无效过热，这种循环称为蒸气回热制冷循环。

图 1-11、图 1-12 所示为蒸气回热制冷循环的系统图和压焓图。图中 1→2→3→4→5→1 为理论基本循环，1→1′→2′→3→4→4′→5′→1 表示蒸气回热循环。在回热循环中，来自蒸发器的低压低温制冷剂蒸气 1 进入热交换器，在热交换器中与来自冷凝器的高压液体 4 被定压过冷到 4′。其中 1→1′为低压蒸气的过热过程，4→4′为液体的过冷过程。在无冷量损失的情况下，液体放出的热量应等于蒸气所吸收的热量，即为回热器的单位热负荷。

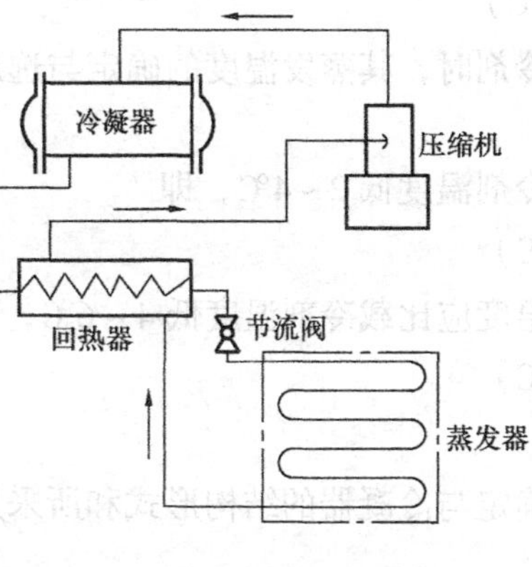

图 1-11　蒸气回热制冷循环

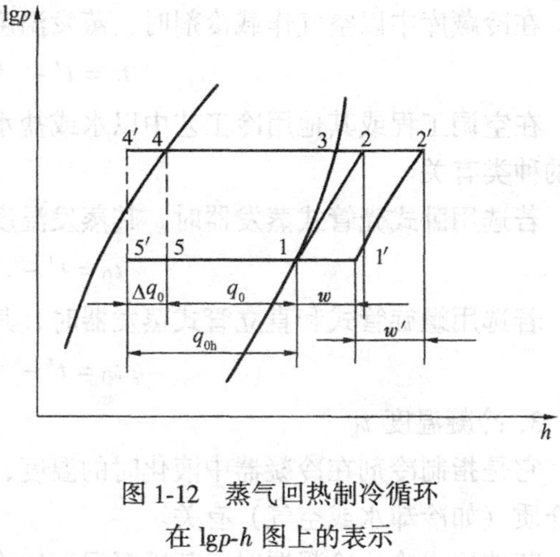

图 1-12　蒸气回热制冷循环在 lgp-h 图上的表示

$$q_h = h_5 - h_{5'} = h_{1'} - h_1 \tag{1-6}$$

回热循环中的单位质量制冷量为

$$q_{0h} = h_1 - h_{5'} = h_{1'} - h_5 \tag{1-7}$$

由图 1-12 可知，回热循环的单位质量制冷量增加了 $\Delta q_0 = h_5 - h_{5'}$，单位压缩功也增加了 $\Delta w =$（$h_{2'} - h_{1'}$）－（$h_2 - h_1$），因此，回热制冷循环的理论制冷系数是否提高，必须进行详细分析，它与 t_0、t_k 和制冷性质有关。理论计算结果表明，R12、R290 和 R502 采用回热循环是有利的：R717 制冷剂采用回热循环则不利，所以 R717 不采用回热循环。

在回热循环中状态点 1′由 p_0 与压缩机的吸气温度 $t_{1'}$ 相交求得，由点 1′沿等熵线与 p_k 相交求得点 2′，由于回热循环中 $h_4 - h_{4'} = h_{1'} - h_1$，$h_{4'}$ 为回热器出口处过冷液体的焓值，因此 $h_{4'} = h_4 -$（$h_{1'} - h_1$），点 4′由 $h_{4'}$ 与 p_k 相交求得。

第三节　单级蒸气压缩式制冷理论循环的热力计算

制冷理论循环热力计算是根据所确定制冷量、蒸发温度、冷凝温度、制冷剂液体的过冷温度、压缩机的吸气温度等已知条件进行的。

制冷理论循环热力计算的目的主要是计算出制冷循环的性能指标、压缩机的容量和功率以及热交换设备的热负荷，为选择压缩机和其他制冷设备提供必要的数据。

一、已知条件的确定

在进行单级制冷理论循环热力计算之前，首先需要确定以下几个条件：

1. 制冷装置的制冷量 ϕ_0

制冷量表示制冷机在一定的工作温度下，单位时间内从被冷却物体中吸收的热量。它是制冷机制冷能力大小的标志，其单位为 kW。它是由空调工程、食品冷藏及其他用冷工艺来提供。

2. 蒸发温度 t_0

它是指制冷剂液体在蒸发器中气化时的温度，蒸发温度的确定与所采用的载冷剂（冷媒）有关，即与冷冻水、盐水和空气有关。

在冷藏库中以空气作载冷剂时，蒸发温度要比库内所要求的空气温度低 8～10℃，即

$$t_0 = t' - (8 \sim 10℃) \tag{1-8}$$

在空调工程或其他用冷工艺中以水或盐水作载冷剂时，其蒸发温度的确定与选用蒸发器的种类有关。

若选用卧式壳管式蒸发器时，其蒸发温度比载冷剂温度低 2～4℃，即

$$t_0 = t' - (2 \sim 4℃) \tag{1-9}$$

若选用螺旋管式和直立管式蒸发器时，其蒸发温度应比载冷剂温度低 4～6℃，即

$$t_0 = t' - (4 \sim 6℃) \tag{1-10}$$

3. 冷凝温度 t_k

它是指制冷剂在冷凝器中液化时的温度，它的确定与冷凝器的结构形式和所采用的冷却介质（如冷却水或空气）有关。

若选用水冷式冷凝器时，其冷凝温度比冷却水进出口平均温度高 5～7℃，即

$$t_k = t_{pj} + (5 \sim 7℃) \tag{1-11}$$

式中　t_{pj}——冷凝器中冷却水进出口平均温度，℃。

若选用风冷式冷凝器时，其冷凝温度应比夏季空气调节室外计算干球温度高 15℃，

即

$$t_k = t_g + 15℃ \tag{1-12}$$

若选用蒸发式冷凝器时，其冷凝温度应比夏季空气调节室外计算湿球温度高 8～15℃，即

$$t_k = t_s + （8\sim15℃） \tag{1-13}$$

水冷式冷凝器的冷却水进出口温差，应按下列数值选用：

立式壳管式冷凝器 2～4℃；卧式壳管式、套管式冷凝器 4～8℃；淋激式冷凝器 2～3℃。冷却水进口温度较高时，温度应取较小值；进口温度较低时，温差应取较大值。

【例 1-1】 进冷凝器的冷却水温度 $t_1 = 26℃$，采用立式壳管式冷凝器，水在冷凝器中的温升 $\Delta t = 2\sim4℃$，出冷凝器的冷却水温度 $t_2 = 26 + 3 = 29℃$，则冷凝温度为：

$$t_k = t_{pj} + （5\sim7℃） = \frac{26+29}{2} + 6 = 33.5℃$$

可取 t_k为 34℃。

4. 过冷温度 t_{rc}

是指制冷剂在冷凝压力 p_k 下，其温度低于冷凝温度时的温度称为过冷温度，过冷温度比冷凝温度低 3～5℃，即

$$t_{rc} = t_k - （3\sim5℃） \tag{1-14}$$

5. 制冷压缩机的吸气温度 t_1

对于氨压缩机吸气温度比蒸发温度高 5～8℃，即 $t_1 = t_0 + （5\sim8℃）$；对氟利昂压缩机，如采用回热循环，其吸气温度为 15℃。

二、单级蒸气压缩式制冷理论循环的热力计算

上述已知条件确定后，可在 lg*p*-*h* 图上标出制冷循环的各状态点，画出循环工作过程，并从图上查出各点的状态参数，便可进行热力计算。利用图 1-13 可对单级蒸气压缩式制冷理论循环进行热力计算。

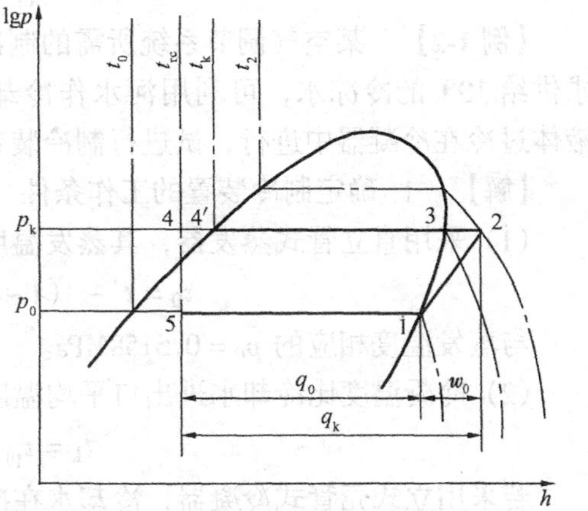

图 1-13　蒸气压缩式制冷循环在压焓图上的表示

1. 单位质量制冷量 q_0

它是指 1kg 制冷剂在蒸发器内所吸收的热量，单位为 kJ/kg，在图 1-13 中可用点 1 和点 5 的焓差来计算，即

$$q_0 = h_1 - h_5 \tag{1-15}$$

2. 单位容积制冷量 q_v

它是指压缩机吸入 1m³制冷剂蒸气在蒸发器内所吸收的热量，即

$$q_v = \frac{q_0}{v_1} = \frac{h_1 - h_5}{v_1} \quad (kJ/m^3) \tag{1-16}$$

式中　v_1——压缩机吸入蒸气的比体积，m^3/kg。

v_1与制冷剂性质有关，且受蒸发压力 p_0 的影响很大，一般蒸发温度越低，v_1值越大，q_0 值越小。

3. 制冷装置中制冷剂的质量流量 M_R

它是指压缩机每秒钟吸入制冷剂蒸气的质量，即

$$M_R = \frac{\phi_0}{q_0} \quad (kg/s) \tag{1-17}$$

式中　ϕ_0——制冷系统的制冷量，kJ/s 或 kW。

4. 制冷装置中制冷剂的体积流量 V_R

它是指压缩机每秒种吸入制冷剂蒸气的体积，即

$$V_R = M_R v_1 = \frac{\phi_0}{q_v} \quad (m^3/s) \tag{1-18}$$

5. 冷凝器的热负荷 ϕ_k

它是指制冷剂在冷凝器放给冷却水（或空气）的热量。如果制冷剂液体过冷在冷凝器中进行，那么冷凝器的热负荷在 lg$p$-h 图上可用点 2 和点 4 的焓差来计算，即

$$q_k = h_2 - h_4 \quad (kW) \tag{1-19}$$

$$\phi_k = M_R\, q_k = M_R(h_2 - h_4) \quad (kW) \tag{1-20}$$

6. 压缩机的理论耗功率 P_{th}

它是指压缩和输送制冷剂所消耗的理论功，即

$$w_0 = h_2 - h_1 \quad (kW) \tag{1-21}$$

$$P_{th} = M_R w_0 = M_R\ (h_2 - h_1) \quad (kW) \tag{1-22}$$

7. 理论制冷系数 ε_{th}

$$\varepsilon_{th} = \frac{\phi_0}{P_{th}} = \frac{q_0}{w_0} = \frac{h_1 - h_5}{h_2 - h_1} \tag{1-23}$$

【例 1-2】　某空气调节系统所需的制冷量为 25kW，采用氨作为制冷剂，空调用户要求供给 10℃的冷冻水，可利用河水作冷却水，水温最高为 32℃，系统不专门设过冷器，液体过冷在冷凝器中进行，试进行制冷装置的热力计算。

【解】　1. 确定制冷装置的工作条件

(1) 采用直立管式蒸发器，其蒸发温度应比载冷剂温度低 4～6℃，即

$$t_0 = t' - (4 \sim 6℃) = 10 - 5 = 5℃$$

与蒸发温度相应的 $p_0 = 0.5158$MPa。

(2) 冷凝温度比冷却水进出口平均温度高 5～7℃，即

$$t_k = t_{pj} + (5 \sim 7℃)$$

若采用立式壳管式冷凝器，冷却水在冷凝器中的温升取 3℃，出冷凝器的冷却水温度为 $t_2 = t_1 + 3℃ = 32 + 3 = 35℃$，$t_k = \frac{32+35}{2} + 6 = 39.5℃$，取 $t_k = 40℃$。与冷凝温度 t_k 相对应的 $p_k = 1.5549$MPa。

(3) 过冷温度比冷凝温度低 3～5℃，取过冷度为 5℃，则过冷温度为

$$t_{rc} = t_k - 5 = 40 - 5 = 35℃$$

(4) 压缩机的吸气温度比蒸发温度高5℃，即

$$t_1=t_o+5=5+5=10℃$$

2. 确定各状态点的参数

根据上述已知条件，在R717的lg$p$-h图上画出制冷循环工作过程，如图1-14所示，按此图在lg$p$-h图上查出各状态点的参数如下：

点1由p_0与$t_1=10℃$相交求得，$h_1=1779\text{kJ/kg}$，$v_1=0.25\text{m}^3/\text{kg}$。由点1沿着等熵线向上与$p_k$相交得点2，$h_2=1940\text{kJ/kg}$。再根据$t_{rc}=35℃$与$p_k$相交得点4，$h_4=662\text{kJ/kg}$，由点4沿等焓线与$p_0$相交得点5，由于$h_4=h_5$，所以$h_5=662\text{kJ/kg}$。

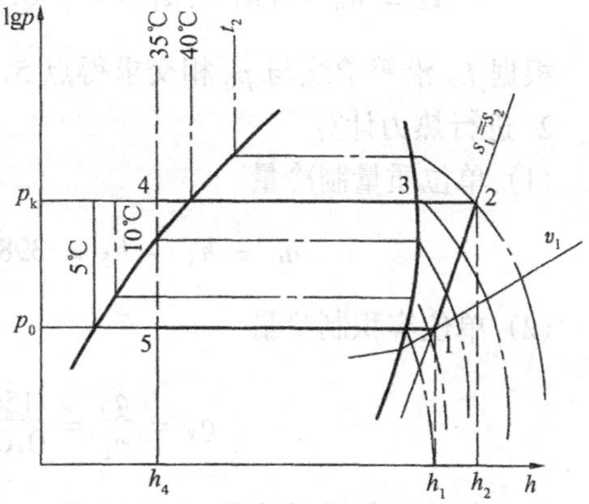

图1-14 例1-2图

3. 热力计算

(1) 单位质量制冷量

$$q_0=h_1-h_5=1779-662=1117\text{kJ/kg}$$

(2) 单位容积制冷量

$$q_v=\frac{q_0}{v_1}=\frac{1117}{0.25}=4468\text{kJ/m}^3$$

(3) 制冷剂的质量流量和体积流量

$$M_R=\frac{\phi_0}{q_0}=\frac{25}{1117}=0.0224\text{kg/s}$$

$$V_R=M_Rv_1=0.0224\times0.25=0.0056\text{m}^3/\text{s}$$

(4) 冷凝器的热负荷

$$\phi_k=M_R(h_2-h_4)=0.0224\times(1940-662)=28.63\text{kW}$$

(5) 压缩机的理论耗功率

$$p_{th}=M_R(h_2-h_1)=0.0224\times(1940-1779)=3.61\text{ kW}$$

(6) 理论制冷系数

$$\varepsilon_{th}=\frac{\phi_0}{P_{th}}=\frac{25}{3.61}=6.93$$

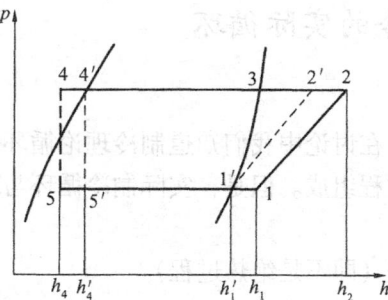

【例1-3】 某空调系统的制冷量为20kW，采用R134a制冷剂，制冷系统采用回热循环，已知$t_0=0℃$，$t_k=40℃$，蒸发器、冷凝器出口的制冷剂均为饱和状态，吸气温度为15℃，试进行制冷理论循环的热力计算。

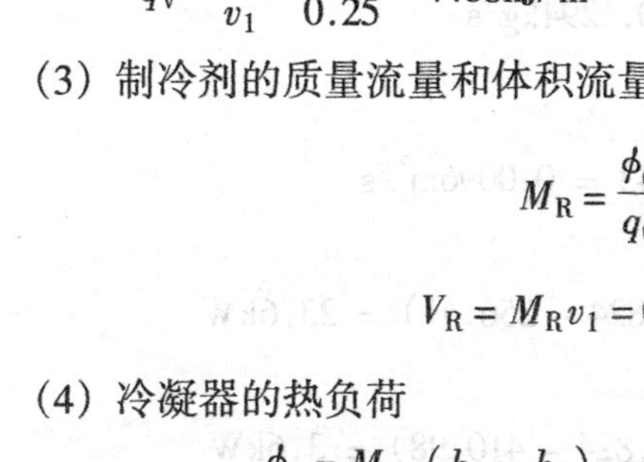

图1-15 例1-3图

【解】 1. 在lg$p$-h图上画出循环并确定各状态点参数

图1-15所示为回热循环在lg$p$-h图上的表示。根据t_0找到对应的$p_0=0.2928\text{MPa}$，t_k找到对

应的 $p_k = 1.0166\text{MPa}$，点 1′由 p_0 与饱和蒸汽线 $x = 1$ 相交求得 $h_{1'} = 398.6\text{kJ/kg}$，点 1 由 p_0 与 t_1 相交求得 $h_1 = 410.98\text{kJ/kg}$，$v_1 = 0.07425\text{m}^3/\text{kg}$，点 2 由点 1 沿等熵线与 p_k 相交求得 $h_2 = 438.824\text{kJ/kg}$，点 4′由 p_k 与饱和液体线相交求得 $h_{4'} = 256.41\text{kJ/kg}$，点 4 的焓可由下式求得

$$h_4 = h_{4'} - (h_1 - h_{1'}) = 256.41 - (410.98 - 398.6) = 244.03\text{kJ/kg}$$

根据 h_4 沿等焓线与 p_0 相交求得点 5，点 4 由 h_4 与 p_k 相交求得 $t_{rc} = 30.6℃$。

2. 进行热力计算

（1）单位质量制冷量

$$q_0 = h_{1'} - h_5 = 398.6 - 244.03 = 154.57\text{kJ/kg}$$

（2）单位容积制冷量

$$q_v = \frac{q_0}{v_1} = \frac{154.57}{0.07425} = 2081.75\text{kJ/m}^3$$

（3）制冷剂的质量流量

$$M_R = \frac{\phi_0}{q_0} = \frac{20}{154.57} = 0.1294\text{kg/s}$$

（4）制冷剂的体积流量

$$V_R = M_R v_1 = 0.1294 \times 0.0743 = 0.0096\text{m}^3/\text{s}$$

（5）冷凝器的热负荷

$$\phi_k = M_R(h_2 - h_{4'}) = 0.1294 \times (438.824 - 256.41) = 23.6\text{kW}$$

（6）压缩机的理论耗功率

$$P_{th} = M_R(h_2 - h_1) = 0.1294 \times (438.824 - 410.98) = 3.6\text{kW}$$

（7）回热器的热负荷

$$\phi_{0h} = M_R(h_{4'} - h_4) = 0.1294 \times (256.41 - 244.03) = 1.6\text{kW}$$

（8）理论制冷系数

$$\varepsilon_{th} = \frac{\phi_0}{P_{th}} = \frac{20}{3.6} = 5.56$$

第四节　蒸气压缩式制冷的实际循环

一、实际循环与理论循环的区别

前面分析讨论了单级蒸气压缩式制冷理论循环，在讨论中我们知道制冷理论循环是由两个定压过程，一个绝热压缩过程和一个绝热节流过程组成。但是，实际制冷循环与理论制冷循环存在许多差别，其主要差别归纳如下：

（1）制冷剂在压缩机中的压缩过程不是等熵过程（即不是绝热过程）。

（2）制冷剂通过压缩机吸、排气阀时有流动阻力和热量交换。

（3）制冷剂通过管道和设备时，制冷剂与管壁或器壁之间存在摩擦阻力及与外界的热

交换。

(4) 冷凝器和蒸发器内存在着流动阻力，导致了高压气体在冷凝器的冷却冷凝和低温液体在蒸发器中的气化都不是定压过程，同时与外界也有热量交换。

由上述可知，造成实际循环与理论循环差别的主要因素是：(1) 流动阻力（即磨擦阻力和局部阻力）；(2) 系统中的制冷剂与外界无组织的热交换。

二、实际循环在 lg*p*-*h* 图上的表示

图 1-16 所示为单级蒸气压缩式制冷的实际循环在 lg*p*-*h* 图上的表示，图中 1→2→3→4→1 是理论循环；$1'\to1''\to1^0\to2'\to2''\to2^0\to3\to3'\to4'\to1'$ 为实际循环。

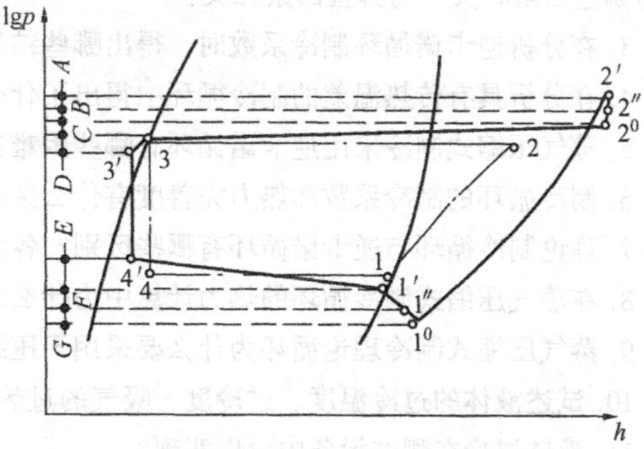

图 1-16 lg*p*-*h* 图上的实际循环

A—排气阀压降；*B*—排气管压降；*C*—冷凝器压降；*D*—高压液体管压降；*E*—蒸发器压降；*F*—吸气管压降；*G*—吸气阀压降

过程线 $1'\to1''$ 低压低温制冷剂通过吸气管道时，由于沿途摩擦阻力和局部阻力以及吸收外界热量，所以制冷剂压力稍有降低，温度有所升高。

过程线 $1''\to1^0$ 低压低温制冷剂通过吸气阀时被节流，压力降低。

过程线 $1^0\to2'$ 这是气态制冷剂在压缩机中的实际压缩过程。压缩开始阶段，蒸气温度低于气缸壁温度，蒸气吸收缸壁的热量而使熵增加；当压缩到一定程度后，蒸气温度高于气缸壁的温度，蒸气又向缸壁放出热量而使熵减少，再加之压缩过程中气体内部、气体与缸壁之间的摩擦，因此实际压缩过程是一个多变的过程。

过程线 $2'\to2''$ 制冷剂从压缩机排出，通过排气阀被节流，压力有所降低，其焓值基本不变。

过程线 $2''\to2^0$ 高压制冷剂气体从压缩机排出后，通过排气管道至冷凝器，由于沿途有摩擦阻力和局部阻力，以及对外散热，制冷剂的压力和温度均有所降低。

过程线 $2^0\to3$ 高压气体在冷凝器中的冷凝过程，制冷剂被冷凝为液体，由于制冷剂通过冷凝器时有摩擦阻力和涡流，所以冷凝过程不是定压过程。

过程线 $3\to3'$ 高压液体从冷凝器出来至膨胀阀前的液体管路上由于有摩擦和局部阻力，其次，高压液体的温度高于环境温度，因此要向周围环境散热，所以压力、温度均有所降低。

过程线 $3'\to4'$ 高压液体在膨胀阀的节流降压、降温后，通过管道进入蒸发器，由于节流后温度降低，尽管管道、膨胀阀采取保温措施，制冷剂还会从外界吸收一些热量而使焓有所增加。

过程线 $4'\to1'$ 低压低温的制冷剂吸收热量而气化，由于制冷剂在蒸发器中有流动阻力，所以，蒸发过程也不是定压过程，随着蒸发器形式的不同，压力有不同程度的降低。

综上所述，由于制冷剂存在着流动阻力以及与外界的热量交换等，实际循环中四个基本热力过程（即压缩、冷凝、节流、蒸发）都是不可逆过程，其结果必然导致制冷量减少，耗功增加，因此实际循环的制冷系数小于理论循环的制冷系数。

单级蒸气压缩式制冷的实际循环过程从图 1-16 可以看出比较复杂，很难详细计算，所以，在实际计算中以理论循环作为计算基准，即先进行理论循环计算，然后在选择设备和机房设计时考虑上述因素再进行修正，以保证实际需要，提高制冷系统的经济性。

思考题与习题

1. 卡诺循环分为正卡诺循环和逆卡诺循环，这两种有何不同？理想制冷循环属于哪一种卡诺循环？

2. 实现逆卡诺循环有哪几个重要条件？试分析逆卡诺循环的制冷系数及表示方法，并说明其制冷系数与哪些因素有关？与哪些因素无关？

3. 在分析逆卡诺循环制冷系数时，得出哪些结论？

4. 在分析具有传热温差的制冷循环中得出了什么重要结论？

5. 蒸气压缩式制冷采用逆卡诺循环有哪些困难？

6. 制冷循环的制冷系数和热力完善度有什么区别？

7. 理论制冷循环与逆卡诺循环有哪些区别？各由哪些过程组成？

8. 在蒸气压缩式制冷循环的热力计算中为什么多采用 lg*p*-*h* 图？试说明 lg*p*-*h* 图的构成。

9. 蒸气压缩式制冷理论循环为什么要采用干压缩？

10. 试述液体的过冷温度、过冷度、吸气的过热温度、过热度。

11. 液体过冷在哪些设备中可以实现？

12. 什么叫无效过热？什么叫有效过热？过热对哪些制冷剂不利，对哪些制冷剂有利？

13. 在进行制冷理论循环热力计算时，首先应确定哪些工作参数？制冷循环热力计算应包括哪些内容？

14. 实际制冷循环与理论循环有什么区别？

15. 有一逆卡诺循环，其被冷却物体的温度恒定为 5℃，冷却剂的温度为 40℃，求其制冷系数 ε_c。

16. 今有一理想制冷循环，被冷却物体的温度恒定为 5℃，冷却剂（即环境介质）的温度为 25℃，两个传热过程的传热温差均为 5℃，试问：

（1）逆卡诺循环的制冷系数 ε_c 为多少？（2）当考虑传热温差时，制冷系数 ε'_c 为多少？

17. 已知制冷剂为 R22，将压力为 0.2MPa 的饱和蒸气等熵压缩到 1MPa。求压缩后的比焓 h 和温度 t 各为多少？

18. 已知某制冷机以 R12 为制冷剂，制冷量为 16.28kW。循环的蒸发温度 $t_0 = -15$℃，冷凝温度 $t_k = 30$℃，过冷温度 $t_{rc} = 25$℃，压缩机吸气温度 $t_1 = 15$℃。（1）将该循环画在 lg*p*-*h* 图上；（2）确定各状态下的有关参数值（v、h、s、t、p）；（3）进行理论循环的热力计算。

19. 已知：蒸发温度 $t_0 = -15$℃，冷凝温度 $t_k = 40$℃，节流阀前液体制冷剂的温度为 35℃，压缩过程为绝热压缩。试分别对 R22 与 R717 两种制冷剂，在以下三种情况的制冷循环进行计算和分析讨论：（1）压缩机出口为干饱和蒸气；（2）压缩机吸入口为 −15℃ 的干饱和蒸气；（3）压缩机吸入口为 0℃ 的过热蒸气。

20. 某 R717 压缩制冷装置，蒸发器出口温度为 −20℃ 的干饱和蒸气，被压缩机吸入经绝热压缩后，进入冷凝器，冷凝温度为 30℃，冷凝器出口温度为 25℃ 的氨液，试将该制冷装置与没有过冷时的单位质量制冷量，单位耗功量和制冷系数加以比较。

21. 某厂设有氨压缩制冷装置，已知蒸发温度 $t_0 = -10$℃（相应的 $p_0 = 0.2908$MPa），冷凝温度 $t_k = 40$℃（相应的 $p_k = 1.5549$MPa），过冷温度 $t_{rc} = 35$℃，压缩机吸入干饱和蒸气，系统制冷量 $\phi_0 = 174.45$kW，试进行制冷理论循环的热力计算。

22. 某空调系统需要制冷量为 35kW，采用 R22 制冷剂，采用回热循环，某工作条件是：蒸发温度 $t_0 = 0$℃（$p_0 = 0.498$MPa），冷凝温度 $t_k = 40$℃（$p_k = 1.5549$MPa），吸气温度 $t_1 = 15$℃，试进行理论循环的热力计算。

23. R134a的制冷机，制冷量为500kW，蒸发温度为 t_0为5℃，冷凝温度 t_k为40℃，不考虑其过热与过冷，试进行制冷理论循环的热力计算。

24. R134a的制冷机运行工况为 t_0为－5℃，冷凝温度 t_k为40℃，压缩机吸气温度为15℃，过冷以后的温度为35℃，制冷机制冷量同上题，试进行制冷理论循环的热力计算。

第二章 制冷剂、载冷剂和润滑油

第一节 制 冷 剂

制冷剂又称制冷工质，它是在制冷装置中实现制冷循环的工作物质。制冷剂在蒸发器内吸收被冷却物体（水、盐水、食品）的热量而制冷，在冷凝器中经过水或空气的冷却放出热量而冷凝。所以说制冷剂是实现制冷循环不可缺少的物质，它的性质直接关系到制冷装置的特性及运行管理。为了能根据不同制冷装置的要求来选取合适的制冷剂，我们需要对制冷剂的种类、性质及要求有一个基本的了解。

一、对制冷剂的要求

目前，制冷剂虽说种类很多，但并不是任何液体都能用作制冷剂，它要具备下列一些基本的要求。

1. 环境方面的要求

目前评价制冷剂的环境指标主要有ODP值和GWP值。

ODP值是指大气臭氧层损耗潜能值。当制冷剂、发泡剂、灭火剂、消毒剂排放到大气中去之后，这种含氯的化合物扩散到大气同温层后，被太阳的紫外线照射而分解，放出氯原子，氯原子与同温层中的臭氧发生连锁反应，使臭氧层遭到破坏，严重危及人类的健康及生态平衡。以R11的臭氧层损耗潜能值为1，其他物质与它相比较得到的数值为其他物质的臭氧层损耗潜能值。因此，ODP值越小越好。

GWP值是指全球温室效应潜能值。人类在生产和生活过程不断地向大气排放大量的温室气体，如二氧化碳（CO_2）、甲烷（CH_4）、氩气（Ar）、制冷剂中的氟氯碳化合物等。它们可以让短波太阳光不受阻挡地通过，而将从地球表面反射出来的长波辐射热挡住，使地球表面保持了一定的温度。当过量的温室气体排放到大气中后，会影响气温和降雨量，导致气候暖和，海平面升高，全球变暖，产生温室效应。同样规定R11的温室效应潜能值为1，其他物质与它比较得到的数值为其他物质的GWP值。因此，制冷剂的GWP值也是越小越好。

所选制冷剂的ODP值与GWP值必须是零或尽可能小。如果有必要采用ODP值或GWP值大于零的制冷剂，那么必须尽量减少其充灌量，并使系统的设计和安装能防止泄漏。所选制冷剂不危害水，不形成雾，能重新使用或易于处置。表2-1列出了部分物质的ODP值和GWP值。

部分制冷剂造成的臭氧层耗减和温室效应的指标 表2-1

代码	种类	分子式	臭氧耗减潜能 ODP（R11=1）	全球变暖潜能 GWP（R11=1）	受控物质与否
R11	CFC	CCl_3F	1.0	1.0	是
R12	CFC	CCl_2F_2	0.9~1.0	2.8~3.4	是

续表

代　码	种　类	分子式	臭氧耗减潜能 ODP（R11 = 1）	全球变暖潜能 GWP（R11 = 1）	受控物质与否
R13	CFC	CF_3Cl	1.0		是
R22	HCFC	$CHClF_2$	0.04～0.06	0.32～0.37	（否）
R32	HFC	CH_2F_2	0		否
R113	CFC	$C_2Cl_3F_3$	0.8～0.9	1.3～1.4	是
R114	CFC	$C_2Cl_2F_4$	0.6～0.8	3.7～4.1	是
R115	CFC	$C_2Cl_2F_5$	0.3～0.5	7.4～7.6	（否）
R123	HCFC	$C_2HCl_2F_3$	0.013～0.022	0.017～0.020	（否）
R124	HCFC	C_2HClF_4	0.016～0.024	0.092～0.10	否
R125	HFC	C_2HF_5	0	0.51～0.65	否
R134a	HFC	$C_2H_2F_4$	0	0.24～0.29	否
R141b	HCFC	$C_2H_3Cl_2F$	0.07～0.11	0.084～0.097	（否）
R142b	HCFC	$C_2H_3ClF_2$	0.05～0.06	0.34～0.39	否
R143a	HFC	$C_2H_3F_3$	0	0.72～0.76	是
R152a	HFC	$C_2H_4F_2$	0	0.026～0.033	否
R500	CFC/CFC	R12/R152a	0.74		是
R502	HCFC/CFC	R22/R115	0.33		是

注：（否）为过渡性物质，2020 年和 2040 年之间受限。本表数值取自联合国环境署技术方案专家组报告。

2．热力学方面的要求

（1）在大气压力下制冷剂的蒸发温度要低，便于在低温下蒸发吸热。

（2）常温下制冷剂的冷凝压力不宜过高，这样可以减少制冷装置承受的压力，也可减少制冷剂向外渗漏的可能性。

（3）单位容积制冷量要大，这样可以缩小压缩机尺寸。

（4）制冷剂的临界温度要高，便于用一般的冷却水或空气进行冷凝；同时凝固温度要低，便于获得较低的蒸发温度。

（5）绝热指数应低些。绝热指数越小，压缩机排气温度越低，有利于提高压缩机的容积效率，对压缩机的润滑有好处。表 2-2 列举了常用制冷剂的绝热指数及 $t_0 = -20℃$、$t_k = 30℃$时的绝热压缩温度。从表 2-2 可以看出，在相同的温度条件下，氨的绝热指数比氟利昂大，因此绝热压缩时，氨的排气温度要比氟利昂高得多，所以氨压缩机在气缸顶部应设水套，以防气缸过热。

绝热压缩温度（蒸发温度 －20℃，冷凝温度 30℃）　**表 2-2**

制冷剂	R717	R12	R22	R502
压缩比	6.13	4.92	4.88	4.5
绝热指数	1.31	1.136	1.184	1.132
绝热压缩温度（℃）	110	40	60	36

3．物理化学方面的要求

（1）制冷剂在润滑油中的可溶性。根据制冷剂在润滑油中的可溶性可分为有限溶于润滑油和无限溶于润滑油的制冷剂。

有限溶于润滑油的制冷剂，其优点是在制冷设备中制冷剂与润滑油易于分离，蒸发温度比较稳定；缺点是蒸发器和冷凝器的传热面上会形成油膜从而影响传热。无限溶于润滑油的制冷制，其优点是润滑油随制冷剂一起渗透到压缩机的各个部件，为压缩机的润滑创造了良好的条件，在蒸发器和冷凝器的传热面上不会形成油膜而阻碍传热；缺点是制冷剂中溶有较多润滑油时，会引起蒸发温度升高使制冷量减少，润滑油黏度降低，制冷剂沸腾时泡沫多，蒸发器的液面不稳定。

(2) 溶水性。氟利昂和烃类物质都很难溶于水，而氨易溶于水。对于难溶于水的制冷剂，若系统中的含水量超过制冷剂中水的溶解度，系统中则存在游离态的水，当蒸发温度低于0℃时，就会在节流阀等通道截面较小处形成“冰塞”，影响制冷系统的正常工作。

对于溶水性强的制冷剂，尽管不会出现上述冰塞现象，但制冷剂溶水后发生水解作用，生成酸性物质，腐蚀金属材料，而且单位制冷量有所降低。所以，制冷剂中的含水量应有一定的限制。

(3) 制冷剂的黏度和密度尽可能小，这样可以减少制冷剂在管道中的流动阻力，可以降低压缩机的耗功率和缩小管道直径。

(4) 热导率和放热系数要高，这样便于提高蒸发器和冷凝器的传热效率，减少其传热面积。

(5) 对金属和其他材料不产生腐蚀作用。

(6) 具有化学稳定性。制冷剂在高温下不分解、不燃烧、不爆炸。

4. 其他方面的要求

(1) 制冷剂对人体健康无损害，不具有毒性、窒息性和刺激性。制冷剂的毒性级别分为六级，一级毒性最大，六级毒性最小。毒性分级标准见表2-3。

制冷剂毒性分级标准 **表2-3**

级别	条件		产生的结果
	制冷剂蒸汽在空气中的体积百分比	作用时间（min）	
1	0.5～1.0	5	致　死
2	0.5～1.0	60	致　死
3	2.0～2.5	60	开始死亡或成重症
4	2.0～2.5	120	产生危害作用
5	20	120	不产生危害作用
6	20	120以上	不产生危害作用

(2) 价格便宜，容易购买。

上述对制冷剂的要求，仅作为选择制冷剂时参考。完全满足上述所有要求的制冷剂是不存在的，目前所采用的制冷剂都存在一些缺点，因此在设计选用制冷剂时，根据实际情况，保证主要要求来选用。

二、制冷剂的种类

目前，可作为制冷剂的物质大约有几十种，但常用的不过十几种，用于食品冷冻和空调制冷的制冷剂也就是几种。常用制冷剂按其化学组成可分为四类即无机化合物、氟利昂（卤代烃）、碳氢化合物（烃类）、混合制冷剂。

1. 无机化合物

无机化合物的制冷剂有氨（NH_3）、水（H_2O）、二氧化碳（CO_2）等，其中氨是常用的一种制冷剂。为了书写方便，国际上规定用RXXX表示制冷剂的代号。对于无机化合物，其制冷剂的代号为R7XX，其中7表示无机化合物，7后面两个数字是该物质分子量的整数。如氨的代号为R717，水的代号为R718，二氧化碳的代号为R744。

2. 氟利昂（卤代烃）

氟利昂是饱和烃类（饱和碳氢化合物）的卤族衍生物的总称，这是在20世纪30年代出现的制冷剂，其种类较多，它们的热力性质也有较大的区别，可分别适用于不同要求的制冷机。

氟利昂作为制冷剂，同样也用R和数字表示它的代号，氟利昂的化学分子式为$C_mH_nF_xCl_yB_z$，氟利昂的代号用“R（$m-1$）（$n+1$）xBz”表示。R后面第一位数字为$m-1$，即氟利昂分子式中碳原子数m减去1，该值为零时则省略不写。R后面第二位数字$n+1$。R后面第三位数字为x。R后面第四位数字为Z。如果溴原子数Z为零时，与字母B一起省略。代号中氯原子数y不表示。例如，一氯二氟甲烷化学分子式为CHF_2Cl，因为碳原子数$m=1$，$m-1=0$，氢原子数$n=1$，$n+1=2$，氟原子数$x=2$，溴原子数$Z=0$，故代号为R22，称为氟利昂22。又如一溴三氟甲烷化学分子式为CF_3Br，因为碳原子数$m=1$，$m-1=0$，氢原子数$n=0$，$n+1=1$，氟原子数$x=3$，溴原子数$Z=1$，故代号为R13B1，称为氟利昂13B1。

3. 碳氢化合物（烃类）

碳氢化合物称烃。烃类制冷剂有烷烃类制冷剂（甲烷CH_4、乙烷C_2H_6），烯烃类制冷剂（乙烯C_2H_4、丙烯C_3H_6）等。从经济观点看碳氢化合物是比较好的制冷剂，即价格低，易于获得，凝固温度低等。但安全性差，易燃烧和爆炸。在空调制冷及一般制冷中并不采用，它们只用于石油化学工业的制冷系统中。

烷烃类制冷剂的代号表示方法与氟利昂相同。如甲烷CH_4，$m=1$，$x=0$，$z=0$，则$m-1=0$、$n+1=5$、$x=0$，$z=0$，代号为R50；乙烷代号为R170。丙烷为R290。但丁烷不按上述规则写，而写成R600。此外，对于同分异构体，在代号后加小写字母“a”、“b”、“c”，或在个位数上加一个数字以示区别。如异丁烷（CH_3）CH的代号为R600a或R601。

对于乙烯、丙烯等的表示方法，是在R后面先写一个“1”，其余数字按氟利昂的编号规则书写。如乙烯C_2H_4，$m=2$，$n=4$，$x=0$，$z=0$，则$m-1=1$、$n+1=5$、$x=0$、$z=0$，代号为R1150。丙烯代号为R1270。

4. 混合制冷剂

混合制冷剂又称多元混合溶液。它是由两种以上制冷剂按比例相互溶解而成的混合物，可分为共沸溶液和非共沸溶液。

共沸溶液是指固定压力下蒸发或冷凝时，其蒸发温度和冷凝温度恒定不变，而且它的气相和液相具有相同组分的溶液。共沸溶液制冷剂代号R后的第一个数字均为5，5后面的数字按使用的先后顺序编号。目前作为共沸溶液制冷剂的有R500、R502等。

非共沸溶液是指在固定压力下蒸发或冷凝时，其蒸发温度和冷凝温度是不断变化的，气、液相的组成成分也不同的溶液。非共沸溶液制冷剂代号R后的第一个数字为4，4后面的数字按使用的先后顺序编号。如果构成非共沸混合工质的纯物质种类相同，但成分不同，则分别在代号末尾加上大写英文字母以示区别。例如R401、R402、…、R407A、R407B、R407C。

对于尚未给予编号的混合工质，其代号由组成制冷剂的编号和组成的质量分数表示。制冷剂应按其组分的标准沸点增高顺序来标注，将组成非共沸混合工质的组分间用“/”

隔开表示。例如制冷剂 R22 和 R12 按质量比 90/10 组成混合物时，可表示为 R22/R12 (90/10)。

三、常用制冷剂的性质

目前常用的制冷剂有水、氨和氟利昂，其性质见表 2-4。

常用制冷剂的性质 表 2-4

制冷剂代号	分子式	分子量 M	标准沸点 (℃)	凝固温度 (℃)	临界温度 (℃)	临界压力 (MPa)	临界(比体积) (m^3/kg)	绝热指数 (20℃，101.325kPa)	毒性级别
R718	H_2O	18.02	100.0	0.0	374.12	22.12	3.0	1.33 (0℃)	无
R717	NH_3	17.03	−33.35	−77.7	132.4	11.52	4.13	1.32	2
R11	$CFCl_3$	137.39	23.7	−111.0	198.9	4.37	1.805	1.135	5
R12	CF_2Cl_2	120.92	−29.8	−155.0	112.04	4.12	1.793	1.138	6
R13	CF_3Cl	104.47	−81.5	−180.0	28.78	3.86	1.721	1.15 (10℃)	6
R22	CHF_2Cl	86.48	−40.84	−160.0	96.13	4.986	1.905	1.194 (10℃)	5a
R113	$C_2F_3Cl_3$	187.39	47.68	−36.6	214.1	3.415	1.735	1.08 (60℃)	4~5
R114	$C_2F_4Cl_2$	170.91	3.5	−94.0	145.8	3.275	1.715	1.092 (10℃)	6
R123	$C_2HF_3Cl_2$	152.9	27.9	−107.0	183.9	36.73			
R134a	$C_2H_2F_4$	102.0	−26.25	−101.0	101.1	4.06	1.942	1.11	6
R500	$CF_2Cl_2/C_2H_4F_2$ 73.8/26.2	99.30	−33.3	−158.9	105.5	4.30	2.008	1.127 (30℃)	5a
R502	CF_2Cl_2/C_2H_4Cl 48.8/51.2	111.64	−45.6	—	90.0	42.66	1.788	1.133 (30℃)	5a

1. 水 (R718)

水作为制冷剂其优点是无毒、无味、不会燃烧和爆炸，而且是容易得到的物质。但水蒸气的比容大，单位容积制冷量小，水的凝固点高，不能制取较低的温度，只适用于蒸发温度 0℃以上的情况。所以，水作为制冷剂常用于蒸气喷射制冷机和溴化锂吸收式制冷机中。

2. 氨 (R717)

氨是目前应用最为广泛的一种制冷剂，主要用于制冰和冷藏制冷。氨作为制冷剂其优点是单位容积制冷量大，蒸发压力和冷凝压力适中，蒸发压力总大于 1 个大气压，蒸发器内不会形成真空；氨黏度小，流动阻力小，传热性能好，对钢铁不产生腐蚀作用；氨易溶于水，系统不易发生“冰塞”现象；氨价格便宜，容易购买。

氨的主要缺点是对人体有较大的毒性。氨蒸气无色，具有强烈的刺激性臭味，刺激人的眼睛及呼吸器官。氨液飞溅到皮肤上时会引起肿胀甚至冻伤。当氨蒸气在空气中体积分数达到 0.5%~0.6%时，人在其中停留半小时即可中毒。

氨易燃易爆，当空气中氨的体积分数达 16%~25%时可引起爆炸，达到 11%~14%时即可点燃（燃烧时呈黄色火焰）。因此，车间内的工作区里氨蒸气浓度不得超过 $20mg/m^3$。

氨虽溶于水，系统不会发生冰塞，但是有水分存在会使蒸发温度升高，并对铜及铜合金（磷青铜除外）有腐蚀作用，所以，在使用中仍然限制氨中的含水量，质量分数不得超过2%。

氨几乎不溶于油，如果润滑油进入换热设备，在换热设备的传热面上会形成油膜，影响其传热效果。因此，在氨制冷系统中必须设置油分离器。此外，在运行中润滑油还会积存在冷凝器、贮液器和蒸发器等设备的下部，下部有排油装置，应定期排油。

由于氟里昂中的CFC及HCFC物质面临被禁用，所以目前氨制冷剂又受到重视。主要用于蒸发温度在-65℃以上的大型或中型单级、双级活塞式制冷机。

3. 氟利昂

氟利昂制冷剂种类很多，性能各异，但有其共同特点。氟利昂制冷剂所具有的优点是无毒，无臭，不易燃烧，对金属不腐蚀，绝热指数小，因而排气温度低；具有较大的分子量，适用于离心式制冷压缩机。其缺点是部分制冷剂（如R12）的单位容积制冷量小，制冷剂的循环量较大；密度大，流动阻力大；含氯原子的氟利昂遇明火时会分解出有毒气体；放热系数低；价格贵，易于泄漏而不易发现。

大多数氟利昂不溶于水。为了防止系统发生冰塞，必须设干燥器。多数氟利昂溶解于油，如R11、R12、R21、R113、R500等，有限溶油的有R22、R502等，不溶于油的有R13等。

氟利昂的性质随所含氢、氟、氯原子数的不同而差别较大。一般来说，氟利昂中氟原子数越多，其毒性越小、对金属的腐蚀性越小、化学稳定性越高。氯原子数在很大程度上影响氟利昂的热力性质，氯原子数越多，则其在大气压力下的沸点就越高。含氢原子数越少，燃烧和爆炸性越小。

氟利昂检漏可用肥皂水、卤素灯和卤素检漏仪。肥皂水适用于系统安装和有明显泄漏时的检查。少量泄漏可用卤素灯检查，随着泄露量的增大，卤素灯火焰的颜色由微绿、淡绿，变成深绿直到紫色。微量泄漏可用卤素检漏仪，该仪器有极高的灵敏度，每年几毫克的泄漏量都能检查出来。

氟利昂的价格较高，所以通常主要用于有严格的卫生、安全要求的场合。目前常用的氟利昂制冷剂有R12、R11、R13、R22、R123、R134a、R142b、R152a等。

常用几种氟利昂的性能如下：

(1) 氟利昂12（R12）

R12是我国目前中小型空调用制冷、食品冷藏和冰箱制冷装置中使用较普遍的制冷剂。

R12无色、无味，对人体危害极小，不燃烧、不爆炸，它是最安全的制冷剂。

R12溶于油，因而在冷凝器的传热面上不会形成油膜而影响传热。但是R12和润滑油一起进入蒸发器，随着R12不断蒸发，蒸发器润滑油含量增加，使蒸发温度升高，传热系数降低。为了使润滑油和R12一起返回压缩机，设计中一般采用干式蒸发器，从上部供液，下部回气，并应保证上升回气立管有足够的带油速度。

R12对水的溶解度极小，为了防止系统发生冰塞现象，规定R12的含水量（质量分数）不得超过0.0025%，并且在制冷系统中设置干燥器。

R12的最大缺点是单位容积制冷量小，对臭氧层有破坏作用，被列为首批限用制冷剂，我国宣布2007年将禁止使用R12。

(2) 氟利昂 11 (R11)

R11 的溶水性、溶油性以及对金属的作用与 R12 相似，毒性比 R12 稍大，R11 的分子量大，单位容积制冷量小，所以主要用于空调用离心式制冷压缩机中。

(3) 氟利昂 13 (R13)

R13 在大气压力下的蒸发温度为 -81.5℃，凝固温度为 -180℃。可用在 -70 ~ -110℃的低温系统中。其优点是在低温下蒸气比热容较小，单位容积制冷量大；缺点是临界温度较低，常温下压力很高。所以，适用于重叠式制冷系统，作为低温级的制冷剂。

R13 不溶于油，而在水中的溶解性与 R12 大致一样，也是很小的。对金属不产生腐蚀作用。

(4) 氟利昂 22 (R22)

R22 是一种良好的制冷剂，故常用在窗式空调器、冷水机组、立柜式空调机组中。在复叠式制冷装置中，R22 也可作为高温部分的制冷剂。

R22 在大气压力下的沸点为 -40.8℃，凝固点为 -160.0℃，常温下的冷凝压力及单位容积制冷量都与氨的接近。

R22 无色、无味、不燃烧、不爆炸、使用安全可靠。

R22 与润滑油能有限溶解。通常在冷凝器或高压贮液器内，它能与润滑油互相溶解形成溶液，但在低压贮液器或蒸发器内，由于温度较低，润滑油只能部分溶解在制冷剂中而出现了分层现象，上层主要为润滑油，下层主要为制冷剂。为了使润滑油顺利返回压缩机，在系统的低压部分应设置油分离装置。

R22 的溶水性比 R12 大，但仍属于微溶于水的制冷剂。所以系统中制冷剂中水的质量分数仍须控制在 0.0025%以下，并在系统中装设干燥器。

R22 对大气臭氧层的破坏作用比 R12 小得多，所以在一些场合，它正在作为某些禁用制冷剂的过渡性替代物研究和使用，但最终将被停止使用。

禁止生产和使用 R22 的工作比禁止 R12 等物质有一段延缓期。目前 R22 的替代物有人工合成制冷剂及自然制冷剂两种。日、美等国主张采用人工合成的非共沸的混合制冷剂作为 R22 替代物，主要有 R23/R152a、R32/R152a、R32/R152a/R134a 等。德国等欧洲国家主张采用自然界中存在的自然制冷剂。

(5) 氟利昂 123 (R123)

R123 的标准蒸发温度是 27.9℃，凝固温度 -107℃，属高温制冷剂。R123 比 R11 相对分子质量大，适用于离心式制冷机。R123 比 R11 具有更大的浸蚀性，故密封材料必须更换成与之相容的材料。它与矿物油互溶，具有一定毒性。传热系数较小。

R123 具有优良的大气环境特性 (ODP = 0.022，GWP = 0.02)，是目前替代 R11 用于离心式制冷机比较理想的制冷剂。

(6) 氟利昂 134a (R134a)

R134a 是一种新型制冷剂，它的标准蒸发温度为 -26.25℃，凝固点为 -101.1℃。

R134a 的主要热力性质与 R12 非常接近，其毒性也与 R12 相同。化学稳定性比较好，对金属的腐蚀程度比 R12 小。R134a 的特点是对大气臭氧层没有破坏作用，安全无害。以 R12 为制冷剂的制冷机改用 R134a 后，基本上不需要更换什么部件，制冷量和能效比都不会有太大的变化，因此它一开始就被作为 R12 的重要替代制冷剂进行研究。但是 R12 制冷机改用 R134a 后，原来的烷烃类润滑油已不适用。实验证明酯基类润滑油比较适用于 R134a，它们之间互溶性较好。

应该看到，R134a 的 GWP 值约为 0.24～0.29，仍具有相当的温室效应。

（7）氟利昂 142b（R142b）

R142b 在大气压力下的沸点为 –9.25℃；当冷凝温度高达 80℃时，其冷凝压力仅为 1.4MPa，因此适用于在较高环境温度下工作的空调或热泵装置。

R142b 具有一定的可燃性，当它与空气混合，其体积分数为 10.6%～15.1%时，会发生爆炸，它的毒性与 R22 相近。

R142b 是一种低公害物质，对大气臭氧层的破坏作用比 R22 还小，许多国家和地区正在将其作为一种过渡性的替代物进行研究和使用，但仍将在 2040 年被禁止使用。

（8）氟利昂 152a（R152a）

在环境可接受性上，它比 R134a 更好。R152a 是极性化合物。在与润滑油相溶性方面的情况与 R134a 类似。它的不利之处是：燃烧性强。R152a 在空气中体积分数达 4.5%～21.8%时，就会着火。

以往，R152a 作为共沸混合制冷剂 R500（R12/R152a）的一个组分，已有较广泛应用。现在认为它同时是 R12 的较好替代物。R152a 标准蒸发温度为 –25℃。在制冷循环特性上优于 R12。由于可燃性，R152a 使用中应有很好的安全措施。一般认为在家用冰箱中使用可燃性制冷剂不会导致安全方面的大问题。

4. 混合制冷剂

R500、R502 混合制冷剂性质见表 2-4。

（1）R500

R500 制冷剂是由质量百分比为 73.8%的 R12 和 26.2%的 R152a 组成。与 R12 相比，使用同一台压缩机其制冷量提高约 18%。在大气压力下的蒸发温度为 –33.3℃。

（2）R502

R502 制冷剂是由质量百分比为 48.8%的 R22 和 51.2%的 R115 组成。它与 R22 相比，采用 R502 的单级压缩机，制冷量可增加 5%～30%；采用双级压缩机，制冷量可增加 4%～20%，在低温下，制冷量增加较大。在相同的 t_0 和 t_k 下，压缩比较小，排气温度比 R22 低 15～30℃。在相同的工况下，R502 比 R22 的吸入压力稍高，而压缩比又较小，故压缩机的容积效率提高，在低温下更为有利。

在大气压力下 R502 的蒸发温度为 –45.6℃，R22 为 –40.8℃，故蒸发温度在 –45℃以上时，系统内不会出现真空，避免了外界空气渗入系统的可能性。

R502 与 R22 一样，具有毒性小、无燃烧和爆炸危险，对金属材料无腐蚀作用，对橡胶和塑料的腐蚀性也小。

综上所述，R502 具有较好的热力、化学和物理特性，是一种较理想的制冷剂，它适合于蒸发温度在 –40～–45℃的单级、风冷式冷凝器的全封闭和半封闭制冷压缩机中使用。它的主要缺点是价格较贵。

R502 中因含有 R22 和 R115（对大气臭氧层有严重破坏作用），所以其使用受到限制。

（3）R407c

R407c 它是一种三元非共沸混合工质，可作为 R22 的替代工质。其组成质量比为 R32/

R125/R134a（23/25/52），ODP = 0。在相变过程中存在明显的温度梯度，加上传热性能较差，为达到与 R22 相同的制冷量，冷凝器和蒸发器的面积要增大。R407c 不能与矿物油互溶，但能溶于聚酯类合成润滑油。在空调工况下，其制冷量及制冷系数比 R22 略低（约 5%）。

（4）R22/R152a/R124 三元混合制冷剂

R22/R152a/R124 三元混合制冷剂属于非共沸溶液，它是新开发的一种制冷剂。

R22/R152a/R124 制冷剂各组分的质量百分比为 36% 的 R22、24% 的 R152a 和 40% 的 R124。由于三种组分的蒸发温度相差不是太大，也可称为近共沸溶液。它的特性与 R12 很相近，其制冷效率比 R12 提高 3%。

制冷剂种类很多，由于性质各异，故适用于不同的制冷系统。表 2-5 列出常用制冷剂的使用范围。

常用制冷剂的一般使用范围 **表 2-5**

制冷剂	温度范围	压缩机类型	用　途
R717	中、低温	活塞式、离心式	冷藏、制冰
R11	高温	离心式	空气调节
R12	高、中、低温	活塞式、回转式、离心式	空气调节、冷藏
R13	超低温	活塞式、回转式	超低温装置
R22	高、中、低温	活塞式、回转式	空调、冷藏和低温
R113	高温	离心式	空气调节
R114	高温	活塞式	特殊空气调节
R123	高温	离心式	空调
R134a	高、中、低温	活塞式、离心式、回转式	空调、冷藏、冰箱
R500	高、中温	活塞式、回转式、离心式	空气调节、冷藏
R502	高、低温	活塞式、回转式	冷藏和低温

注：普通制冷领域中，高温为 10 ~ 0℃，中温为 0 ~ －20℃，低温为 －20 ~ －60℃，超低温为 －60 ~ －100℃。

四、制冷剂贮存的注意事项

1. 制冷剂大都贮存在钢瓶中，存放时应注意：

（1）存放制冷剂的钢瓶必须经过耐压试验，并定期进行检查。

（2）钢瓶应存放在阴凉处，避免阳光直晒，防止靠近高温。在搬运中禁止敲击，应轻拿轻放，以防爆炸。

（3）充加制冷剂时，应远离火源。不得随意向室内排放，尤其室内有明火时，氯氟烃遇火会产生光气而使人中毒。

（4）要采取劳动保护措施，如戴手套、眼镜，以防止发生冻伤。

（5）钢瓶阀门绝对不应有慢性泄漏，应定期对阀门进行泄漏试验。

（6）室内应保证空气流通，应装有通风设备，一旦发生制冷剂泄漏，应立即通风排除。

（7）不同的制冷剂应采用固定的专用钢瓶，装存不同制冷剂的钢瓶不要互相调换使用。瓶外应标有明显的品名、数量、质量卡片，以防弄错。

(8) 氨瓶漆成黄色、氟利昂钢瓶漆成银灰色，并在钢瓶上标明所存制冷剂的名称。

(9) 当钢瓶内的制冷剂用完后，应立即关闭控制阀，以免漏入空气和水蒸气。

2. 制冷剂的分装注意事项：

将大瓶中的制冷剂分装到小瓶中去时，要注意以下几点：

(1) 小瓶同样需要做耐压试验和泄漏试验。分装前应将小瓶干燥处理，将重量标在瓶外。

(2) 将大瓶倒置并高架起来。小瓶放在磅秤上，连接铜管应用柔性连接，以减少对秤重的影响，小瓶下可放冰盘或冷水盘。

(3) 分装时先开大瓶阀，再开小瓶阀。达到灌充量时应先关大瓶阀，用热布敷连接管后再关小瓶阀。

(4) 小瓶灌充量不要超过满容积的70%~80%。

(5) 分装后关闭大、小瓶阀卸去连接管，检查小瓶重量，将大、小瓶阀口用封闭帽封严。

五、CFC的限用与替代制冷剂的选择

1.CFC（氯氟烃）的概念

目前所用的制冷剂都是按国际规定的统一编号书写的，如R11、R12等。近年来，由于涉及臭氧层的损耗情况，为了能从符号上显示制冷剂元素的组成，区别各类氟利昂对臭氧（O_3）层的作用，美国杜邦公司建议采用新的制冷剂代号。(1) 把不含氢的氟利昂（分子中含有氯、氟、碳的完全卤代烃）写成CFC，读作氯氟烃，如R12改写成CFC12。(2) 把含氢的氟利昂（分子中含有氯、氟、氢、碳的不完全卤代烃，把字母“H”放在最前面）写成HCFC，读作氢氯氟烃，如R22改写成HCFC22。(3) 把不含氯的氟利昂（分子中含有氢、氟、碳的无氯的卤代烃）写成HFC，读作氢氟烃，如R134a改写成HFC134a。在CFC限用的今天，人们常把氯氟烃物质误认为氟利昂物质，其实不然，CFC只属于氟利昂物质中的一种。各类氟利昂制冷剂表示方法见表2-6。

氟利昂制冷剂表示方法范例 **表2-6**

化合物名称	分子式	代　号	备　注
一氟三氯甲烷	$CFCl_3$	R11	CFC11
二氟二氯甲烷	CF_2Cl_2	R12	CFC12
三氟一氯甲烷	CF_3Cl	R13	CFC13
四氟二氯甲烷	CF_2Cl-CF_2Cl	R114	CFC114
五氟一氯甲烷	CF_2Cl-CF_3	R115	CFC115
二氟一氯甲烷	CHF_2Cl	R22	HCFC22
三氟二氯甲烷	$CHCl_2CF_3$	R123	HCFC123
四氟乙烷	$C_2H_2F_4$	R134a	HFC134a
二氟甲烷	CH_2F_2	R32	HFC32

2.CFC对臭氧（O_3）层的破坏与CFC的限用

氯氟烃（CFC）是氯氟碳化合物，即饱和烃中的氢元素完全被氯元素和氟元素置换，它是属于氟利昂物质中的一种。如R11、R12、R13、R113、R114、R115等。它们极为稳定，在大气中可长期存在，其生存期长达几十年至上百年。据资料估计常用氟利昂在大气中的寿命分别为：HCFC22（R22）为20年；CFC11（R11）为65年；CFC12（R12）为120年；CFC13（R13）为400年；CFC114（R114）为180年；HFC134a（R134a）为8~11年；HCFC123（R123）为1~4年。由此可见，含氢的氟利昂，在大气中的寿命显著缩短，而CFC在大气中具有相当长的寿命。当CFC穿过大气扩散到臭氧层时，受紫外线照射后产生对臭氧层有严重破坏作用的C1和C10。由于一个C1连锁反映破坏上万个O_3分子，从而使臭氧层减薄或消失。

臭氧层遭到破坏，太阳紫外线对地球的辐射增强。臭氧每减少1%，可使对生物有伤害的紫外线辐射力增强1.5%~12%。臭氧层的破坏，对人类身体健康与生物生长会产生直接影响。其后果：

（1）会使皮肤癌和白内障患者增多。紫外线是皮肤癌的主要诱因，仅据美国不完全统计，目前每年皮肤病患者就达50万人，其中恶性肿瘤病例25000人，死亡约5000人。眼球受更强的紫外线辐射，可引起白内障。

（2）会损害人的抵抗力，抑制人体免疫系统的功能，使许多疾病更容易发生。

（3）强烈的紫外线辐射，使许多农作物、微生物和海洋生物也受到损害，从而影响到人类的食物供应。通过对300种农作物和其他植物的暖房实验证实，其中有2/3对紫外线都很敏感，最易破坏的是豆类。据估算，如臭氧减少25%，大豆生产量将减产20%。紫外线对海水20m以内的浮游生物、鱼苗、虾和藻类等也会造成危害。

（4）紫外线也将引起建筑物、绘画、包装的聚合物质老化，寿命缩短。

（5）大气平流层臭氧浓度的降低，使紫外线辐射增强，而使接近地面的大气中臭氧浓度反而增加，尤其是在人口最密集的城市中心，这些地区臭氧的增加，将会引起光化学烟雾污染，影响人类身体健康，破坏农作物与各种材料。

CFC、HCFC、HFC等类物质同CO_2一样，也是造成温室效应的物质。全球气候变暖会导致一系列的环境问题。大气变化国际研究会曾预言：到2100年地球温度将增高1~3.5℃。届时，冰山将融化，海水将漫溢，这将会给人类的生存环境带来严重的威胁。

为了保护臭氧层，控制氯氟烃制冷剂的使用，是一件刻不容缓的大事，已引起了全世界各国的关注。1987年9月在加拿大蒙特利尔市国际保护臭氧层会议上通过了《关于消耗臭氧层物质的蒙特利尔协议书》，提出限制使用R11、R12、R113、R114、R115等氟利昂。1992年在哥本哈根召开的“蒙特利尔议定书缔约国第四次会议”上，又进一步修正与调整了淘汰受控物质的时间表。对于发达国家，规定1990年1月1日起完全停止生产和禁止使用CFC，到2020年完全停止使用HCFC，上述时间表是针对经济发达国家的，对于发展中国家（包括中国），《议定书》最新规定是：CFC物质2010年全部停止使用；HCFC物质2016年开始受限，2040年全部停止使用。

3.CFC替代物的选择

（1）选择的基本要求

1）对环境安全。替代制冷剂的臭氧耗减潜能（ODP）必须小于0.1（R12=1），全球变暖潜能（GWP）值相对于CFC12来说必须很小。

2）具有良好的热力性能。要求制冷剂的压力适中，制冷效率高，并与润滑油有良好的亲和性。

3）具有可行性。除易于大规模工业生产、价格可被接受外，并要求其毒性必须符合职业卫生要求，对人体无不良影响。

（2）CFC 替代物的选择

1）使用已有的制冷剂：

A　对于空调用制冷，R22 是目前主要的替代制冷剂，目前国外已生产和使用 R22 封闭式和开启式离心式冷水机组。

B　R717 将被重新评价，有可能要扩大使用范围。

2）新的替代制冷剂在近年来研究工作的基础上，美国杜邦公司提出用 HFC134a（R134a）替代 R12，用 HCFC123（R123）替代 R11 等，许多专家正在研究有关 CFC 替代制冷剂应用方面的技术问题。专家们认为，长远的办法是采用 HFC 物质作为制冷剂，因为 HFC 不含氯，所以对臭氧层无破坏作用。如选用近期替代物的话，必须是 ODP 值小的 HCFC 制冷剂。表 2-7 为 21 世纪绿色环保制冷剂的趋势。

21 世纪绿色环保制冷剂的趋势　　表 2-7

制冷用途	原制冷剂	制冷剂的替代物
空调制冷	HCFC-22	HFC 混合制冷剂（R407c、R410a）
大型离心式冷水机组	CFC-11 CFC-12，R500 HCFC-22	HCFC123 HFC134a HFC 混合制冷剂（R407c）
低温冷冻冷藏机组和冷库	CFC-12 R500 HCFC-22 R717	HFC134a HFC 或 HCFC 混合制冷剂 HCFC-22 R717
冰箱、冷藏柜、汽车空调	CFC-12	HFC134a、HFC 及其混合制冷剂 HCFC 混合制冷剂

第二节　载　冷　剂

载冷剂又称冷媒，它是用来把制冷装置中所产生的冷量传递给被冷却物体的媒介物质。常用的载冷剂有空气、水、盐水。在冷藏库中，常用空气或盐水来冷却贮存食品；在空调中，采用冷冻水作载冷剂，将冷冻水送入喷水室或水冷式表面冷却器用来处理送入房间的空气。

一、选择载冷剂的基本要求

在选择载冷剂时，应满足下列基本要求：

（1）在使用温度范围内呈液态，不凝固、不气化。

（2）比热容要大，这样载冷剂的载冷量就大，而载冷剂流量就小，管道的直径和泵的尺寸减小，循环泵功率减小。

（3）无毒、化学稳定性好、对金属不腐蚀，以延长系统的使用寿命。

（4）密度小、黏度小，以减少流动阻力。

（5）热导率大，可减少换热设备的传热面积。

(6) 来源广泛、价格低廉。

二、常用载冷剂的性质

1. 空气

用空气作载冷剂其优点是到处都有，容易取得，不需要复杂的设备；其缺点是比热容小，所以只有利用空气直接冷却时才采用它。在冷藏库中，就是利用库内空气作载冷剂来冷却食品的。

2. 水

水具有比热容大、无毒、不燃烧、不爆炸、化学稳定性好、容易获得等优点，因此，水是空调系统常用的载冷剂。制冷装置将水冷却到一定温度后，送入空调器中，与通过空调器的空气进行热、湿交热，将空气冷却达到一定的温、湿度要求后，送入房间。但是，水的凝固点高，因而只能用作制取0℃以上温度的载冷剂。

3. 盐水

盐水有较低的凝固温度，可作为制取制冷温度低于0℃的载冷剂。

常用的盐水有氯化钠（Nacl）、氯化钙（$CaCl_2$）水溶液。

盐水是盐和水的溶液，盐水的性质取决于溶液中含盐的浓度，也就是说盐水的凝固点与溶液中的含盐量多少有关。图2-1和图2-2分别为氯化钠水溶液和氯化钙水溶液的凝固曲线。图中左右各有一条曲线，左边是析冰线，右边是析盐线，两曲线的交点称为冰盐合晶点。从氯化钠盐水凝固曲线可以看出，溶液的凝固点随盐的浓度而改变。图中左边曲线表明，随着盐水浓度增加，盐水的凝固温度（凝固点）也相应地降低，一直到冰盐合晶点为止，此点是冰盐同时结晶的温度与浓度；如果盐的浓度再增加，不但凝固温度不会降低，反而升高，如果温度不提高，则有盐析出，这一现象可以从右边的曲线（析盐线）看出。同时，可以看出，曲线将图分为四区，即溶液区、冰—盐水溶液区、盐—盐水溶液区、固态区。不同的盐水其冰盐合晶点的温度、浓度不同，氯化钠水溶液的冰盐合晶点的温度为－21.2℃，含盐量（质量分数）为23.1%（100kg盐水中含有23.1kgNaCl）；氯化钙水溶液的冰盐合晶点的温度为－55℃，含盐量（质量分数）为29.9%。

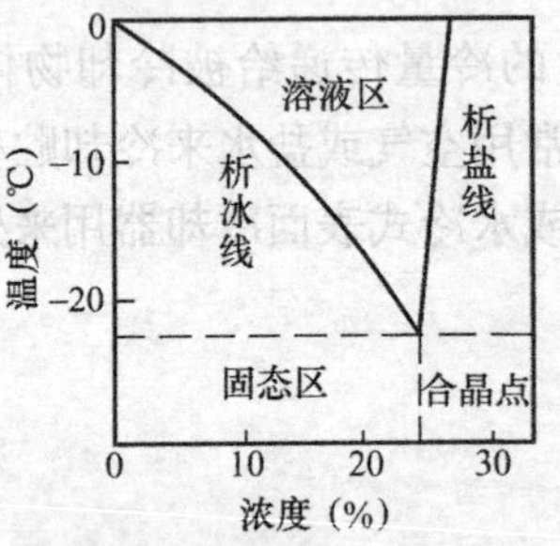

图2-1　氯化钠水溶液

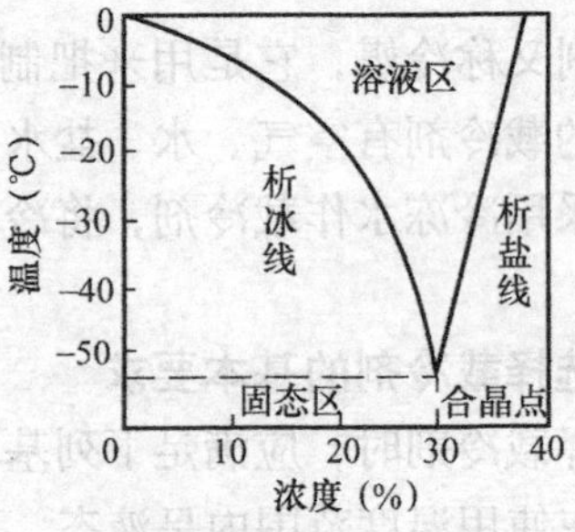

图2-2　氯化钙水溶液

选用盐水作载冷剂应注意以下几个问题：

(1) 要合理选择盐水的浓度。盐水溶液的浓度越大，其密度也越大，流动阻力也增大；同时，浓度增大，其比热容减小，输送一定冷量所需盐水溶液的流量增加，同样增加泵的功率消耗。因此，只要保证蒸发器中盐水溶液不会冻结，其凝固温度不要选择过低。

一般的选法是，选择盐水的浓度使凝固温度（凝固点）比制冷剂的蒸发温度低5～8℃即可（采用水箱式蒸发器时取5～6℃；采用壳管式蒸发器时取6～8℃）。而且盐水溶液浓度不应大于冰盐合晶点浓度。由此可见，氯化钠（NaCl）溶液只使用在蒸发温度高于－15℃的制冷系统中，氯化钠、氯化钙比热容的物理性质见附表A-6和附表A-7。

（2）盐水的腐蚀性。盐水对金属有腐蚀作用，腐蚀的强弱与盐水溶液中的含氧量有关，含氧量越大，腐蚀性越强。为了降低盐水对金属的腐蚀作用，必须采用防腐措施：

1）最好采用闭式盐水系统，使之与空气减少接触。

2）在盐水溶液中加入一定量的防腐剂。其做法是$1m^3$氯化钙水溶液中应加1.6kg重铬酸钠（Na_2CrO_7）和0.45kg氢氧化钠（NaOH）；$1m^3$氯化钠水溶液中应加3.2kg重铬酸钠和0.89kg氢氧化钠。加入防腐剂后，盐水应呈弱碱性（$pH\approx8.5$）。这可利用酚酞试剂来测定，酚酞试剂与盐水混合时须呈淡玫瑰色。需要注意的是重铬酸钠对人体皮肤有腐蚀作用，在配制溶液时须加小心。

（3）盐水的吸水性。盐水在使用过程中会吸收空气中的水分，使其浓度降低，凝固温度升高，特别是在开式盐水系统中。所以，必须定期测定盐水的浓度和补充盐量，以保持要求的浓度。

4．有机物载冷剂

在一些不允许使用有腐蚀性载冷剂的场合，可采用甲醇、乙醇、乙二醇、丙二醇等水溶液。

（1）甲醇（CH_3OH）、乙醇（C_2H_6OH）水溶液：甲醇的凝固温度为－97℃，乙醇的凝固温度为－117℃。它们的纯液体密度和比热容都比盐水低，故可以在更低温度下载冷。甲醇比乙醇的水溶液黏性稍大一些。它们的流动性都比较好。甲醇和乙醇都有挥发性和可燃性，所以使用中要注意防火，特别是当机器停止运行，系统处于室温时，更需格外当心。

（2）乙二醇、丙二醇和丙三醇水溶液：丙三醇（甘油）是极稳定的化合物，其水溶液对金属无腐蚀、无毒，可以和食品直接接触，是良好的载冷剂。

乙二醇和丙二醇水溶液的特性相似，它们的合晶点温度可达－60℃左右（对应的合晶点质量分数为0.6左右），其密度和比热容较大，溶液黏度高，略有毒性，但无危害。表2-8列出几种常用载冷剂的热物理性质，供选用载冷剂时参考。

几种常用载冷剂的热物理性质 **表2-8**

使用温度（℃）	载冷剂名称	质量分数（%）	密度 $\rho/\times10^3$ (kg/m³)	比热容 C_p [kJ/(kg·K)]	热导率 λ [W/(m·K)]	动力黏度 μ (10^3Pa·s)	凝固点 t_n（℃）
0	氯化钙水溶液	12	1.111	3.465	0.528	2.5	－7.2
	甲醇水溶液	15	0.979	4.1868	0.494	6.9	－10.5
	乙二醇永溶液	25	1.03	3.834	0.511	3.8	－10.6
－10	氯化钙水溶液	20	1.188	3.041	0.501	4.9	－15.0
	甲醇水溶液	22	0.97	4.066	0.461	7.7	－17.8
	乙二醇水溶液	35	1.063	3.561	0.4726	7.3	－17.8
－20	氯化钙水溶液	25	1.253	2.818	0.4755	10.6	－29.4
	甲醇水溶液	30	0.949	3.813	0.3878		－23.0
	乙二醇水溶液	45	1.080	3.312	0.441	21	－26.6

续表

使用温度（℃）	载冷剂名称	质量分数（%）	密度 $\rho/\times10^3$ (kg/m³)	比热容 C_p [kJ/（kg·K）]	热导率 λ [W/（m·K）]	动力黏度 μ (10^3Pa·s)	凝固点 t_n（℃）
-35	氯化钙水溶液	30	1.312	2.641	0.441	27.2	-50.0
	甲醇水溶液	40	0.963	3.50	0.326	12.2	-42.0
	乙二醇水溶液	55	1.097	2.975	0.3725	90.0	-41.6
	二氯甲烷	100	1.423	1.146	0.2038	0.80	-96.7
	三氯乙烯	100	1.549	0.976	0.1503	1.13	-88.0
	一氟三氯甲烷	100	1.608	0.817	0.1316	0.88	-111.0
-50	二氯甲烷	100	1.450	1.146	0.1898	1.04	-96.7
	三氯乙烯	100	1.578	0.7282	0.1712	1.90	-88.0
	一氟三氯甲烷	100	1.641	0.8125	0.1364	1.25	-111.0
-70	二氯甲烷	100	1.478	1.146	0.2213	1.37	-96.7
	三氯乙烯	100	1.590	0.4567	0.1957	3.40	-88.0
	一氟三氯甲烷	100	1.660	0.8340	0.1503	2.15	-111.0

第三节 润 滑 油

在制冷系统中，为了保证压缩机正常运转，可靠地调节制冷量，提高机组运行的可靠性，在制冷系统中必须充注一定量的润滑油，又称为冷冻机油。

一、润滑油的作用

在制冷压缩机中，润滑油的功能主要是：

（1）润滑相互摩擦的零件表面，使摩擦表面完全被油膜分隔开来，从而降低压缩机的摩擦功、摩擦热和零件的磨损，延长压缩机使用寿命。

（2）带走摩擦热量，使摩擦零件的温度保持在允许范围内，提高压缩机效率和使用的可靠性。

（3）使活塞环和气缸壁之间的间隙、轴封摩擦面等密封部分充满润滑油，以阻挡制冷剂的泄漏。

（4）利用油压作为控制卸载机构的动力。

二、对润滑油的基本要求

（1）润滑油的凝固点要低，如果凝固点高，就会造成低温流动性差，在蒸发器等低温处失去流动能力，形成沉积，影响制冷效率和制冷能力。此外，当压缩机温度低时，会影响机件润滑，造成磨损。一般家用电冰箱和家用空调器采用凝固点低于-30℃的润滑油。

（2）要有适当的黏度。如果黏度太小，在磨擦面不易形成正常的油膜厚度，会加速机械磨损，甚至发生拉毛汽缸、抱轴等故障，机构密封性能也不好，制冷剂容易泄漏；如果黏度太大，润滑和密封性能虽好，但制冷压缩机的单位制冷量消耗的功率会增大，耗电量增加。润滑油的黏度过大或过小都会引起汽缸温度过度升高，造成排气温度过高，影响制冷压缩机的正常运行。

（3）有较好的黏温性能和较高的闪点。制冷压缩机在工作中，汽缸等处的温度高达130~150℃左右，所以要求润滑油的黏度在温度变化时要小，闪点要高。这才能保证在各种不同温度条件下，具有良好的润滑性能，不会使润滑油在温度高的情况下炭化。

(4) 要有良好的化学稳定性和抗氧化安定性。润滑油在制冷系统内与制冷剂经常接触，在全封闭式的制冷压缩机内，要求能够使用 10～15 年以上，长期不换油，所以必须要有良好的化学稳定性和抗氧化安定性。

(5) 不含水及酸之类杂质，要有良好的电气绝缘性能。在半封闭和全封闭式制冷压缩机中，电动机绕组要与润滑油经常接触，所以要求润滑油不能破坏电动机的绝缘物，并有良好的绝缘性能。

三、润滑油同制冷剂接触时的特性

1. 黏度

黏度是润滑油的一个主要性能指标，不同的制冷剂要求使用不同黏度的润滑油。例如 R12 能跟润滑油互溶，致使润滑油变稀，所以应选用黏度较高的润滑油。压缩机中润滑油的黏度应适当。黏度过大会使压缩机的摩擦功率增大，启动力矩也增大；黏度过小，会使轴承不能建立所需要的油膜。

有些润滑油的黏度随温度的变化很大（例如温度由 50℃升高到 100℃，矿物油的黏度值降低到原来的 1/3～1/6）。在制冷压缩机中要求选用黏度随温度变化小的润滑油。

2. 闪点

闪点即是引起润滑油燃烧的温度，一般冷冻机油的闪点温度为 160～180℃。对于氨制冷机，由于氨的绝热指数 K 值高，当压缩比较大时的排气温度很高，有接近润滑油闪点的可能。所以，氨压缩机的气缸顶部设有冷却水套，以防高温油的炭化。

3. 溶解性

各种制冷剂溶解于润滑油的程度是不相同的，大致可分为三类：

(1) 不溶于润滑油的制冷剂：如 R717（氨），R13，R14 和 R744（二氧化碳）等。润滑油在低温时的黏度、密度和其他性能不会改变。如果使用这些制冷剂，应加强制冷压缩机与冷凝器间的油分离器作用。要加设蒸发器到压缩机之间的回油设备。

(2) 少量溶于润滑油的制冷剂：如 R22。一般来说温度愈低，溶解度愈小。所以，在低温蒸发器中，当温度降到某一程度时，润滑油与 R22 就会分成两层，油浮在制冷剂上面，从而影响制冷剂的蒸发率，而且阻碍油被吸回到压缩机去。这种现象，石蜡族润滑油尤其严重。因此，R22 制冷剂常用环烃族润滑油。

(3) 无限溶于润滑油的制冷剂：有 R11，R12，R21，R113 和 R500 等。这些制冷剂在过冷状态时，能与润滑油以任何比例相互溶解。

润滑油是一种高温蒸发的液体，制冷剂中溶油量过多，会使制冷剂在定压下的沸点升高。换句话说，要保持沸点不变，则要降低蒸发压力，但这会引起单位容积制冷量的降低。

4. 凝固点

润滑油在试验条件下冷却到停止流动时的温度，称为凝固点。润滑油中溶有制冷剂时，凝固点会降低。

5. 含水量

润滑油中的含水量与制冷装置的制冷效果及使用寿命有十分密切的关系。水在氟利昂系统中会引起“冰塞”和“镀铜”现象，为了避免上述情况发生，对润滑油的含水量必须按要求严格控制。

6. 浊点

润滑油中开始析出石蜡（润滑油变混浊）时的温度称为浊点。当润滑油混有制冷剂时，其浊点会下降。

国产冷冻机润滑油，按 50℃时其运动黏度大小分为 13、18、25、30、40 和 60 等牌号。各种牌号的规格如表 2-9 所示。一般使用 R12 制冷剂的压缩机用 18 号冷冻油，用 R22 制冷剂的压缩机用 25 号冷冻油。

国产冷冻油规格　　表 2-9

	SYB121359 代号：HD13	SY122065 代号：HD18	SY121965 代号：HD25	代号：HD30		
	13 号	18 号	25 号	30 号	40 号	60 号
运动黏度（50°）（mm^2/s）	11.5～14.5	≥18	≥25.4	≥30	≥40	≥60
闪点不低于（开口）（℃）	160	160	170	180	190	165～170
凝固点不高于（℃）	－40	－40	－40	－40	－40	－60
酸值不大于（KOH）（mg/g）	0.14	0.08	0.02	0.1	0.1	0.05
灰分不大于（%）	0.012	—	0.007	无	—	—
机械杂质不大于（%）	无	无	0.007	无	无	—
水分	无	无	无	无	—	无
适用工质	R717	R12	R717、R12	离心式	离心式	

四、润滑油的代用和管理

1. 润滑油的代用

选择代用油主要根据黏度，尽可能选用相邻牌号、质量相似的润滑油代替。如原有 18 号，则可选用 13 号或 25 号替代。注意在决定改用后，新选用的油要试用一下为好。

2. 润滑油的管理

(1) 降低润滑油储存温度。即将油料放置在阴凉、室内温度较低的地方，防止阳光暴晒。

(2) 减少与空气接触。装放润滑油的容器一定要加盖拧紧，油料尽量满容器盛放并卧放在垫木上。

(3) 防止润滑油污染变质。盛装润滑油的容器最好是专用的，不要与其他油料工具和容器相混。

思考题与习题

1. 什么叫制冷剂？选择制冷剂时应考虑哪些因素？
2. 制冷剂在热力学方面有哪些要求？
3. 为什么要求制冷剂的临界温度要高？凝固温度要低？
4. 说明 R717、R152、R134a 的化学式。
5. 制冷剂按其化学组成可分为哪四类？各类又有哪些？它们的代号如何表示？
6. 试写出下列几种制冷剂代号？

   H_2O；$CHClF_2$；CHF_3；$C_2H_2ClF_2$；$C_2HCl_2F_3$；CO_2。
7. 什么叫共沸溶液？

8. 制冷剂能否溶于润滑油？有什么优缺点？

9. 氨、R22、R134a 的性质有哪些不同点？使用时应分别注意哪些事项？

10. 水在 R12 制冷系统中有什么影响？

11. 什么叫氯氟烃（CFC）？它对臭氧层的破坏会产生什么危害？

12. 什么叫载冷剂？常用的载冷剂有哪些？对载冷剂选择有哪些要求？

13. 用空气、水、盐水作载冷剂时，各有什么优缺点？

14. 如何选择盐水的浓度？

15. 什么叫盐水的“冰盐合晶点”？

16. 选择盐水作载冷剂时要注意哪几个问题？如何解决盐水溶液的腐蚀问题？

17. 说明制冷剂的替代趋势。

18. 有一容积为 2m × 1.5m × 1.8m 的制冰用盐水溶液池，溶液深 1.5m，盐水溶液的工作温度为 -15℃。试确定：(1) 采用哪一种盐水溶液？(2) 需要用多少公斤的盐来配制盐水溶液？(3) 要添加多少重铬酸钠（$Na_2Cr_2O_7$）和氢氧化钠作为防腐剂？

第三章　蒸气压缩式制冷系统的组成和图式

蒸气压缩式制冷理论循环是由压缩机、冷凝器、膨胀阀、蒸发器四大部件组成，如图1-3所示，这只是蒸气压缩式制冷装置的基本组成。在实际的制冷装置中，为了提高制冷装置运行的经济性和安全可靠性，除了四大部件外，还增加了许多其他辅助设备，如在氨制冷系统中增加了油分离器、贮液器、气液分离器、集油器、空气分离器、紧急泄氨器等；在氟利昂系统中增加了油分离器、贮液器、热交换器（回热器）、过滤干燥器等。此外，还有压力表、温度计、截止阀、安全阀、液位计和一些自动化控制仪器仪表。把这些设备和仪表组合起来就构成完整的制冷系统。

第一节　蒸气压缩式制冷系统的供液方式

蒸气压缩式制冷系统根据所采用的制冷剂不同可分为氨制冷系统和氟利昂制冷系统两大类。根据向蒸发器供液的方式不同可分为直接供液、重力供液、液泵供液三种。

一、直接供液方式

直接供液是指制冷剂液体通过膨胀阀直接向蒸发器供液，而不经过其他设备的制冷系统，又称直接膨胀供液系统。它可分为手动膨胀阀直接供液系统、热力膨胀阀直接供液系统和浮球膨胀阀直接供液系统。浮球膨胀阀直接供液系统将在本章第二节中介绍。

1. 手动膨胀阀直接供液系统

图3-1为手动膨胀阀直接供液系统示意图。氨液通过手动膨胀阀5由下而上进入蛇形盘管蒸发器6，蒸发后经氨液分离器7进入压缩机，经过压缩机压缩后，进入氨油分离器2分离从气缸带出的润滑油，然后进入冷凝器，冷凝后的氨液排入贮液器4中。氨液分离器的作用是分离低压蒸气中的液滴，防止液体进入气缸造成冲缸事故。

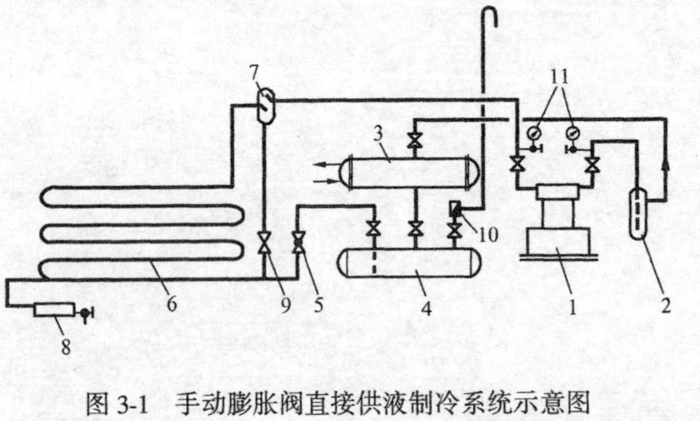

图3-1　手动膨胀阀直接供液制冷系统示意图

1—压缩机；2—氨油分离器；3—冷凝器；4—贮液器；5—手动膨胀阀；6—蒸发盘管；7—氨液分离器；8—集油器；9—回液阀；10—安全阀；11—压力表

2. 热力膨胀阀直接供液系统

图3-2为R134a热力膨胀阀直接供液制冷系统流程图。其系统工作过程是：压缩机1→油分离器2→冷凝器3→过滤干燥器4→热交换器5→电磁阀9→热力膨胀阀8→蒸发器6→热交换器5→压缩机1。热力膨胀阀可以通过感温包的作用，根据回气过热度的变化，

在一定的范围内自动调节供液量。当系统负荷增大时，回气过热度增大，感温包内压力增大，推动热力膨胀阀阀针，使阀门开大，增加供液量。反之则减小供液量。因此对负荷变化的适应性比手动膨胀阀要好一些。

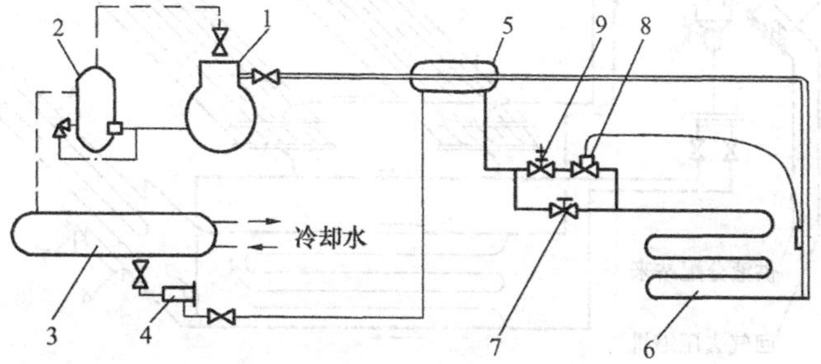

图 3-2　R134a 热力膨胀阀直接供液制冷系统流程图

1—压缩机；2—油分离器；3—卧式壳管式冷凝器；4—过滤干燥器；
5—热交换器；6—蒸发器；7—手动膨胀阀；8—热力膨胀阀；9—电磁阀

直接供液方式的特点是：

(1) 经过节流膨胀后的制冷剂，处于气—液两相混合状态，两相流体在多路蒸发器管路中，不能按设计要求均匀地分配，有的蒸发器供液量过多，使压缩机容易发生液击事故；有的蒸发器供液量少，蒸发器不能充分发挥其传热面积的功效，达不到应有的制冷效果。因此，这种供液方式宜在单一节流装置控制单一蒸发回路条件下采用，不宜向多组并联的蒸发器供液，若要向多路蒸发回路供液，需在节流阀后设分液器，使供液均匀。

(2) 高压制冷剂液体，经节流膨胀后，产生大量闪发气体，这些气体进入蒸发器不仅没有制冷，而且会使蒸发器的传热效果降低，在浮球膨胀阀直接供液系统中避免了这一缺点。

(3) 采用直接节流供液的蒸发器通常为单一通道，蒸发器盘管的长度受到限制，不能太长，不然沿程阻力引起的蒸发器内压力降太大，会影响蒸发器的正常工作。

(4) 为了简化制冷装置，便于操作管理，直接供液系统一般采用压缩冷凝机组为宜。

目前直接供液主要适用于氟利昂制冷系统和成套制备空调冷冻水或低温盐水的氨系统。由于氟利昂制冷系统使用了热力膨胀阀，能够根据蒸发器出口温度自动调节供液量，控制压缩机回气具有一定的过热度，避免湿冲程，并能充分发挥这种供液方式系统简单的优点，因此小型冷库仍广泛采用该系统。

二、重力供液方式

重力供液是利用制冷剂液柱的重力来向蒸发器供液。这种系统是将经过膨胀阀的制冷剂先经过氨液分离器，将其中氨蒸气分离后，使氨液借助于氨液分离器的液面和蒸发器的液面之间的液位差作为动力，达到向蒸发器供液的目的（见图 3-3）。这种供液方式的特点是：

(1) 高压制冷剂液体经过膨胀阀节流后将产生闪发气体，在氨液分离器里被分离出来，这样供给蒸发器的液体不再是气液两相的混合体，从而提高了蒸发器传热面积的利用率，也为并联的蒸发器能均匀供液提供了条件。

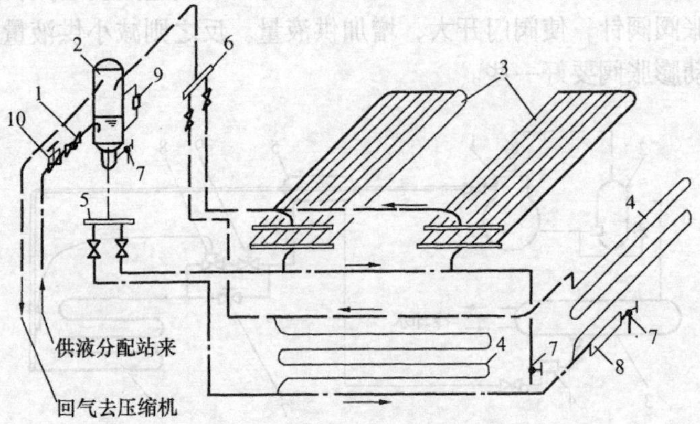

图 3-3　重力供液制冷系统示意图

1—膨胀阀；2—氨液分离器；3—顶排管；4—墙排管；5—供液调节站；6—回气调节站；7—放油阀；8—集油器；9—遥控液位计；10—电磁阀

(2) 由氨液分离器向并联的各组蒸发器供液时，可以用调节阀的开启度调节各蒸发器的进液量，容易实现蒸发器的供液均匀。

(3) 当蒸发器的负荷有较大变动时，很容易使回气带液滴。回气在制冷压缩机吸入前先经过氨液分离器，使液滴得到分离，避免发生制冷压缩机的湿冲程。此外，氨液分离器的液面相对稳定，给制冷系统实现液位自动控制提供了条件。

(4) 重力供液是靠液位差为动力，蒸发压力受静液柱的影响，蒸发器管线越长，沿程阻力损失越大，其影响越大。

(5) 利用液柱的重力供液，动力较小，使蒸发器内与制冷剂一起进入的润滑油很难排出，致使传热表面形成油膜，降低了制冷效果。

(6) 重力供液的氨液分离器要超过蒸发器一定高度，使氨液分离器与蒸发器之间静液柱压力差足以克服制冷剂的流动阻力。一般情况，氨液分离器中液面高出蒸发器最高一层排管约 0.5~2.0m。对于多层冷库，必须分层设置氨液分离器，不然会使供液管路长短不一，使均匀供液变得困难，对于下层蒸发器，由于静液柱较大，相应提高了蒸发温度。

目前除小型氨为制冷剂的冷库采用重力供液外，大、中型冷库均采用液泵供液方式。

三、液泵供液方式

液泵供液是指制冷系统借助液泵来向蒸发器供液，也称液泵强制循环。见图 3-4 所示。这种供液方式的特点是：

(1) 这种供液方式送入蒸发器的液量为实际蒸发量的 3~6 倍，液体制冷剂吸热蒸发产生的气体不断地被较高流速的制冷剂液体带走，蒸发器排管内形成雾环流状态，管壁润湿良好，传热增强，因而能使蒸发器发挥更大的制冷效能。

(2) 较大液量的制冷剂液体以较高的流速流过蒸发器排管，并冲刷蒸发器排管内表面的润滑油油膜，减少其油膜热阻，又将润滑油带至低压循环贮液器（桶）集中排放，既方便，又安全。

(3) 供液量充分，回流过热度小，可以提高压缩的效率，提高制冷循环的制冷系数。

(4) 重力供液常用的氨液分离器、排液桶等辅助设备，可以被低压循环贮液器所取代，以简化系统，操作简单便利。

(5) 液泵的设置将使制冷系统的动力消耗增加1% ~ 1.5%左右，同时要增加泵的维护检修工作。

综上所述，液泵供液比其他供液方式优越得多，它具有制冷装置效率高、安全性好、便于操作管理及易于实现自动化控制等特点，因此，这种系统适用于各种类型冷藏库和人工冰场等。

图3-4所示高压制冷剂液体节流后进入低压循环贮液器，气液分离后，液体经液泵送入蒸发器中蒸发制冷，然后又返回低压循环贮液器中。液体泵出口装有止回阀和自动旁通阀。当蒸发器的供液阀关闭而使其他蒸发器供液量过大和压力过高时，旁通阀会自动将氨液经旁通管送到低压循环贮液器中。

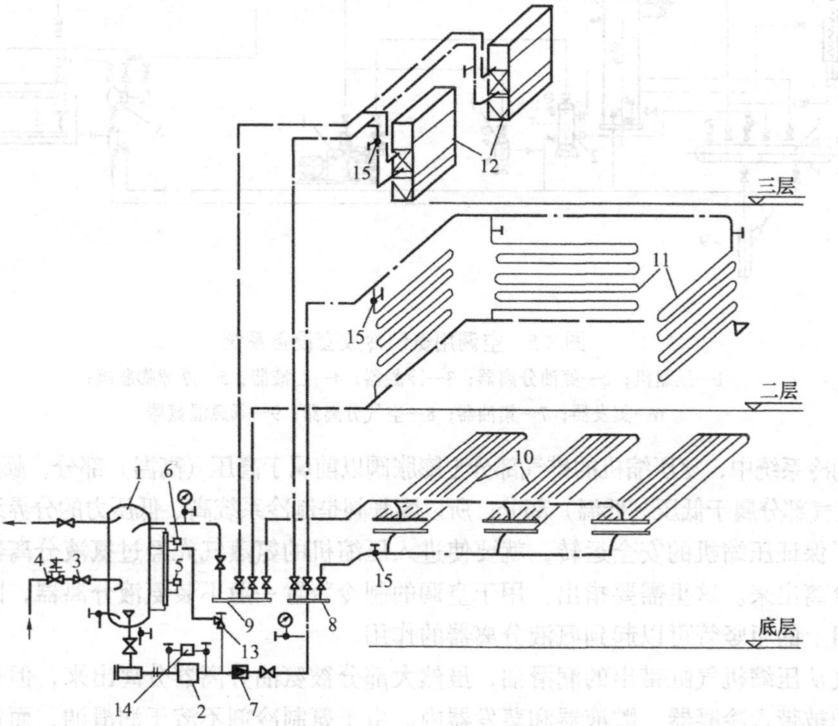

图3-4　氨泵供液强制循环系统示意图

1—低压循环贮液桶；2—氨泵；3—膨胀阀；4—电磁阀；5—正常液位控制器；6—警戒液位控制器；7—止回阀；8—供液调节站；9—回气调节站；10—U形顶管；11—盘管式墙管；12—冷风机；13—自动旁通阀；14—差压控制器；15—截止阀

第二节　蒸气压缩式制冷系统

一、空调用氨制冷系统

图3-5为空调用氨制冷成套设备系统，该制冷系统采用直接供液方式。系统主要由压缩机、冷凝器、膨胀阀、蒸发器、贮液器、集油器、空气分离器、紧急泄氨器等设备组

成。其工作过程是：压缩机1将蒸发器内所产生的低压、低温的氨蒸气吸入气缸内，经压缩后成为高压、高温的氨气，先经过氨油分离器2，将氨气中所携带的少量润滑油分离出来，再进入冷凝器3，高压、高温的氨气在冷凝器中把热量放给冷却水后而使自身凝结为氨液，并不断地贮存到贮液器4中，使用时贮液器的高压氨液由供液管送至氨液过滤器过滤其杂质后经浮球膨胀阀5节流降压，送入蒸发器6。低压、低温氨液在蒸发器中不断吸收空调回水的热量而气化，空调回水放出热量而温度降低，降温后的冷冻水送入空调喷淋室喷淋空气，吸收空气的热量，吸热后再用泵打入蒸发器继续冷却，循环使用，气化后形成的低压氨气又被压缩机1吸走，如此往复循环，实现制冷。

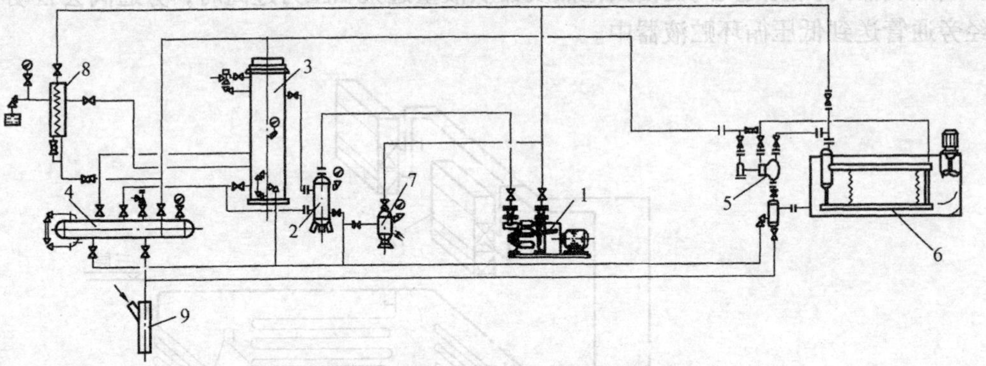

图 3-5　空调用氨制冷成套设备系统

1—压缩机；2—氨油分离器；3—冷凝器；4—贮液器；5—浮球膨胀阀；
6—蒸发器；7—集油器；8—空气分离器；9—紧急泄氨器

在制冷系统中，氨压缩机的排气部分至膨胀阀以前属于高压（高温）部分，膨胀阀后至压缩机的吸气部分属于低压（低温）部分，所以膨胀阀是制冷系统高、低压力的分界线。

为了保证压缩机的安全运转，就要使进入压缩机的氨蒸气先经过氨液分离器，将其中的氨液分离出来。这里需要指出，用于空调的制冷装置一般不装氨液分离器，因为立管式蒸发管组上的粗竖管可以起到氨液分离器的作用。

氨气从压缩机气缸带出的润滑油，虽然大部分被氨油分离器分离出来，但是还会有部分润滑油被带入冷凝器、贮液器和蒸发器内。由于氨制冷剂不溶于润滑油，而且润滑油的密度大于氨液的密度，因此润滑油会积存在上述设备的底部，必须定期排出，否则会影响制冷系统的正常工作。在本系统中，蒸发器内积存的油从小集油包直接排出。氨油分离器、冷凝器、贮液器中积存的润滑油送入集油器7中，然后在低压条件下将它放出。

在冷凝器和贮液器中，有不凝性气体（主要是空气），将会影响其正常工作，所以必须定期排出。为了不使混合气体中氨蒸气随同排出，排出前应经过不凝性气体分离器排出。它是利用高压氨液经节流后在蒸发盘管内气化吸热使管间的混合气体温度降低，使混合气体中的氨气凝结为氨液，从而达到分离不凝性气体的目的。

系统设置了紧急泄氨器。当机房发生火警等意外事故时，可将贮液器和蒸发器中的氨液分为两路迅速排至紧急泄氨器，在其中与自来水混合，排入下水道。

二、冷藏库用氨制冷系统

在冷藏库中，对于肉食品的冷冻一般都采用一次冻结的工艺，要求冷冻的温度为

-23～-30℃，食品冷藏的温度为-18℃，鲜蛋、水果贮存要求的冷藏温度为0℃，因此冷藏库制冷系统的组成需根据所要达到冷冻温度的高低来确定。对于氨制冷系统，如蒸发温度在-5～-25℃范围内，则采用单级压缩制冷装置；如蒸发温度在-25～-40℃时则采用两级压缩制冷装置。

图3-6为冷库工程中常见的氨重力供液制冷系统的组成和工艺流程。

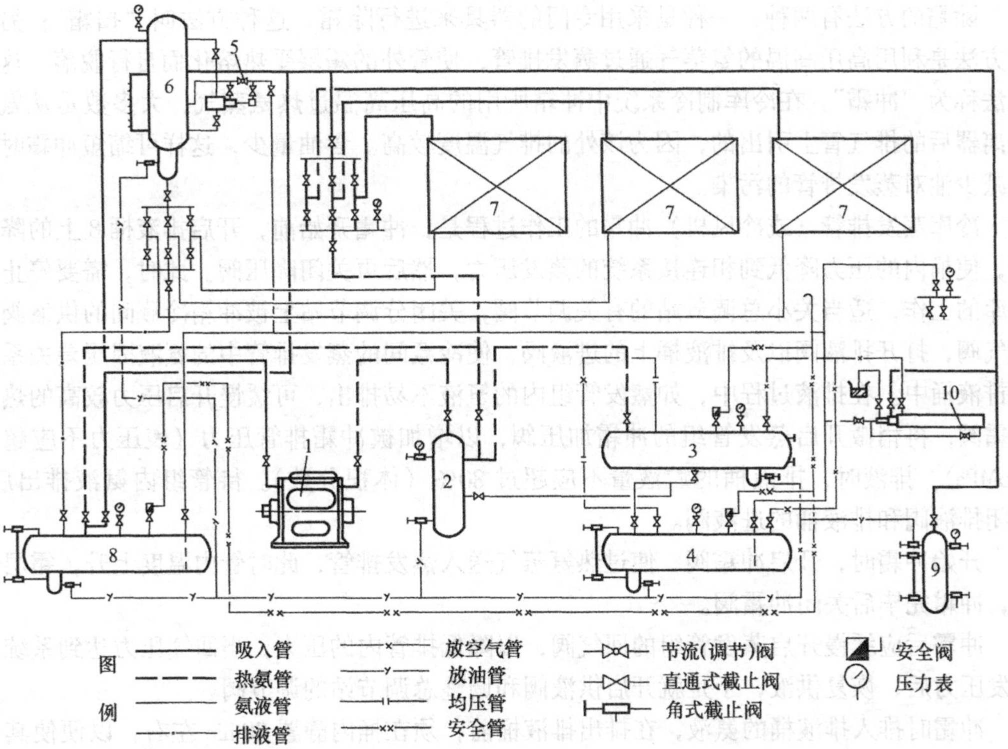

图3-6 单级压缩重力供液氨制冷系统

1—压缩机；2—氨油分离器；3—卧式冷凝器；4—高压贮液桶；5—调节阀；6—氨液分离器；7—蒸发器（排管）；8—排液桶；9—集油器；10—空气分离器

该系统主要由氨压缩机、氨油分离器、冷凝器、高压贮液器、膨胀阀、气液分离器、蒸发器（蒸发排管或冷风机）、排液桶、集油器、空气分离器所组成。

在冷藏库设计中，蒸发排管或冷风机设在冷库内，制冷压缩机和一些辅助设备在制冷机房内，其中立式冷凝器、高压贮液器、集油器、空气分离器等辅助设备也可设在室外。

冷藏库氨压缩制冷系统的工作过程是：经压缩机1压缩后排出的高压、高温制冷剂蒸气，先经过氨油分离器2再进入卧式冷凝器3，冷凝后的氨液进入高压贮液器4；高压贮液器的氨液经管路送至膨胀阀5节流降压、降温后，被送到安装在一定高度上的气液分离器6；在气液分离器中，将节流所产生的氨蒸气分离后，氨液经液体调节站进入蒸发排管7（或冷风机）。氨液在蒸发排管内吸收冷库被冷却（冷冻）食品的热量而气化，气化后的氨蒸气又经过气液分离器将氨蒸气中所携带的液滴分离出来后，再进入压缩机，这样不但防止了压缩机湿冲程，也使蒸气中的液体制冷剂得到了充分的利用。

在冷库中由于蒸发排管的表面温度低于库内空气的露点温度，食品和空气中的水分就会在排管表面凝结。由于排管表面温度低于冰点，所以，管子外表面会结成霜层。这种霜层的存在会使蒸发排管的传热系数减小，特别是冷风机的肋片除了热导率减小外，还会造成肋片间空气流动困难，使外表面的对流换热系数和传热面积减少，这样就会导致制冷量降低，无谓的耗电量增加。因此，为了确保制冷效果，应当定期将蒸发排管表面的霜层除去。

除霜的方法有两种：一种是采用专门的器具来进行除霜，这种方法叫“扫霜”；另一种方法是利用高压高温的氨蒸气通过蒸发排管，使管外的霜层受热熔化而自行脱落，这种方法称为“冲霜”。在冷库制冷系统中冲霜所用的高压高温过热氨蒸气，大多数是从氨油分离器后的排气管上引出的，因为该处的排气温度较高。含油量少，这样可缩短冲霜时间和减少油对蒸发排管的污染。

冷库蒸发排管（或冷风机）冲霜的工作过程是：冲霜开始前，开启排液桶 8 上的降压阀，使桶内的压力降低到相连接系统的蒸发压力，然后再关闭降压阀。此时，需要停止冷藏库的工作，适当关小总调节站的有关调节阀，关闭分调节站上被冲霜冷藏间的供液阀和回气阀，打开排液阀以及排液桶上的进液阀，使冷藏间的蒸发排管中的氨液因压差关系输入排液桶中。在排液过程中，如蒸发管组内的氨液不易排出，可缓慢开启压力较高的热氨冲霜阀，再稍微开启蒸发管组的冲霜加压阀，以增加被冲霜排管压力（表压力不应超过 0.6MPa）。排液时，排液桶的贮液量不应超过 80%（体积分数）。待管组内氨液排出后，关闭排液阀和排液桶的进液阀。

开始冲霜时，开启冲霜阀，使过热氨蒸气送入蒸发排管，此时管内温度上升，霜层熔化，冲霜完毕后关闭冲霜阀。

冲霜后应缓慢开启蒸发管组的回气阀，以降低排管内的压力，当回气压力达到系统的蒸发压力后，恢复供液，于是就开启供液阀和调整总调节站的调节阀。

冲霜时排入排液桶的氨液，在排出排液桶前，须在桶内静置 20min 左右，以便使其中所含的润滑油沉淀，然后进行放油。放油后应缓慢开启排液桶的加压阀，待桶内压力达到 0.6MPa 后关闭加压阀，然后开启排液桶的出液阀并关闭贮液器的出液阀，开启浮球调节阀前的总供液阀，使氨液经气液分离器向蒸发排管供液（排液桶在排液过程中应保持桶内压力在 0.6MPa），排液完毕后应关闭加压阀和出液阀，并开启高压贮液器的出液阀，恢复总调节站的正常供液。为下次排液作好准备，在排液后，应开启降压阀以降低排液桶的压力。

这种制冷系统的特点是；供液均匀，它是我国中、小型冷库广泛采用的供液方式，但是这种供液方式也存在着一些问题。例如，氨液在蒸发排管中流动不是强迫流动，传热系数较低；如果几个库房多组排管共用一个气液分离器时，将会产生排管供液量不均匀；同时气液分离器应高于冷藏间最高层蒸发排管（一般系指顶排管）0.5～2.0m，这样就需要建立一个小阁楼供安装气液分离器用。

对于冷藏库氨泵供液制冷系统，将在两级压缩制冷系统中介绍，它与重力供液的制冷系统的组成和工作过程基本相同，所不同的是：重力供液是利用液柱的压差来克服管路系统的阻力进行供液，而氨泵供液是利用氨泵的机械作用克服管路阻力来输送氨液。

氨泵供液一般用于多层楼的冷藏库建筑中，近年来在一些中、小型冷库中也广泛应用。

三、蒸气压缩式氟利昂制冷系统

在小型冷库和小型空调用制冷系统中，常采用以氟利昂为制冷剂的小型制冷装置。

图3-7所示为氟利昂制冷系统，它与氨制冷系统主要区别在于，增设了过滤干燥器、气液热交换器、热力膨胀阀、电磁阀等部件。

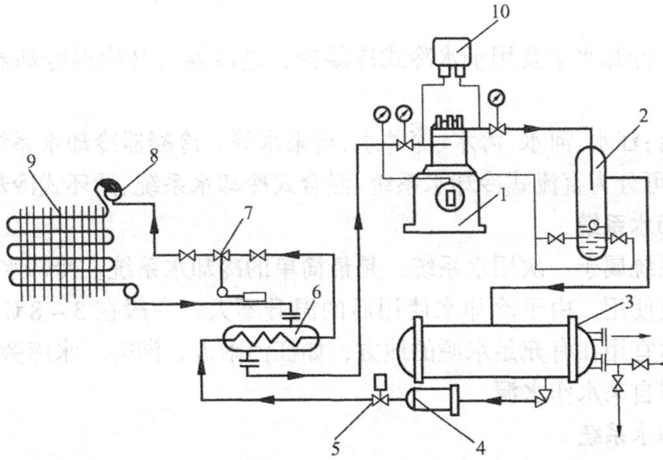

图3-7 氟利昂制冷系统图

1—氟利昂压缩机；2—氟油分离器；3—水冷式冷凝器；4—过滤干燥器；5—电磁阀
6—气液热交换器；7—热力膨胀阀；8—分液器；9—蒸发器；10—高低压力继电器

氟利昂制冷系统的工作过程是：低压、低温的氟利昂制冷剂蒸气进入压缩机1内进行压缩，压缩后的高压制冷剂气体经氟油分离器2将携带的润滑油分离出来，然后进入水冷式冷凝器3（也有用风冷式冷凝器的），在其中制冷剂被冷凝为液体，氟利昂液体由冷凝器下部的出液管排出并经过滤干燥器4，将所含的水分和杂质过滤掉，再经电磁阀5，并流经气液热交换器6，经气液热交换器过冷后的氟利昂液体进入热力膨胀阀7节流降压，并经分液器8将低压、低温的氟利昂液体均匀地送往蒸发器（肋片式）9，在蒸发器内，氟利昂液体吸收被冷却物体的热量而气化。气化后的低压、低温的制冷剂蒸气进入气液热交换器6，在气液热交换器中吸收管内高压、高温液体的热量而过热，过热后又重新被压缩机吸入，再次被压缩。如此往复循环，以达到制冷的目的。

在系统中设置了高低压力继电器10，与压缩机的吸排气管道相连接，当排气压力超过额定数值时，可使压缩机自动停机，以免发生事故；当吸气压力低于额定数值时，可使压缩机自行停机，以免压缩机在不必要的低温下工作而浪费电能。

在冷凝器与蒸发器之间的管路上还装设有电磁阀5，它可控制液体管路的启闭，当压缩机启动时，电磁阀自动打开，液体制冷剂进入蒸发器；当压缩机停转时，电磁阀自动关闭，防止大量液体制冷剂流入蒸发器，以免压缩机再次启动时液体被抽入压缩机而造成冲缸事故。

热力膨胀阀7是装在蒸发器前的供液管路上（它的感温包紧扎在靠近蒸发器的回气管路上），它除了对氟利昂液体进行节流降压外，还根据感温包感受到的低压气体的温度高低，来自动调节进入蒸发器液体的数量（详见第六章）。

冷凝器冷却水进水管路上有的还装有水量调节阀，它可根据冷凝器工况的变化，自动调节进入冷凝器的冷却水量，使冷凝压力和温度保持大致不变。

空调机组用的氟利昂制冷系统的工作流程基本上与图 3-7 相似。

第三节　冷却水系统

在制冷系统中，冷却水主要用于水冷式冷凝器、过冷器（又称再冷却器）、压缩机的冷却水套等。

常用的冷却水有：江水、河水、海水、深井水、自来水等。冷凝器冷却水系统，根据建厂地区的水源条件不同，可分为直流式冷却水系统、混合式冷却水系统、循环式冷却水系统。

一、直流式冷却水系统

直流式冷却水系统属于一次用水系统，是最简单的冷却水系统。冷却水经设备使用后直接排掉，不再重复使用。由于冷却水使用后的温升不大，一般在 3～8℃，因此这种系统的耗水量很大，适宜用在有充足水源的地方，如江河附近、湖畔、水库旁。直流式冷却水系统一般不宜采用自来水作水源。

二、混合式冷却水系统

混合式冷却水系统如图 3-8 所示。经冷凝器使用后的冷却水部分排掉，部分与供水混合后循环使用。这种系统用于冷却水温度较低的场合，如使用井水。采用这种系统后，可提高冷凝器的出水温度，增大冷却水的温升，从而减少冷却水的耗量，井水是宝贵的水资源，大量的汲取使用，还会使地面下沉。因此，即使这种系统可减少冷却水的耗量，也不宜在大型系统中采用。

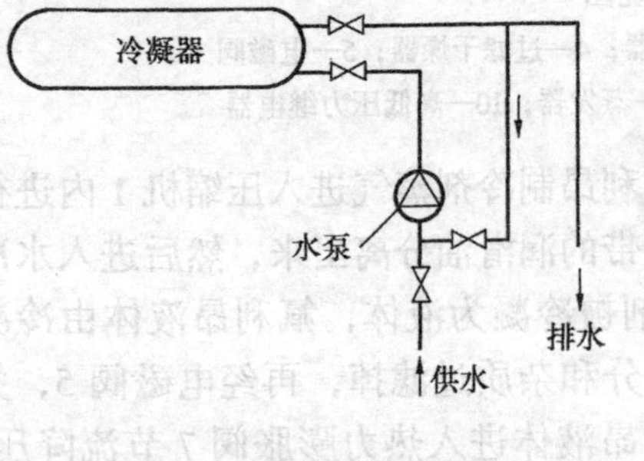

图 3-8　混合式冷却水系统

三、循环冷却水系统

在水源不足的地区采用循环用水系统，只需少量的补给水。当采用淋激式冷凝器、蒸发式冷凝器循环用水时，无需另设冷却构筑物。当采用壳管式冷凝器时，则需设冷却水塔、水池，有时候还要增加二级循环泵站。

循环式冷却水系统的特点是冷却水循环使用。冷却水经冷凝器等设备吸热升温后，再利用水蒸发吸热的原理对它进行冷却。蒸发冷却的装置有两类——喷水池和冷却塔（凉水塔）。

1. 采用喷水池的循环冷却水系统

图 3-9 是利用喷水池的冷却系统。在水池上部将水喷入空中，增大水与空气的接触面积，使少量的水蒸发把自身冷却下来。喷水池的结构简单，可与美化环境的喷泉结合起来，但冷却效果差，占地面积大，一般 1m^{2}水池面积可冷却的水量约 0.3～1.2m^3/h。喷水池宜用在气候比较干燥地区的小型制冷系统中。

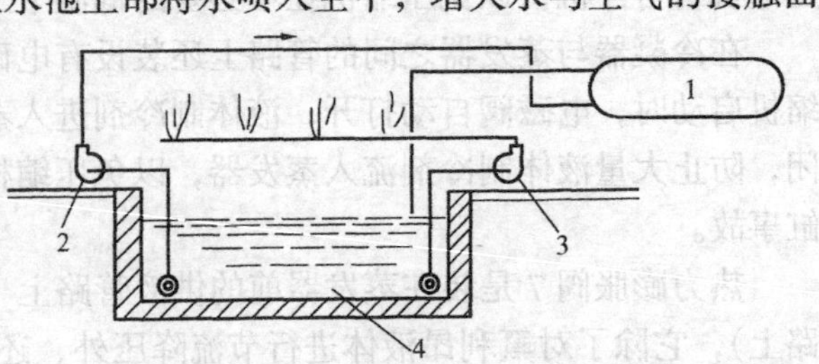

图 3-9　利用喷水池的冷却水

1—冷凝器；2—循环水泵；3—喷雾水泵；4—水池

2. 采用冷却塔的循环冷却水系统

(1) 冷却塔

冷却塔有自然通风式和机械通风式两类，后者是空调、冷藏制冷系统中常用的设备。目前国内工厂生产的定型的机械通风式冷却塔产品大多用玻璃钢做外壳，故又称玻璃钢冷却塔。按冷却的温差分，玻璃钢冷却塔可分为低温差（5℃左右）和中温差（10℃左右）两种，蒸气压缩式制冷系统中用低温差冷却塔已足够了。按水和空气的流动方式分，玻璃钢冷却塔又可分为逆流式、横流式、横逆流式、喷射式四种。图 3-10 是逆流式冷却塔的结构示意图。为增大水与空气的接触面积，在冷却塔内装满淋水填料层。填料一般是压成一定形状的塑料薄板。水通过布水器淋在填料层上，空气由下部进入冷却塔，在填料层中与水逆流流动。这种冷却塔结构紧凑，冷却效率高，从理论上讲，冷却塔可以把水冷却到

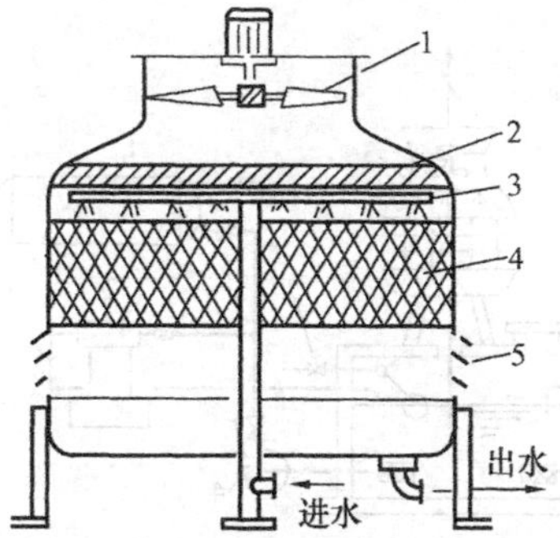

图 3-10　逆流式玻璃钢冷却塔

1—风机；2—挡水填料；3—布水器；4—淋水填料；5—空气入口

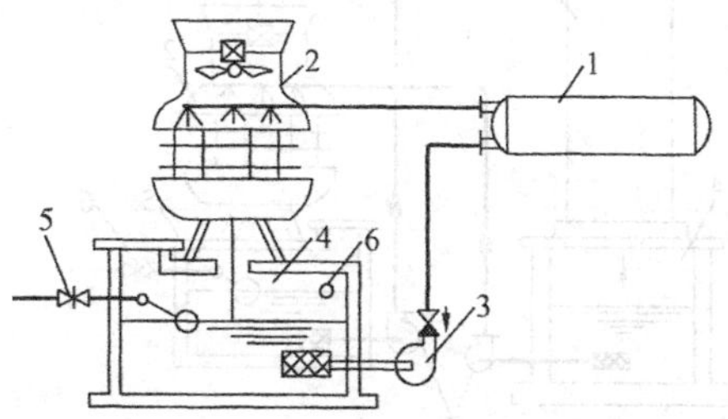

图 3-11　卧式冷凝器循环冷却水系统

1—卧式冷凝器；2—冷却塔；3—水泵；4—水池；5—补给水水源；6—溢水管

空气的湿球温度。实际上，冷却塔的极限出水温度比空气的湿球温度高 3.5～5℃。由于水有比较大的汽化潜热，如把水冷却 5℃，蒸发的水量不到被冷却水量的 1%，但是，由于空气夹带水滴和滴漏损失，冷却塔的补充水量约为冷却水量的 4%～10%。

(2) 卧式壳管式冷凝器循环冷却水系统

图 3-11 为卧式冷凝器循环冷却水系统。采用此方案时，必须注意冷却水在冷凝器中的温升应与冷却塔的降温能力相适应。一般情况下冷却塔的降温能力为 2～3℃，因此决定冷却水在冷凝器内的温升时，只能采用与之相适应的温度。

系统中水泵的扬程应为冷却塔与水池水位的高差、管路系统阻力、冷凝器阻力和冷却塔进水口预留水头（可从设备样本上查得，一般为 3～6mH_2O）之和。

(3) 立式壳管式冷凝器循环冷却水系统

图 3-12 为立式冷凝器循环冷却水系统。冷却水靠自流进入立式冷凝器。它是冷却塔布置在高于立式冷凝器的地方，只需一个水池，一级循环泵，即可实现循环用水，冷却塔可以架设在机房屋顶上。冷却塔的扬程应为冷却塔与水池水位高差，管路阻力和冷却塔进水口预留压力之和。

图 3-13 的循环冷却水方案需要两个水池，或者将一座较大的水池分隔为二，需要二级循环水泵，比前者复杂得多。而且

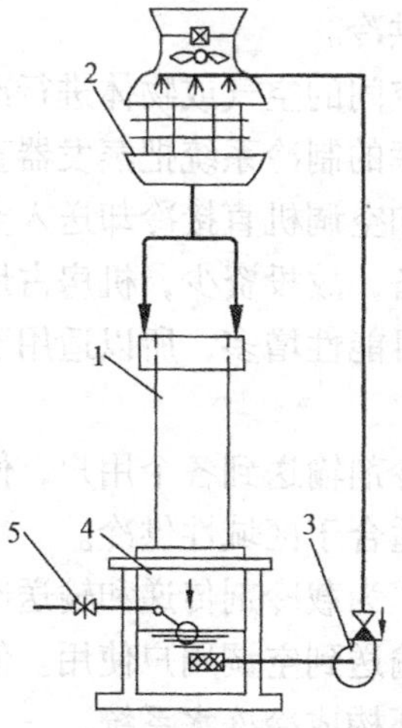

图 3-12　立式冷凝器循环冷却水系统

1—立式冷凝器；2—冷却塔；3—水泵；4—水池；5—补给水水源

设在低处的冷却塔其效果不如设在屋顶上好，两级水泵的流量也难以平衡，补给水消耗量较大。

(4) 综合循环冷却水系统

图 3-14 为综合循环冷却水系统。它与图 3-13 相比，是将冷凝器冷却水、压缩机气缸套冷却水、冲霜用的水都收集到水池中，利用冷却塔冷却后循环使用，特点是节省补给水消耗量。

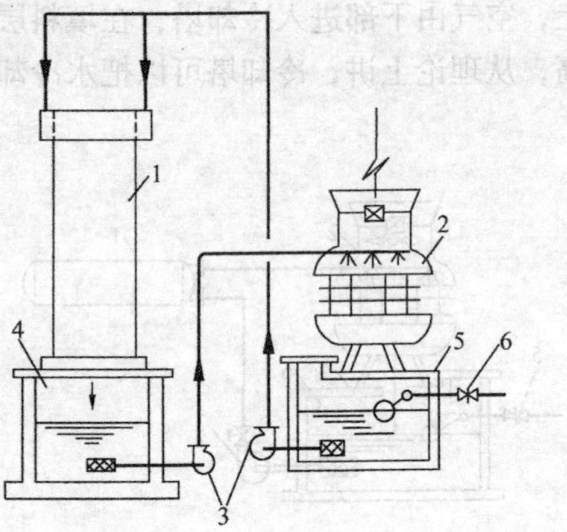

图 3-13　立式冷凝器循环冷却水系统
1—立式冷凝器；2—冷却塔；3—水泵；
4、5—水池；6—补给水

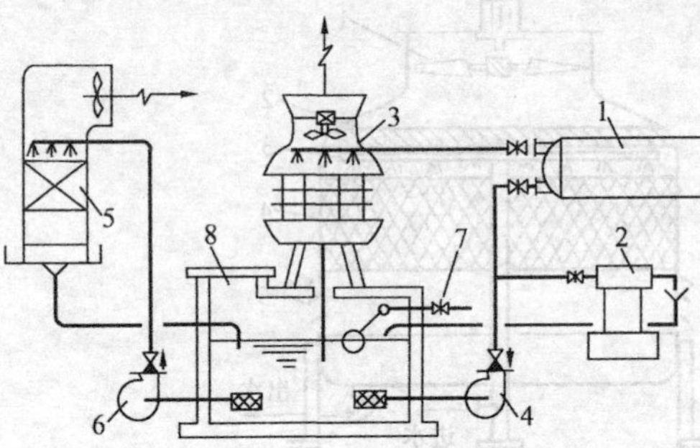

图 3-14　综合循环用水示意图
1—冷凝器；2—压缩机；3—冷却塔；4—冷却水循环泵；
5—冷风机；6—融霜水泵；7—补给水；8—水池

第四节　冷 冻 水 系 统

在制冷系统中向用户供冷的方式有两种，即直接供冷和间接供冷。

直接供冷是把制冷系统的蒸发器直接置于被冷却空间，以对空间的空气或物体进行冷却，使低压低温液态制冷剂直接吸收被冷却对象的热量。例如冷库的制冷系统把蒸发器直接（冷却排管或冷风机）置于冷库内，对库内食品进行冷却，又如空调机直接冷却送入空调房间的空气。采用这种供冷方式的优点是可以减少一些中间设备，故投资少，机房占地面积少，而且制冷系数较高；缺点是蓄冷性能较差，制冷剂渗漏可能性增多，所以适用于中小型系统或低温系统。

间接供冷是首先利用蒸发器冷却某种载冷剂，然后再将此载冷剂输送到各个用户，使被冷却对象温度降低。这种供冷方式使用灵活，控制方便，特别适合于区域性供冷。

在空调用制冷系统中，除采用直接供冷制冷装置外，常以水作为载冷剂传递和输送冷量，称为冷冻水，冷冻水在蒸发器内被冷却降温后通过泵和管道输送到空调用户使用。使用后的冷冻水温度升高后，又经泵和管道返回蒸发器中。如此循环构成冷冻水系统。

冷冻水管道系统为循环水系统，根据用户需要情况不同，可分为闭式冷冻水系统和开式冷冻水系统。

一、闭式冷冻水系统

图 3-15 是闭式冷冻水系统。系统中所用的蒸发器只能是壳式蒸发器。这种系统的载

冷剂基本不与空气接触，对管路、设备的腐蚀较小，水容量比开式系统的小，系统中水泵只需克服系统的流动阻力，因此，闭式系统的特点与开式系统的特点相反。系统中设有膨胀水箱，其作用是在水温升高时容纳水膨胀增加的体积和水温降低时补充水体积缩小的水量。

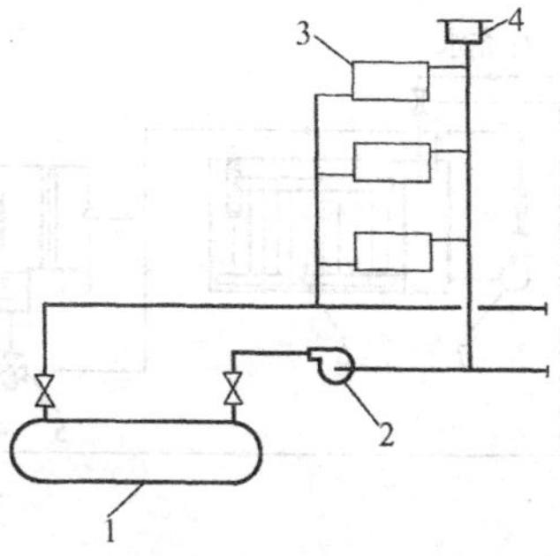

图 3-15　闭式冷冻水系统

1—壳管式蒸发器；2—水泵；3—空气冷却器；4—膨胀水箱

二、开式冷冻水系统

图 3-16 为开式冷冻水系统。开式系统的共同特点是系统中有水箱，有较大的水容量，因此温度比较稳定，蓄冷能力大，也不易冻结。但由于较大的水面与空气相接触，所以系统腐蚀性较强，当设备高差很大时，循环水泵还需要消耗较多的提升载冷剂高度所需的能量。

三、重力式回水系统

冷冻水系统根据回水方式的不同可分为重力式和压力式两种。

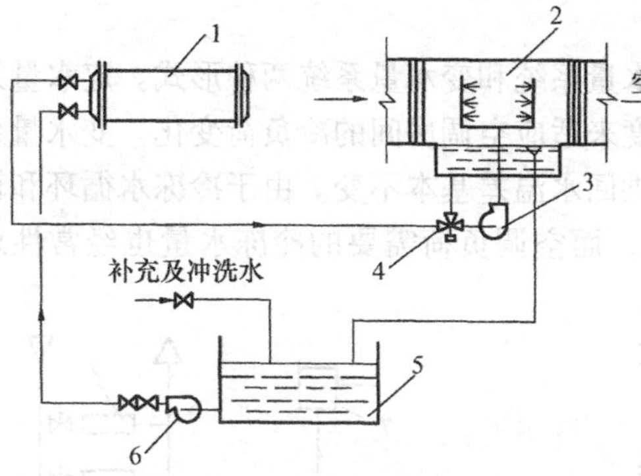

图 3-16　开式冷冻水系统

1—卧式壳管式蒸发器；2—空调喷水室；3—喷水泵；4—三通阀；5—回水池；6—冷水泵

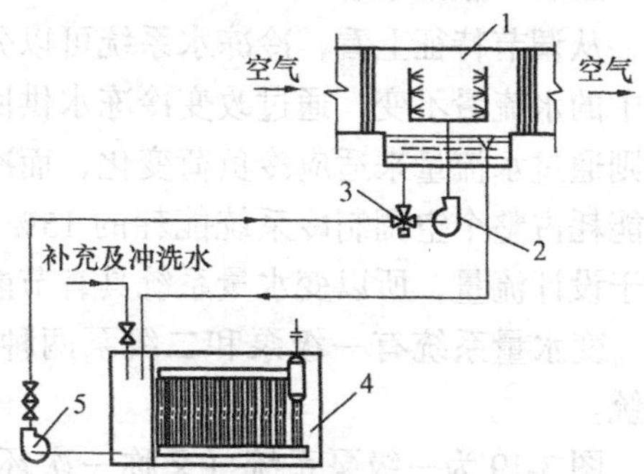

图 3-17　直立管式蒸发器的重力式回水系统

1—空调喷水室；2—喷水泵；3—三通阀；4—直立管式蒸发器；5—冷水泵

图 3-17 为重力式回水系统。当空调机房和制冷设备之间有一定的高度差，而彼此相距较近时，回水可借重力自流回到制冷设备（或冷冻站）。由于直立管式（或螺旋管式）蒸发器的冷水箱有一定的贮水容积，所以可不设回水池。在实际的空调工程中，不少冷冻站的回水池设置在地下室或半地下室，这就为采用重力式回水系统提供了一定的便利条件，这种冷水系统组成简单，不必设置回水泵。在使用直立管式蒸发器时，还可以不用回水池，而且调节方便，工作稳定可靠，所以在设计中应尽量利用地形，创造重力回水条件。

四、压力式回水系统

图 3-18 为压力式回水系统。冷冻站受地形的限制，不能或不宜采用重力式回水时，只能采用压力式回水系统。压力式回水系统是利用回水泵加压以克服高度差和沿程阻力将回水压送至冷冻站。根据空调设备的构造和蒸发器的形式，压力回水系统可分为敞开式和封闭式两种。图 3-15 为封闭式压力式回水系统。当直立管式（或螺旋管式）蒸发器配用空调喷水室时，其敞开式压力回水系统如图 3-18 所示。由于喷水室 1 底池要保持一定的

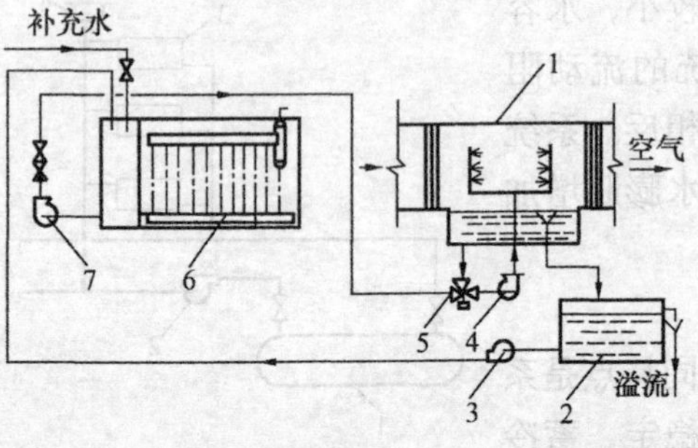

图 3-18 具有回水箱的敞开式压力回水系统

1—喷水室；2—回水箱；3—回水泵；4—喷水泵；5—三通阀；6—蒸发器冷水箱；7—冷水泵

水位，不能直接抽取底池回水，故要设置回水箱 2（几个空调系统可共用一个回水箱）。空调喷水室 1 底池的水自流到回水箱中，再由回水泵 3 压送到冷冻站，返回直立管式（或螺旋管式）蒸发器冷水箱 6 中，温度降低后，由冷水泵 7 送入喷水室 1 中喷淋。回水箱 2 的位置一般靠近喷水室，大多设在空调机房内。

在回水箱中设有水位自动调节装置，当回水箱水位低于某一位置时，回水泵 3 自动停止运行。回水箱 2 设有溢水管以保证水不致满出回水箱，它的高度应低于喷水室 1 底池的溢流口。同时要考虑到蒸发器冷水箱 6 高低水位之间的容积，与回水箱高低水位之间的容积相等。

五、一级泵系统

从调节特征上看，冷冻水系统可以分为定水量系统和变水量系统两种形式。定水量系统中的水流量不变，通过改变冷冻水供回水温度来适应空调房间的冷负荷变化。变水量系统则通过水流量来适应冷负荷变化，而冷冻水供回水温差基本不变。由于冷冻水循环和输配能耗占整个空调制冷系统能耗的 15% ~ 20%，而空调负荷需要的冷冻水量也经常性地小于设计流量，所以变水量系统具有节能潜力。

变水量系统有一级泵和二级泵两种冷冻水系统。

图 3-19 为一级泵系统（又称一次环路水系统）。这是一种最简单的系统，常用的一级泵系统是在供回水集管之间安装一根旁通管，管上安有压差控制的稳压阀（双通道电动阀门）。当风机盘管空调器负荷下降，供回水管水压差超过设定值时，便自动启动稳压阀，使一部分水量不流经风机盘管水路而旁通回到冷水机组，从而保证冷水机组的水流量不减少，以保持冷水机组侧为定流量运行，而用户侧处于变流量运行。目前，由于冷水机组可在减少一定水量情况下正常运行，所以，供回水集管之间可设置旁通管，而整个系统在一定负荷范围内采用变流量（根据冷冻水的供水温度来控制冷水机组的运行台数）运行，这样可使水泵能耗大为降低。一级泵系统组成简单，控制容易、运行管理方便，一般多采用此种系统。

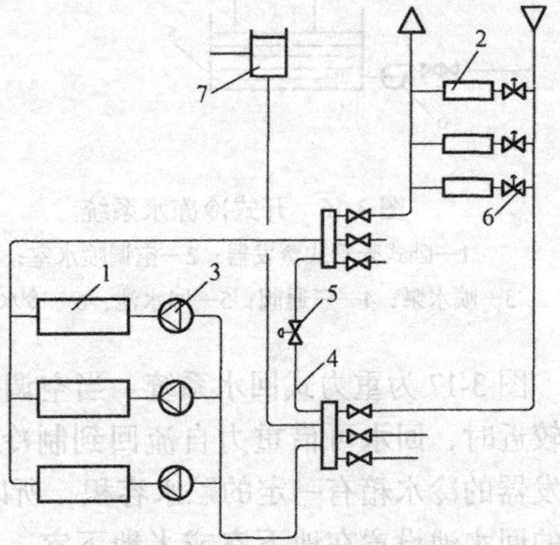

图 3-19 一级泵系统示意图

1—冷水机组；2—空调末端；3—冷冻水水泵；4—旁通管；5—旁通调节阀；6—二通调节阀；7—膨胀水箱

六、二级泵系统

图 3-20 为二级泵系统示意图，它由两个环路组成。由一次泵、冷水机组和旁通管组成的这段管路称为一次环路，由二次泵、空调末端和旁通管组成的这一段管路称为二次环

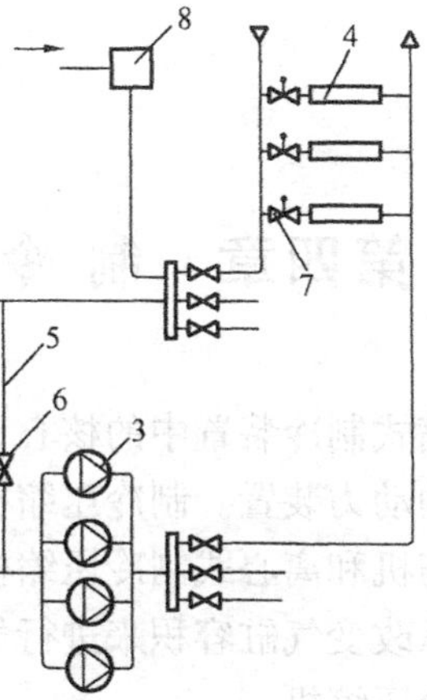

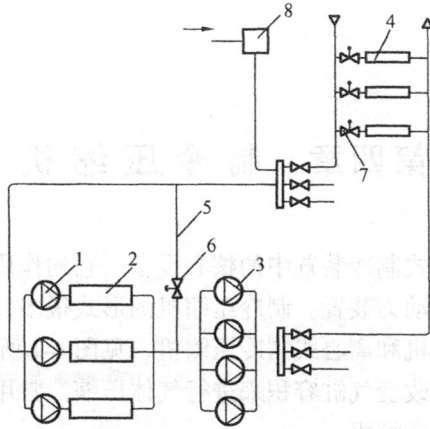

图 3-20　二级泵系统示意图

1— 一次泵；2—冷水机组；3—二次泵；

4—空调末端；5—旁通管；6—旁通调节阀；

7—二通调节阀；8—膨胀水箱

路。一次环路负责冷冻水的制备，二次环路负责冷冻水的输配。这种系统的特点是采用两组泵来保持冷水机组一次环路的定流量运行，而用户侧二次环路为变流量运行，从而解决空调末端设备要求变流量与冷水机组蒸发器要求定流量的矛盾。该系统完全可以根据空调负荷需要，通过改变二次水泵的台数或者水泵的转速调节二次环路的循环水量，以降低冷冻水的输送能耗。可以看出，二级泵系统的最大优点是能够分区分路供应用户侧所需的冷冻水，因此适用于大型系统。

思考题与习题

1. 氨制冷系统由哪些设备和控制仪器仪表组成?
2. 氟利昂制冷系统由哪些设备组成?
3. 制冷系统有几种供液方式？各种供液方式有何特点?
4. 氨和氟利昂制冷系统的主要区别有哪些?
5. 现场参观，画出其制冷工艺流程图。
6. 冷却水系统根据建厂地区的水源条件不同可分为哪几种冷却水系统?
7. 采用冷却塔的循环冷却水系统有哪几种?
8. 在制冷系统中，向用户供冷的方式有哪两种?

第四章 制冷压缩机

制冷压缩机是蒸气压缩式制冷装置中的核心设备。它的作用是用来压缩和输送制冷剂蒸气，使之达到制冷循环的动力装置。制冷压缩机的形式很多，根据工作原理不同，可分为两大类：容积式制冷压缩机和离心式制冷压缩机，见图 4-1 所示。

容积式制冷压缩机是靠改变气缸容积来进行气体压缩。常用的容积式制冷压缩机有活塞制冷压缩机和回转式制冷压缩机。

离心式制冷压缩机是靠离心力的作用，连续地将所吸入的气体压缩。这种压缩机的转速高、制冷能力大，广泛用于大型的制冷系统中。

图 4-1 所示为目前在制冷和空调领域常用压缩机的分类和结构示意图。表 4-1 所示为各类压缩机在制冷和空调工程中的应用范围。从表中可以看出，在制冷量小于 200kW 的领域中，活塞式、滚动转子式和涡旋式占主要地位，大于 150kW 以上则是离心式和螺杆式的领域。

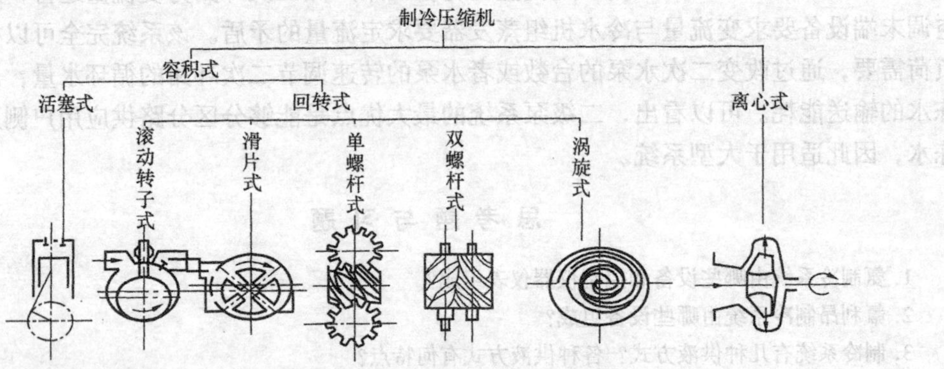

图 4-1 常见压缩机的分类和结构示意图

各类压缩机在制冷空调工程中的制冷量范围 表 4-1

用途 形式	家用冷藏箱冻结箱	房间空调器	汽车空调	住宅用空调器和热泵	商用制冷和空调	大型空调
活塞式	100W				200kW	
滚动转子式	100W			10kW		
涡旋式		5kW			70kW	
螺杆式					150kW	1400kW
离心式						350kW 及以上

本章主要介绍活塞式制冷压缩机的基本结构、工作原理和运行特征。

第一节　活塞式制冷压缩机的分类及其构造

一、活塞式制冷压缩机的分类

活塞式制冷压缩机是制冷压缩机中使用最广泛的一种压缩机。这种类型的压缩机规格型号很多，能适应一般制冷要求。但由于活塞及连杆惯性力大，限制了活塞的运行速度，故排气量一般不能太大。活塞式制冷压缩机一般使用于中小型制冷。

1. 根据气体流动情况分类

可分为顺流式和逆流式两大类。

（1）顺流式制冷压缩机　如图 4-2 所示，活塞式压缩机的机体由曲轴箱、气缸体和气缸盖三部分组成。曲轴箱内的主要部件是曲轴，曲轴通过连杆带动活塞在气缸内做往复运动来压缩气体。活塞为一空心圆柱体，它的内腔与进气管连通，进气阀设在活塞顶部。当活塞向下移动时，气缸内的气体从活塞顶部进入气缸；当活塞向上移动时，气缸内的气体被压缩，并由上部排出。气缸内气体顺同一方向流动，故称顺流式。

顺流式活塞制冷压缩机由于进气阀设在活塞上，因而增加了活塞的重量及长度，限制了压缩机转速的提高，因自重大，占地面积大，因此目前已不再使用这种压缩机。

（2）逆流式活塞制冷压缩机　如图 4-3 所示，此种压缩机的进、排气阀均设置在气缸顶部。当活塞向下移动时，低压气体由顶部进入气缸；活塞向上移动时，被压缩的气体仍从顶部排出。这样，由于气体进入气缸及排出气缸的运动路线相反，故称逆流式制冷压缩机。

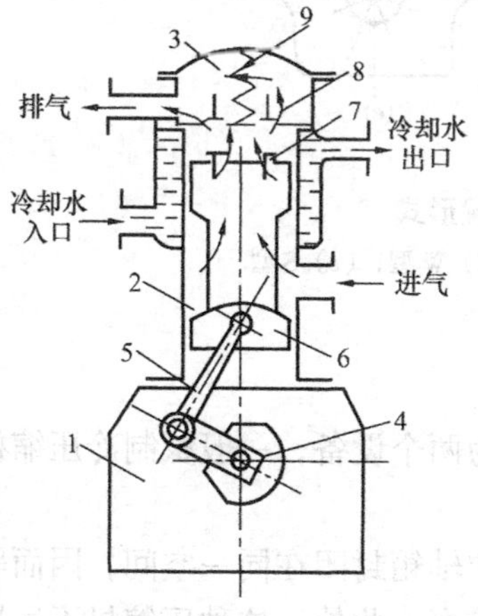

图 4-2　顺流式活塞压缩机

1—曲轴箱；2—气缸体；3—气缸盖；4—曲轴；5—连杆；6—活塞；7—进气阀；8—排气阀；9—缓冲弹簧

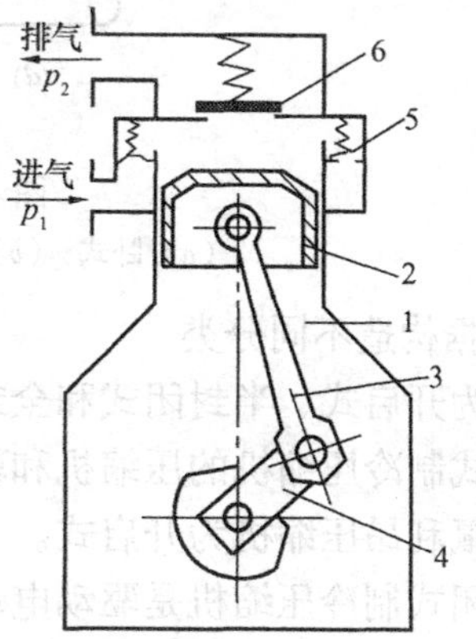

图 4-3　逆流式活塞压缩机

1—气缸；2—活塞；3—连杆；4—曲轴；5—进气阀；6—排气阀

逆流式制冷压缩机的活塞尺寸小、重量轻、便于提高压缩机转速，一般为 1000 ~ 1500r/min，最高达 3500r/min，因而其重量及尺寸大为减少。

2. 根据气缸排列和数目的不同分类

可分为卧式、立式、高速多缸压缩机。如图 4-4 所示。

卧式制冷压缩机气缸为水平放置，此压缩机制冷量较大，但转速低（200~300r/min），且材料消耗多，占地面积大，属于早期产品。

立式活塞制冷压缩机气缸为垂直放置，多为两个气缸，转速一般在 750r/min 以下，目前仍有此种产品。

多缸制冷压缩机气缸的排列与气缸数目有关，有 V 型、W 型、S 型。该种制冷压缩机气缸小而多，转速高，故压缩机质轻体小、平衡性能好、噪声和振动较低，易于调节压缩机的制冷能力，是目前广泛使用的一类活塞式制冷压缩机。

V 型压缩机有 2 缸和 4 缸；W 型压缩机有 3 缸和 6 缸；S 型压缩机可以有 4 缸和 8 缸。

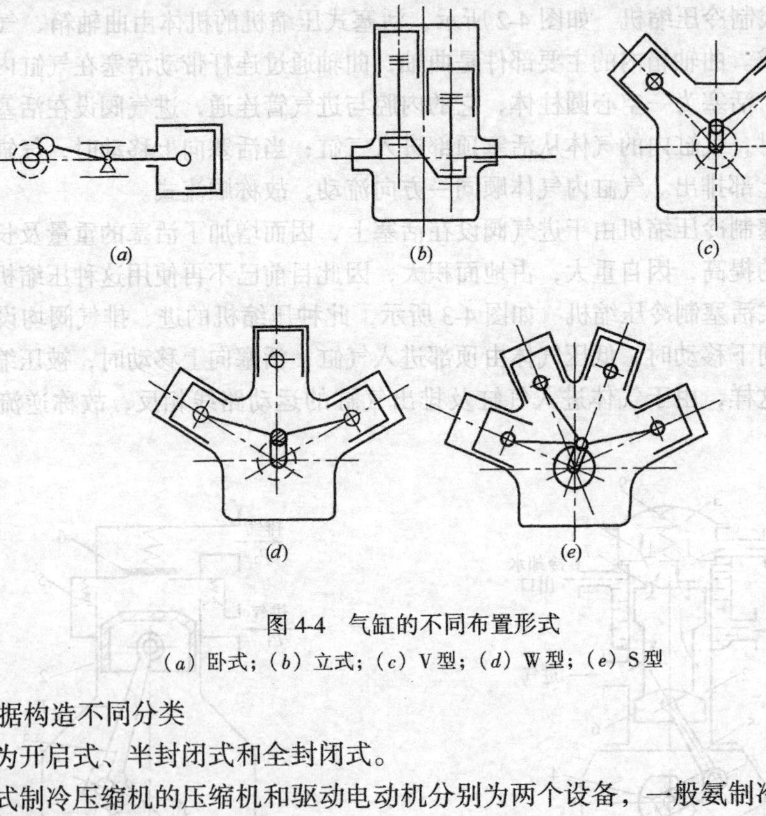

图 4-4　气缸的不同布置形式

(a) 卧式；(b) 立式；(c) V 型；(d) W 型；(e) S 型

3. 根据构造不同分类

可分为开启式、半封闭式和全封闭式。

开启式制冷压缩机的压缩机和驱动电动机分别为两个设备，一般氨制冷压缩机和制冷量较大的氟利昂压缩机为开启式。

半封闭式制冷压缩机是驱动电动机与压缩机的曲轴箱封闭在同一空间，因而驱动电动机是在气态制冷剂中运行，因此，对电动机的要求较高。此外，这种压缩机不适用于有爆炸危险的制冷剂，所以半封闭式制冷压缩机均为氟利昂制冷压缩机。

全封闭式制冷压缩机是压缩机与电动机装在一个外壳内。

4. 根据压缩机的级数分类

可分为单级和双级制冷压缩机，双级压缩机又分为单机双级和双机双级制冷压缩机。

5. 按所采取的制冷剂不同分类

可分为氨压缩机、氟利昂压缩机和多工质压缩机等。

6. 按制冷量的大小分类

按制冷量的大小可分为大、中、小型三种。但它们彼此之间并无严格界限，我国也没有统一规定。一般认为标准（或名义）制冷量在 600kW 以上者为大型制冷压缩机，制冷量在 60kW 以下者为小型制冷压缩机，而中型制冷压缩机的制冷量则居于大、小型两者之间。

二、活塞式制冷压缩机的型号表示

制冷压缩机都用一定的型号表示，我国活塞式制冷压缩机的型号及基本参数的制定可参照 GB/T 10079—2001。

压缩机型号表示方法如下：

□ □ □ □

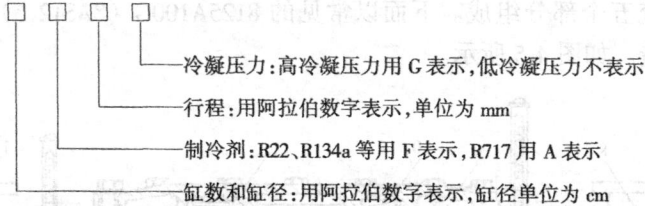

冷凝压力：高冷凝压力用 G 表示，低冷凝压力不表示

行程：用阿拉伯数字表示，单位为 mm

制冷剂：R22、R134a 等用 F 表示，R717 用 A 表示

缸数和缸径：用阿拉伯数字表示，缸径单位为 cm

例如，812.5A110G 表示 8 缸扇型，气缸直径 125mm，制冷剂为 R717，活塞行程为 110mm 的高冷凝压力压缩机。

压缩机组型号表示方法如下：

□ □ - □ □

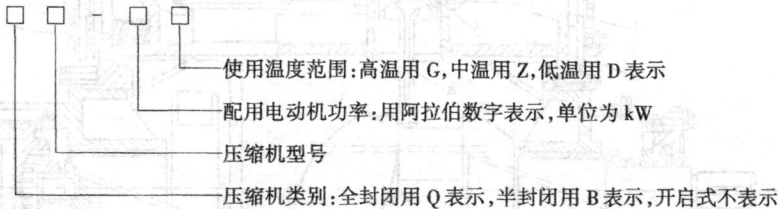

使用温度范围：高温用 G，中温用 Z，低温用 D 表示

配用电动机功率：用阿拉伯数字表示，单位为 kW

压缩机型号

压缩机类别：全封闭用 Q 表示，半封闭用 B 表示，开启式不表示

例如，Q24.8F50-2.2D 表示全封闭 2 缸 V 型缸径 48mm，制冷剂为氟利昂，活塞行程 50mm，配用电动机功率为 2.2kW，低温用全封闭式压缩机。

B47F55-13Z 表示半封闭 4 缸扇型（或 V 型），缸径 70mm，以氟利昂为制冷剂，活塞行程 55mm，配用电动机功率为 13kW 的中温用低冷凝压力半封闭式压缩机组。

610F80G-75G 表示开启式 6 缸 W 型，缸径 100mm，制冷剂为氟利昂，行程 80mm、配用电动机功率为 75kW 的高温用高冷凝压力开启式压缩机组。

目前国内许多厂家仍有沿用制冷压缩机老的型号表示方法，即

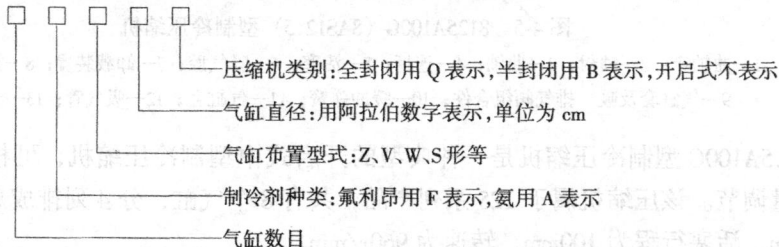

□ □ □ □ □

压缩机类别：全封闭用 Q 表示，半封闭用 B 表示，开启式不表示

气缸直径：用阿拉伯数字表示，单位为 cm

气缸布置型式：Z、V、W、S 形等

制冷剂种类：氟利昂用 F 表示，氨用 A 表示

气缸数目

例如 8AS12.5 表示 8 缸、氨制冷剂，气缸呈扇型布置，缸径 12.5cm 的开启式制冷压缩机。

对于单级双机制冷压缩机，在单机型号前面加“S”表示双级。

例如，S8AS12.5 制冷压缩机，该压缩机为双级，8 缸、氨制冷剂，气缸排列形式为 S

型，气缸直径为 12.5cm 的开启式制冷压缩机。

为方便读者，本书在新型号后面用括号写出老的型号加以对照。

我国目前生产的制冷压缩机系列产品为高速多缸逆流式压缩机，根据缸径不同，有 50mm、70mm、100mm、125mm、170mm，再配上不同缸数，共有 22 种规格，以用来满足不同制冷量的要求。

三、活塞式制冷机的构造

1. 开启式活塞制冷压缩机的构造

开启式活塞制冷压缩机由机体、活塞及曲轴连杆机构、气缸套及进排气阀组合件、卸载装置、润滑系统五个部分组成。下面以常见的 8125A100G（8AS12.5）型开启式压缩机为例，介绍其构造。如图 4-5 所示。

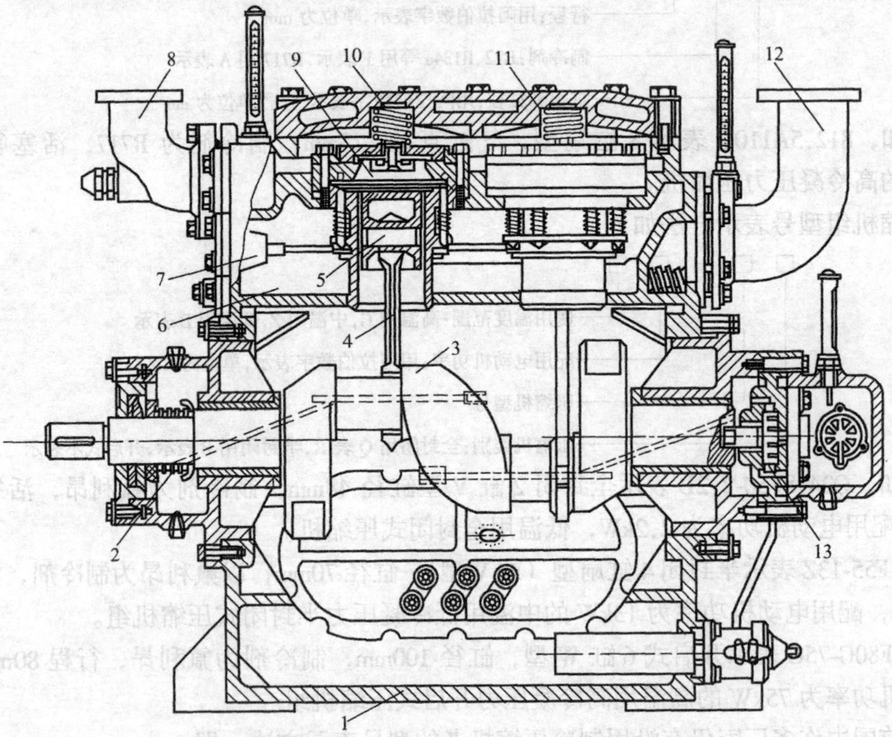

图 4-5　8125A100G（8AS12.5）型制冷压缩机

1—曲轴箱；2—轴封；3—曲轴；4—连杆；5—活塞；6—吸气腔；7—卸载装置；8—排气管；9—气缸套及吸、排气阀组合件；10—缓冲弹簧；11—气缸盖；12—吸气管；13—油泵

812.5A100G 型制冷压缩机是一种典型的开启式中型制冷压缩机，可根据负荷大小进行制冷量调节。该压缩机属于 125 系列产品，共有 8 个气缸，分 4 列排成扇形，气缸直径为 125mm，活塞行程为 100mm，转速为 960r/min。

(1) 机体

机体是压缩机最大的主要部件，用以支承压缩机的主要零部件。机体采用强度较高的灰铸铁铸成，它由曲轴箱、气缸体、气缸盖、以及进气管、排气管等部分组成，机体上部为气缸体，下部为曲轴箱。气缸体上镗有 8 个气缸孔，各自的气缸套组件就安装在其中。

各气缸套外圈的气缸体空间为公用吸气腔 6（参见图 4-5）。吸气腔内装有容易拆卸的滤网。为了使曲轴箱内的压力与吸气压力保持一致，并使吸气管路中随吸气流入的润滑油返回曲轴箱，吸气腔的最低处设有回油孔。在气缸体中除装有气缸套外，还有吸、排气阀组合件 9 和活塞 5 等部件。排气阀上装有缓冲弹簧 10，它们构成假盖。气缸上部装有气缸盖 11，与机体用螺栓连接。气缸盖与机体顶部的结合面必须加耐油石棉橡胶垫片，以保证螺栓连接的密封。气缸盖 11 上装有冷却水套。可以通入冷却水来降低排气温度，以减少能量消耗和机件磨损。

气缸体下部的曲轴箱 1 是固定压缩机各机件的机座，它起着机架的作用，曲轴箱是一个密闭箱体，两端设有两个轴承，用以支承曲轴 3；下部留有一定的容积，用于储存润滑油。箱中还装有冷却润滑油的冷却水管和油过滤网。箱的两侧设有侧盖，便于装卸和修理内部的机件。在侧盖上装有油面指示玻璃。如为两块油面玻璃，正常油面应在两块油面玻璃中心线之间；如为一块油面玻璃，则正常油面在油面玻璃的 1/2 处。

（2）气缸套及吸排气阀组合件

其结构如图 4-6 所示。吸气阀片采用环形阀片。气缸套 10 上装有外阀座 13，外阀座与气缸套之间装有吸气阀片 11 和阀片弹簧 12。内阀座 2 在外阀座的中间，被固定在阀盖 5 上。排气阀片 4 及阀片弹簧 3 安装在内、外阀座和阀盖之间。阀盖 5 与内外阀座 2 和 13 靠缓冲弹簧 1 压在气缸体上。阀盖外圈的导向环 6 可使阀盖上下移动而无横向移动，保证排气阀片 4 与阀座的密封线不致错位。

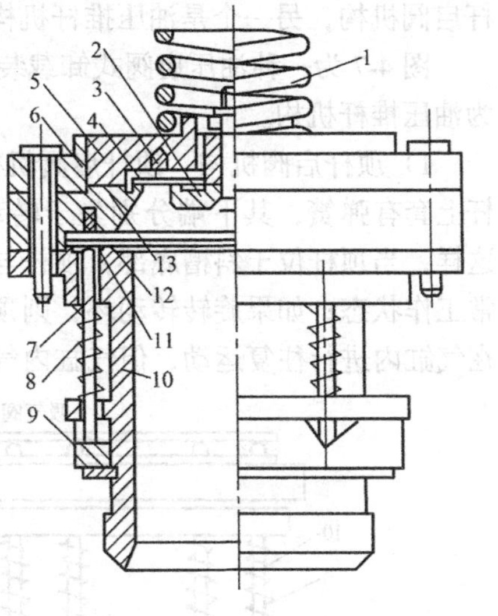

图 4-6　气缸套及吸、排气阀组合件

1—缓冲弹簧；2—内阀座；3—排气阀片弹簧；4—排气阀片；5—阀盖；6—导向环；7—顶杆；8—顶杆弹簧；9—转动环；10—气缸套；11—吸气阀片；12—吸气阀片弹簧；13—外阀座

吸排气阀是活塞式压缩机的重要部件之一，它控制着压缩机的吸气、压缩、排气和膨胀四个过程。吸排气阀都是受阀片两侧气体压力差控制而自行启闭的自动阀。如图 4-6 所示，气缸套的顶部外缘的四周有一圈进气孔，吸气阀片 11 盖在这些小孔上。活塞在气缸内向下运动时，缸内压力降低，当吸气腔与气缸内的压力差大于吸气阀片弹簧 12 的压力时，吸气阀片自动开启，低压蒸气就由吸气腔进入气缸。当活塞向上运动，缸内气体被压缩时，吸气阀片在弹簧力和内外压差作用下，落在进气孔上，并将进气孔紧紧盖严。活塞继续向上移动，气缸内的压力大于排气腔的压力时，缸内高压气体克服排气阀片弹簧 3 的弹力，冲开排气阀片 4 而排出气缸。

（3）活塞及曲轴连杆机构

活塞式制冷压缩机的曲轴一般采用球墨铸铁，两侧的主要轴颈支承在曲轴箱两端的滑动轴承上，每个曲拐上装有几个连杆与活塞。曲轴上钻有油孔。以保证轴承的润滑与冷却。

活塞式制冷压缩机的连杆采用可铸锻铁制成，连杆的大头一般为剖分式，带有可拆下的薄壁轴瓦，在轴瓦上钻有油孔，与曲轴油孔相通。连杆小头均为不剖分式，内镶有铜衬套，依靠活塞销与活塞相连。连杆体内也钻有油孔，以使润滑油输送到小头轴承。

活塞式制冷压缩机的活塞多采用铝镁合金铸制，质量轻，组织细密。活塞顶部的形状应与气缸顶部的阀座形状相适应，以便尽量减少余隙容积。活塞上设有两道密封环，以保证气缸壁与活塞之间的密封。密封环下部还设一道油环，活塞向上运动时，靠油环布油，保证润滑；活塞向下运动时，将气缸壁上的润滑油刮下，以减少被排气带出的润滑油数量。

(4) 卸载装置

高速多缸活塞式制冷压缩机的卸载装置是用来使压缩机在运转条件下停止部分气缸的排气，以改变压缩机的制冷能力。例如：8缸制冷压缩机，可以采用停止2缸、4缸、6缸的工作，使压缩机的制冷能力为总制冷量的75%、50%、25%。此外，卸载装置还可用作降载启动装置，减小启动转矩，简化电动机的启动设备和操作运行手续。

中小型活塞式制冷压缩机普遍采用油压启阀式卸载装置，它包括两个组件，一个是顶杆启阀机构，另一个是油压推杆机构。

图4-7为一种油压启阀式卸载装置，该装置包括两个组件：一为顶杆启阀机构。另一为油压推杆机构。

1）顶杆启阀机构　顶杆启阀机构就是在吸气阀片下设有几根顶杆（一般为6个），顶杆上套有弹簧，其下端分别坐于转动环上具有一定倾斜的斜槽内，如图4-7（*a*）所示。这样，当顶杆位于斜槽底部，顶杆与阀片不接触，阀片可以自由上下运动，该气缸处于正常工作状态；如果旋转转动环，则顶杆沿斜面上升，将吸气阀片顶开，此时，尽管活塞仍在气缸内进行往复运动，但气缸内气体不被压缩，故该气缸处于不工作状态。

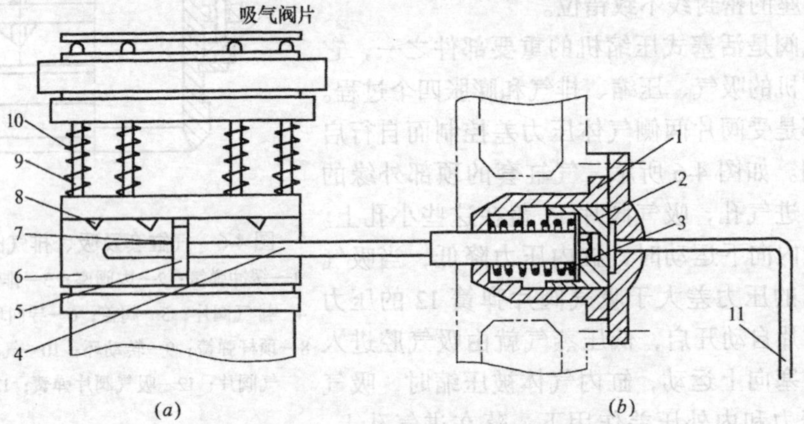

图4-7　油压启阀式卸载装置

1—油缸；2—活塞；3—弹簧；4—推杆；5—凸缘；6—转动环；7—缺口；8—斜面切口；9—顶杆；10—顶杆弹簧；11—油管

2）油压推杆机构　油压推杆机构是使气缸套外部的转动环旋转的机构，见图4-7（*b*）。当油管内供入一定压力的润滑油时，油缸内的小活塞和推杆被推压向前移动，带动转动环将稍微旋转，这时靠顶杆弹簧可将顶杆推至斜槽底部；反之，油管内没有压力油供入，则油缸内的小活塞和推杆在弹簧作用下向后移动，并带动转动环将顶杆推至斜面高点，顶开吸气阀片。

活塞式制冷压缩机制冷能力的控制，除采用卸载法调节制冷能力外，还有节流法、旁通法、调速法。

1）节流法　靠节流降低吸气压力，减小制冷剂质量流量，以调节压缩机制冷能力；

2）旁通法　将部分排气返回吸气管，以减少压缩机制冷能力；

3）调速法　改变压缩机转速，以调节压缩机制冷能力。

（5）润滑系统

活塞式制冷压缩机的润滑是一个很重要的问题。轴与轴承、活塞与气缸壁等运动部件的接触面以及轴封处均需用润滑油进行润滑和冷却，以降低部件温度，减少部件磨损和摩擦所消耗的功率，保证压缩机正常运转，否则，即使短时间缺油，也将造成严重后果。此外，活塞制冷压缩机的卸载装置也由润滑系统供油。活塞式制冷压缩机润滑油循环系统的流程参看图 4-8。

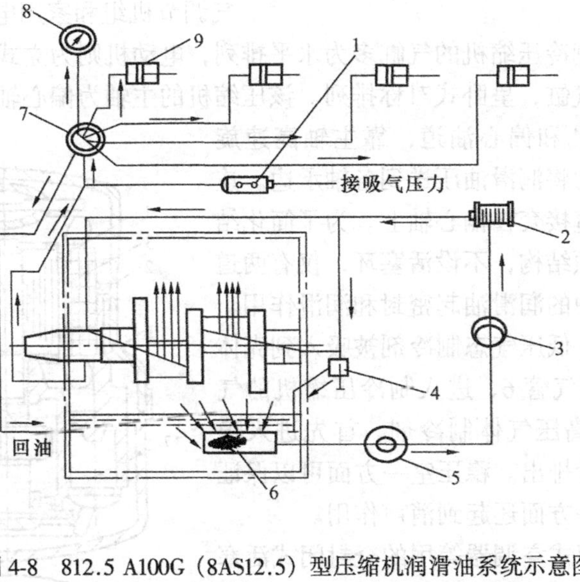

图 4-8　812.5 A100G（8AS12.5）型压缩机润滑油系统示意图

1—油压继电器；2—油细滤器；3—内齿轮油泵；4—油压调节阀；
5—三通阀；6—油粗滤器；7—油分配阀；8—油压表；
9—液压缸推杆机构

压缩机曲轴箱下部盛有一定数量的润滑油，通过油粗滤器 6 被油泵 3 吸入并压出。一路被压送至油泵端的曲轴进油孔，润滑后主轴承、连杆大小头轴承；另一路送至轴封处、润滑油封，前主轴承和连杆大小头轴承；此外，由轴封外还引一条油管至压缩机的卸载装置的油分配阀 7；至于活塞与气缸壁之间则是通过连杆大头的喷溅进行润滑。整个油路的油压可用油泵上部的油压调节器调节螺钉调节，油压也就是油泵出口压力与吸气压力之差应为 0.15～0.3MPa。

活塞式制冷压缩机曲轴箱的油温应不超过 70℃。制冷能力较大的压缩机的曲轴箱内设有油冷却器，内通冷却水，以降低润滑油的温度。此外，用于低温条件下的活塞式氟利昂制冷压缩机，曲轴箱中还应装设电加热器，启动时加热箱中的润滑油，以减少其中氟利昂的溶解量，防止压缩机的启动润滑不良。

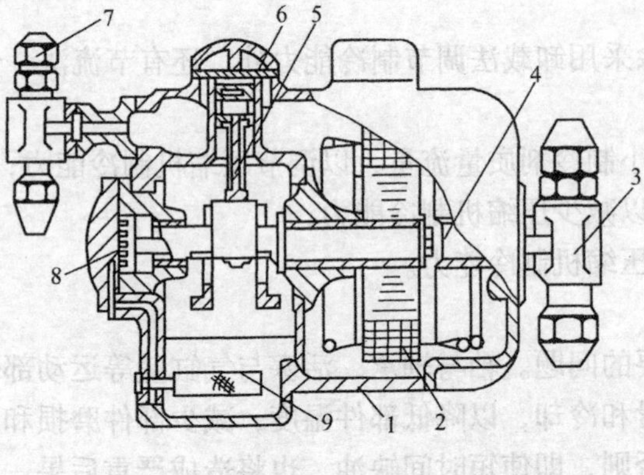

图 4-9 半封闭式活塞制冷压缩机

1—外壳；2—电动机；3—进气管；4—进气过滤器；5—连杆；6—阀板；7—排气管；8—油泵；9—油过滤器

2. 封闭式活塞制冷压缩机

根据封闭程度的不同，可分为半封闭式和全封闭式两种。

半封闭式活塞制冷压缩机的构造与逆流开启式制冷压缩机相似，只是半封闭压缩机的曲轴箱机体与电动机外壳共同构成一个封闭空间，从而取消轴封装置，整机结构紧凑，参见图 4-9。

全封闭式活塞制冷压缩机的压缩机和电动机全部被密封在一个钢制外壳内，电动机在气态制冷剂中运行，结构非常紧凑，密封性能好，噪声低，多用于空气调节机组和家用电冰箱。

全封闭式活塞制冷压缩机的气缸多为水平排列，电动机则为立式，如图 4-10。图中所示的压缩机为两个气缸，呈卧式对称排列。该压缩机的主轴为偏心轴，上端装有电动机的转子，下端设有油孔和偏心油道，靠主轴高速旋转时产生的高离心力将润滑油压送到各轴承边。连杆大头为整体式，直接套在偏心轴上。为了简化结构，活塞为筒形平顶结构，不设活塞环，仅有两道环形槽，靠充入其中的润滑油起密封和润滑作用。

压缩机工作时，低压气态制冷剂被吸入到壳体内，经进气包 5，进气管 6，进入制冷压缩机的气缸 13；被压缩后的高压气体制冷剂，首先进入稳压室门，再经排气管排出。稳压室一方面可以保证排气压力均衡，另一方面还起到消声作用。

家用电冰箱、窗式空调器等用的全封闭式活塞制冷压缩机，其电动机功率均在 1.1kW 以下，这类小型全封闭式活塞制冷压缩机基本上配用单相电动机。单相电动机的效率低于三相电动机的效率，而且启动转矩小，在电压降大的场所多数不能启动。因此，启动时要求压缩机进气、排气两侧的压力达到相互平衡，以减少启动荷载，这样，压缩机停止运行以后，高、低压力侧的压力迅速均一是设计使用这种制冷压缩机的制冷系统必须考虑的问题。

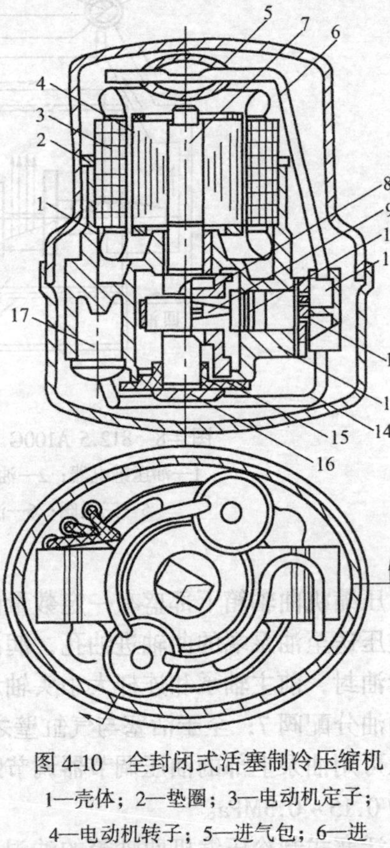

图 4-10 全封闭式活塞制冷压缩机

1—壳体；2—垫圈；3—电动机定子；4—电动机转子；5—进气包；6—进气管；7—曲轴；8—平衡块；9—连杆；10—活塞；11—气缸盖；12—阀板；13—气缸；14—排气管；15—下轴承；16—端盖；17—稳压室

此外，全封闭式制冷压缩机进气过热度大，排气温度高，耗能较大，特别是低温工况；同时，当蒸发压力下降时，制冷剂流量减小，传热效果恶化，冷却作用降低，电动机绕组的温度上升。这样，全封闭式制冷压缩机与开启式制冷压缩机的情况相反，当吸气压力下降，电动机负荷减少时，绕组的温度不是降低，而是升高，故按高温工况设计的全封闭式制冷压缩机用于低温工况时，电动机有烧毁的危险。

第二节　活塞式制冷压缩机的选择计算

一、活塞式压缩机的工作过程

1. 活塞式压缩机的活塞排量

活塞式制冷压缩机的理想工作过程应具备以下条件：(1) 压缩机没有余隙容积；(2) 吸气排气过程没有阻力损失；(3) 压缩过程中气缸壁与气体之间没有热量交换；(4) 机器无泄露损失；(5) 进入气缸的气体符合理想气体条件。

活塞式压缩机的理想工作过程包括进气、压缩、排气三个过程，如图 4-11 所示。

进气：活塞从上端 a 向右移动，气缸内压力积聚下降，低于进气压力 p_1，进气阀开启，低压气体在定压下被吸入气缸，直到活塞达到下端点 b 的位置，即 $p-V$ 图上 4→1 过程。

压缩：活塞从下端 b 开始向左移动，气缸内压力稍高于进气口压力，进气阀关闭，缸内气体被绝热压缩。当活塞左行到一定位置，缸内气体被压缩至压力稍高于排气口的压力 p_2 时，排气阀打开，即 $p-V$ 图上 1→2 过程。

排气：排气阀打开后，活塞继续向左移动，将气缸内的高压气体以定压排出，直到活塞达到上端点 a 位置，即 $p-V$ 图上 2→3 过程。

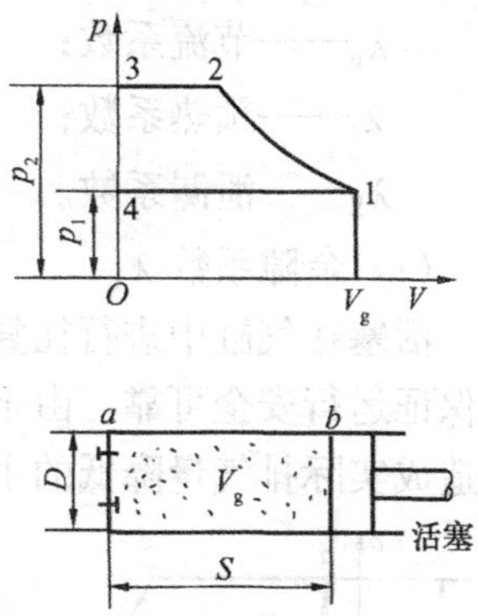

图 4-11　活塞式压缩机理想工作过程

活塞进行往复运动，不断重复进气、压缩、排气这三个过程。这样，曲轴每旋转一圈，均有一定数量的低压气体被吸入，并被压缩为高压气体，排出气缸。在理想工作过程下，曲轴每旋转一圈，压缩机一个气缸所吸入的低压气体体积 V_g，称为气缸的工作容积。

对于单级压缩机的工作容积为

$$V_g = \frac{\pi}{4}D^2 S \quad (m^3) \tag{4-1}$$

式中　D——气缸直径，m；

　　S——活塞行程，m。

如果压缩机有 z 个气缸，转速为 n (r/min)，压缩机吸入气体体积为

$$V_h = V_g nz/60 = \frac{\pi}{240}D^2 Snz \quad (m^3/s) \tag{4-2}$$

V_h就是活塞式制冷压缩机的理论排气量，也称活塞排量。它只与压缩机的转数和气缸的结构尺寸、数目有关，与运行工况和制冷剂性质无关。

2. 活塞式压缩机的容积效率

活塞式制冷压缩机实际工作过程与理想工作过程有以下区别：(1) 在压缩机的结构

上，不可避免的会有余隙容积；（2）吸、排气阀门有阻力；（3）压缩过程中，气缸壁与气体之间有热量交换；（4）气阀部分及活塞环与气缸壁之间有气体的内部泄漏。所以压缩机实际工作过程比较复杂，有许多因素影响压缩机的实际排气量 V_R，因此，压缩机实际排气量永远小于其活塞排量，两者的比值称为压缩机的容积效率，用 η_V 表示，即

$$\eta_V = \frac{V_R}{V_h} \tag{4-3}$$

容积效率实际上表示压缩机气缸工作容积的有效利用率，它是评价压缩机性能的一个重要指标。

影响压缩机实际工作过程的因素主要是气缸余隙容积、吸、排气阀阻力，吸气过程中气体被加热的程度以及漏气等四个方面，这样，可认为容积效率等于 4 个系数的乘积，即

$$\eta_V = \lambda_v \lambda_p \lambda_t \lambda_L \tag{4-4}$$

式中 λ_v——余隙系数；

λ_p——节流系数；

λ_t——预热系数；

λ_L——泄漏系数。

（1）余隙系数 λ_V

活塞在气缸中进行往复运动时，活塞行程的上端点与气缸顶部，均需留有一定间隙，以保证运行安全可靠。由于此间隙的存在，对压缩机排气量造成的影响，称余隙系数，它是造成实际排气量降低的主要因素。

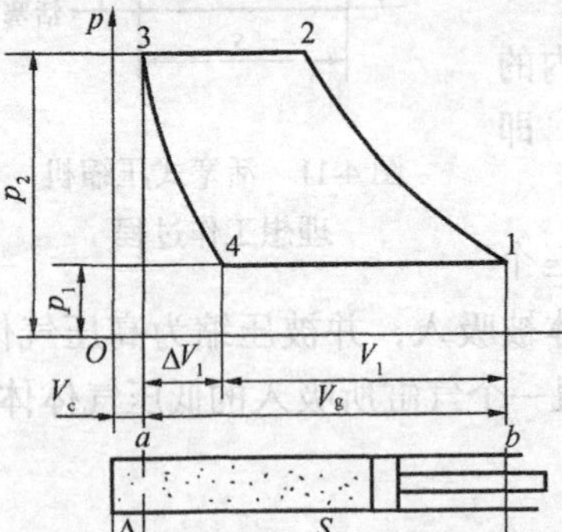

图 4-12　余隙容积的影响

如图 4-12，活塞达到上端点 a，即排气结束时，缸内还保留一小部分容积为 V_c、压力为 p_2 的高压气体。活塞在反向运动时，只有当这部分气体膨胀到一定程度，使缸内压力降到小于进气压力 p_1 时进气阀方能开启，低压气体才开始进入气缸。这样，气缸每次吸入的气体量就不等于气缸工作容积 V_g，而减小为 V_1，V_1 与气缸工作容积 V_g 的比值为余隙系数，即

$$\lambda_V = \frac{V_1}{V_g} = \frac{V_g - \Delta V_1}{V_g} \tag{4-5}$$

λ_V 值的大小，反映了余隙容积对压缩机排气量的影响程度，由图 4-12 可知，气缸减少的吸气量 ΔV_1 不但与余隙容积 V_c 的大小有关，而且与压缩机运行时的压力比 p_2/p_1 有关。V_c 及 p_2/p_1 增大时，则 ΔV_1 也增大，余隙系数 λ_V 降低。

（2）节流系数 λ_p

当制冷剂气体通过进、排气阀时，断面缩小，气体进出气缸需要克服流动阻力。也就是说，进排气过程气缸内外有一定压力差 Δp_1 和 Δp_2，其中排气阀阻力很小，主要是进气阀阻力影响容积效率。

由于气体通过进气阀进入气缸时有一定的的压力损失，进入气缸的压力将低于进气压

力 p_1，比容增加，因此，虽然吸入的气体体积仍为 V_1，但吸入气体质量有所减少。如图4-13所示。只有当活塞把吸入的气体由 1′ 点压缩到 1″ 点时，缸内气体的压力才等于吸气管压力。与理想情况相比，仅相当吸收了体积为 V_2的气体，体积 V_2与 V_1的比值称为节流系数。

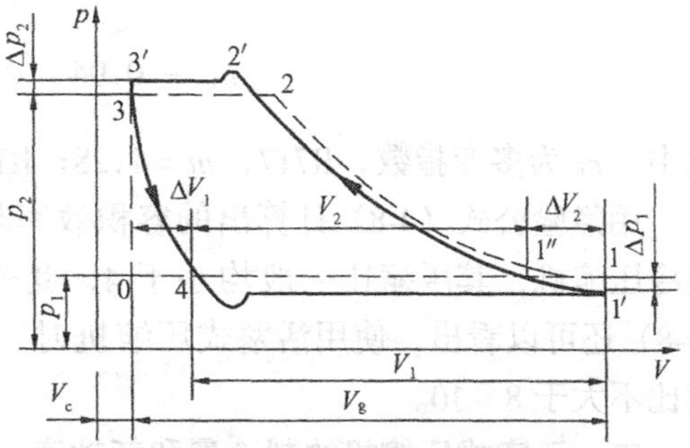

图 4-13　活塞式制冷压缩机实际工作过程

$$\lambda_p = \frac{V_2}{V_1} = \frac{V_1 - \Delta V_2}{V_1} \qquad (4\text{-}6)$$

λ_p值的大小，反映了压缩机吸排气阀阻力所造成的吸气量损失。损失的吸气量 ΔV_2主要与 p_1 和 Δp_1 有关，吸气压力 p_1 降低，阻力 Δp_1 越大，则 ΔV_1越大，节流系数 λ_p也就越小。

(3) 预热系数 λ_t

在实际工作的过程中，制冷剂蒸气与气缸壁进行热量交换。制冷剂蒸气被压缩时，温度不断升高，以及活塞与气缸壁之间存在摩擦，并将热量传给气缸壁，使气缸壁的温度升高。吸气时，制冷剂蒸气与温度较高的气缸壁接触并从气缸壁吸收热量。蒸气受热而膨胀，比体积增大，使进入压缩机气缸内的气体质量减少。

气体质量的减少与气缸壁和气体的温度有关。在正常情况下，这两个温度实际上取决于冷凝温度 T_k和蒸发温度 T_0。冷凝温度 T_k升高，气缸壁温也升高，而 T_0降低，则吸入的气体温度也降低。进入气缸的制冷剂热交换量越大，预热系数越低，通常可用经验公式计算。

对开启式制冷压缩机

$$\lambda_t = \frac{T_0}{T_k} = \frac{273 + t_0}{273 + t_k} \qquad (4\text{-}7)$$

对于封闭式制冷压缩机，由于制冷剂先进入电动机腔，然后再进入吸气腔和气缸，因此，封闭式压缩机吸入的制冷剂蒸气不但被气缸壁预热，而且被电动机预热，制冷剂蒸气的比容增加更大，所以在相同工况下，封闭式制冷压缩机的预热系数 λ_t通常总小于开启式，这是封闭式制冷压缩机在运行时的一个缺点。

(4) 泄漏系数 λ_L

压缩机工作时，由于活塞与气缸壁之间密封不严、吸排气阀门关闭不严或关闭滞后等，都会造成部分蒸气从高压部分向低压部分泄漏，从而造成压缩机实际排气量的减少。泄漏系数 λ_L就是考虑这种渗漏对压缩机实际排气量的影响。

泄漏系数与压缩机的构造、加工质量、部件磨损程度等因素有关，此外，还随着排气压力的增加和进气压力的降低而减小。一般约为 0.95～0.98。

通过上述分析可以得知，余隙系数、节流系数、预热系数及泄漏系数除与压缩机的结构、加工质量等因素有关以外，还有一个共同的规律，就是均随排气压力的增高和进气压力的降低而减少。我国中小型活塞式制冷压缩机系列产品的相对余隙容积约为 0.04，转数等于或大于 720r/min，容积效率按以下经验公式计算

$$\eta_V = 0.94 - 0.085\left[\left(\frac{P_2}{P_1}\right)^{\frac{1}{m}} - 1\right] \tag{4-8}$$

式中　m 为多变指数，R717，$m = 1.28$；R12，$m = 1.13$；R22，$m = 1.18$。

用经验公式（4-8）计算出的容积效率与实际值稍有出入，特别是对于空气调节用的制冷压缩机，其压缩比一般均小于 4，此式计算值比实际约大 0.03 ~ 0.05。此外，从式（4-8）还可以看出，使用活塞式压缩机时，其压缩比不应太高，过高则 η_V 很低，一般压缩比不大于 8 ~ 10。

二、活塞式压缩机的制冷量和耗功率

制冷量和耗功率是压缩机的两个重要特性参数，这两个重要特性参数除了与压缩机的类型、结构、形式、尺寸以及加工质量等因素有关外，主要取决于运行工况。

1. 活塞式压缩机的制冷量

活塞式制冷压缩机的实际排气量为：

$$V_R = \eta_V V_h \quad (m^3/s)$$

如果制冷剂的单位容积制冷能力为 q_v（kJ/m^3），则活塞式压缩机制冷量应为：

$$\phi_0 = V_R q_v = \eta_V V_h q_v = \eta_V V_h \frac{q_0}{v_1} \quad (kW) \tag{4-9}$$

也就是说，活塞式制冷压缩机的制冷量等于理论制冷量（$V_h q_v$）与容积效率 η_V 的乘积。

2. 活塞式制冷压缩机的耗功率

压缩机的耗功率是指电动机传至压缩机主轴的功率，也称为压缩机的轴功率 P_e。压缩机的轴功率消耗在两个方面，一部分直接用于压缩气态制冷剂，称为指示功率 P_i；另一部分用于克服机构运动的摩擦阻力，称为摩擦功率 P_m。因此，压缩机的轴功率为：

$$P_e = P_i + P_m \quad (kW) \tag{4-10}$$

（1）指示功率

在理论循环热力计算中已经求得理论功率

$$P_{th} = M_R w_{th} \quad (kW)$$

式中　w_{th}——制冷压缩机的单位质量理论耗功率，kJ/kg。

压缩机实际工作过程中存在各种内部损耗（见图 4-13），例如气体的压缩过程并不是绝热过程，吸、排气阀存在着阻力损失，而且与容积效率也有关。压缩机的内部损失可用其指示效率 η_i 表示。当理论耗功率为 P_{th} 时，其指示效率可用下式计算：

$$\eta_i = \frac{P_{th}}{P_i} = \frac{w_{th}}{w_i}$$

$$P_i = \frac{P_{th}}{\eta_i} \tag{4-11}$$

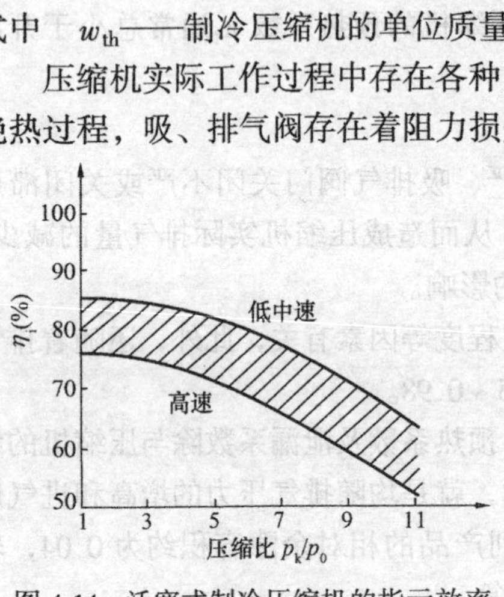

图 4-14　活塞式制冷压缩机的指示效率

图 4-14 给出的指示效率与压缩比之间的变化关系。从图中可以看出，压缩比越大，指示效率越

低；而且，低中速顺流式活塞压缩机的指示效率高于高速多缸逆流式活塞压缩机的指示效率。这样，活塞式压缩机的指示功率可按下式计算

$$P_i = M_R w_i = M_R \frac{w_{th}}{\eta_i} = \frac{\eta_V V_h}{v_1} \frac{h_2 - h_1}{\eta_i} \quad (kW) \tag{4-12}$$

式中 M_R——制冷剂质量流量，kg/s。

(2) 摩擦功率

压缩机的摩擦功率是克服压缩机各运动部件的摩擦阻力所消耗的功率，此外，润滑油泵的耗功率也包括在内。

活塞式制冷压缩机的摩擦功率与运行工况和制冷剂性质有关，一般可通过摩擦效率η_m计算。摩擦效率是指示功率与轴功率之比，即

$$\eta_m = \frac{P_i}{P_e} \tag{4-13}$$

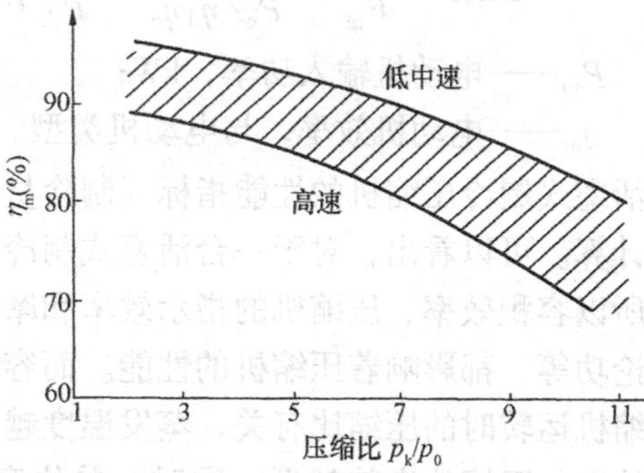

图 4-15 活塞式制冷压缩机的摩擦效率

图 4-15 给出活塞制冷压缩机的摩擦效率与压缩比之间的变化关系。从图中可以看出，摩擦效率的变化也和指示效率的变化相仿，低中速活塞式制冷压缩机摩擦效率较高，而且，随着压缩比的减小，摩擦效率提高。

3. 制冷压缩机配用电动机的功率

制冷压缩机的轴功率可按以下计算：

$$P_e = P_i + P_m = \frac{P_i}{\eta_m} = \frac{\eta_V V_h}{v_1} \frac{h_2 - h_1}{\eta_i \eta_m} \quad (kW) \tag{4-14}$$

式中指示效率与摩擦效率的乘积称为压缩机的总效率。活塞式制冷压缩机的总效率约为 0.65～0.75。

在确定制冷压缩机配用电动机的功率时，除应考虑该制冷压缩机的运行工况状态以外，还应考虑到压缩机与电动机之间的连接方式，并有一定的裕量。因此，制冷压缩机配用电动机的功率 P 应为

$$P = (1.10 \sim 1.15) \frac{P_e}{\eta_d} = (1.10 \sim 1.15) \frac{\eta_V V_h}{v_1} \frac{h_2 - h_1}{\eta_i \eta_m \eta_d} \quad (kW) \tag{4-15}$$

式中 η_d——传动效率，压缩机与电动机直接连接时为 1，采用三角带连接时为 0.90～0.95；

1.10～1.15——裕量附加系数。

三、活塞式制冷压缩机制冷量的换算

1. 影响活塞式制冷压缩机性能的主要因素

活塞式制冷压缩机的性能，除了它的排气量、容积效率、制冷量和功率外，还包括其耗能指标。通常采用性能系数 COP 来评价压缩机运转时的经济性，它是在一定工况下制冷压缩机的制冷量与所消耗功率的比值。对于开启式压缩机，性能系数 COP 是单位轴功率的制冷量，即：

$$\mathrm{COP} = \frac{\phi_0}{P_e} = \frac{\phi_0}{P_{th}}\eta_i\eta_m = \varepsilon_{th}\eta_i\eta_m \quad (\mathrm{kW/kW}) \tag{4-16}$$

对于封闭式压缩机，则采用另一种表达形式，即制冷压缩机的能效比 EER，它是压缩机单位输入功率的制冷量，此指标考虑到驱动电动机效率对能耗的影响，即用单位电动机输入功率的制冷量进行评价。因为封闭式制冷压缩机和电动机已组合成整体，电动机优劣将直接影响到压缩机的运行特征参数。

$$\mathrm{EER} = \frac{\phi_0}{P_{in}} = \frac{\phi_0}{P_e/\eta_d\eta_e} = \frac{\phi_0}{P_{th}}\eta_i\eta_m\eta_d\eta_e = \varepsilon_{th}\eta_i\eta_m\eta_d\eta_e \quad (\mathrm{kW/kW}) \tag{4-17}$$

式中　P_{in}——电动机输入功率，kW；

η_e——电动机效率，与电动机类型、额定功率及负载功率有关。

活塞式制冷压缩机的性能指标（制冷量、功率、能耗指标），都可利用上述有关公式进行计算。可以看出，对于一台活塞式制冷压缩机，转速一定，压缩机的理论排气量为定值。所以容积效率、压缩机的指示效率和摩擦效率、电动机的效率、单位容积制冷量和单位理论功等，都影响着压缩机的性能。而容积效率、压缩机的指示效率和摩擦效率，主要与压缩机运转时的压缩比有关，蒸发温度越低，冷凝温度越高，压缩比就越大，压缩机的容积效率、摩擦效率就越低，同时，单位容积制冷量和单位理论功，对于某种制冷剂来说，也与蒸发温度和冷凝温度有关。所以，如果所用的制冷剂已经确定，影响活塞式制冷压缩机性能的两个主要因素为冷凝温度 t_k和蒸发温度 t_0。

2. 制冷工况对压缩机制冷量的影响

对于同一台制冷压缩机来说，当转速不变时，其制冷量与所消耗的功率大小直接取决于蒸发温度和冷凝温度，通常将这两个主要工作温度称为制冷工况。下面我们利用 lg$p$-h 图来加以分析。

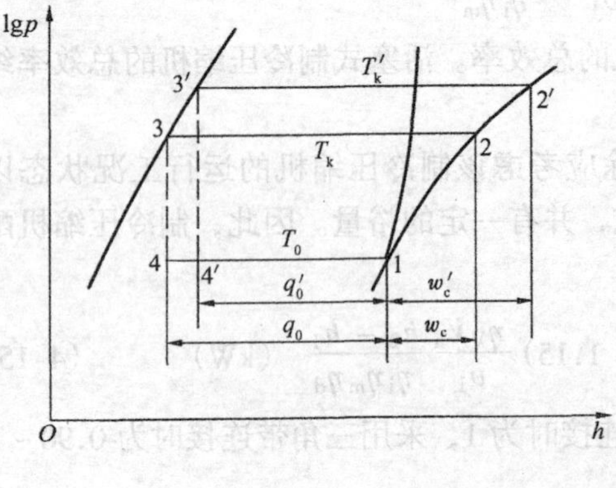

图 4-16　冷凝温度的影响

（1）冷凝温度的影响

如图 4-16 所示。当制冷剂的蒸发温度不变、即 T_0为常数，改变冷凝温度，让冷凝温度由 T_k升高到 T'_k时。由图中可看出，蒸气压缩式制冷理论循环由 1→2→3→4→1 循环转换为 1→2′→3′→4′→1 循环过程。其性能指标发生了以下变化：

1）制冷剂的单位质量制冷量由 q_0减少为 q'_0，$\Delta q = q_0 - q'_0$（kJ/kg）。

2）制冷剂的单位质量理论耗功量由 w_c增大到 w'_c，$\Delta w_c = w'_c - w_c$（kJ/kg）。

3）压缩比增加，容积效率和指示效率、摩擦效率均有所降低。

4）进气比容 v_1不变，制冷剂单位容积制冷能力下降，压缩机的制冷量减少。

5）压缩机的轴功率上升，增加电机的负荷。

6）制冷压缩机的排气温度由 T_2上升到 T'_2。

显然，降低冷凝温度 t_k变化情况正好相反。因此，冷凝温度的升高对制冷压缩机以及制冷装置的运行是不利的。

(2) 蒸发温度的影响

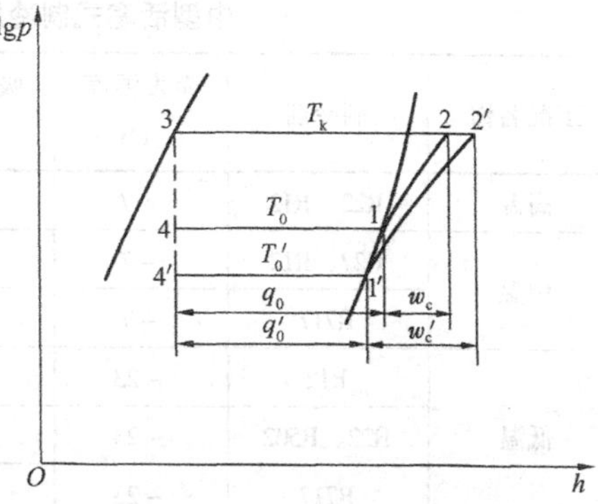

图 4-17 蒸发温度的影响

如图 4-17 所示。当制冷剂的冷凝温度不变、T_k为常数，改变蒸发温度，蒸发温度由 T_0降至 T_0'。由图中可看出，蒸气压缩式理论循环由 1→2→3→4→1 循环过程变为 1′→2′→3→4′→1′循环过程，其性能指标将发生以下变化：

1) 制冷剂的单位质量制冷量由 q_0下降到 q'_0，$\Delta q = q_0 - q'_0$ (kJ/kg)。

2) 单位质量理论耗功量由 w_c增大到 w'_c，$\Delta w_c = w'_c - w_c$ (kJ/kg)。

3) 压缩比增加，容积效率和指示效率、摩擦效率均有所降低。

4) 进气比体积 v_1增大到 v_1'，制冷剂的单位容积制冷量下降，压缩机的制冷量也将下降。

5) 压缩机的排气温度由 T_2升至 T'_2。

综上所述，在压缩式制冷循环中，降低制冷剂的 T_k和提高 T_0对压缩机和制冷装置的运行是有利的。当然，在压缩机的实际运行中，T_k受到冷却介质温度的影响，而 T_0必须满足被冷却物体所需要的低温要求，不能任意改变，但是熟悉和掌握 T_k和 T_0的变化对压缩机和制冷装置的影响规律是十分重要的。

3. 活塞式制冷压缩机的规定工况

根据上述的分析可知，活塞式制冷压缩机的制冷量随着蒸发温度的升高或冷凝温度的降低而增大；反之，随着蒸发温度的降低、冷凝温度的升高而减少。因此，要说明同一台压缩机的制冷量，只讲它的数值大小是不够的，还应同时指出是在什么工作温度（主要是指蒸发温度和冷凝温度）下的制冷量，这样才有了进行比较的标准，否则是没有什么意义的。

为了能在一个共同标准下说明压缩机的性能，根据我国的具体情况，对制冷压缩机规定了三种名义工况，即高温工况、中温工况和低温工况。各工况的具体条件见表 4-2、表 4-3 和表 4-4。老标准规定了两个名义工况，即标准工况和空调工况（表 4-5）。在标准工况下的制冷量称为标准制冷量，在空调工况下的制冷量称为空调制冷量。有些生产厂在样本中仍给出了这两个工况的制冷量。

全封闭压缩机的高温工况和低温工况（GB 10087—88） **表 4-2**

工况名称	制冷剂	蒸发温度 t_0（℃）	吸气温度 t_1（℃）	冷凝温度 t_k（℃）	过冷温度 t_{rC}（℃）	环境温度 t_a（℃）
高温工况	R22	+7.2	+35	+54.4	+46.1	+35±3
低温工况	R22、R12、R502	−15	+15	+30	+25	+35±3

小型活塞式制冷压缩机名义工况（GB 10079—89） **表 4-3**

工况名称	制冷剂	蒸发温度 t_0（℃）	吸气温度 t_1（℃）	冷凝温度 t_k（℃）	过冷温度 t_{rC}（℃）
高温	R22、R12	+7	+18	+49	+44
中温	R22、R12	−7	+18	+43	+38
低温	R22、R12、R502	−23	+5	+43	+38

中型活塞式制冷压缩机名义工况（GB 10874—89）　　表 4-4

工况名称	制冷剂	蒸发温度 t_0（℃）	吸气温度 t_1（℃）	冷凝温度 t_k（℃）		过冷温度 t_{rC}（℃）	
				低冷凝压力	高冷凝压力	低冷凝压力	高冷凝压力
高温	R22、R12	+7	+18	+43	+55	+38	+50
中温	R22、R12	−7	+18	+35	+55	+30	+50
	R717	−7	+1	+35	+55	+30	+50
低温	R12	−23	+5	+35	+55	+30	+50
	R22、R502	−23	+5	+35	—	+30	—
	R717	−23	−15	+35	—	+30	—

标准工况和空调工况的工作温度　　表 4-5

工作温度（℃）	标准工况			空调工况		
	R717	R12	R22	R717	R12	R22
蒸发温度 t_0	−15	−15	−15	+5	+5	+5
冷凝温度 t_k	+30	+30	+30	+40	+40	+40
吸气温度 t_1	−10	+15	+15	+10	+15	+15
过冷温度 t_{rC}	+25	+25	+25	+35	+35	+35

由于空调工况下的蒸发温度高于标准工况下的蒸发温度，所以同一台压缩机，在空调工况下运行时制冷量大于标准工况下的制冷量。在我国，目前冷藏库和冷饮食品制冷装置所要求的蒸发温度一般都低于标准工况下的蒸发温度，所以，对于同一台制冷压缩机，若用于冷库时其制冷量要小于标准工况下的制冷量。

4. 压缩机的制冷量换算

前面已经指出，对于同一台制冷压缩机在不同工况下运行时，其制冷量是不同的。在机器铭牌上或压缩机样本里标出的制冷量是指某个名义工况下的制冷量。如果用于空调工况或其他制冷工艺的工况，其制冷量需要按下式换算。

设名义工况下的制冷量为（ϕ_{OA}）：

$$\phi_{OA}=\eta_{VA}V_{hA}q_{vA} \tag{4-18}$$

设设计工况下制冷量为（ϕ_{OB}）：

$$\phi_{OB}=\eta_{VB}V_{hB}q_{vB} \tag{4-19}$$

对于同一台压缩机，当转速不变时理论排气量 V_h 总是不变的，$V_{hA}=V_{hB}=V_h$，即

$$\frac{\phi_{OA}}{\eta_{VA}q_{vA}}=\frac{\phi_{OB}}{\eta_{VB}q_{vB}}$$

于是设计工况下的制冷量

$$\phi_{OB}=\phi_{OA}\frac{\eta_{VB}q_{vB}}{\eta_{VA}q_{vA}} \tag{4-20}$$

式中　ϕ_{OA}、ϕ_{OB}——分别表示名义工况和设计工况下的制冷量，kW；

q_{vA}、q_{vB}——分别表示名义工况和设计工况下的单位容积制冷量，kJ/m³；

η_{VA}、η_{VB}——分别表示名义工况和设计工况下的容积效率。

若令 $\frac{\eta_{VB}q_{vB}}{\eta_{VA}q_{vA}} = K_i$；称为换算系数，则设计工况下的制冷量可按下式计算：

$$\phi_{OB} = K_i\phi_{OA} \tag{4-21}$$

换算系数 K_i主要取决于压缩机的形式、制冷剂的种类和主要工作温度，可从设计手册中查得。表 4-6 给出立式和 V 型氨压缩机制冷量换算系数 K_i。

立式和 V 型氨压缩机的制冷量换算系数 K_i **表 4-6**

蒸发温度 t_0（℃）	冷凝温度 t_k（℃）															
	25	26	27	28	29	30	31	32	33	34	35	36	37	38	39	40
−15	1.07	1.06	1.04	1.03	1.01	1	0.99	0.98	0.96	0.95	0.94	0.93	0.91	0.90	0.88	0.87
−14	1.13	1.12	1.10	1.09	1.07	1.06	1.05	1.04	1.02	1.01	1.00	0.98	0.97	0.95	0.94	0.92
−13	1.19	1.18	1.16	1.15	1.13	1.12	1.11	1.09	1.08	1.06	1.05	1.03	1.02	1.00	0.99	0.97
−12	1.26	1.24	1.23	1.21	1.20	1.18	1.17	1.15	1.14	1.12	1.11	1.09	1.08	1.06	1.05	1.03
−11	1.32	1.30	1.29	1.27	1.26	1.24	1.22	1.21	1.19	1.18	1.16	1.14	1.13	1.11	1.10	1.08
−10	1.38	1.36	1.35	1.33	1.32	1.30	1.28	1.27	1.25	1.24	1.22	1.20	1.18	1.17	1.15	1.13
−9	1.46	1.41	1.42	1.41	1.39	1.37	1.35	1.34	1.32	1.31	1.29	1.27	1.25	1.24	1.22	1.20
−8	1.53	1.51	1.49	1.48	1.46	1.44	1.42	1.41	1.49	1.38	1.36	1.34	1.32	1.30	1.28	1.26
−7	1.61	1.59	1.57	1.56	1.54	1.52	1.50	1.48	1.46	1.44	1.42	1.40	1.38	1.37	1.35	1.33
−6	1.68	1.66	1.64	1.63	1.61	1.59	1.57	1.55	1.53	1.51	1.49	1.47	1.45	1.43	1.41	1.39
−5	1.76	1.74	1.72	1.70	1.68	1.66	1.64	1.62	1.60	1.58	1.56	1.54	1.52	1.50	1.48	1.46
−4	1.85	1.83	1.18	1.79	1.77	1.75	1.73	1.71	1.68	1.66	1.64	1.62	1.60	1.58	1.56	1.54
−3	1.94	1.92	1.90	1.88	1.86	1.84	1.82	1.80	1.77	1.75	1.73	1.71	1.68	1.66	1.63	1.61
−2	2.04	2.02	1.99	1.97	1.94	1.92	1.90	1.88	1.85	1.83	1.81	1.79	1.76	1.74	1.71	1.69
−1	2.13	2.11	2.08	2.06	2.03	2.01	1.99	1.97	1.94	1.92	1.90	1.87	1.84	1.82	1.79	1.76
±0	2.22	2.20	2.17	2.15	2.12	2.10	2.08	2.05	2.03	2.00	1.98	1.95	1.92	1.90	1.87	1.84
+1	2.33	2.31	2.28	2.26	2.23	2.21	2.18	2.16	2.13	2.11	2.08	2.05	2.02	2.00	1.97	1.94
+2	2.44	2.41	2.39	2.36	2.34	2.31	2.28	2.26	2.23	2.21	2.18	2.15	2.12	2.10	2.07	2.04
+3	2.56	2.53	2.50	2.48	2.45	2.42	2.39	2.36	3.34	2.31	2.28	2.25	2.22	2.19	2.16	2.13
+4	2.67	2.64	2.16	2.58	2.55	2.52	2.49	2.46	2.44	2.41	2.38	2.35	2.32	2.29	2.26	2.23
+5	2.78	2.75	2.72	2.69	2.63	2.63	2.60	2.57	2.54	2.51	2.48	2.45	2.42	2.39	2.36	2.33
+6	2.91	2.88	2.85	2.82	2.79	2.76	2.76	2.70	2.66	2.63	2.60	2.57	2.54	2.50	2.47	2.44
+7	3.05	3.02	2.98	2.95	2.91	2.88	2.85	2.82	2.78	2.75	2.72	2.69	2.66	2.62	2.59	2.56
+8	3.18	3.15	3.11	3.08	3.04	3.01	2.98	2.94	2.91	2.87	2.84	2.81	2.77	2.74	2.70	2.67
+9	3.32	3.28	3.24	3.21	3.17	3.13	3.10	3.06	3.03	2.99	2.96	2.93	2.89	2.86	2.82	2.79
+10	3.45	3.41	3.37	3.34	3.30	3.26	3.22	3.19	3.15	3.12	3.08	3.04	3.01	2.97	2.94	2.90

根据式（4-20）或式（4-21），可以将名义工况下制冷量换算到设计工况下制冷量，或从设计工况下制冷量换算到名义工况下制冷量。

四、活塞式制冷压缩机的选择计算

压缩机的选择计算，主要是根据制冷系统总制冷量及系统的设计工况，确定压缩机的台数、型号和每台压缩机的制冷量以及配用电动机的功率。

1. 压缩机型式的选择原则

（1）压缩机型式的选择。常用的制冷压缩机有活塞式、离心式和螺杆式等类型。对一般小型冷藏库的设计，多采用活塞式和螺杆式；用作空调冷源的大、中型冷冻站的设计，一般采用离心式和螺杆式；中、小型冷冻站则普遍采用活塞式制冷压缩机。本节主要介绍活塞式制冷压缩机的选择计算。

(2) 压缩机台数的选择。台数应根据系统总制冷量来确定：

$$m = \frac{\phi_0}{\phi_{OB}} \text{（台）}$$

式中 m——压缩机台数，台；

ϕ_0——系统总制冷量，kW；

ϕ_{OB}——每台压缩机设计工况下的制冷量，kW。

选择压缩机时，台数不宜过多，除全年连续使用的外，一般不考虑备用。对于制冷量大于1744kW的大、中型冷冻站，压缩机不宜少于两台，而且应选择同系列的压缩机。这样压缩机的备件可以通用，也便于维护管理。

(3) 压缩机级数的选择。应根据设计工况的冷凝压力与蒸发压力之比来确定。若以氨为制冷剂，当 $p_k/p_0 \leqslant 8$ 时，应采用单级压缩机；当 $p_k/p_0 > 8$ 时，则应采用两级压缩机。若以R12、R22或R134a为制冷剂时，当 $p_k/p_0 \leqslant 10$ 时，应采用单级压缩机；当 $p_k/p_0 > 10$ 时，则应采用两级压缩机。

2. 压缩机制冷量的计算

每台活塞式制冷压缩机在设计工况下制冷量的计算方法有三种：

(1) 根据压缩机的理论排气量计算制冷量。压缩机的制冷量 ϕ_{OB}（kW）可由压缩机的理论排气量 V_h，乘以设计工况下的容积效率及单位容积制冷量 q_v 求得，即

$$\phi_{OB} = \eta_{VB} V_h q_{vB}$$

(2) 由冷量换算公式计算压缩机的制冷量。即

$$\phi_{OB} = \phi_{OA} \frac{\eta_{VB} q_{vB}}{\eta_{VA} q_{vA}} \text{ 或 } \phi_{OB} = K_i \phi_{OA}$$

已知名义工况或标准工况下压缩机的制冷量 ϕ_{OA} 和设计工况下的冷量换算系数 K_i，利用上式便可求出设计工况下的制冷量 ϕ_{OB}。相反，已知设计工况下的制冷量，利用上式也能求出名义工况或标准工况制冷量。

(3) 根据压缩机的特性曲线确定压缩机的制冷量。每一种型号的制冷压缩机都有一定的特性曲线，因此可以根据设计工况，在特性典线图上查得该工况的制冷量。

3. 压缩机轴功率及配用电动机功率的计算

制冷压缩机的轴功率 P_e（kW）可按式（4-14）计算：

$$P_e = \frac{\eta_V V_h}{v_1} \frac{h_2 - h_1}{\eta_i \eta_m}$$

制冷压缩机配用电动机的功率 P（kW）可按式（4-15）计算：

$$P = (1.10 \sim 1.15) \frac{P_e}{\eta_d} = (1.10 \sim 1.15) \frac{\eta_V V_h}{v_1} \frac{h_2 - h_1}{\eta_i \eta_m \eta_d}$$

4. 压缩机气缸套冷却水量的计算

冷却压缩机气缸套的冷却水量可按下式计算：

$$M_s = \frac{P_e n}{4.186 \Delta t} \text{ (kg/s)} \tag{4-22}$$

式中 M_s——压缩机气缸套冷却水量，kg/s；

n——冷却水带走的热量占全部热量的百分比，一般取0.13～0.18；

Δt ——气缸水套进、出水的温度差，一般为5～10℃。

此外，对于氨和R22压缩机的冷却水量，还可以按压缩机理论排气量计算，即1m³/h排气量需冷却水约5kg/h。

【例4-1】 有一台8缸压缩机，气缸直径 $D = 100$mm，活塞行程 $S = 70$mm，转速 $n = 960$r/min，其实际工况为 $t_k = 30$℃，$t_0 = -15$℃，按饱和循环工作，氨制冷剂。试计算压缩机实际制冷量，并确定压缩机配用电动机的功率。

【解】 （1）计算压缩机的理论排量 V_h

$$V_h = \frac{\pi}{240} \times 0.1^2 \times 0.07 \times 8 \times 960 = 0.0704 \text{m}^3/\text{s}$$

（2）将循环表示在lg$p$-h图上（如图1-7所示），从氨的饱和状态热力性质图（或表）上查得下列参数 $h_1 = 1363.141$kJ/kg；$h_2 = 1598.84$kJ/kg；$h_4 = h_5 = 264.787$kJ/kg；$p_k = 1.169$MPa；$p_0 = 0.23636$MPa；$v_1 = 0.50682 \text{m}^3/\text{kg}$；$t_2 = 102$℃。

（3）计算单位容积制冷量 q_v

$$q_v = \frac{q_0}{v_1} = \frac{h_1 - h_5}{v_1} = \frac{1363.141 - 264.787}{0.50682} = 2167.15 \text{kJ/m}^3$$

（4）计算容积效率 η_V

$$\eta_V = 0.94 - 0.085\left[\left(\frac{P_2}{P_1}\right)^{\frac{1}{m}} - 1\right] = 0.94 - 0.085\left[\left(\frac{1.169}{0.23636}\right)^{\frac{1}{1.28}} - 1\right] = 0.729$$

（5）计算压缩机的实际制冷量 ϕ_{0B}

$$\phi_{0B} = \eta_V V_h q_v = 0.729 \times 0.0704 \times 2167.015 = 111.2 \text{kW}$$

（6）计算压缩机的理论功率 P_{th}

$$P_{th} = M_R(h_2 - h_1) = \frac{\eta_V V_h}{v_1}(h_2 - h_1)$$

$$= \left[\frac{0.729 \times 0.0704}{0.50682}(1595.84 - 1363.141)\right] = 23.56 \text{kW}$$

（7）计算压缩机的轴功率 P_e

$$P_e = \frac{P_{th}}{\eta_i \eta_m} = \frac{23.56}{0.7} = 33.66 \text{kW}$$

若电动机与压缩机直接连接时，$\eta_d = 1$。配用电机的功率应不小于

$$P = (1.10 \sim 1.15)\frac{P_e}{\eta_d} = 1.1 \times \frac{33.66}{1} = 37.03 \text{kW}$$

【例4-2】 已知2AV12.5压缩机的标准工况下的制冷量为61.06kW，试求该压缩机在冷凝温度 $t_k = 40$℃，蒸发温度 $t_0 = 5$℃时的制冷量 ϕ_{0B}。

【解】 根据 $t_k = 40$℃和 $t_0 = 5$℃，查表4-6中得冷量换算系数 $K_i = 2.33$，则压缩机在该工况下的制冷量为

$$\phi_{0B} = K_i \phi_{0A} = 2.33 \times 61.06 = 142.27 \text{kW}$$

第三节 螺杆式制冷压缩机

螺杆式制冷压缩机是一种容积型回转式制冷压缩机。它利用一对设置在机壳内的螺旋

形阴阳转子（螺杆）啮合转动来改变齿槽的容积和位置，以完成蒸气的吸入、压缩和排气过程。

一、螺杆式制冷压缩机的构造

螺杆式制冷压缩机的构造如图 4-18 所示。主要部件有阴、阳转子、机体（包括气缸体和吸、排气端座）、轴承、轴封、平衡活塞及能量调节装置。

螺杆式制冷压缩机气缸体轴线方向的一侧为进气口，另一侧为排气口，不像活塞式制冷压缩机那样设进气阀和排气阀。阴阳转子之间以及转子与气缸壁之间需喷入润滑油。喷油的作用是冷却气缸壁，降低排气温度，润滑转子，并在转子及气缸壁面之间形成油膜密封，减小机械噪声。螺杆式制冷压缩机运转时，由于转子上产生较大轴向力，所以必须采用平衡措施，通常在两转子的轴上设置推力轴承。另外，阳转子上轴向力较大，还要加装平衡活塞予以平衡。

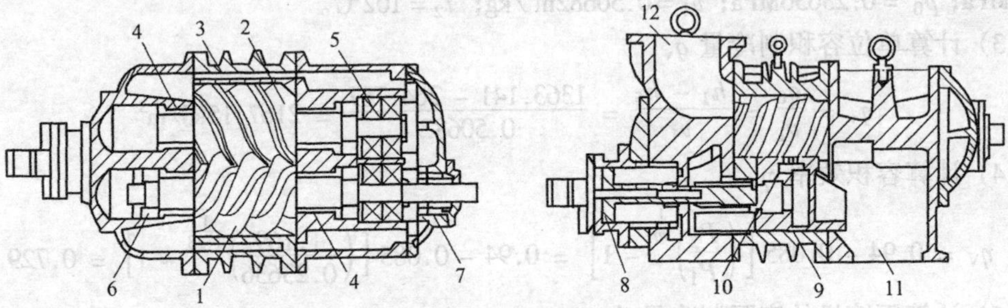

图 4-18 螺杆式制冷压缩机示意图

1—阳转子；2—阴转子；3—机体；4—滑动轴承；5—止推轴承；6—平衡活塞；7—轴封；8—能量调节用卸载活塞；9—卸载滑阀；10—喷油孔；11—排气口；12—进气口

二、螺杆式制冷压缩机的工作过程

螺杆式制冷压缩机的气缸体内装有一对互相啮合的螺旋形转子—阳转子和阴转子。阳转子有 4 个凸形齿，阴转子有 6 个凹形齿，两转子按一定速比啮合反向旋转。一般阳转子由原动机直连，阴转子为从动。

气缸体、啮合的螺杆和排气端座组成的齿槽容积变小，而且位置向排气端移动，完成了对蒸气压缩和输送的作用，如图 4-19（*b*）所示。当齿槽与排气口相通时，压缩终了，蒸气被排出，如图 4-19（*c*）所示。每一齿槽空间都经历着吸气、压缩、排气三个过程。

在同一时刻同时存在着吸气、压缩、排气三个过程，只不过它们发生在不同的齿槽空

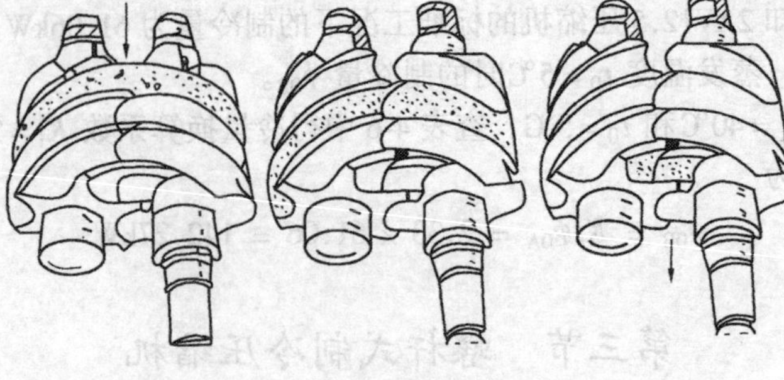

(*a*) (*b*) (*c*)

图 4-19 螺杆式制冷压缩机的工作过程

间或同一齿槽空间的不同位置。

三、螺杆式制冷压缩机的特点

螺杆式制冷压缩机有下列优点：

(1) 螺杆式制冷压缩机只有旋转运动，没有往复运动，因此平衡性好，振动小，可以提高制冷压缩机的转速。

(2) 螺杆式制冷压缩机结构简单、紧凑，重量轻，无吸、排气阀，易损件少，可靠性高，检修周期长。

(3) 螺杆式制冷压缩机没有余隙，没有吸、排气阀，因此在低蒸发温度或高压缩比工况下仍然有较高的容积效率；另外由于气缸内喷油冷却，所以排气温度较低。

(4) 螺杆式制冷压缩机对湿压缩不敏感。

(5) 螺杆式制冷压缩机的制冷量可以实现无级调节。

螺杆式制冷压缩机有下列缺点：

(1) 螺杆式制冷压缩机运行时噪声大。

(2) 螺杆式制冷压缩机的能耗较大。

(3) 螺杆式制冷压缩机需要在气缸内喷油，因此润滑油系统比较复杂，机组体积庞大。

第四节　离心式制冷压缩机

离心式制冷压缩机是一种速度型压缩机。它是利用高速旋转的叶轮对蒸气作功使蒸气获得动能，而后通过扩压器将动能转变为压力能来提高蒸气的压力。

一、离心式制冷压缩机的构造及工作过程

离心式制冷压缩机的构造如图4-20所示。主要部件有吸气口、叶轮、扩压器、蜗壳、排气口。

离心式制冷压缩机工作时，蒸气从制冷压缩机的轴向吸气口吸入，而后进入高速旋转的叶轮中，在离心力的作用下，蒸气经流道流向叶轮的边缘，同时动能和压力能提高。蒸气离开叶轮后首先进入扩压器中，使蒸气减速，压力提高，而后汇集到蜗壳中，再由排气口排出。

离心式制冷压缩机有单级和多级之分。单级离心式制冷压缩机在主轴上只有一个叶轮；而多级离心式制冷压缩机在主轴上串联多个叶轮，蒸气在制冷压缩机中顺次地流过各级叶轮。这种多级离心式制冷压缩机可以获得较大的压缩比。

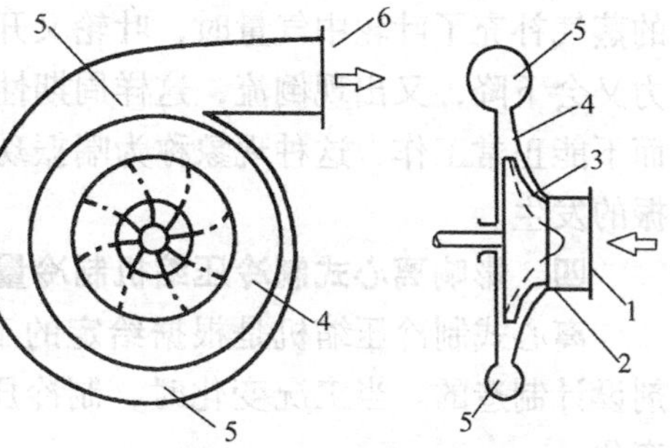

图4-20　离心式制冷压缩机示意图

1—吸气口；2—叶轮；3—叶片流道；4—扩压器；5—蜗壳；6—排气口

二、离心式制冷压缩机的特点

离心式制冷压缩机有下列优点：

(1) 离心式制冷压缩机的制冷量大，而且效率较高。

(2) 离心式制冷压缩机结构紧凑，重量轻，占地面积小。

(3) 离心式制冷压缩机易损件少，因而工作可靠，维护费用低。

(4) 离心式制冷压缩机无往复运动，因而运转平稳，振动小，噪声小，基础简单。

(5) 离心式制冷压缩机的制冷量可以经济地实现无级调节。

(6) 离心式制冷压缩机能够经济合理地使用能源，即可以用多种驱动机来拖动。

(7) 离心式制冷压缩机中制冷剂基本上与润滑油不接触，这样就不会影响蒸发器和冷凝器的传热。

离心式制冷压缩机有下列缺点：

(1) 离心式制冷压缩机适应的工况范围比较小，对制冷剂的适应性也差。

(2) 离心式制冷压缩机的转速高，因而对材料强度、加工精度和制造质量均要求严格。

(3) 离心式制冷压缩机只适用于大制冷量范围。

三、离心式制冷压缩机的特性

图 4-21 为离心式制冷压缩机的特性曲线，即排气量与有效能量头的关系。

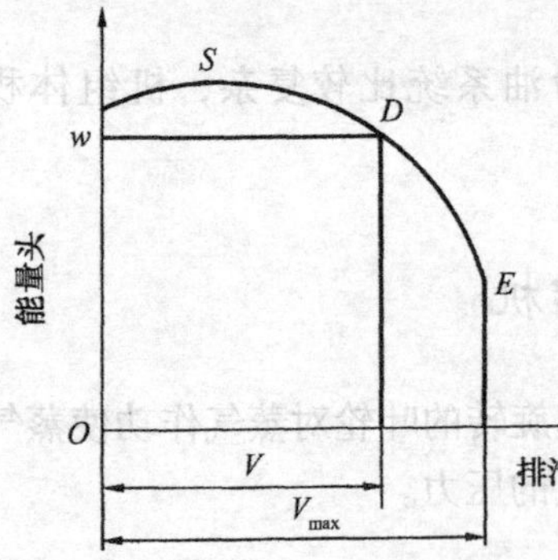

图 4-21 离心式制冷压缩机的特性曲线

图中 D 点为设计工作点。离心式制冷压缩机在此工况下运行时效率最高，偏离此工况，制冷压缩机的效率均要降低，偏离得越远，效率降低得越多。E 点为最大排气量点。排气量增加到此流量时，制冷压缩机叶轮进口处蒸气的流速达到声速，阻力损失增加，蒸气所获得的能量头用以克服这些阻力损失，排气量不可能再继续增加。S 点为喘振点。当制冷压缩机的流量低于该点对应的流量时，由于蒸气通过叶轮流道的能量损失增加较大，离心式制冷压缩机的有效能量头将不断下降，使得叶轮不能正常排气，致使排气压力陡然下降。这样，叶轮以后的高压部位的蒸气将倒流回来。当倒流的蒸气补充了叶轮中气量时，叶轮又开始工作，将蒸气排出。而后流量仍然不足，排气压力又会下降，又出现倒流，这样周期性地重复进行，使制冷压缩机产生剧烈的振动和噪声而不能正常工作，这种现象称为喘振现象。离心式制冷压缩机在运转过程中应极力避免喘振的发生。

四、影响离心式制冷压缩机制冷量的因素

离心式制冷压缩机是根据给定的工作条件和选定的制冷剂设计制造的。当工况变化时，制冷压缩机的性能也将发生变化。

1. 蒸发温度的影响

当制冷压缩机的转速和冷凝温度一定时，蒸发温度对制冷压缩机制冷量的影响如图 4-22 所示。由图可见，离心式制冷压缩机的制冷量受蒸发温度变化的影响比活塞式制冷压缩机明显。蒸发温度越低，制冷量下降得越剧烈。

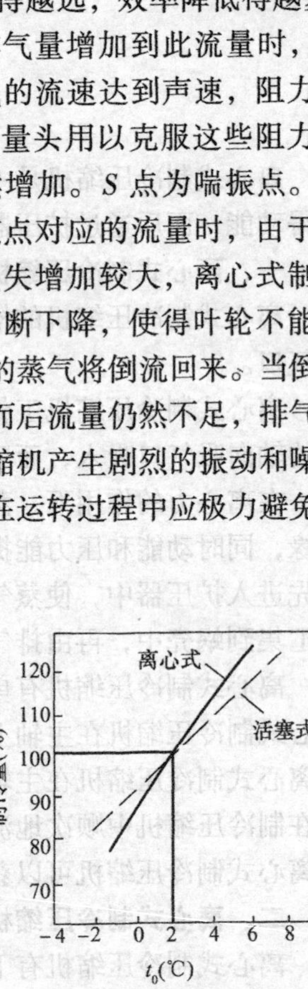

图 4-22 蒸发温度变化的影响图

2. 冷凝温度的影响

当制冷压缩机的转速和蒸发温度一定时，冷凝温度对制冷压缩机制冷量的影响如图4-23 所示。由图可见，当冷凝温度低于设计值时，随着冷凝温度的升高，制冷量略有增加；但当冷凝温度高于设计值时，随着冷凝温度的升高，制冷量急剧下降，并且可能出现喘振现象。这一点在实际运行时必须予以足够的注意。

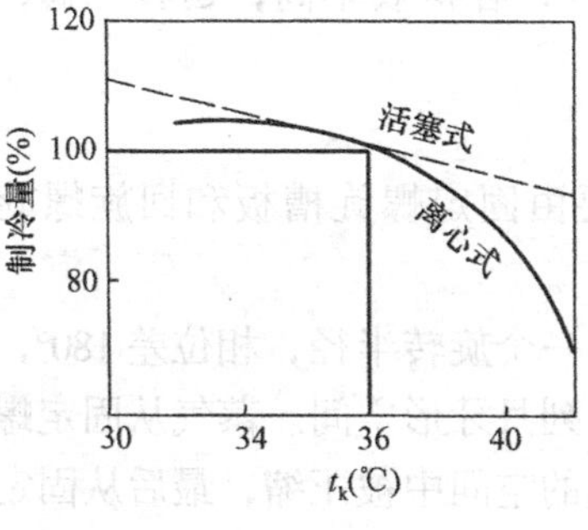

图 4-23　冷凝温度变化的影响

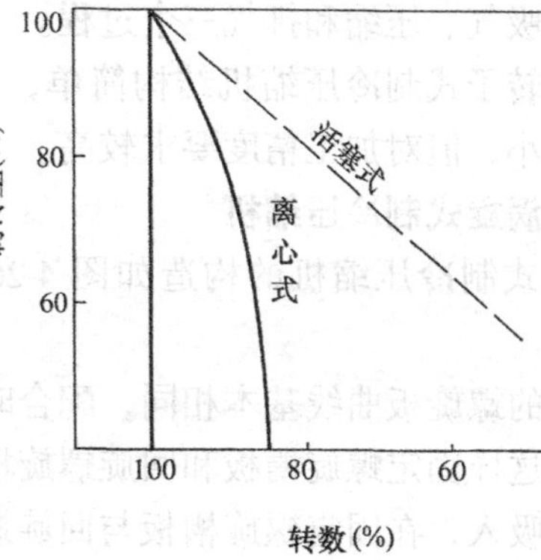

图 4-24　转速变化的影响

3. 转速的影响

当运行工况一定，转速对制冷压缩机制冷量的影响如图 4-24 所示。由图可见，离心式制冷压缩机受转速变化的影响比活塞式制冷压缩机明显。这是因为活塞式制冷压缩机的制冷量与转速成正比，而离心式制冷压缩机的制冷量与转速的平方成正比。所以随着转速的降低，离心式制冷压缩机的制冷量急剧降低。

第五节　回转式制冷压缩机

回转式制冷压缩机也属于容积型制冷压缩机。它是靠回转体的旋转运动替代活塞式制冷压缩机中活塞的往复运动，以改变气缸的工作容积，从而实现对制冷剂蒸气的压缩。

回转式制冷压缩机主要有滚动转子式和涡旋式两种。

一、滚动转子式制冷压缩机

滚动转子式制冷压缩机的构造如图 4-25 所示。它具有一个圆筒形气缸，其上部有进、排气孔，排气孔上装有排气阀，以防止排出的蒸气倒流。气缸中心是具有偏心轮的主轴，偏心轮上套装一个可以转动的套筒。主轴旋转时，套筒沿气缸内表面滚动。滑片靠弹簧力的作用与套筒始终保持接触，并将气缸分成两部分。

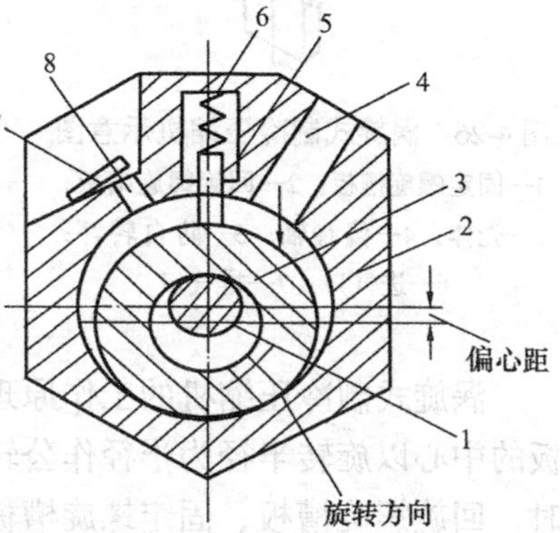

图 4-25　滚动转子式制冷压缩机示意图
1—带偏心轮的主轴；2—气缸；3—套筒；4—进气口；5—阀片；6—弹簧；7—排气阀；8—排气口

滚动转子式制冷压缩机工作时，滑片右侧的容积随着主轴转动而不断扩大，蒸气从吸气口进入气缸。滑片左侧的容积随着主轴转动而不断缩小，蒸气被压缩。当压力超过排气管内压力和排气阀片弹簧力之和时，排气阀打开而排气。当套筒与气缸的啮合线到达排气阀时，排气阀关闭，排气过程结束。而此时吸气过程仍在进行。当套筒与气缸的啮合线离开吸气口时，吸气过程才结束，进入压缩过程。而下一循环的吸气过程接着又开始。由此可见，套筒旋转一周完成了上一循环的压缩、排气和下一循环的吸气过程，相当于一个循环。而对于吸入气缸的蒸气而言，套筒要旋转两周才完成吸气、压缩和排气三个过程。

滚动转子式制冷压缩机结构简单，体积小，重量轻，容积效率高，运转平稳，振动小，噪声小，但对加工精度要求较高。

二、涡旋式制冷压缩机

涡旋式制冷压缩机的构造如图 4-26 所示。它主要由固定螺旋槽板和回旋螺旋槽板组成。

二者的螺旋板曲线基本相同，配合时二者中心相差一个旋转半径，相位差 180°，并相互啮合。这样固定螺旋槽板和回旋螺旋槽板间形成一系列月牙形空间。蒸气从固定螺旋槽板的外部吸入，在固定螺旋槽板与回旋螺旋槽板所形成的空间中被压缩，最后从固定螺旋槽板中心排出。

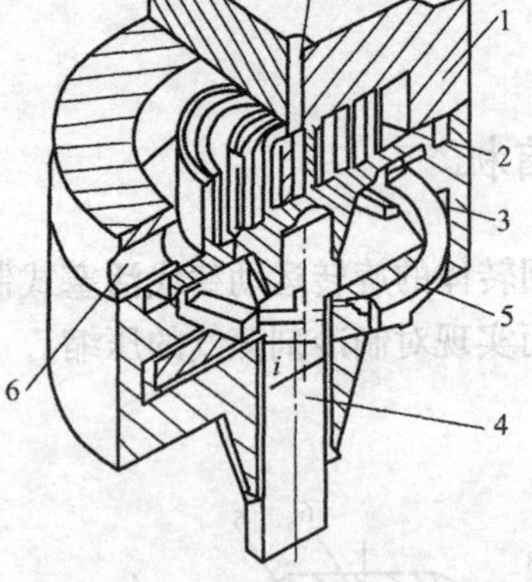

图 4-26　涡旋式制冷压缩机示意图

1—固定螺旋槽板；2—回旋螺旋槽板；3—壳体；4—偏心轴；5—防自转环；6—进气口；7—排气口

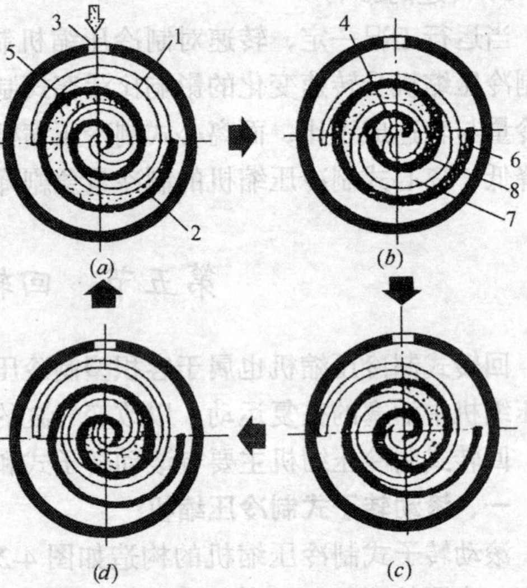

图 4-27　涡旋式制冷压缩机工作原理

1—回旋螺旋槽板；2—固定螺旋槽板；3—进气口；4—排气口；5—压缩室；6—吸气过程；7—压缩过程；8—排气过程

涡旋式制冷压缩机的工作原理如图 4-27 所示。工作时，回旋螺旋槽板绕固定螺旋槽板的中心以旋转半径为半径作公转运动。当回旋螺旋槽板的中心位于固定螺旋槽板的右侧时，回旋螺旋槽板、固定螺旋槽板啮合形成的最外部月牙形空间吸气结束。随着回旋螺旋槽板绕固定螺旋槽板顺时针公转，回旋螺旋槽板和固定螺旋槽板的啮合线也顺时针移动，月牙形空间不断地缩小，并逐渐向中心移动，即吸入的蒸气不断地被压缩，最后从固定螺旋槽板中心部位的排气口排出。而同时在外侧又不断地吸入蒸气。由此可见，涡旋式制冷压缩机的吸气、压缩、排气三个过程同时在不同的月牙形空间中进行，即外侧总与吸气口相通，始终处于吸气过程，中心部位总与排气口相通，始终处于排气过程，外侧和中心部位之间的空间则始终处于压缩过程。

思考题与习题

1. 制冷压缩机可按哪些方法进行分类？常用的制冷机有哪几种形式？

2. 活塞式制冷压缩机的总体结构可分成哪几个部分？各个部分的功能是什么？

3. 活塞式制冷压缩机按所采用的制冷剂不同分为哪两类？它们之间有什么区别？

4. 开启式、半封闭式、全封闭式制冷压缩机的特点。

5. 我国中小型活塞式制冷压缩机系列型号是怎样表示的？各代号的含义是什么？

6. 试写出压缩机 8AS12.5A 型号中各符号的意义。

7. 试述活塞式压缩机的理想工作过程。

8. 什么叫气缸的工作容积？什么叫压缩机的活塞排量（即理论排气量）？其计算公式如何表示？

9. 影响活塞式制冷压缩机实际工作过程的主要因素有哪些？

10. 为什么压缩机的实际排气量总是小于活塞排量（即理论排气量）？实际排气量是怎样计算？

11. 什么叫压缩机的容积效率（即输气系数）？试分析影响压缩机容积效率的主要因素有哪些？各系数与哪些因素有关？

12. 工程上计算压缩机容积效率的公式如何表达？其参数如何确定？

13. 什么是余隙容积？

14. 活塞式制冷压缩机的制冷量是怎样计算出来的？其计算公式如何表达？

15. 什么叫轴功率？怎样计算？什么叫指示功率、摩擦功率？其计算式各是怎样表达？

16. 什么叫压缩机的总效率？它与什么参数有关？怎样确定压缩机配用电动机功率？

17. 影响活塞式制冷压缩机性能的主要因素是什么？

18. 试分析冷凝温度 t_k 和蒸发温度 t_0 升高或降低对压缩机制冷量有什么影响？对压缩机耗功率有什么影响？

19. 用来比较压缩机制冷能力的工况有哪几种？怎样进行工况之间的制冷量换算？其计算公式是如何导出的？

20. 试述螺杆式压缩机的工作原理。

21. 有一台活塞式制冷压缩机，气缸直径为 100mm，活塞行程为 70mm；四缸；转速 $n = 960$r/min；试计算一个气缸的工作容积和压缩机的理论排气量。

22. R12 的气态制冷剂以压力 0.32MPa（绝对）和温度 5℃进入压缩机、排气压力为 1.02MPa（绝对），压缩机为开启式，其转速 $n = 960$r/min，多变指数 $m = 1.13$，试计算该压缩机的容积效率 η_V。

23. 试计算 8AS-12.5 型压缩机在 $t_k = 30$℃，$t_0 = -15$℃，$t_{rc} = 25$℃，$t_{吸} = -10$℃时的制冷量。已知该压缩机的气缸直径 $D = 125$mm，活塞行程 $S = 100$mm，转速 $n = 960$r/min，气缸数 $Z = 8$，制冷剂为 R717。

24. 今有 R12 蒸气压缩式制冷系统，$t_k = 30$℃，膨胀阀前液态制冷剂温度为 25℃，蒸发温度 $t_0 = -15$℃，压缩机吸气温度为 -10℃，系统的制冷量为 17.5kW，若不考虑流动阻力和传热损失，试确定：

（1）所需的压缩机的排气量 V_h；

（2）若指示效率 $\eta_i = 0.9$，压缩机与电动机直联；机械效率（即摩擦效率）$\eta_m = 0.9$，问压缩机配用的电动机功率为多少？

25. 今有一台 6FW12.5 型压缩机，其气缸直径 $D = 125$mm，活塞行程 $S = 100$mm，转速 $n = 960$r/min，采用 R22 作制冷剂，试估算该压缩机在空调工况下的制冷量。

26. 有一台 2AV12.5 制冷压缩机，其标准工况下的制冷量为 11.63kW，试问在空调工况下它的制冷量为多少？

27. 已知 4AV12.5 型氨压缩机在标准工况下的制冷量为 122.10kW，现在实际工况下的蒸发温度 $t_0 = 0℃$，冷凝温度 $t_k = 30℃$，试换算在实际工况下的制冷量。（K_i值见表 4-6）

28. 某冷藏库需要制冷量 75kW，如果用氨制冷压缩机，蒸发温度为 -15℃，冷凝温度 40℃，过冷温度 35℃，吸气温度 -10℃，求氨压缩机所需的轴功率。

第五章　冷凝器和蒸发器

冷凝器和蒸发器是制冷系统中的主要热交换设备，制冷系统的性能和运行的经济性在很大程度上取决于冷凝器与蒸发器的传热能力。因此，正确选择冷凝器和蒸发器对提高制冷装置的制冷性能有着十分重要的意义。本章主要介绍氨和氟利昂压缩式制冷系统中所用的冷凝器和蒸发器。

第一节　冷凝器的种类、构造和工作原理

在制冷系统中，冷凝器的作用是将压缩机排出的高温高压制冷剂蒸气的热量传递给冷却介质（空气或水）后冷凝为高压液体。制冷剂在冷凝器中放出的热量包括两部分：通过蒸发器从被冷却物体吸取的热量；在压缩机中被压缩时外界机械功转化的热量。

冷凝器按其冷却介质的不同，可分为水冷式、空冷式（或称风冷式）和水—空气冷却式（或称蒸发式）三类。

一、水冷式冷凝器

用水作为冷却介质，使高温、高压的气态制冷剂冷凝的设备称为水冷式冷凝器。由于自然界中水温一般比较低，因此水冷式冷凝器的冷凝温度较低，这对压缩机的制冷能力和运行经济性都比较有利。目前制冷装置中大多采用水冷式冷凝器，所用的冷却水可以一次流过，也可以循环使用。当使用循环水时，需建有冷却水塔或冷却水池，使离开冷凝器的水再冷却，以便重复使用。

常用的水冷式冷凝器有立式壳管式冷凝器、卧式壳管式冷凝器及套管式冷凝器等形式。

1. 立式壳管式冷凝器

这种冷凝器直立安装，只用于大、中型氨制冷装置，其结构如图 5-1 所示。其外壳是由钢板卷焊而成的大圆筒，上下两端各焊一块多孔管板，板上用胀管法或焊接法固定着许多无缝钢管。冷凝器顶部装有配水箱，箱中设有均水板。冷却水自顶部进入水箱后，被均匀地分配到各个管口，每根钢管顶端装有一个带斜槽的导流管嘴，如图 5-1 右图所示。冷却水通过斜槽沿切线方向流入管中，并以螺旋线状沿管内壁向下流动，在管内壁形成一层水膜，这样可使冷却水充分吸收制冷剂的热量而节省水量。沿管壁顺流而下的冷却水流入冷凝器下部的钢筋混凝土水池内。通常在冷凝器的一侧需装设扶梯，便于攀登到配水箱进行检查和清除污垢。

高温高压的氨气从冷凝器上部管接头进入管束外部空间，凝结成的高压液体从下部管接头排至贮液器。此外，在冷凝器的外壳上还设有液面指示器、压力表、安全阀、放空气管、平衡管（即均压管）、放油管和放混合气（即不凝性气体）等管接头，以便与相应的设备和管路相连接。

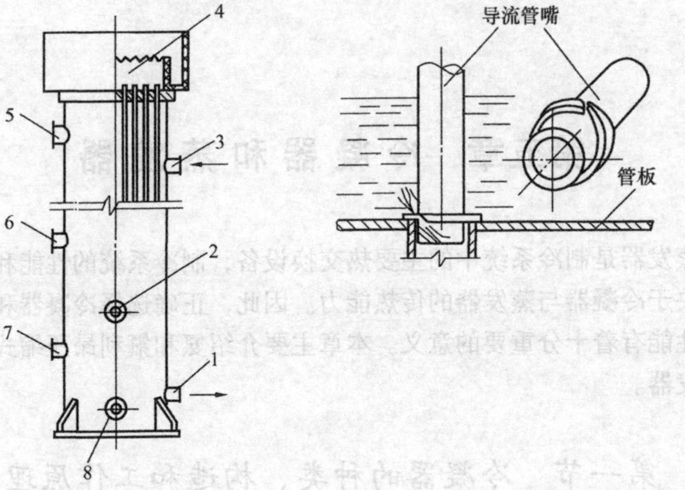

图 5-1　立式壳管式冷凝器

1—出液管接头；2—压力表接头；3—进气管接头；4—配水箱；
5—安全阀接头；6—均压管接头；7—放空气管接头；8—放油管接头

立式壳管式冷凝器的优点是，可装在室外，垂直安装，占地面积小，无冻结危险，传热管容易清除水垢，而且清洗时不必停止制冷系统的运行，对冷却水水质要求不高。主要缺点是耗水量大、体积较卧式大、笨重、搬运不方便，制冷剂在管里泄漏不易发现。

2. 卧式壳管式冷凝器

卧式壳管式冷凝器简称为卧式冷凝器。卧式壳管式冷凝器的结构如图 5-2 所示。这种冷凝器一般应用在大、中、小型制冷装置中，特别是压缩式冷凝机组中使用最为广泛。

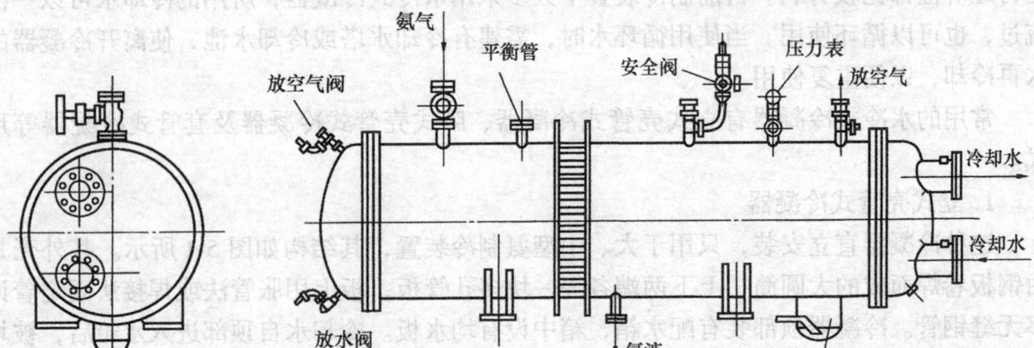

图 5-2　氨卧式壳管式冷凝器

卧式壳管式冷凝器筒体由无缝钢管割制而成或由钢板卷制后焊接而成，壳体内装有许多根无缝钢管，用焊接或胀接法固定在筒体两端的管板上，两端管板的外面用带有隔板的封盖封闭，使冷却水在筒内分成几个流程。冷却水在管内流动，从一端封盖的下部进入，按顺序通过每个管组，最后从同一端盖上部流出。这样可以提高冷却水的流动速度，增强传热效果。

高压高温的氨气从上部进入冷凝器管间，与管内冷却水充分发生热量交换后，氨气冷凝为氨液从下部排至贮液器。

筒体上设有安全阀、平衡管、放空气管和压力表、冷却水进出口等管接头。此外，在封盖上还设有放空气阀和放水阀，在冷凝器开始运转时，可打开放空气阀，以排除冷却水管内的空气，冷凝器检修或停止运转时，可利用放水阀将其冷却水排出。

卧式壳管式冷凝器主要优点是传热效果比立式壳管式冷凝器好，耗水量较少，操作管理方便，容易小型化，容易和其他设备组装；缺点是冷却水质要求高，冷却管容易腐蚀，清洗水垢时不太方便，需要停止冷凝器的工作。

氟利昂用卧式壳管式冷凝器与氨用卧式壳管式冷凝器不同之处在于用铜管代替无缝钢管。由于氟利昂侧放热系数较低，所以在铜管外表面轧成肋片状；此外，由于氟利昂能和润滑油相溶解，润滑油随氟利昂一起在整个系统内循环，所以不需要设放油管接头。

冷凝器的下侧还设有一个安全塞，它是用易熔合金制成，当遇火灾或严重缺水时，熔塞自行熔化，氟利昂能自动地从冷凝器排出，避免发生爆炸。

3. 套管式冷凝器

套管式冷凝器主要用于小型氟利昂空调机组，例如柜式空调机、恒温恒湿机组等，且单机制冷量一般小于 25 kW。其构造见图 5-3。它的外管采用 ϕ50 的无缝钢管，内管套有一根或几根铜管或低肋铜管，内外管套在一起后，用弯管机弯成圆螺旋形。

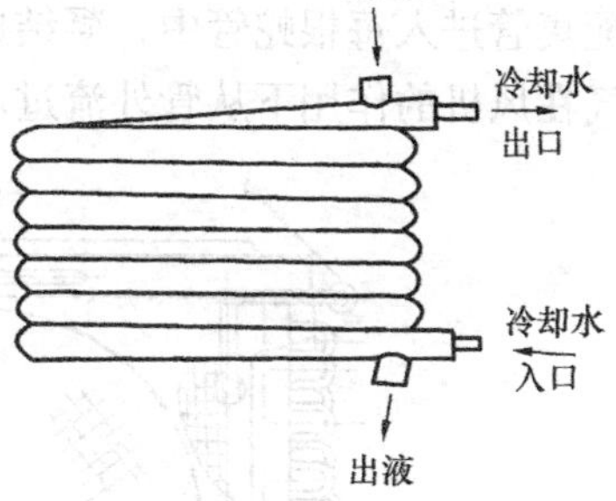

图 5-3　套管式冷凝器

冷却水在内管流动，流向为下进上出；制冷剂在大管内小管外的管间流动，制冷剂由上部进入，凝结后的制冷剂液体从下面流出。制冷剂与冷却水的流动方向相反，呈逆流换热，因此，它的热传效果好。

套管式冷凝器可以套放在压缩机的周围，所以它的优点是占地面积少，体积小，结构简单，制造方便，传热系数较高；缺点是冷却水流动阻力大，清洗水垢不方便，单位传热面积的金属消耗最大。

二、空冷式冷凝器

空冷式冷凝器又称风冷式冷凝器。它是用空气作为冷却介质，使制冷剂蒸气冷凝为液体。根据空气流动的方式可分为自然对流式和强迫对流式。自然对流冷却的空冷式冷凝器传热效果差，只用在电冰箱或微型制冷机中，强迫对流冷却的冷凝器广泛应用于中小型氟利昂制冷和空调装置。

1. 自然对流空冷式冷凝器

自然对流空气冷却式冷凝器依靠空气受热后产生的自然对流，将制冷剂冷凝放出的热量带走。图 5-4 为几种不同结构形式的自然对流空气冷却式冷凝器，其冷凝管多为铜管或表面镀铜的钢管，管外通常做有各种形式的肋片。管子外径一般为 5～8mm。这种冷凝器的换热系数很小，约为 5～10W/（m^2·K），为此将传热管胶合在冰箱箱体壁面上，形成平板式冷凝器；有的将金属丝环绕在管外，形成百叶窗式或钢丝式冷凝器，以增强传热效果。它主要用于家用冰箱和微型制冷装置。

2. 强迫对流空冷式冷凝器

图 5-5 为强迫对流空气冷却式冷凝器的结构图。它是由几组蛇形盘管组成。在盘管外

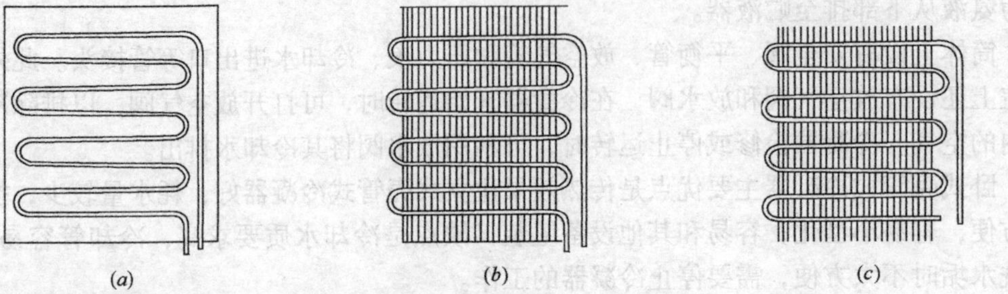

图 5-4　自然对流空气冷却式冷凝器

（a）平板式；（b）百叶窗式；（c）钢丝式

加肋片，以增大空气侧换热面积，同时采用风机加速空气的流动。氟利昂蒸气从上部的分配集管进入每根蛇管中，凝结成液体沿蛇管流下，汇于液体集管中，然后流出冷凝器。空气在风机的作用下从管外流过。

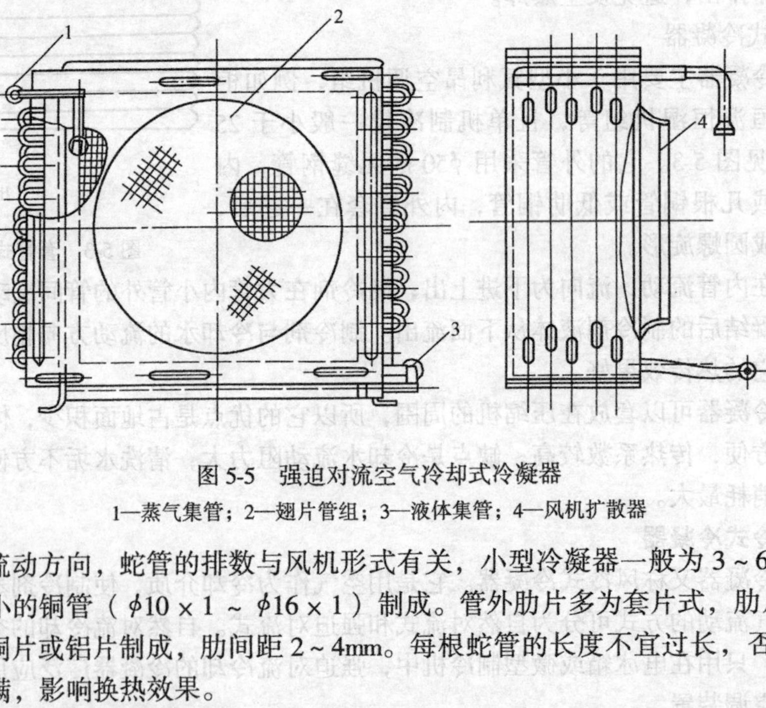

图 5-5　强迫对流空气冷却式冷凝器

1—蒸气集管；2—翅片管组；3—液体集管；4—风机扩散器

沿空气流动方向，蛇管的排数与风机形式有关，小型冷凝器一般为 3～6 排。蛇管一般用直径较小的铜管（$\phi10\times1$ ～ $\phi16\times1$）制成。管外肋片多为套片式，肋片多用厚 0.2～0.3mm 的铜片或铝片制成，肋间距 2～4mm。每根蛇管的长度不宜过长，否则蛇管的后部被液体充满，影响换热效果。

这种冷凝器的换热系数不高，当迎面风速为 2～3m/s 时，按全部外表面计算的换热系数约 24～29 W/（m^2·K）。

空冷式冷凝器和水冷式冷凝器相比较，其优点是可以不用水，使冷却系统变得十分简单，因此它特别适宜于缺水地区或用水不适合的场所（如冰箱、冷藏车等）。一般情况下，它不受污染空气的影响（即一般不会产生腐蚀）；而水冷式冷凝器用冷却塔的循环水时，则水有被污染的可能，进而腐蚀设备。

这种冷凝器的冷凝温度受环境温度影响很大。夏季的冷凝温度可高达 50℃左右，而冬季的冷凝温度就很低。太低的冷凝压力会导致膨胀阀的液体通过量减小，使蒸发器缺液而制冷量下降。因此，应注意防止空冷式冷凝器冬季运行时压力过低，也可采用减少风量或停止风机运行等措施弥补。

三、蒸发式冷凝器

在蒸发式冷凝器中是以水和空气作为冷却介质。它是利用冷却水喷淋时蒸发吸热，吸收高压制冷剂蒸气的热量，同时利用轴流风机使空气由下而上通过蛇形管使管内制冷剂气体冷凝为液体。

根据蒸发冷凝器中轴流风机安装的位置不同可分为吸入式和压送式，风机设在盘管上部称为吸入式；设在盘管下部者，称为压送式。其构造见图 5-6（*a*）、（*b*），它是由换热盘管、供水喷淋系统和风机三部分组成。

换热盘管部分是由光管或肋管组成的蛇形管组，每列蛇形管垂直布置，上端与进气集管相接，下端与出液集管相连。整个管组是安装在一立式箱体内的上半部，制冷剂蒸气由上部的进气管分配给每一根蛇形管，与冷却介质换热后制冷剂冷凝为液体经出液集管流入贮液器。

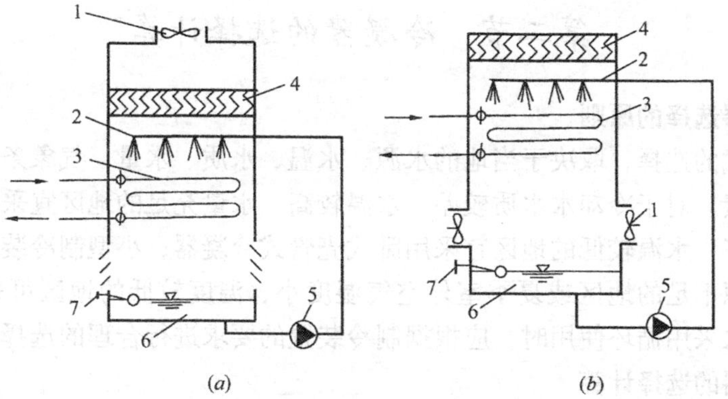

图 5-6　蒸发式冷凝器示意图

（*a*）吸入式；（*b*）压送式

1—风机；2—淋水装置；3—盘管；4—挡水板；5—水泵；6—水箱；7—浮球阀补水

供水系统包括水箱、循环水泵、喷淋器和挡水板以及水管。水泵将水箱中的冷却水打到管组的上方，经喷嘴喷淋到管组的表面，使其形成均匀的水膜向下流动，最后落入箱体底部的水箱中，如此循环。上部挡水板的作用是降低冷却水随气流的飞散损耗。

这两种形式的冷凝器都是蛇形盘管的传热面，管内走制冷剂，管外喷淋循环水，水吸收高压高温制冷剂蒸气的热量而蒸发，而空气自下而上掠过盘管，并带走蒸发的水分，上部的挡水板，防止未蒸发的水滴被空气带走。吸入式蒸发式冷凝器由于空气均匀地通过冷凝盘管，所以传热效果好，但风机电动机的工作条件恶劣，在高温高湿条件下运行，易发生故障。压送式蒸发式冷凝器风机电动机的工作条件好，但空气通过冷凝盘管不太均匀。

蒸发式冷凝器的优点是：

（1）与水冷式冷凝器相比，循环水量和耗水量减少。水冷式冷凝器靠水的温升带走制冷剂的热量，1kg 水大约带走 25～35kJ（温升 6～8℃）的热量，而 1kg 水蒸发带走 2450kJ 的热量，所以理论上蒸发式冷凝器耗水量只是水冷式耗水量的 1%（质量分数）。实际上，由于漏水和空气中夹带水滴等的耗水，补水量约为水冷式冷凝器耗水量的 5%～10%（质量分数）。此外，蒸发式冷凝器中循环水量以能够形成管外水膜为度，水量不需要很大，所以，降低了水泵的耗功率。

(2) 与风冷式冷凝器相比，其冷凝温度低，尤其是干燥地区更明显。

蒸发式冷凝器的缺点是：

(1) 蛇形盘管容易腐蚀，管外易结垢，且维修困难。

(2) 既消耗水泵功率，又消耗风机功率。但风机和水泵的电耗不是很大，对于每1kW的热负荷，循环水量为0.014～0.019kg/s，空气流量为0.024～0.048m^3/s，而水泵和风机的耗电量为0.02～0.03kW。

蒸发式冷凝器适用于缺水地区，可以露天安装，广泛应用于中小型氨制冷系统。

淋激式冷凝器的工作原理与蒸发式冷凝器相同，只是没有风机，冷却水在管外气化，产生的水蒸气被自由运动的空气带走，换热效果较差。由于金属耗量大，占地面积大，所以淋激式冷凝器目前已很少使用和生产。

第二节　冷凝器的选择计算

一、冷凝器选择的原则

冷凝器形式的选择，取决于当地的水源、水温、水质、水量、气象条件以及制冷机房布置要求等因素。对于冷却水水质较差、水温较高、水量充足的地区宜采用立式壳管式冷凝器；水质较好，水温较低的地区宜采用卧式壳管式冷凝器；小型制冷装置可选用套管式冷凝器；在水源不足的地区或夏季室外空气湿度小、温度较低的地区可采用蒸发式冷凝器；如果冷却水采用循环使用时，应根据制冷装置的要求进行合理的选择。

二、冷凝器的选择计算

冷凝器选择计算的目的是确定冷凝器的传热面积，选择合适型号的冷凝器，确定冷却介质（水或空气）流量和通过冷凝器时的流动阻力等。

1. 冷凝器传热面积的确定

(1) 冷凝器传热面积的计算公式

冷凝器传热基本方程式：

$$\phi_k = KA\overline{\Delta t} \tag{5-1}$$

式中 ϕ_k——冷凝器的热负荷，kW；

K——冷凝器的传热系数，W/（m^2·℃）；

A——冷凝器的传热面积，m^2；

$\overline{\Delta t}$——冷凝器的传热平均温差，℃。

因此，冷凝器传热面积计算公式：

$$A = \frac{\phi_k}{K\overline{\Delta t}} = \frac{\phi_k}{q_A} \tag{5-2}$$

式中 q_A——冷凝器的单位面积热负荷，即热流密度，W/m^2。

下面分别讨论 ϕ_k、K 和 $\overline{\Delta t}$ 等参数的确定方法。

(2) 冷凝器的热负荷 ϕ_k

冷凝器的热负荷是指制冷剂在冷凝器中放给冷却水（或空气）的热量。如果忽略掉压缩机和排气管表面散失的热量，那么，高压制冷剂蒸气在冷凝器中所放给冷却水（或空气）的热量应等于制冷剂在蒸发器中吸收被冷却物体的热量（制冷量 ϕ_0），再加上低压制冷剂蒸气在压缩机中压缩成高压制冷剂蒸气所消耗的功转化成的热量。这样，冷凝器的热负荷为：

$$\phi_k = \phi_0 + P_i \tag{5-3}$$

式中 ϕ_k——冷凝器的热负荷，kW；

ϕ_0——制冷系统的制冷量，kW；

P_i——压缩机的指示功率，kW。

由于压缩机的指示功率 P_i 与制冷量有关，因此上式也可简化为

$$\phi_k = \varphi\phi_0 \tag{5-4}$$

式中 φ—冷凝负荷系数。它与冷凝温度 t_k、蒸发温度 t_0、制冷剂种类等因素有关。

蒸发温度愈低，冷凝温度愈高，φ 值就愈大。φ 值可由图 5-7、图 5-8 和图 5-9 查得；也可由制冷工程设计手册中查得。

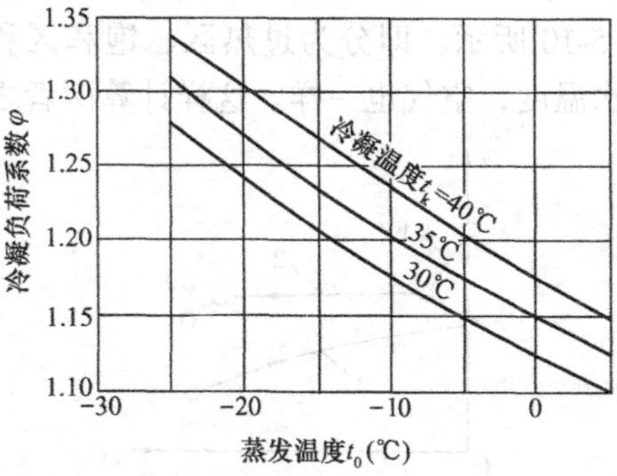

图 5-7 R717 制冷压缩机冷凝负荷系数

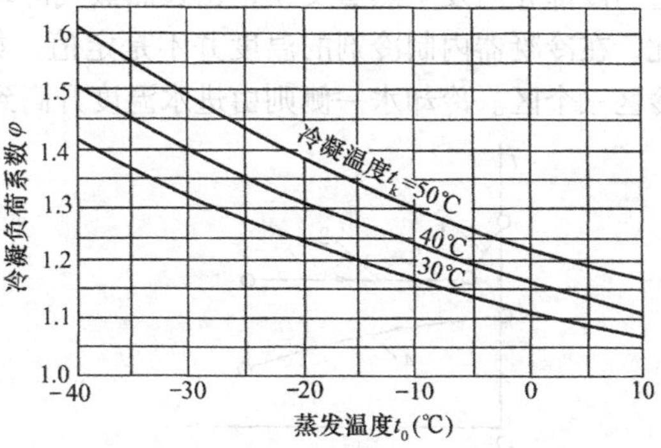

图 5-8 R12 制冷压缩机冷凝负荷系数

例如，某 R717 制冷系统，当蒸发温度为 -20℃，冷凝温度为 40℃时，查图 5-7 得 φ =1.3。这就是说，该制冷系统在上述工况下运行时，每千瓦制冷量在冷凝器中要放出 1.3 kW 热量。

冷凝器热负荷也可按热力循环计算确定，即

$$\phi_k = M_R(h_2 - h_4) \tag{5-5}$$

式中 M_R——制冷剂的质量流量，kg/s；

h_2——制冷剂进入冷凝器的比焓，kJ/kg；

h_4——制冷剂出冷凝器的比焓，kJ/kg。

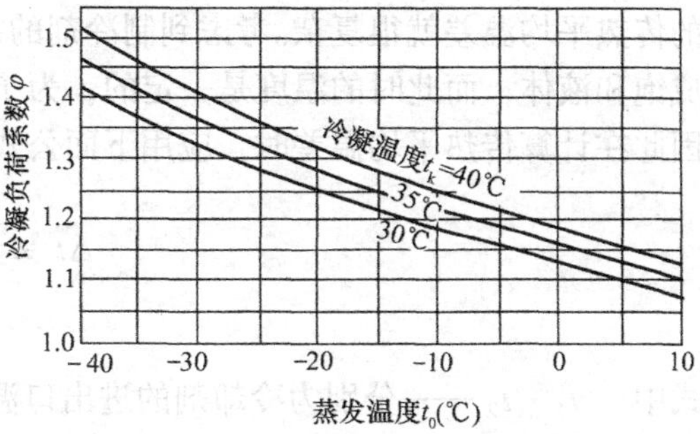

图 5-9 R22 制冷压缩机冷凝负荷系数

(3) 冷凝器的传热系数 K

1）对水冷式（立式壳管式和卧式壳管式）冷凝器，按外表面计算

$$K = \left[\frac{1}{a_0} + R_1 + \frac{d_0}{d_i}\left(R_2 + \frac{1}{a_w}\right)\right]^{-1} \tag{5-6}$$

式中 $a_0 \cdot a_w$——分别为制冷剂的凝结放热系数和水侧的放热系数，W/（m²·℃）；

$R_1 \cdot R_2$——分别为油膜热阻和水垢热阻，m²·℃/W；

$d_0 \cdot d_i$——分别为传热管的外径和内径，m。

2）采用肋片铜管的壳管式冷凝器，按外表面（包括肋片的面积）计算

$$K = \left[\frac{1}{\eta a_0} + \tau\left(R_2 + \frac{1}{a_w}\right)\right]^{-1} \tag{5-7}$$

式中 η——肋干管总效率，对于低肋管 $\eta = 1$；

τ——外表面与内表面的面积比。

冷凝器传热系数可按上式计算，或按冷凝器生产厂提供的资料数据选取。也可采用经过实验验证符合通常使用条件的推荐值。各种冷凝器的传热系数的推荐值，见表5-1。

（4）冷凝器的传热平均温差 $\overline{\Delta t}$

制冷剂在冷凝器中冷却冷凝时是一个变温过程。进入冷凝器的制冷剂是过热蒸气，通过与冷却介质发生热量交换，由过热蒸气冷却冷凝为饱和蒸气→饱和液体→过冷液体。因此，在冷凝器内制冷剂的温度并不是定值，如图5-10所示。即分为过热区、饱和区和过冷区三个区。冷却水一侧则由进水温度升高到出水温度，空气也一样。这样计算两者之间

图5-10 冷凝器中制冷剂和冷却剂温度变化示意图

（a）无过冷；（b）有过冷

1—过热蒸气冷却；2—凝结；3—液态制冷剂过冷；4—冷却剂温度

的传热平均温差就很复杂。考虑到制冷剂的放热主要在中间的冷凝段，即由饱和蒸气凝结成饱和液体，而此时的温度是一定的，为了简化计算，把制冷剂的温度认定为冷凝温度，因此在计算传热平均温差时，应用下面公式：

$$\overline{\Delta t} = \frac{t_2 - t_1}{\ln\dfrac{t_k - t_1}{t_k - t_2}} \tag{5-8}$$

式中 $t_1 \cdot t_2$——分别为冷却剂的进出口温度，℃；

t_k——制冷剂的冷凝温度，℃。

由此可见，只要确定制冷剂的冷凝温度 t_k 和冷却介质进出口温度 t_1、t_2，就可求得 $\overline{\Delta t}$。

知道了 ϕ_k、K 和 $\Delta\bar{t}$ 之后，即可利用式（5-2）计算传热面积。各种冷凝器的 K 值和 q_A 值见表 5-1。

各种冷凝器的 K 和 q_A 值表　　表 5-1

形式		传热系数 K [W/（m²·℃）]	热流密度 q_A（W/m²）]	使用条件
氨冷凝器	立式壳管冷凝器	700～800	3500～4500	单位面积冷却水量 1～1.7m³/（m²·h）
	卧式壳管冷凝器	700～900	3500～4600	单位面积冷却水量 0.5～0.9m³/（m²·h）
	蒸发式冷凝器	580～700		单位面积循环水量 0.12～0.16m³/（m²·h），单位面积通风量 300～340m³/（m²·h），补充水按循环水量 5%～10%计
R12 R22 冷凝器	卧式管壳冷凝器（肋管）	870～930	4650～5230	水流速为 1.7～2.5m/s，平均传热温差 5～7℃
	套管式冷凝器	1100	3500～4000	水流速为 1～2m/s
	风冷式冷凝器	24～30	230～290	空气迎面风速为 2～3m/s，平均传热温差 8～12℃

2. 冷却介质流量的计算

冷却介质（水或空气）流量的计算是基于热量平衡原理，即冷凝器中制冷剂放出的热量等于冷却介质所带走的热量，即：

$$\phi_k = MC_p(t_2 - t_1)$$

$$M = \frac{\phi_k}{C_p(t_2 - t_1)} \tag{5-9}$$

式中　ϕ_k——冷凝器的热负荷，kW；

M——冷却介质的质量流量，kg/s；

t_1、t_2——冷却介质进口和出口温度，℃；

C_P——冷却介质的比热容，kJ/（kg·℃）；

海水，$C_P = 4.312$；空气，$C_P = 1.005$；普通淡水，$C_P = 4.186$。

3. 冷凝器冷却水的阻力计算

计算冷凝器冷却水流动阻力的目的是在工程设计中确定水泵扬程，从而进行水泵的选择。

(1) 对立式管壳式冷凝器和淋水式冷凝器的冷却水，都是从顶部靠重力沿管壁流下的，故不需进行流动阻力计算。

(2) 强制对流空冷式冷凝器和蒸发式冷凝器所需的风机及水泵，均已由生产厂配置好，故在工程中不需要另行选取。

(3) 卧式冷凝器的冷却水泵需要在工程设计中进行选择。为此，需计算冷却水的流动阻力，以提供选择水泵的必要数据。首先根据选定型号，从产品样本上查出冷凝器在给定流量（或水速）和水流程数时的水阻力损失。在缺少此数据时，可查出冷凝器的传热管数目、管道直径、每根管长度及水流程数。冷却水流速可按下式计算：

$$w = \frac{M}{1000f} = \frac{M}{785nd_i^2} \tag{5-10}$$

式中　w ——冷却水在管内流速，m/s；

M ——冷却水循环量，m^3/s；

f ——冷凝器每一流程的流通截面积，m^2；

d_i ——传热管内径，m；

n ——每一流程包括的管子数；

1000 ——水的密度，kg/m^3。

冷却水的总流动阻力可用以下经验公式求得：

$$\Delta P = \frac{1}{2}\rho w\left[RZ\frac{L}{d_i} + 1.5(Z+1)\right] \tag{5-11}$$

式中　ΔP ——冷却水流经卧式壳管式冷凝器的流动阻力，Pa；

R ——与管子的污垢和粗糙度有关的摩擦阻力系数，$R = 0.178bd_i^{-0.25}$，式中 b 是系数，钢管 $b=0.098$，铜管 $b=0.075$。

ρ ——水的密度，kg/m^3，取 $\rho = 1000\ kg/m^3$；

Z ——水流程数；

L ——传热管长度，即管板之间距离，m。

【例 5-1】　某氨制冷系统，冷凝器用循环水，进水温度 $t_1 = 31℃$，当蒸发温度 $t_0 = -15℃$时，压缩机制冷量 $\phi_0 = 93100W$；试计算卧式冷凝器的传热面积和冷却水量。

【解】　(1)冷凝器的热负荷 ϕ_k

冷却水为循环水，取冷却水温升 $\Delta t = 5℃$，出水温度 $t_2 = t_1 + 5℃ = (31+5)℃ = 36℃$，冷凝温度 t_k 比冷却水平均温度高 5℃，则冷凝温度 $t_k = \frac{t_1+t_2}{2} + 5℃ = \left(\frac{31+36}{2}+5\right)℃$，可取 39℃，根据图 5-7 查得 $\varphi = 1.245$，则

$$\phi_k = 1.245 \times 93100 = 115910W$$

(2) 传热系数

查表 5-1，取 $K = 820W/(m^2·℃)$

(3) 传热平均温差 $\Delta \bar{t}$

$$\Delta\bar{t} = \frac{t_2 - t_1}{\ln\frac{t_k - t_1}{t_k - t_2}} = \frac{36-31}{\ln\frac{39-31}{39-36}} = 5.1℃$$

(4) 冷凝器的传热面积

$$A = \frac{\phi_k}{K\Delta\bar{t}} = \frac{115910}{820\times 5.1} = 27.72m^2$$

考虑 10%的裕量，则：

$$A = 1.1 \times 27.72 = 30.49m^2$$

根据产品样本或设备手册，选 DWN-32 卧式壳管式冷凝器一台，其传热面积 $A = 33.65m^2$。

(5) 冷却水流量

$$M = \frac{\phi_k}{C_p(t_2 - t_1)} = \frac{115910}{4.186\times(36-31)} = 5.54kg/s = 19.93t/h$$

4. 提高冷凝器换热效率的途径

提高冷凝器换热效率有两个方面，其一是设备制作的优化设计，在设备结构上有利于提高换热效率；其二是设备用户在运行管理中应当排除各种不利因素，使得设备总是处于高效的换热状态。要想达到上述目标，应采取以下措施：

(1) 改变传热表面的几何特征。例如在垂直管的外表面上开槽构成纵向肋片管。某厂曾经进行过氨在纵向肋片管的管外冷凝试验，证明这种措施能使氨侧放热系数有所提高。对于横管采用低肋管在氟利昂冷凝器中已被广泛采用。采取这些措施不仅增大了传热面积，而且大大提高了传热效率。

(2) 及时排除制冷系统中的混合气体（又称不凝性气体）。在系统中会存在一些空气和制冷剂及润滑油在高温下分解出来的氮气、氢气等，这些气体的存在会影响制冷剂蒸气的凝结，从而影响其传热效率，所以在制冷系统中要及时排除不凝性气体。

(3) 要及时将系统中的润滑油分离出去。在制冷系统中，压缩机中的润滑油雾化后随高压制冷剂蒸气排出。为了防止润滑油进入冷凝器，在冷凝器前设置了油分离器，将系统中大部分油分离出去，防止冷凝器中形成较厚油膜，影响冷凝器的换热效率。

(4) 要及时清洗水垢。在运行过程中要注意水质情况，水垢层达到一定程度时应及时清洗冷凝器。

第三节　蒸发器的种类、构造和工作原理

在制冷系统中，蒸发器的作用是低压低温的制冷剂液体在其中蒸发吸热，吸收被冷却物体的热量，以达到制冷的目的。

按照供液方式的不同，蒸发器可分为满液式、非满液式、循环式和喷淋式四种，如图5-11所示。

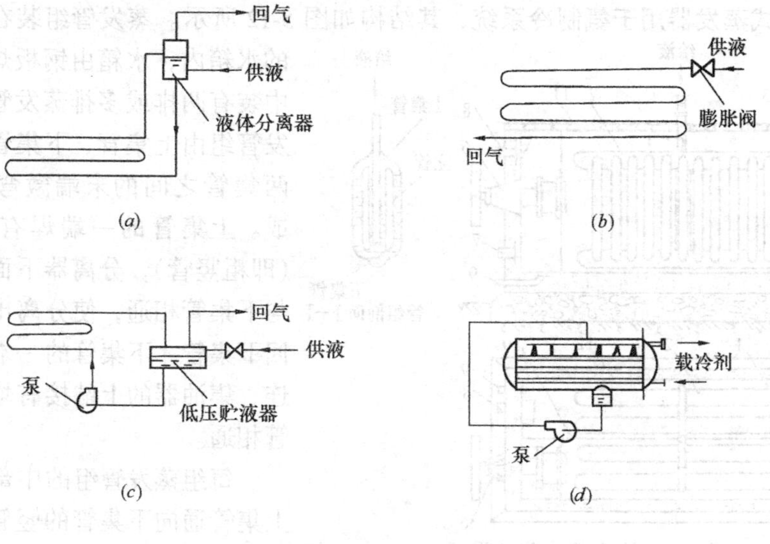

图 5-11　蒸发器的种类

(a) 满液式；(b) 非满液式；(c) 循环式；(d) 喷淋式

(1) 满液式蒸发器如图 5-11（*a*）所示。该蒸发器的特点是设气液分离器，它是利用制冷剂重力来向蒸发器供液，沸腾放热系数较高，但是它需要充入大量的制冷剂。另外，如果采用与润滑油溶解的制冷剂（如 R12），润滑油将难以返回压缩机。属于这类蒸发器的有直立管式、螺旋管式和卧式壳管式蒸发器等。

(2) 非满液式蒸发器如图 5-11（*b*）所示。该蒸发器的特点是制冷剂经膨胀阀节流后直接进入蒸发器，在蒸发器内处于气、液共存状态，制冷剂边流动，边气化，蒸发器中并无稳定制冷剂液面。由于只有部分换热面积与液态制冷剂相接触，所以换热效果比满液式的差。其优点是充液量少，润滑油容易返回压缩机。属于这类蒸发器的有干式壳管蒸发器、直接蒸发式空气冷却器和冷却排管等。

(3) 循环式蒸发器如图 5-11（*c*）所示。它的特点是设低压循环贮液器，用泵向蒸发器强迫循环供液，因此沸腾放热系数较高，并且润滑油不易在蒸发器中积存。由于它的设备费较高，目前多用于大、中型冷藏库。

(4) 喷淋式蒸发器如图 5-11（*d*）所示。其特点是用泵将制冷剂液体喷淋在传热面上，这样可减少制冷剂的充液量，又能消除静液高度对蒸发温度的影响。由于设备费用较高，故适用于蒸发温度很低，制冷剂价格较高的制冷装置。

按照被冷却介质的种类不同可分为冷却液体（水或盐水）的蒸发器和冷却空气的蒸发器。

(1) 冷却液体的蒸发器。属于这类蒸发器的有直立管式蒸发器、螺旋管式蒸发器、卧式壳管式蒸发器、盘管式蒸发器。

(2) 冷却空气的蒸发器。属于此类蒸发器的有冷却排管、冷风机、直接蒸发式空气冷却器。

1. 冷却液体的蒸发器

(1) 直立管式蒸发器

直立管式蒸发器用于氨制冷系统，其结构如图 5-12 所示。蒸发管组装在一个长方形的水箱内，水箱由钢板焊接而成，其中装有两排或多排蒸发管组，每排蒸发管组由上集管、下集管和许多焊在两集管之间的末端微弯的立管所组成。上集管的一端焊有气液分离器（即粗竖管），分离器下面有一根立管与下集管相通，使分离出来的液滴流回下集管。下集管的一端与集油器相连，集油器的上端接有均压管与吸气管相通。

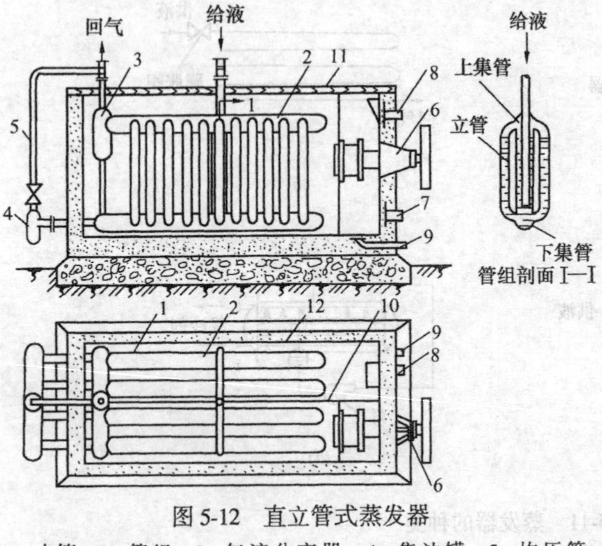

图 5-12　直立管式蒸发器

1—水箱；2—管组；3—气液分离器；4—集油罐；5—均压管；6—螺旋搅拌器；7—出水口；8—溢流口；9—泄水口；10—隔板；11—盖板；12—保温层

每组蒸发管组的中部有一根穿过上集管通向下集管的竖管，如图中剖面 I—I，这样，保证液体直接进入下集管，并能均匀地分配到各根立管。立管内充满液态制冷剂，其液面几乎达到上集管。制冷剂液体在管内吸收冷冻水的热量后不断气化，气化后的制冷剂通过上集管经气液分离器分离后，液体返回下集管，蒸气从上部引出被压缩机吸走。

冷冻水从上部进入水箱，被冷却后由下部流出。水箱中装有搅拌器和纵向隔板，使水箱中的冷冻水按一定的方向和速度循环流动，通常水流速度为0.5~0.7m/s。水箱上部装有溢流口，当冷冻水（或盐水）过多时可从溢流口排出。底部又装有泄水口，以备检查清洗时将水放空。

直立管式蒸发器传热效果良好，当用于冷却淡水时，其传热系数约为500~550W/(m^2·℃)；冷却盐水时，传热系数约为400~450W/(m^2·℃)，用于氨制冷系统中。为减少冷量损失，水箱底部和四周外表面应做隔热层。

这种蒸发器属于敞开式设备，其优点便于观察、运行和检修，载冷剂冻结危险小，有一定蓄冷能力；缺点是体积大，占地面积大，用盐水作载冷剂时，与大气接触容易吸收空气中水分降低了盐水浓度，需经常加入固体盐，同时会使腐蚀加快，易积油。

（2）螺旋管式蒸发器

螺旋管式蒸发器结构如图5-13所示。这种蒸发器在氨制冷系统中获得广泛应用，其工作原理和直立管式蒸发器相同，其主要区别在于双圈螺旋管代替两集管之间的直立管。因此当传热面积相同时，其外型尺寸比直立管小，结构紧凑，缩小体积，减少焊接工作量，制造方便，传热效果比直立管式要大。

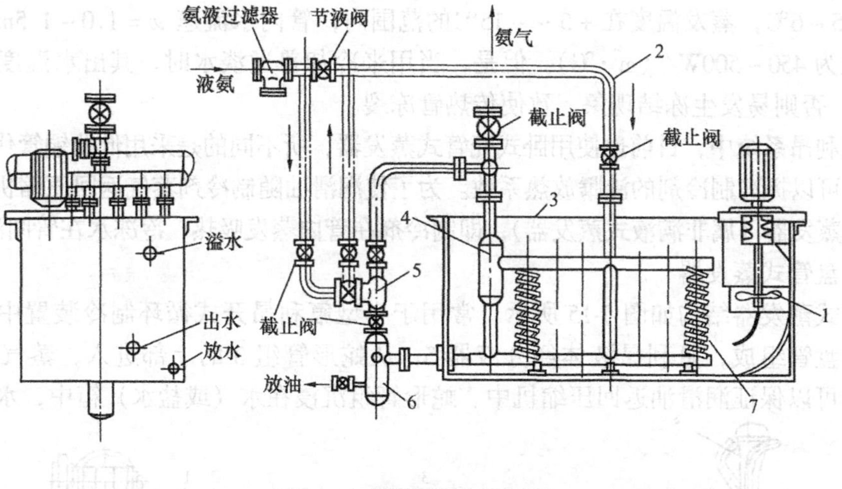

图5-13　螺旋管式蒸发器

1—搅拌器；2—供液总管；3—水箱；4—液体分离器；

5—浮球阀；6—集油器；7—螺旋管组

（3）卧式壳管式蒸发器

其结构形式如图5-14所示。这种蒸发器的构造与卧式壳管冷凝器相似，其外壳是用钢板焊成圆筒体，在筒体的两端焊有管板，钢管用焊接或胀接在管板上。制冷剂在管外空间气化，载冷剂（冷冻水或盐水）在管内流动。为了保证载冷剂在管内具有一定的流速，在两端盖内铸有隔板，使载冷剂多流程通过蒸发器。

工作时，制冷剂液体通过浮球阀节流降压后，由壳体下部进入蒸发器内吸收冷冻水或盐水的热量而气化，气化后的制冷剂蒸气上升至干气室（起气液分离作用），分离出的液滴流回蒸发器内，蒸气被压缩机吸走。氨蒸发器壳体底部焊有集油器，沉积下来的润滑油可从放油管放出。

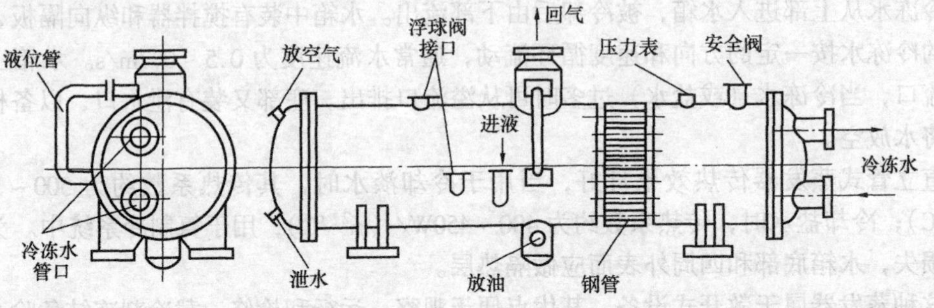

图 5-14 卧式壳管式蒸发器

为了能观察到蒸发器内的液位，在顶部干气室和壳体之间装设一根旁通管，旁通管上的结霜处即表示蒸发器内的液位。

为了避免未气化的液体被带出蒸发器，其充液量应该不浸没全部传热表面，一般氨制冷系统，其充液高度约为筒径的70%～80%；氟利昂制冷系统，其充液量为筒径的55%～65%。

卧式壳管式蒸发器传热性能好，结构紧凑，占地面积小。制冷剂为氨时，平均传热温差 $\Delta \bar{t}$ 为5～6℃，蒸发温度在+5～-15℃的范围内，管内水流速 $w=1.0\sim1.5$m/s时，其传热系数为450～500W/（m^2·℃）。但是，当用来冷却普通淡水时，其出水温度应控制在2℃以上，否则易发生冻结现象，致使传热管冻裂。

在氟利昂系统中，目前也使用卧式壳管式蒸发器，所不同的是采用低肋铜管代替光滑钢管，这样可以提高制冷剂的沸腾放热系数。为了使润滑油随制冷剂蒸气返回压缩机，采用干式壳管式蒸发器（属非满液式蒸发器），即制冷剂在管内蒸发吸热，冷冻水在管间流动。

（4）盘管式蒸发器

盘管式蒸发器结构如图5-15所示。常用于小型氟利昂开式循环制冷装置中，它是由几根蛇形盘管组成，氟利昂液体经分液器5，从蛇形管组3的上部进入，蒸气由下部导出，这样可以保证润滑油返回压缩机中。蛇形管组沉浸在水（或盐水）箱中，水在搅拌器

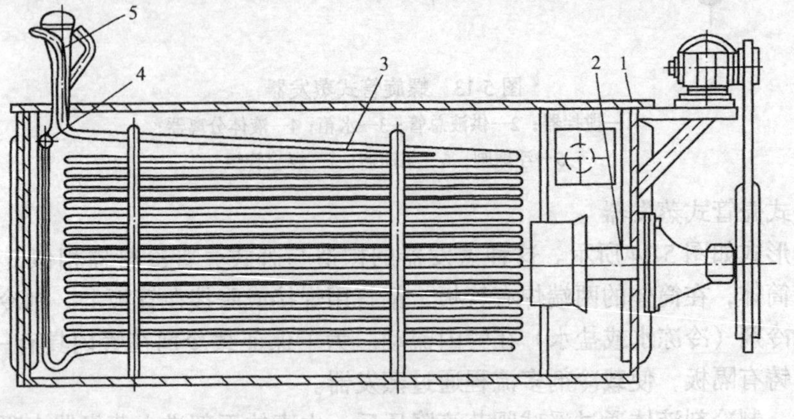

图 5-15 氟利昂蛇管式蒸发器

1—水箱；2—搅拌器；3—蛇形管组；4—蒸气集管；5—分液器

2 的作用下，在水箱 1 内循环流动。盘管式蒸发器由于蛇形管布置较密、流速较小，以及蛇管下部的传热面积未得到充分利用，因此传热效果较差。

2. 冷却空气的蒸发器

冷却空气的蒸发器有冷却排管和冷风机。主要用于冷藏库、冷柜中，在空调中采用直接蒸发式空气冷却器（又称表冷器）来冷却进入空调房间的空气。在冷藏库中，根据库房采用的冷却方式不同采用冷却排管或冷风机。一般在自然对流式冷却的库房中设置冷却排管；强制循环式冷却的库房中设置冷风机；混合冷却式库房中则同时采用冷却排管和冷风机。

（1）冷却排管。根据冷却排管的安装位置不同，可分为墙排管、顶排管、搁架式排管；按传热管表面形式分有光滑排管和肋片排管。

1）立管式墙排管。这种墙排管只适用于氨制冷系统。其结构形式如图 5-16 所示。一般立管采用 38mm × 2.2mm 或 57mm × 3.5mm 的无缝钢管，高度为 2.5 ~ 3.5m 的竖管组成，管间的中心距离为 110 ~ 130mm，竖管焊接在 76mm × 3.5mm 或 89mm × 3.5mm 的上、下横管上。

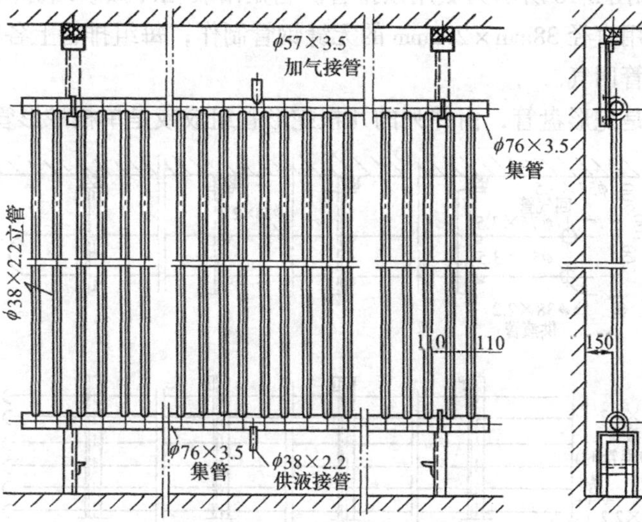

图 5-16　立管式墙排管

氨液从下横管进入，氨气由上横管排出。

它的优点是制冷剂气体容易排出，保证了传热效果；缺点是当墙排管高度较高时，由于液柱静压的作用，从而使下部制冷剂的蒸发温度提高。

2）盘管式墙排管。盘管式墙排管可以是单根或两根蛇形管制成的单排或双排的排管。图 5-17 所示为双排光滑盘管式墙排管。这种冷却排管多采用直径为 38mm × 2.2mm 的无缝钢管，管组中每根管子总长度一般不超过 12m，管子中心之间的距离为 110 ~ 220mm，角钢支架的距离为 3m。管子根数为双数，以便进液和回气在同一侧，有利于管道的安装连接。

在重力供液系统中，氨液从下部进入，氨气则从上部引出。在氨泵供液系统中也可采用上进下出。氨制冷系统中采用的盘管式墙排管有两种类型，一种是光滑盘管，另一种是肋片盘管。图 5-17 所示为光滑盘管式墙排管，它的结构简单，制作方便。

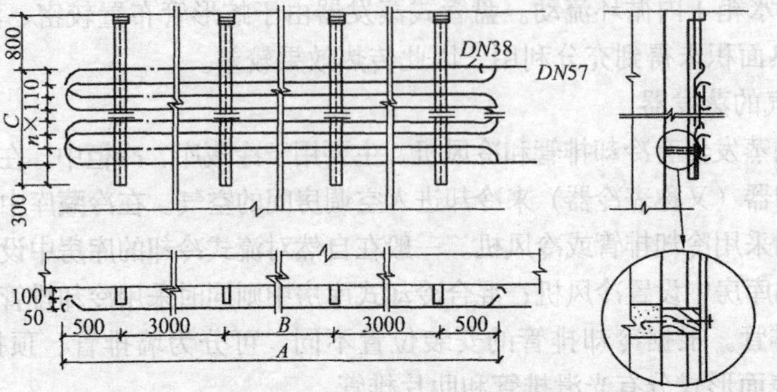

图 5-17 光滑盘管式墙排管

在氟利昂制冷系统中采用盘管式墙排管，液体从上部进入，气体从下部排出，从而保证了润滑油在系统中的正常循环。

3）顶排管。如图 5-18 所示为氨用顶排管。它是吊装在冷藏或结冻间的顶棚或楼板下面；光滑顶排管是用直径 38mm×2.2mm 的无缝钢管制作，每组排管上各有上下两根集管，下集管进液，上集管回气。

氟利昂顶排管是蛇形盘管，由并列的几根蛇形管组成或是单根蛇形管。

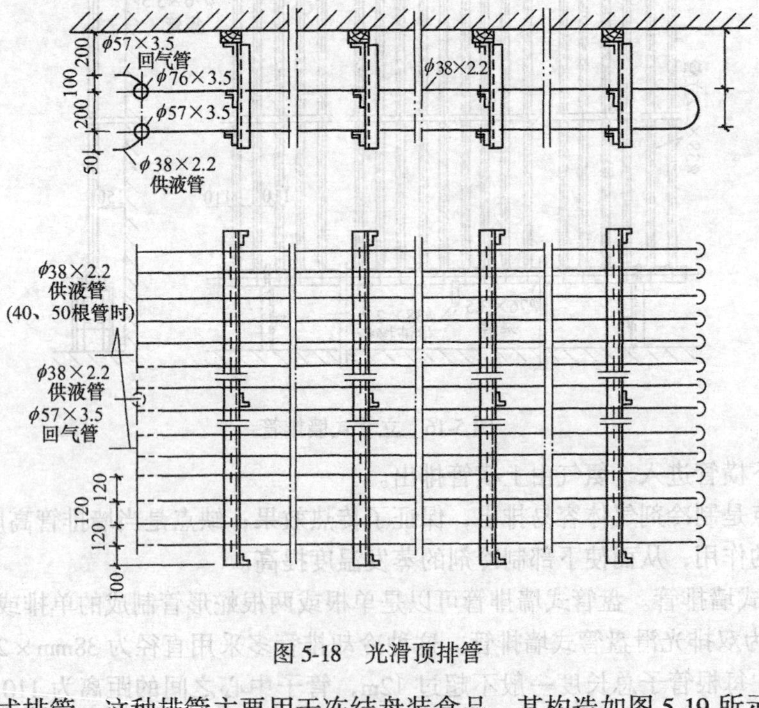

图 5-18 光滑顶排管

4）搁架式排管。这种排管主要用于冻结盘装食品，其构造如图 5-19 所示。排管一般采用直径 38mm×2.2mm 或 57mm×3.5mm 无缝钢管制作，宽度为 800～1200mm，管子水平间距为 100～200mm，最低一层排管离地面不小于 250mm，根据装放食品盒的高度，每层管子的垂直中心距为 200～400mm。需要冷冻加工的食品装在冻盘内直接放在搁架上。通常用来冷冻鱼类、禽类等小块食品。氨液从下部进入，从上部排出氨气，多用于中、小型冷库。

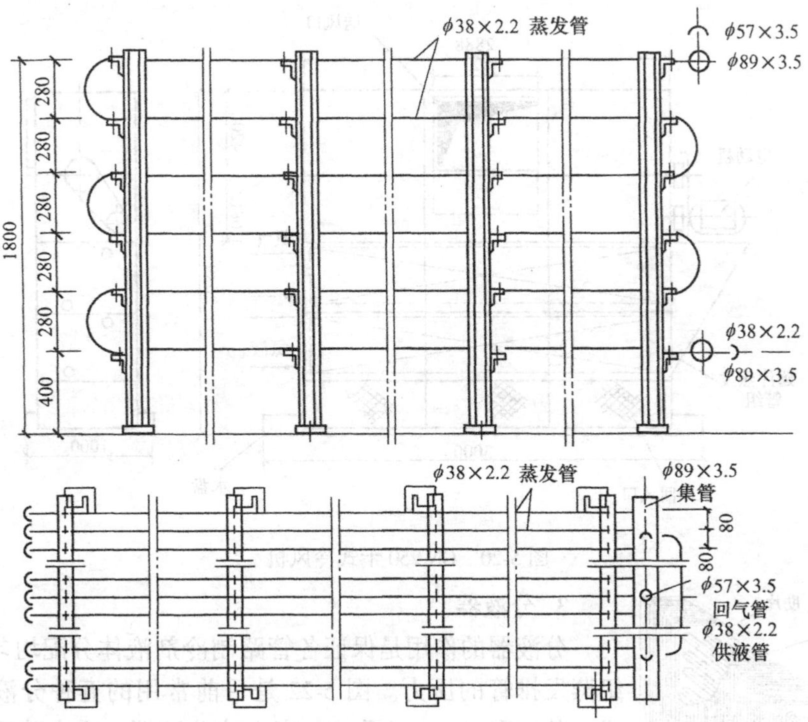

图 5-19　搁架式排管

这种排管的优点是容易制作，结构紧凑，不需要维修。但是钢材耗量较大，货物进出劳动强度大。

(2) 冷风机

冷风机是由蒸发管组和通风机所组成，依靠通风机强制作用，把蒸发管组制冷剂所产生的冷量吹向被冷却物体，从而达到降低库温的目的。

冷风机按其安装位置的不同可分为落地式冷风机和吊顶式冷风机两种。

图 5-20 为落地式 GN—250 干式冷风机构造图。在箱体下部装有两组翅片蒸发管组，冷却面积为 250m^2，配有一个双面进风的离心式通风机。整个冷风机座落在水盘上。在通风机的作用下，空气从下部回风口进入，通过蒸发管组冷却后送出。这种冷风机用于 ±0℃的冷藏间和预冻间，当用于贮存鲜蛋、水果等食品时，可根据工艺要求，在冷风机出口上增设送风管道，借助于送风口将冷风均匀地送到冷藏间各处。吊顶式冷风机与落地式冷风机工作原理基本相同，前者是吊装在屋顶，这里不再讲述，参见有关设备手册。

采用冷风机时，不用载冷剂，冷损失小，结构紧凑，易于实现自动化控制。冷风机的传热系数也不大，当迎面风速为 2～3m/s 时，其传热系数约为 29～35W/（m^2·℃）。

(3) 直接蒸发式空气冷却器

图 5-21 所示为空调用直接蒸发式空气冷却器，它一般由 4 排、6 排或 8 排肋片管组成，肋片管一般采用的铜管，外套约 0.2～0.3mm 厚的铝片，片距为 2～4mm。

其优点是不用载冷剂，冷损失小，结构紧凑，易于实现自动化控制。但传热系数较低。

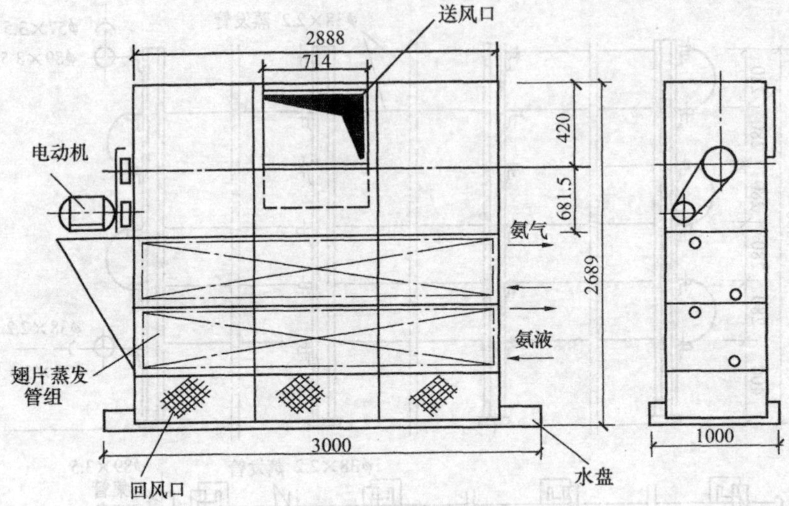

图 5-20　GN-250 干式冷风机

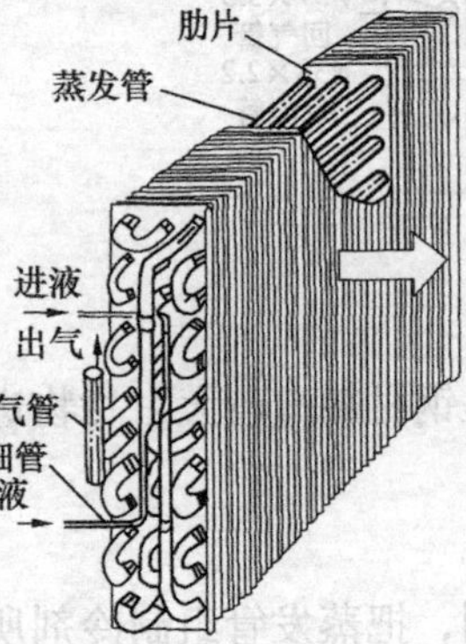

图 5-21　直接蒸发式空气冷却器

3. 分液器

分液器的作用是保证各管路制冷剂液体分配均匀，平衡各组蒸发排管的压力。图 5-22 是目前常用的五种分液器结构形式。其中图（*a*）所示的是离心式分液器。来自节流阀的制冷剂沿切线方向进入小室，得到充分混合的气液混合物从小室顶部沿径向分送到各路肋片管。图（*b*）、（*c*）为碰撞式分液器。来自节流阀的制冷剂以高速进入分液器后，首先与壁面碰撞使之成为均匀的气液混合物，然后再进入各路肋片管。图（*d*）、（*e*）为降压式分液器，其中图（*d*）是文氏管型，其压力损失较小。这种类型分液器是使制冷剂首先通过缩口，增大流速以达到气液充分混合，克服重力影响，从而保证制冷剂均匀地分配给各个蒸发管组。这些分液器可以水平安装，也可垂直安装，但多为垂直安装。

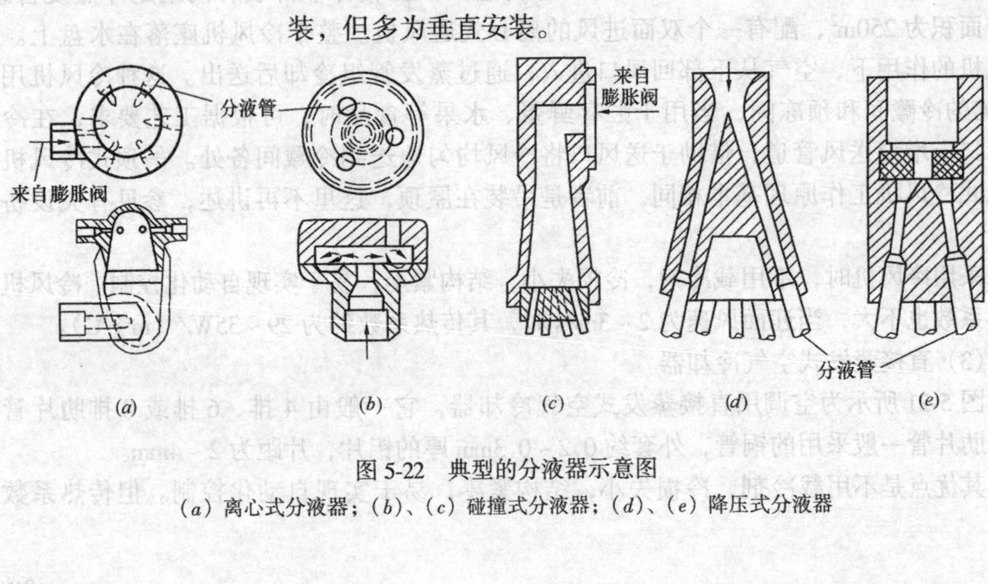

图 5-22　典型的分液器示意图

（*a*）离心式分液器；（*b*）、（*c*）碰撞式分液器；（*d*）、（*e*）降压式分液器

第四节　蒸发器的选择计算

一、蒸发器选择的原则

蒸发器形式的选择应根据载冷剂及制冷剂的种类和供冷方式而定。

(1) 空气处理设备采用水冷式表面冷却器，并以氨为制冷剂时，则可采用卧式壳管式蒸发器。如以R12为制冷剂时，宜采用干式蒸发器。

(2) 如空气处理设备采用淋水室时，宜采用水箱式蒸发器（即直立管、螺旋管、盘管式蒸发器）。在大型的乳制品厂用盐水作载冷剂时，也采用水箱式蒸发器。

(3) 在空调系统中用来冷却空气的直接蒸发式空气冷却器，根据设计规范规定，只能适用于以氟利昂作为工质的制冷系统，以防由于泄漏使得空气受到污染。因此在空调装置中，这种空气冷却器已限于在小型空调器（柜）中使用，大中型装置已采用水冷式表冷器。

(4) 在冷藏库中，一般采用冷却排管和冷风机。

二、蒸发器的选择计算

蒸发器选择计算的目的是根据已知条件确定蒸发器的传热面积，选择定型结构的蒸发器，并计算载冷剂循环量等。计算方法与冷凝器基本相似。

1. 蒸发器传热面积的确定

(1) 蒸发器传热面积的计算公式

$$A = \frac{\phi_0}{K\Delta \bar{t}} = \frac{\phi_0}{q_A} \tag{5-12}$$

式中　ϕ_0——制冷装置的制冷量，即蒸发器的热负荷（kW）。它等于用户的耗冷量与制冷系统本身（即供冷系统）冷损失之和。用户实际的耗冷量一般由工艺或空调设计给定的，也可根据冷库工艺和空调负荷进行计算，而供冷系统的冷量损失一般用附加值计算。对于直接供冷系统一般附加5%～7%，对于间接供冷系统一般附加7%～15%；

K——蒸发器的传热系数，W/（m^2·℃）；

$\Delta\bar{t}$——传热平均温差，℃；

q_A——蒸发器的单位面积热负荷，即热流密度，W/m^2。

(2) 蒸发器的传热系数计算公式

$$K = \left(\frac{1}{a_0} + \Sigma\frac{\delta}{\lambda} + \frac{\tau}{a_w}\right)^{-1} \tag{5-13}$$

式中　a_0、a_w——分别是管外和管内的放热系数，即一侧为制冷剂的沸腾放热系数，另一侧为水、盐水或空气的放热系数，W/（m^2·℃）；

$\Sigma\frac{\delta}{\lambda}$——管壁及管壁附着物热阻，$m^2$·℃/W；

τ——肋片系数，管外表面积（含肋片）与管内表面积之比。

对于氨蒸发器，一般都采用光管，τ可取管外径与管内径之比$\left(即\frac{d_0}{d_i}\right)$。通常$K$值按生产厂家提供的资料选取，也可采用经实际验证的推荐数值。各种蒸发器的传热系数值见表 5-2。

各种蒸发器的 K 和 q_A 值 **表 5-2**

蒸发器形式			传热系数 K [W/(m²·℃)]	热流密度 q_A (W/m²)	备注
满液式	卧式壳管式	氨—水	450~500	2200~3000	$\overline{\Delta t}=5\sim6$℃ $w=1\sim1.5$m/s
		氟利昂—水	350~450	1800~2500	$\overline{\Delta t}=5\sim6$℃ $w=1\sim1.5$m/s
	水箱式	氨—水	500~550	2500~3000	$\overline{\Delta t}=5\sim6$℃ $w=0.5\sim0.7$m/s
		氨—盐水	400~450	2000~2500	
非满液式	干式壳管	氟利昂—水	500~550	2500~3000	$\overline{\Delta t}=5\sim6$℃
	直接蒸发式空气冷却器	氟利昂—空气	30~40	450~500	以外肋表面为准 $\overline{\Delta t}=15\sim17$℃
	冷排管（自然对流）	氟利昂—空气	8~12		光管 $\overline{\Delta t}=8\sim10$℃
			4~7	~	以外肋表面积计 $\overline{\Delta t}=8\sim10$℃
	冷风机（供冷库用）	氟利昂—空气	17~35	~	

(3) 传热平均温差 $\overline{\Delta t}$

传热平均温差可按表 5-2 选取，也可按下式进行计算；

$$\overline{\Delta t}=\frac{t_1-t_2}{\ln\dfrac{t_1-t_0}{t_2-t_0}} \tag{5-14}$$

式中 t_1——载冷剂进入蒸发器的温度，℃；

t_2——载冷剂出蒸发器的温度，℃；

t_0——制冷剂的蒸发温度，℃。

t_1 和 t_2 往往是由空调和冷库工艺确定的，t_0 是制冷工艺设计中选定的。

(4) 载冷剂的循环量 M_1

$$M_1=\frac{\phi_0}{C_p(t_1-t_2)} \tag{5-15}$$

式中 C_p——载冷剂（水、盐水或空气）的比热容，kJ/(kg·℃)；

t_1、t_2——载冷剂（水、盐水或空气）进、出蒸发器的温度，℃。

【例 5-2】 有一台 8AS12.5 型制冷压缩机，在 $t_0=5$℃，$t_k=40$℃的工况下运行，其制冷量为 558kW。选配一台卧式壳管式蒸发器或直立管式蒸发器（即水箱式蒸发器）。试计算它们需要多少传热面积。

【解】 确定蒸发器的传热面积按下式计算

$$A = \frac{\phi_0}{K\Delta t} = \frac{\phi_0}{q_A}$$

（1）卧式壳管式蒸发器，查表 5-2 取 $q_A = 2600\text{W/m}^2$

$$A = \frac{558}{2600} \times 1000 = 215\text{m}^2$$

（2）直立管式蒸发器（$q_A = 2800\text{W/m}^2$）

$$A = \frac{558}{2800} \times 1000 = 199.3\text{m}^2$$

2. 提高蒸发器传热效率的途径

影响蒸发器换热的因素除了制冷剂本身的物理性质及传热表面的几何特征外，在实际设计和运行中也有一些需要考虑的问题。为强化蒸发器中的传热，应采取以下措施：

(1) 在氨制冷系统中的蒸发器，要定期排放油污，否则传热面上油膜太厚，会影响其传热效果。

(2) 适当提高载冷剂的流速，这样可以提高载冷剂一侧的放热系数。

(3) 及时清除载冷剂侧水垢。

(4) 要防止蒸发温度过低，避免在传热面上结冰。

(5) 在冷藏库中，冷却排管和冷风机要定期除霜，以免霜层结厚增加传热热阻，影响其传热效果。

思考题与习题

1. 冷凝器的作用是什么？根据所采用的冷却剂不同可分为哪几类？

2. 水冷式冷凝器有哪几种形式？试比较它们的优缺点和使用场合。

3. 风冷式冷凝器有何特点？宜用在何处？

4. 蒸发式冷凝器有哪两种形式？试比较之。

5. 造成冷凝器传热系数降低的原因有哪些？

6. 蒸发器的作用是什么？根据供液方式不同可分为哪几种形式？各有什么特点？

7. 满液式蒸发器和非满液式蒸发器各有什么优缺点？

8. 用于冷却盐水或水的蒸发器有哪几种？各有什么优缺点？

9. 在氟利昂系统中用立管式或螺旋管式蒸发器行吗？为什么？

10. 用于冷却空气的蒸发器有哪几种？各用于什么场合？

11. 如何选择冷凝器和蒸发器？

12. 分液器有何作用？有哪几种类型？

13. 已知冷凝器负荷 290kW，冷凝温度 $t_k = 30℃$，冷却水入口温度为 22℃，出口温度为 27℃，试求氨卧式壳管式冷凝器的传热面积。

14. 已知冷凝器的热负荷 279.12 kW，冷却水初温为 26℃，终温为 30℃，试确定立式壳管式冷凝器所需的传热面积。

15. 已知空调用氨制冷装置的制冷量为 241.784kW，空调冷冻水温度为 5℃，回水温度 10℃，蒸发温度 $t_0 = 0℃$，现选用直立管式冷水箱，试求所需的传热面积。

16. 如何提高运行中的换热设备的传热效果？

第六章　节流机构和辅助设备

第一节　节　流　机　构

节流机构是制冷装置不可缺少的四大部件之一。它的作用是：

(1) 对冷凝器出来的高压制冷剂液体进行节流降压，保证冷凝器与蒸发器之间的压力差，以使蒸发器内的制冷剂液体在低压下蒸发吸热，吸收被冷却物体的热量，从而达到制冷的目的。

(2) 调节进入蒸发器的制冷剂流量，以适应制冷系统制冷量变化的需要，使制冷装置更加有效地运行。

节流机构种类很多，结构也各不相同，常用的节流机构有手动膨胀阀、浮球膨胀阀、热力膨胀阀、电子膨胀阀和毛细管等。

一、手动膨胀阀

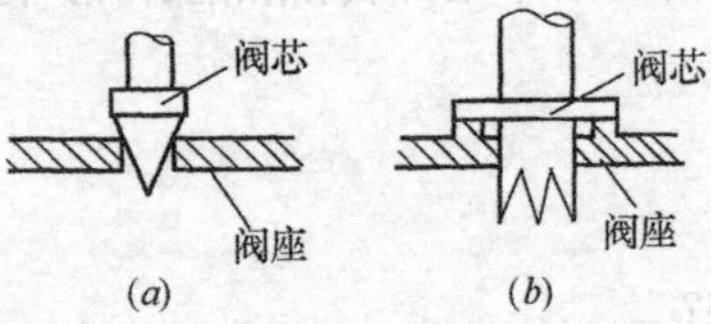

图 6-1　手动膨胀阀阀芯
(*a*) 针形阀芯；(*b*) 具有 V 形缺口的阀芯

手动膨胀阀又称节流阀或调节阀。手动膨胀阀的结构与普通截止阀相似，与截止阀的主要区别是阀芯为针形锥体或带 V 形缺口的锥形，如图 6-1 所示。阀杆采用细牙螺纹，便于微量启闭阀芯。当转动阀杆上面的手轮时，就能保证阀门的开启度缓慢地增大或关小，以适应制冷量的调节变化。手动膨胀阀要求管理人员根据蒸发器负荷变化随时调节阀门的开启度，管理麻烦，而且凭经验操作，因此近年来大多采用自动膨胀阀，只将手动膨胀阀装在旁通管道上，以备应急或检修自动膨胀阀时使用。手动膨胀阀的开启度为手轮旋转的 1/8 ~ 1/4 周，不能超过一周。如果开启过大，起不到节流降压的作用。

二、浮球膨胀阀

浮球膨胀阀是一种自动膨胀阀，它的作用是根据满液式蒸发器液面的变化来控制蒸发器的供液量，同时进行节流降压，也可控制蒸发器的液面高度。

浮球膨胀阀根据节流后的液体制冷剂是否通过浮球室而分为直通式和非直通式两种，如图 6-2 和图 6-3 所示。

这两种浮球膨胀阀的工作原理都是依靠浮球室中的浮球受液面的作用而降低或升高，来控制阀门的开启或关闭。浮球室置于满液式蒸发器一侧，上、下用平衡管与蒸发器相通，所以浮球室的液面与蒸发器的液面高度是相一致的。当蒸发器的负荷增加时，蒸发量增加液面下降，浮球室中的液面也相应下降，于是浮球下降，依靠杠杆作用使阀开启度增加，加大供液量；当蒸发器负荷减少时，制冷剂蒸发量减少，蒸发器液面与浮球室内液面同时升高，浮球升高，阀门的开启度减小，使制冷剂供液量减少。

这种浮球膨胀阀的主要区别是：直通式浮球阀节流后的制冷剂液体通过浮球室，然后

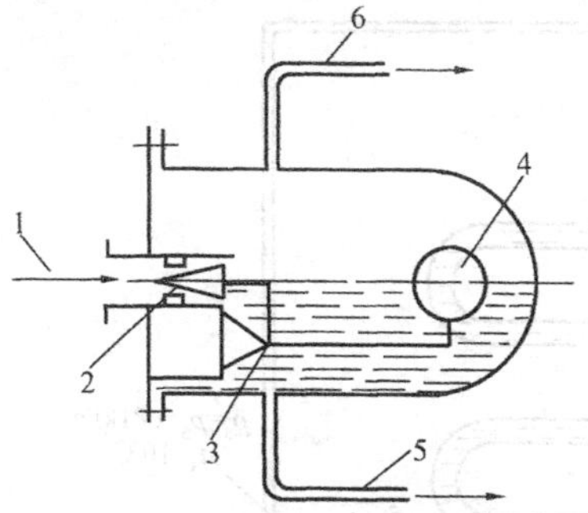

图 6-2　直通式浮球膨胀阀

1—液体进口；2—针阀；3—支点；4—浮球；

5—液连通管；6—气连通管

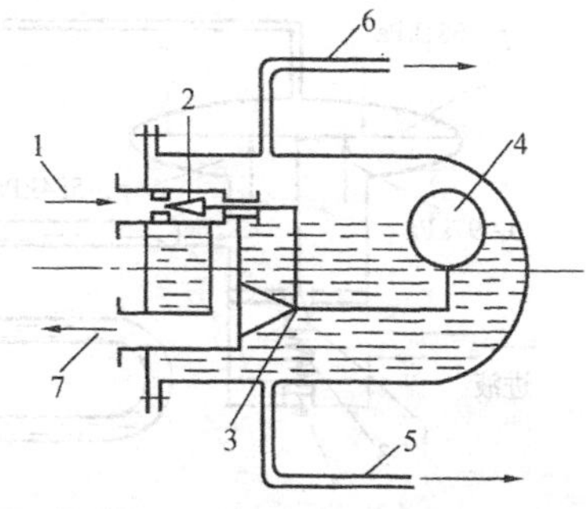

图 6-3　非直通式浮球膨胀阀

1—液体进口；2—针阀；3—支点；4—浮球；

5—液连通管；6—气连通管；7—节流后液体出口

由液体平衡管进入蒸发器。其优点是构造简单；缺点是浮球室液面波动和冲击很大，容易使浮球阀失灵，其次需较大口径的平衡管。非直通式浮球阀节流后的制冷剂液体不通过浮球室，而是通过管道直接进入蒸发器。其优点是浮球室液面平稳，但构造和安装比较复杂。

浮球膨胀阀一般安装在氨制冷系统中的蒸发器、气液分离器、中间冷却器、低压循环贮液桶前液体管路上。图 6-4 为氨浮球膨胀阀接管示意图。

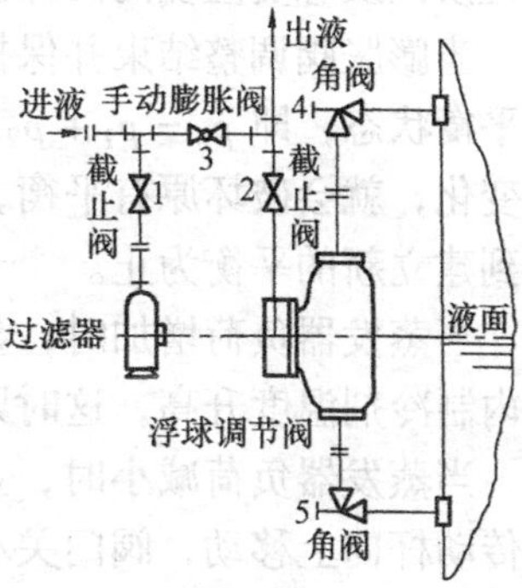

图 6-4　氨浮球阀接管示意图

三、热力膨胀阀

热力膨胀阀在氟利昂制冷系统中（即非满液式蒸发器中）得到广泛应用。与浮球膨胀阀所不同的是，它是靠控制蒸发器出口处制冷剂蒸气的过热度来控制蒸发器的供液量，同时起节流降压作用。

热力膨胀阀主要由热力膨胀阀、毛细管、感温包组成。热力膨胀阀根据膜片下部的气体压力不同可分为内平衡式热力膨胀阀和外平衡式热力膨胀阀。若膜片下部的气体压力为膨胀阀节流后的制冷剂压力称为内平衡式热力膨胀阀；若膜片下部的气体压力为蒸发器出口的制冷剂压力称为外平衡式热力膨胀阀。

1. 内平衡式热力膨胀阀

图 6-5 是内平衡式热力膨胀阀的工作原理图。从图中可以看出，它是由阀芯、阀座、弹簧金属膜片、弹簧、感温包和调整螺栓组成。阀体装在蒸发器的供液管路上，感温包紧扎在蒸发器的回气管路上，感温包内充有与制冷系统相同的液态制冷剂。

通过弹簧金属膜片受力分析可以看出，作用在弹簧金属膜片上的力主要有三个：

p_1—阀后制冷剂的蒸发压力，作用在膜片下部，其作用方向向上，使阀门向关闭方向移动。

p_2—弹簧力，它也作用在膜片下部，其作用方向向上，使阀门向关闭方向转动。弹簧力的大小可以通过调整螺栓予以调整。

p_3—感温包内制冷剂的压力，它是随蒸发器出口回气过热度的变化而变化，作用在膜

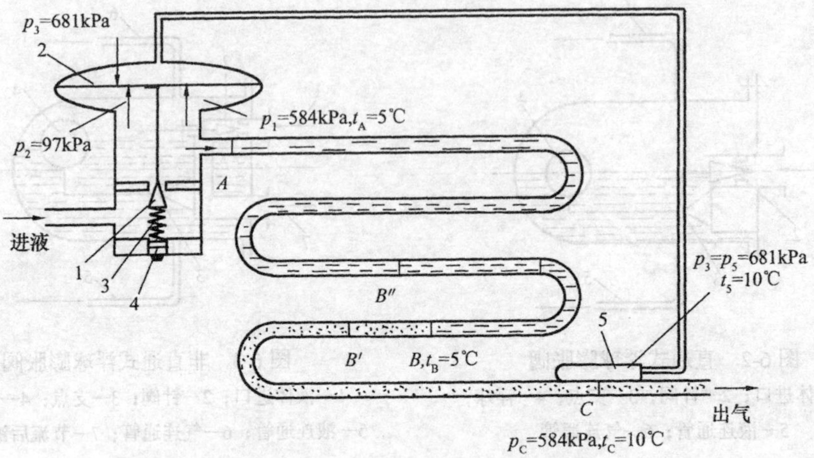

图 6-5　内平衡式热力膨胀阀

1—阀芯；2—弹性金属膜片；3—弹簧；4—调整螺栓；5—感温包

片的上部，其作用方向向下，其趋势是使阀门开大，它的大小决定于感温包内充注制冷剂的性质以及感受温度的高低。

当膨胀阀调整结束并保持一定的开启度稳定工作时，作用在膜片上、下部的三个力处于平衡状态，即 $p_3=p_1+p_2$，这时膜片不动，即阀门的开启度不变。而当其中一个力发生变化，就会破坏原有平衡，此时 $p_3\neq p_1+p_2$，膜片开始位移，阀门开启度也随之变化，直到建立新的平衡为止。

当蒸发器负荷增加时，显得供液量不足，蒸发器出口的制冷剂蒸气过热度增大，感温包内制冷剂温度升高，这时则感温包的压力 $p_3>p_1+p_2$，阀针向下移动，阀门开大。

当蒸发器负荷减小时，显得供液量过大，过热度减小，这时 $p_3<p_1+p_2$，弹簧力推动传动杆向上移动，阀门关小。

假定感温包内充注与制冷系统相同的制冷剂 R22，若进入蒸发器的液态制冷剂为 5℃，其相应的压力 $p_1=584$kPa，液体在非满液式蒸发器中吸热气化，如果不考虑制冷剂在蒸发器内的压力损失，蒸发器各部位的压力均为 584kPa，直到 B 点液体全部气化为饱和蒸气。从 B 点开始再向前流动，则制冷剂继续蒸发吸热变成过热蒸气，气体温度升高了，压力却仍然保持不变。假定由 B 点至装设感温包 C 点（蒸发器出口处）气态温度升高 5℃，即达到 10℃，由于感温包紧贴管壁，包内液态制冷剂温度也接近 10℃，即 $t_5=10$℃，其相应的饱和压力 $p_5=681$kPa，这个压力经过毛细管作用于膜片上部，则膜片上部的压力 $p_3=p_5=681$kPa。若将弹簧力 p_2 通过调节螺栓调到 97kPa，则使膜片向上移动的力为 $p_1+p_2=584+97=681$kPa。显然，此时 $p_1+p_2=p_3$，膜片上下压力相等，膜片不动，处于平衡状态，相应阀门有一定的开启度。这时，蒸发器出口处气态制冷剂的过热度为 $t_c-t_0=10-5=5$℃。相应于这个过热度的压力恰好等于弹簧作用力 p_2。

当外界条件改变，蒸发器的负荷减少时（即用冷减少时），蒸发器内的液态制冷剂沸腾减弱，此时，蒸发器的供液量显得过多，于是蒸发器的液态制冷剂达到全部气化的终点不是 B 点，而是 B' 点。蒸发器出口 C 点的温度将低于 10℃，即过热度也小于 5℃，致使感温包内制冷剂的压力也低于 681kPa，则 $p_1+p_2>p_3$，使阀门稍微关小，使供液量减小，从而达到另一平衡状态。反之，蒸发器的负荷增加，吸热量增大，则蒸发器出口 C 点气态制冷剂的过热度增加，大于5℃，感温包内的压力也将大于681kPa，即 $p_1 + p_2 < p_3$，则阀门稍微开大，加大供液量，使膜片达到另一平衡状态。

内平衡式热力膨胀阀只适用于蒸发器内部阻力较小的场合，广泛应用于小型制冷机和空调机。

对于大型的制冷装置及蒸发器阻力较大的场合，由于蒸发器出口处的压力比进口处下降较大，若使用内平衡式热力膨胀阀，将增加阀门的静装配过热度，相应减少了阀门的工作过热度，导致热力膨胀阀供液不足或根本不能开启，影响蒸发器的工作。对于蒸发器管路较长，或是多组蒸发器装有分液器时，应采用外平衡式热力膨胀阀。

2. 外平衡式热力膨胀阀

外平衡式热力膨胀阀如图6-6所示。它与内平衡式热力膨胀阀基本相同，其不同之处是金属膜片下部空间与膨胀阀出口互不相通，而是通过一根小口径的平衡管与蒸发器出口

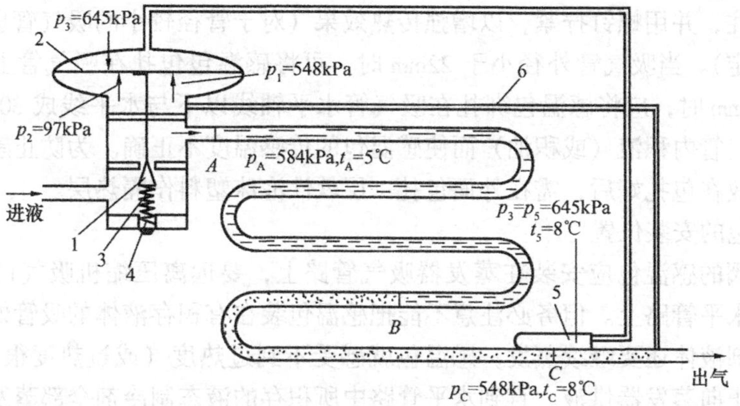

图6-6 外平衡式热力膨胀阀

1—阀芯；2—弹性金属膜片；3—弹簧；4—调整螺栓；5—感温包；6—平衡管

相连。这样，膜片下部制冷剂的压力 p_1 不是膨胀阀出口压力（即蒸发器进口压力）p_A，而是等于蒸发器的出口压力 p_C，此时，热力膨胀阀的工作不受蒸发排管流动阻力的影响，当蒸发器流动阻力 $\Delta p = 36$kPa时，蒸发器出口的压力 $p_c = p_A - \Delta p = 584 - 36 = 548$kPa（相应的饱和温度为3℃），再加上相当于5℃工作过热度的弹簧力 $p_2 = 97$kPa，这时膜片下部的压力为 $p = p_1 + p_2 = 548 + 97 = 645$kPa，对应的饱和温度约为8℃，膜片上部（即感温包内）的压力 $p_3 = 645$kPa，此时膜片处于平衡状态，阀门的开启度不变。若供液量多时，蒸发器出口处 C 点的温度降低，感温包内的温度也降低，感温包内压力 p_3 减小，而膜片下部压力 $p_1 + p_2$ 不变，这时 $p_1 + p_2$ 推动阀杆向上移动，阀门关小，减少其供液量。相反供液量不足时（蒸发器负荷增大时），蒸发器出口 C 点的过热度增大，感温包内温度升高，p_3 增大，而 $p_1 + p_2$ 不变，阀门开大，增大其供液量。所以说阀门的开启度可使蒸发器出口的温度基本上等于5℃，即只有5℃的过热度，从而消除了蒸发器流动阻力的影响。

外平衡式热力膨胀阀可以改善蒸发器的工作条件，但结构比较复杂，安装与调试比较麻烦，因此，只有蒸发器的压力损失较大时才采用此种膨胀阀。

3. 热力膨胀阀的安装

在氟利昂制冷系统中，热力膨胀阀安装的正确与否，直接影响制冷装置的工作好坏，安装前应检查膨胀阀是否完好，特别是感温机构部分。

(1) 热力膨胀阀阀体的安装

热力膨胀阀是安装在蒸发器入口处的供液管路上，阀体应垂直安装，不得倾斜，更不可颠倒安装，蒸发器配有分液器时，分液器应直接安装在膨胀阀的出口侧，这样使用效果较好。

(2) 感温包的安装

感温包的安装对热力膨胀阀有很大的影响，因为膨胀阀的温度传感系统灵敏度比较低，传递信号时产生一个滞后时间，引起膨胀阀启用频繁，使系统的供液量波动。所以感温包安装必须认真对待，在实际施工中是将感温包紧贴管壁，包扎紧密，如图 6-7 所示。其具体做法是，首先将包扎感温包的吸气管段上的氧化皮清除干净，以露出金属本色为宜，并涂上一层铝漆作保护层，以防生锈。然后用两块厚度为 0.5mm 的铜片将吸气管和感温包紧紧包住，并用螺钉拧紧，以增强传热效果（对于管径较小的吸气管也可用一块较宽的金属片固定）。当吸气管外径小于 22mm 时，可将感温包包扎在吸气管上面；当吸气管外径大于 22mm 时，应将感温包绑扎在吸气管水平轴线以下与水平线成 30°角左右的位置上，以免吸气管内积液（或积油）而使感温包的传感温度不正确。为防止感温包受外界空气的影响，故在包扎好后，需在外面包扎一层软性泡沫塑料作隔热层。

(3) 感温包的安装位置

热力膨胀阀的感温包应安装在蒸发器吸气管路上，要远离压缩机吸气口 1.5m 以上，并尽可能装在水平管路上。但务必注意不能把感温包装在有积存液体的吸管处。因为在这种管道内制冷剂液体还要继续蒸发，感温包就感受不到过热度（或过热度很小），从而使阀门关闭，停止向蒸发器供液，直到水平管路中所积存的液态制冷剂全部蒸发，感温包重新感受到过热度时，膨胀阀方可开启，重新向蒸发器供液。为了防止膨胀阀错误操作，蒸发器出口处吸气管需要垂直安装时，吸气管垂直安装处应有存液管，否则，只得将感温包装在出口的立管上，如图 6-8 所示。

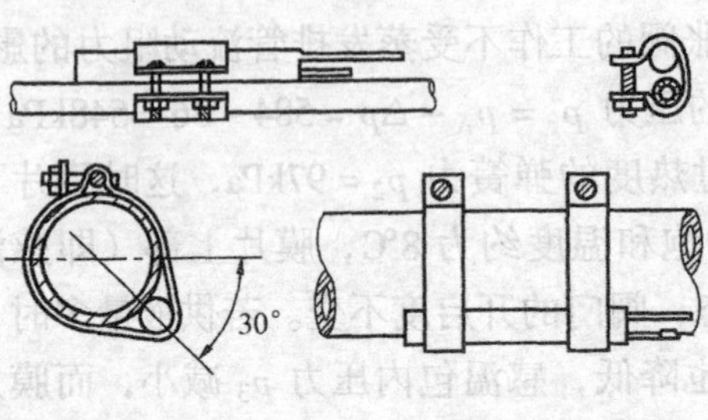

图 6-7 感温包的安装方法

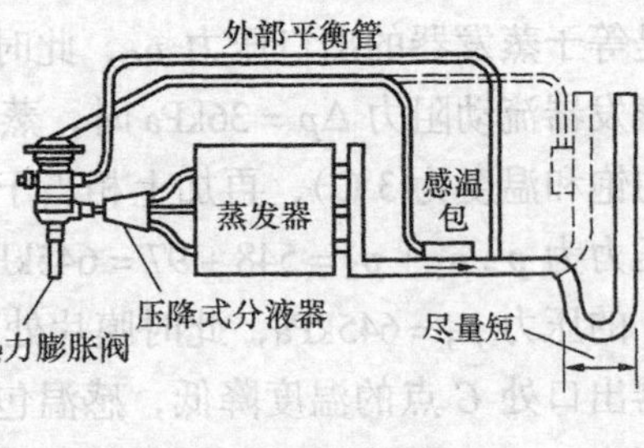

图 6-8 感温包的安装位置

当采用外平衡式热力膨胀时，外平衡管一般连接在蒸发器出口、感温包后的压缩机吸气管上，连接口应位于吸气管顶部，以防被润滑油堵塞。当然，为了抑制制冷系统运行的波动，也可将外平衡管连接在蒸发管压力降较大的部位。

4. 热力膨胀阀的调试

热力膨胀阀安装完毕后需要在制冷装置调试的同时也予以调试，使它在实际工况下执行自动调节。所谓调试，实际上就是调整阀芯下方的弹簧的压紧程度。拧下底部的帽罩，用扳手顺旋（由下往上看为顺时针方向）调节杆，使弹簧压紧而关小阀门，蒸发压力会下降。反旋调节杆，使弹簧放松，阀门开大，则蒸发压力上升。

调整热力膨胀阀时，必须在制冷装置正常运转状态下进行，最好在压缩机的吸气截止阀处装一块压力表，通过观察压力表来判断调整量是否合适。如果蒸发器离压缩机较远，也可根据回气管的结霜（中、低温制冷）或结露（空调用制冷）情况进行判别。对于中低温制冷装置，如果挂霜后用手摸上去有一种将手粘住的阴凉感觉，表明此时膨胀阀的开度适宜。在空调制冷装置中，蒸发温度一般在0℃以上，回气管应该结露滴水。但若结露直至压缩机附近，说明阀口过大，则应调小一些。在装有回热器的系统中，回热器的回气管出口处不应结露；相反，蒸发器出口处如果不结露，则说明阀口过小，供液不足，应调大一些。调试工作要细致认真，一般分粗调和细调两段进行。粗调每次可旋转调节螺栓（即调节螺杆）一周左右，当接近需要的调整状态时，再进行细调。细调时每次旋转1/4周，调整一次后观察20min左右，直至符合要求为止。调节螺栓转动的周数不宜过多（调节螺杆转动一周），过热度变化约改变1~2℃。

四、电子膨胀阀

电子膨胀阀是近年来出现的一种新型节流机构，无级变容量制冷系统制冷剂供液量调节范围宽，要求调节反应快，传统的节流机构（如热力膨胀阀）已不能胜任，而电子膨胀阀可以很好地满足要求。电子膨胀阀它是利用被调节参数产生的电信号，控制施加于膨胀阀上的电压或电流，进而达到调节供液量的目的。

电子膨胀阀是由检测、控制、执行三部分构成。按照驱动方式的不同可分为电磁式电子膨胀阀和电动式电子膨胀阀两类。

1. 电磁式电子膨胀阀

电磁式电子膨胀阀的结构如图6-9所示，它是依靠电磁线圈的磁力驱动阀针。当电磁线圈2通电前，阀针处于全开位置。当线圈2通电后，线圈内产生磁力，在磁力作用下柱塞1将移动，同时带动阀杆7与阀针6移动，阀针开度减小，开度减小的程序取决于施加在线圈上的控制电压。电压越高，开度越小，流经膨胀阀的制冷剂流量也越小。因此，通过控制线圈电流的大小来控制阀针的位移量，以达到控制制冷剂流量和节流的目的。

2. 电动式电子膨胀阀

电动式电子膨胀阀的结构如图6-10所示。该膨胀阀是用脉冲步进电机驱动的节流机

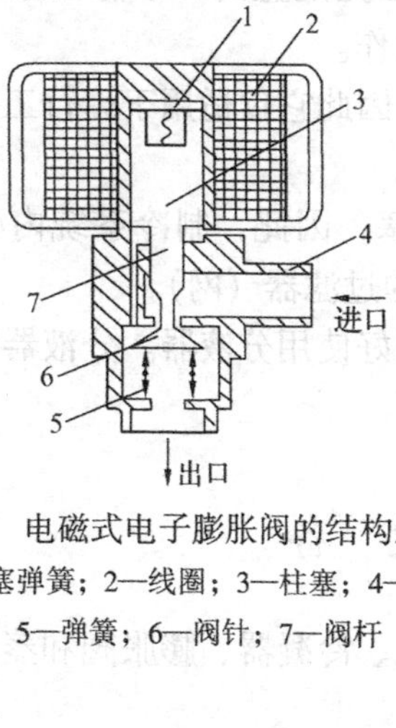

图6-9 电磁式电子膨胀阀的结构示意图
1—柱塞弹簧；2—线圈；3—柱塞；4—阀座；
5—弹簧；6—阀针；7—阀杆

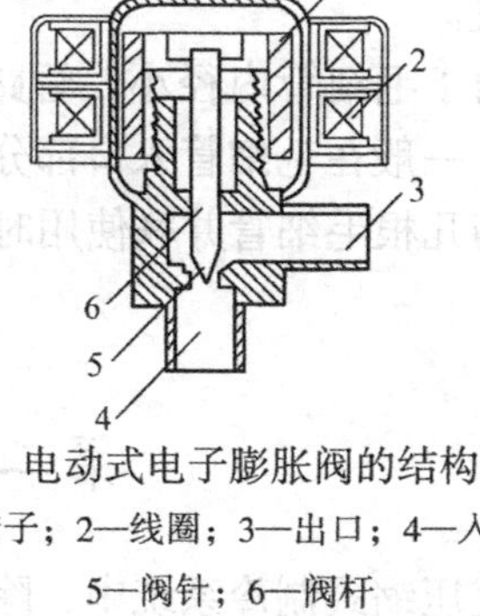

图6-10 电动式电子膨胀阀的结构示意图
1—转子；2—线圈；3—出口；4—入口；
5—阀针；6—阀杆

构。用步进电机直接驱动阀针，步进电机的转子1与阀杆6连为一体，步进电机转动时，转子带动阀杆一起转动，使阀芯产生连续位移，从而改变阀的流通面积大小。转子的旋转角度同阀针的移位量与输入脉冲数呈正比。一般电动式电子膨胀阀从全开到全关，步进电机的脉冲数在300个左右。每个脉冲对应一个控制位置，因此，它有很高的控制精度和良好的控制特性。电子膨胀阀与热力膨胀阀相比，具有如下特点：

(1) 由于电子膨胀阀的开度不受冷凝温度的影响，可以在很低的冷凝压力下工作，这大大提高了制冷装置在部分负荷下的性能系数。

(2) 电子膨胀阀可以在接近于零过热度下平稳运行，不会产生振荡，从而充分发挥蒸发器的传热效率。

因此，电子膨胀阀特别适用于系统制冷剂循环量变化很大的变频空调机和热泵机组等。

五、毛细管

在小型全封闭氟利昂制冷装置中，如家用冰箱、冰柜、空调器和小的制冷机组常用毛细管作为制冷循环的流量控制和节流降压部件。

毛细管通常采用直径为0.7~2.5 mm，长度为0.6~6m细而长的紫铜管代替膨胀阀，连接在蒸发器与冷凝器之间。图6-11为制冷装置工作原理图。它是一种便宜、有效、没有摩擦损失的节流机构。由于直径小，其通路容易堵塞，所以在毛细管的前面应固定一种性能良好的过滤器以防止脏东西进入。

使用毛细管时还应注意以下几点：

(1) 制冷剂在毛细管中的节流不存在进、出口方向问题，所以对制冷、热泵两用系统特别适用。

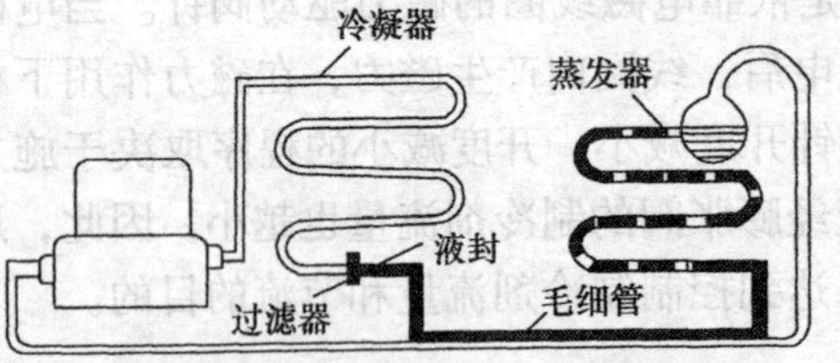

图6-11 制冷装置工作原理图

(2) 采用毛细管后制冷系统的制冷剂充注量一定要准确，若充注量过多则在停机时留在蒸发器制冷液体过多，会导致重新启动时负荷过大，易发生湿压缩，并且不易降温。反之，充液量过少，甚至降不到所需的温度。

(3) 毛细管的孔径和长度是根据一定的机组和一定的工况配置的，不能任意改变工况或更换任意规格的毛细管，否则会影响制冷设备的合理工作。

(4) 由于毛细管对制冷剂通过量的调节性能较差，因此它仅适用于运行工况比较稳定的制冷装置。

(5) 由于毛细管内径小、管路长，极易被污垢堵塞，因此，制冷系统内必须保证清洁、干燥，一般在毛细管入口部分装设31~46目/cm^2的过滤器（网）。

(6) 当几根毛细管并联使用时，为使流量均匀，最好使用分液器。分液器要垂直向上安装。

第二节 辅　助　设　备

在蒸气压缩式制冷系统中，除了必不可少的压缩机、冷凝器、膨胀阀和蒸发器等主要设备外，为了提高制冷装置运行的经济性和安全性，改善制冷系统的工作条件，保障正常运转，又增加了许多设备，这些设备称为辅助设备。下面介绍制冷装置中常用的辅助设备。

一、润滑油的分离和收集设备

在制冷装置中，制冷剂气体经压缩机压缩后成为高温高压的过热蒸气，气体排出时流速大、温度高，致使气缸壁的润滑油被雾化带出，进入冷凝器和蒸发器等热交换设备中。润滑油进入冷凝器、蒸发器，管壁上会形成一层油膜，这样会影响传热效率，降低制冷效果。由于上述原因，所以在压缩机和冷凝器之间装设油分离器，以便将高压高温制冷剂蒸气中的润滑油分离出去。氟利昂制冷系统利用自动回油装置，将其送回压缩机曲轴箱，氨制冷系统则一般定期通过集油器排出。

1. 油分离器

油分离器的作用是用来分离制冷系统所带的润滑油。根据工作原理不同可分为惯性式、洗涤式、离心式、过滤式等四种。

(1) 惯性式油分离器

惯性式油分离器的工作原理是采用降低流速，改变气流方向，使密度较大的油滴分离出来。图 6-12 所示为干式氨油分离器。它是用钢板或无缝钢管焊制而成，外加冷却水套，这部分冷却水是利用气缸套冷却水的排水，它从油分离器的下部进入，上部排出。通过水的冷却作用，降低了气体的温度，使一部分油蒸气凝结成油滴，从而提高油分离器的分离效果。

图 6-13 为氟利昂油分离器。它也是惯性油分离器的一种，其回油管和压缩机的曲轴箱连接，进气管的下端增设过滤层，并设有浮球阀自动回油装置。

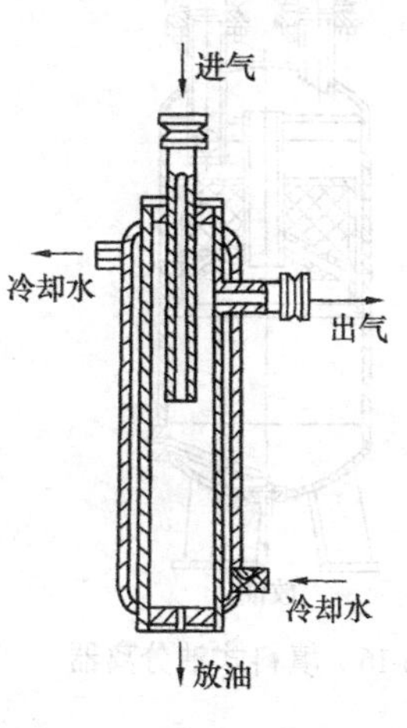

图 6-12　干式氨油分离器

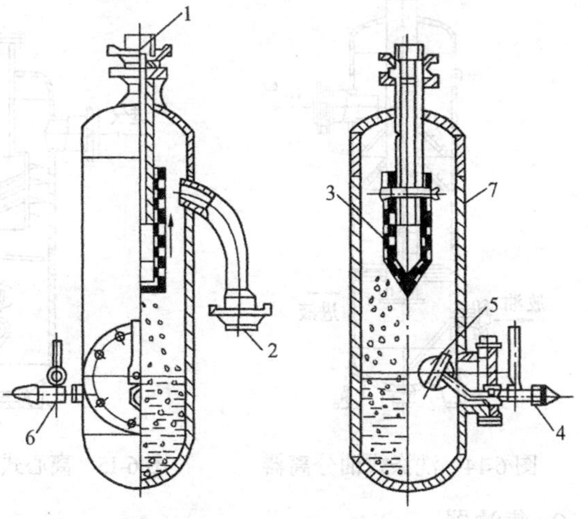

图 6-13　氟利昂油分离器

1—氟利昂气体进口；2—氟利昂气体出口；3—滤网；4—手动回油阀；5—浮球阀；6—回油阀；7—壳体

当容器底部的油积聚到足够使浮球阀开启时，分离器中的油进入压缩机的曲轴箱中；当油位逐渐下降到使浮球阀下落时，阀就自动关闭。正常运行时，由于浮球阀的反复工作，因而回油管时冷时热。回油时管子就热，停止回油时管子就冷，如果回油管一直冷或一直热，说明阀已经失灵必须检修。检修时可使用手动回油阀进行回油。

(2) 洗涤式油分离器

图 6-14 是洗涤式油分离器，适用于氨制冷系统。它是由钢制圆柱形壳体，上、下各装有封头制成。壳体上接有进气管、出气管、进液管、伞形挡液板和放油管等组成。在油分离器内装有伞形挡液板，进液管至少应比冷凝器出液管低 200~300mm，以便氨液可借重力流入油分离器，保证其中液面有一定的高度，其液面应高出进气管底端 120~150mm，并需保持稳定。

这种油分离器主要利用冷却、洗涤将油滴分离出来。高压过热氨气进入氨液中被氨液冷却、洗涤，温度降低，使油雾结成较大的油滴下沉到底部。另外，被洗涤氨气经挡液板阻挡作用，可使润滑油进一步分离出来。

(3) 离心式油分离器

离心式油分离器的工作原理是带有油蒸气及油滴的氨气从切线方向进入分离器，自上而下作螺旋运动，在离心力的作用下将较重的油滴甩至内壁被分离出来，氨气则经多孔挡液板作再一次分离后从中部排气管排出。图 6-15 所示为离心式氨油分离器图，分离器内焊有螺旋状的隔板，并在氨气排出管的底部增设了多孔挡液板。

(4) 填料式油分离器（又称过滤式油分离器）

图 6-16 是填料式油分离器。它的工作原理是氨气通过填料过滤层把油滴分离出来。它是一种高效油分离器，内装有细钢丝网、小瓷环或金属切屑等填料，其中以编织的金属丝网为最佳。洗涤式油分离器为了提高分离效果，也可以在壳体加冷却水套。

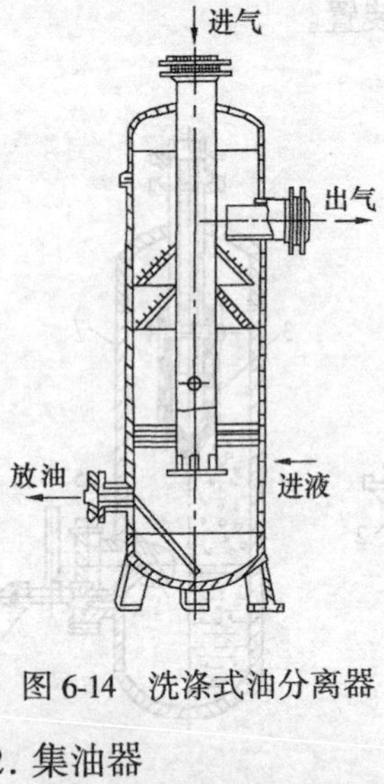

图 6-14 洗涤式油分离器

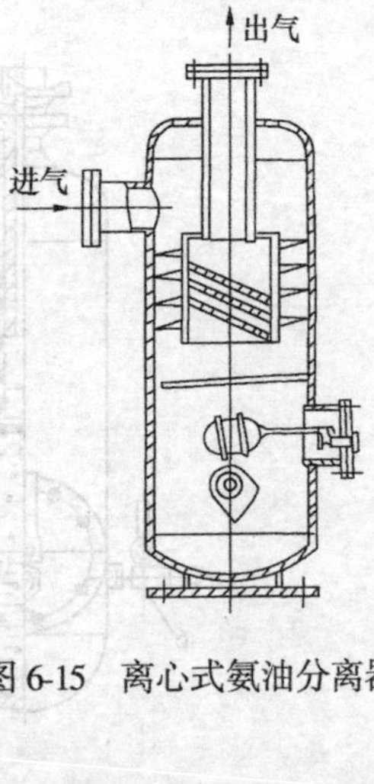

图 6-15 离心式氨油分离器

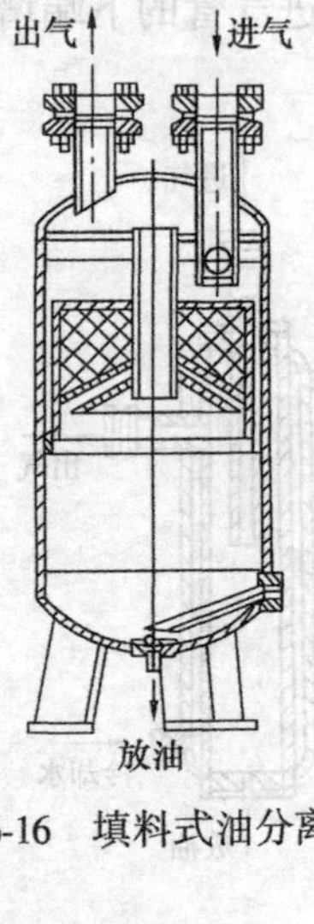

图 6-16 填料式油分离器

2. 集油器

集油器是用来收集氨油分离器、冷凝器、贮液器等设备内的润滑油。

集油器如图 6-17 所示。它是由钢板卷制成的圆筒及封头焊接而成，其上设有进油口、放油口、顶部回气管及压力表接头等。

手动放油最好在系统停止运行时进行，这样放油效率高、又安全。放油时，首先关闭进油阀和放油阀，开启回气阀，压力降至稍高于大气压时，关闭降压的回气阀，开启进油阀，将某个设备中的润滑油放在集油器内。当集油器中的集油量达到60%~70%时，关闭进油阀，开启回气阀，待容器内压力降低后，关闭回气阀，开启放油阀，将集油器中的润滑油放出。这样，集油器在低压条件下放油，既减少了制冷剂的损耗，又保证了操作的安全可靠。

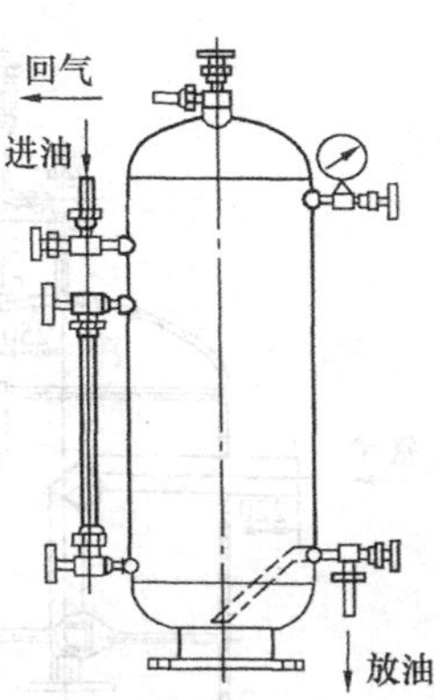

图 6-17　集油器

二、制冷剂的贮存和分离设备

1. 贮液器

贮液器又称贮液桶。按其用途和功能的不同，可分为高压贮液器、低压循环贮液器和排液桶；按其外形可分为立式和卧式贮液器。

(1) 高压贮液器

高压贮液器在制冷系统中起稳定制冷剂循环的作用，并可用来贮存液体制冷剂。图 6-18 为卧式高压贮液器示意图。筒体由钢板卷制焊成，贮液器上设有进液管、出液管、均压管（又称压力平衡管)、放油管、泄氨口、压力表、安全阀、液位计等接口。进液管、均压管分别与冷凝器出液管、均压管相连接。均压管使两个设备压力平衡，利用液位差将冷凝器的液体流入贮液器。出液管与各有关设备及总调节站连通。放空气管和放油管分别与不凝性气体分离器和集油器连通。泄氨口与紧急泄氨器连通。图 6-19 为卧式贮液器与卧式冷凝器重叠安装示意图。

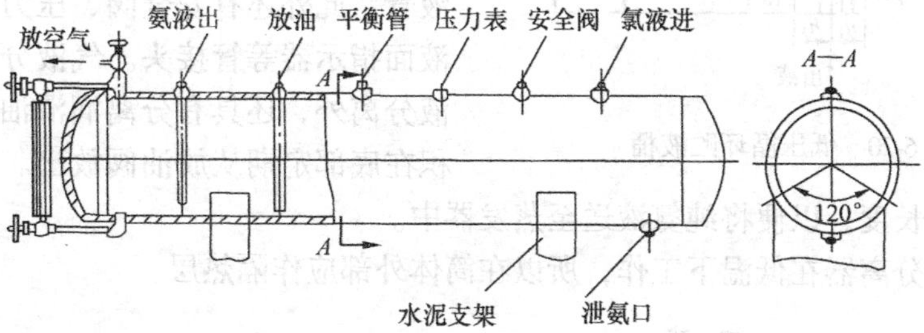

图 6-18　卧式高压贮液器

(2) 低压循环贮液桶

低压循环贮液桶仅在大型的氨泵供液制冷系统中使用，它的作用是保证充分供应氨泵所需要的低压氨液，同时也起气液分离作用。其结构如图 6-20 所示，贮液桶的进气管与回气调节站总管连接，而出气管与压缩机的吸气管相接，下部设有出液管和氨泵进液口连接。氨液是通过浮球调节阀进入桶内并保持一定液面高度，当浮球阀损坏时，可用手动节流阀进行供液。

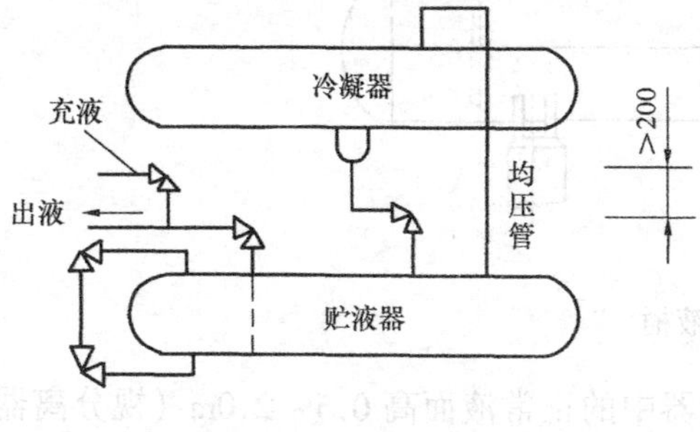

图 6-19　贮液器与冷凝器重叠安装示意图

(3) 排液桶

排液桶的作用是当冷藏库内的蒸发器（冷却排管和冷风机）冲霜或制冷设备检修时，贮存制冷系统的制冷剂液体。其构造如图 6-21 所示。它与高压贮液器的构造基本相同，但管路接头作用不同，桶上降压管用来降低桶内压力，它与气液分离器的进气管相连。

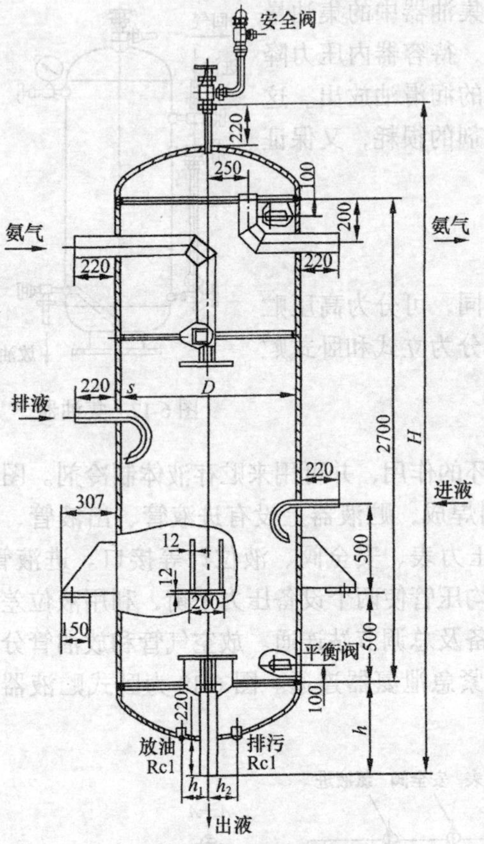

图 6-20　低压循环贮液桶

2. 气液分离器

气液分离器又称氨液分离器，一般在大型氨制冷系统中使用，作用是将氨气和氨液进行分离。氨液在蒸发器内气化时会产生少量泡沫，加之氨气在回气管内流速较高，因此部分未蒸发的氨液液滴容易被氨气带走，在被压缩机吸入之前，如果不将它分离出来，就会使压缩机冲缸；另外，进入蒸发器的氨液，在通过膨胀阀节流降压后，也会使部分氨液气化，如果将这部分气体与氨液一起送入蒸发器，则会影响蒸发器的传热效果。它装设在蒸发器与压缩机回气管之间。

图 6-22 所示为立式氨液分离器，筒体上有蒸发器引来的低压蒸气管、氨气出口管、经分离后去蒸发器的氨液管、膨胀阀来的氨液管，此外还有安全阀、压力表、放油阀和液面指示器等管接头。气液分离器除能使气液分离外，还具有分离润滑油的作用，油沉积在底部定期从放油阀放出。氨出液管伸入筒内有一定的长度，以便将纯氨液送至蒸发器中。

由于气液分离器在低温下工作，所以在筒体外部应作隔热层。

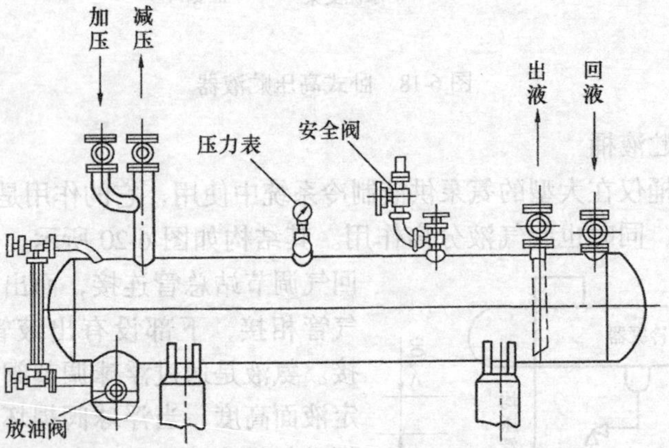

图 6-21　排液桶

这种分离器在安装时应使其正常液面比蒸发器中的正常液面高 0.5～2.0m（视分离器与蒸发器之间管路阻力的大小而定），以保证借助于液体的静压对蒸发器正常供液。

三、制冷剂的净化设备

制冷制的净化设备主要是用来清除制冷系统中不凝性气体、水分和机械杂质等的设备。

1. 空气分离器

空气分离器又称不凝性气体分离器。主要用于低温氨制冷系统，用来分离制冷系统内的空气和其他不凝性气体。

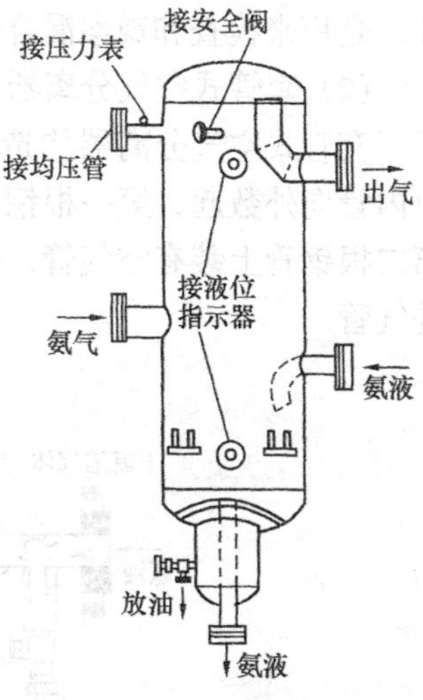

图 6-22　氨液分离器

在制冷装置中，系统内有时会混有一些不凝性气体（主要是空气）。这些气体主要来源有：（1）在第一次充灌制冷剂前系统有残留空气；（2）补充润滑油、制冷剂或检修机器设备时，空气混入系统中；（3）当蒸发压力低于大气压时，空气从不严密处渗入系统中；（4）制冷剂和润滑油分解时产生的不凝性气体；（5）金属材料被腐蚀产生不凝性气体。

不凝性气体往往聚集在冷凝器、高压贮液器等设备内，造成冷凝压力升高，既降低制冷量，又增加压缩机的耗功量。尤其是氨系统，氨和空气混合后，高温下有爆炸的危险，因此，必须经常排除氨气中的不凝性气体。

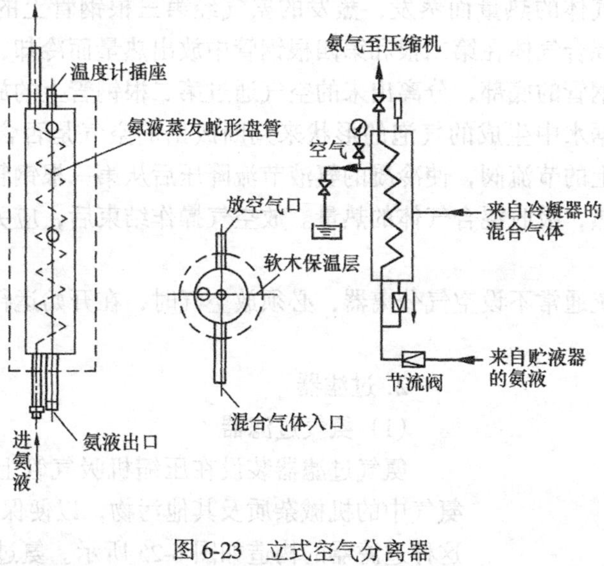

图 6-23　立式空气分离器

目前常用的空气分离器有立式和卧式两种，现分别介绍如下：

（1）立式空气分离器

立式空气分离器如图 6-23 所示。壳体是用无缝钢管制成，内有蛇形盘管，分离器上焊有混合气体进口、氨液出口、进液口、回气口、温度计、压力表等接头，同时，壳体外面用软木作隔热层。

立式空气分离器是利用从贮液器来的高压氨液经节流后在蒸发盘管内蒸发吸热，吸收混合气体的热量，而使混合气体放出热量后，混合气体中的氨气凝结为氨液，高压氨液经手动膨胀阀节流降压后进入蒸发盘管内蒸发吸热，吸热气化的低压氨气被压缩机吸走，从而达到分离空气的目的。被分离出来的空气经过水槽再排入大气中。分离器顶端上的温度计，是用来检查和观察混合气体被冷却的实际温度，便于放空气时操作管理。

（2）套管式空气分离器

套管式空气分离器构造如图 6-24 所示，它是由四根直径不同的无缝钢管套焊而成。由内管向外数起，第一根钢管和第三根钢管相连通，第二根钢管和第四根钢管相连通。在第二根钢管上装有空气管，在第三根钢管上装有氨回气管，在第四根钢管上装有混合气体进气管。

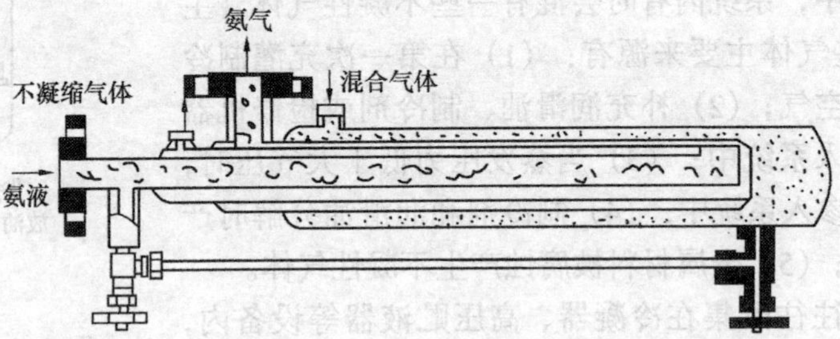

图 6-24　套管式空气分离器

它的工作过程是来自高压贮液器的氨液经节流降压后，进入第一根和第三根钢管中，通过管壁吸收混合气体的热量而蒸发，蒸发的氨气经第三根钢管上的回气管被压缩机吸走。进入分离器的混合气体在第二根和第四根钢管中放出热量而冷却，其中氨气冷凝为高压液体流到第四根钢管的底部，分离出来的空气通过第二根钢管上的放空气阀缓慢地排入盛水的容器中，根据水中生成的气泡的形状来判断放出的空气是否含有氨。当空气放完后，应打开旁通管上的节流阀，使冷凝的氨液节流降压后从第一根钢管进入，作为循环冷却液体继续蒸发吸热，吸收混合气体的热量。放空气操作结束后，应关闭分离器上的所有阀门。

氟利昂制冷系统通常不设空气分离器，必须放空气时，在开始运行之前通过系统中放气口适量排放。

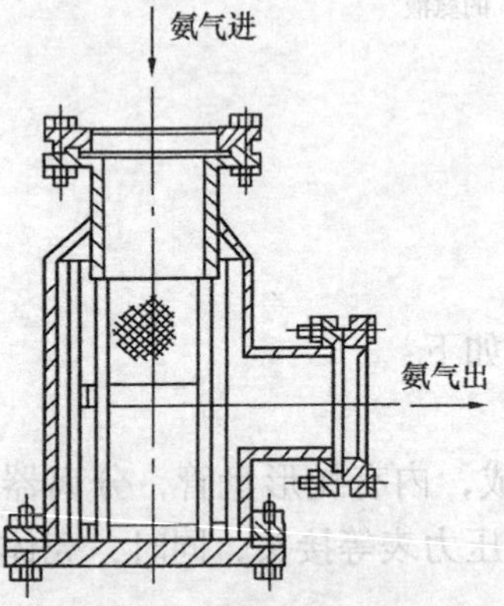

图 6-25　氨气过滤器

2. 过滤器

（1）氨气过滤器

氨气过滤器装设在压缩机吸气管上，用来过滤和清除氨气中的机械杂质及其他污物，以便保证气缸的正常工作。这种过滤器的构造如图 6-25 所示。氨过滤器的滤网一般是用 1 ~ 3 层，网孔为 0.4mm 的钢丝网组成；氟过滤器网孔为 0.2mm 的钢丝网制成。目前大多数压缩机的吸气腔或吸入口处均装设过滤器。

（2）氨液过滤器

氨液过滤器装设在浮球膨胀阀、电磁阀、氨泵前的液体管路上，用来过滤氨液中的固体杂质，以防止阀件内部损坏或阀内小孔堵塞，并保护氨泵，以免发生运转故障。这种过滤器的构造如图 6-26 所示。

3. 干燥过滤器

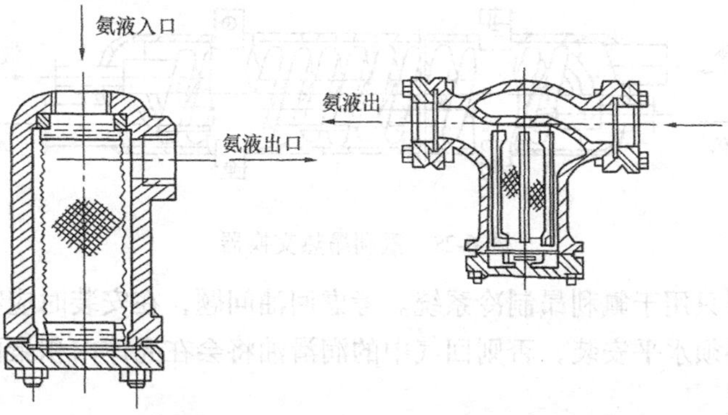

图 6-26　氨液过滤器

干燥过滤器用于氟利昂制冷系统，它是用来过滤氟利昂液体中的固体杂质，并去除水分。通常是安装在冷凝器（或贮液器）与热力膨胀阀之间，这样可以避免固体杂物堵塞电磁阀、热力膨胀阀等阀件，同时可以减少对钢制设备和管道的腐蚀，以及防止在低温时可能产生的“冰塞”。因为氟利昂不溶于水或仅有限地溶解，系统中制冷剂含水量过多，会引起制冷剂水解，金属腐蚀，并产生污垢和使润滑油乳化等。当系统在0℃以下运行时，会在膨胀阀处结冰，堵塞管道，即发生“冰塞”，故在贮液器出液管路上的节流阀前装设此设备，用以吸附制冷剂液体中的水分。一般用硅胶作为干燥剂，近年来也有使用分子筛作为干燥剂的。

图 6-27 所示为干燥过滤器，其外壳由钢管制成，滤网采用镀锌钢丝网或铜丝网，内装干燥剂硅胶（或分子筛），以吸收氟利昂中的水分。这种过滤器也可定期更换滤网和硅胶。

在小型氟利昂制冷系统中，也可不设干燥过滤器，仅在充灌氟利昂时使其通过临时的干燥器即可。

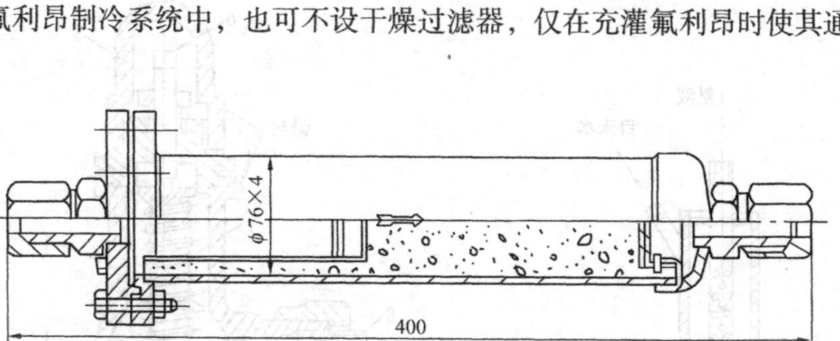

图 6-27　氟利昂干燥过滤器

四、氟利昂气液热交换器

气液热交换器又称回热器，氟利昂制冷系统采用气液热交换器是提高制冷量和经济性的措施之一。图 6-28 为盘管式热交换器的结构图。它的外壳用无缝钢管或钢管制作，内装铜管螺旋盘管，通常装设在热力膨胀阀前的液体管路上。来自冷凝器或贮液器的制冷剂液体在盘管内流动，而来自蒸发器的低压低温制冷剂蒸气在盘管外流动。由于两种流体在热交换器中进行热量交换，从而使液体制冷剂过冷，压缩机吸气过热。

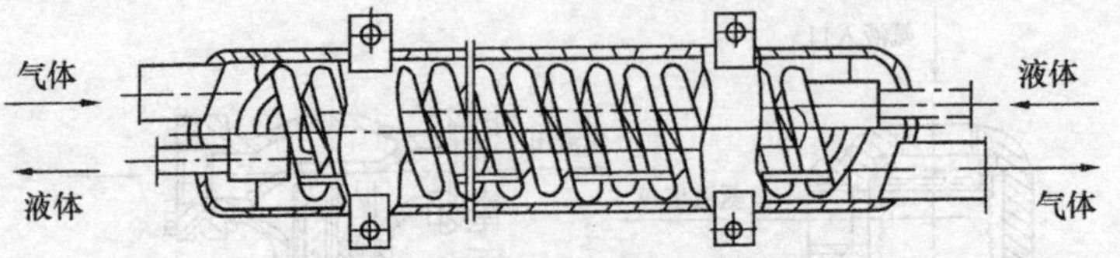

图 6-28　氟利昂热交换器

气液热交换器只用于氟利昂制冷系统。考虑回油问题，在安装时应特别注意将蒸气的出口向下，而且必须水平安装，否则回气中的润滑油将会在壳体内积聚而不能排出。

五、安全装置

为了保证制冷装置和制冷机房的安全运行，避免事故的发生，制冷系统中需要设置一些安全设备。常用的安全设备有紧急泄氨器、安全阀和熔塞等。

1. 紧急泄氨器

紧急泄氨器用于大、中型氨制冷系统中，其作用是当制冷设备或制冷机房遇有火警或情况紧急时，迅速将贮液器、蒸发器内的氨液排入下水道中，以免制冷机房发生重大事故。

紧急泄氨器的基本结构如图 6-29 所示，是由钢管焊制而成，氨液泄出管从顶部伸入，管上钻有许多小孔，壳体侧面上部焊有进水管，下部为氨水混合物的泄出口。当情况紧急需要使用时，可将氨液泄出阀和自来水管阀门同时打开，让氨液经自来水稀释后再排入下水道。需要特别注意，在非紧急情况下严禁使用此设备，以免造成氨的无谓损失。

2. 安全阀

图 6-30 为微启式弹簧安全阀。当压力超过规定数值时，阀门自动开启，将制冷剂排出系统。

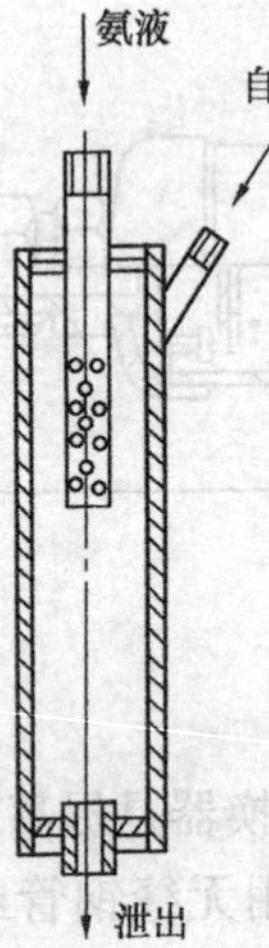

图 6-29　紧急泄氨器

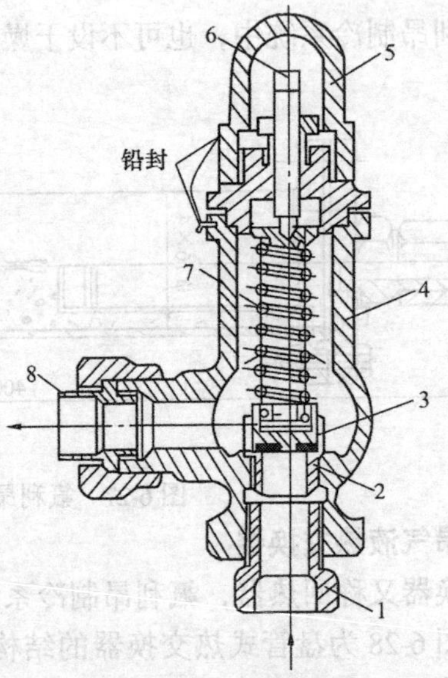

图 6-30　安全阀

1—接头；2—阀座；3—阀芯；4—阀体；5—阀帽；6—调节杆；7—弹簧；8—排出管接头

安全阀可装在制冷压缩机上，连通进、排气管。当压缩机排气压力超过允许值时，阀门开启，使高低压两侧串通，保证压缩机的安全。

安全阀除安装在压缩机上外，在冷凝器、贮液器和蒸发器等设备上也要安装，其目的是防止设备压力过高而发生爆炸。

3. 易熔塞

易熔塞主要用于氟利昂制冷设备或容积小的压力容器上，用它来代替安全阀。它是一种结构最简单的安全装置。图 6-31 为易熔塞的构造，在易熔塞的中间部分填满了低熔点合金，熔化温度一般在 75℃以下。合金成分不同，熔化温度也不相同，可以根据所要控制的压力选用不同成分的低熔点合金。

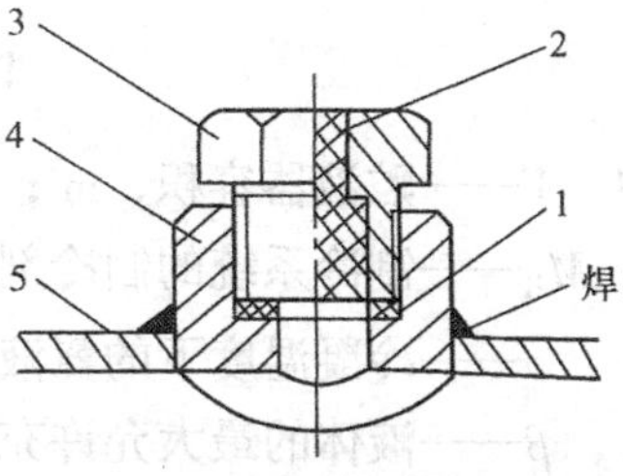

图 6-31 易熔塞安装示意图
1—密封垫；2—易熔合金；3—旋塞；4—接头；5—壳体

易熔塞只限于容积小于 500L 的冷凝器或贮液器上。易熔塞安装的位置应防止压缩机排气温度的影响，通常装在容器接近液面的气体空间部位。当容器的温度超过易熔塞的熔点时，低熔点合金熔化，制冷剂气体从孔中排出，从而达到保护设备及人身安全的目的。

第三节 辅助设备的选择计算

一、油分离器的选择计算

有些生产压缩机组厂家可以提供油分离器配套产品，例如 125 系列及 100 系列的制冷压缩机大都配有油分离器，因而不必另行选配。如果压缩机本身没有配套的油分离器，则需要进行选择油分离器。

油分离器可根据筒体直径选择油分离器型号。过滤式油分离器气流通过过滤层的速度为 0.4～0.5m/s，其他形式的油分离器气流通过筒体的速度为 0.8～1.0m/s。

油分离器筒体直径按下式计算

$$D = \sqrt{\frac{4V_h \eta_V}{3600\pi w}} \quad (\mathrm{m}) \tag{6-1}$$

式中 D——油分离器的筒体直径，m；

V_h——压缩机的理论排气量，m^3/h；

η_V——压缩机的容积效率（或称输气系数）；

w——所推荐的气流速度，m/s。

根据计算出的油分离器筒体直径 D，查有关设备手册，即可选择出合适型号的油分离器。

此外，对于单台压缩机的油分离器，也可按压缩机排气管管径直接进行选配。

二、贮液器的选择计算

1. 高压贮液器的选择计算

高压贮液器的容量在设计选择时应满足下列条件；

（1）其容量可以容纳系统中全部充液量。

（2）贮液器贮存的制冷剂最大量按每小时制冷剂总循环量的 1/3～1/2 计算。

(3) 贮液器的贮液量不应超过贮液器本身容积 80%。

贮液器的容积按下式计算

$$V = (1/3 \sim 1/2)\frac{M_{R}v}{\beta} \quad (m^3) \tag{6-2}$$

式中 V——贮液器容积，m^3；

M_R——制冷系统的制冷剂循环总量，kg/h；

v——冷凝温度下的氨液比体积，m^3/kg；

β——液体的最大允许充满度，$\beta = 0.8$。

根据计算出的容积，可选用单台或几台并联使用的贮液器，几台并联使用时，应选用同一型号的产品。

2. 低压循环贮液桶的选择计算

低压循环贮液桶的最大允许贮液量为筒体容积的 70%。其容积按下式计算

$$V = \frac{0.4V_1 + 0.6V_2 + V_3}{0.7} \quad (m^3) \tag{6-3}$$

式中 V——低压循环贮液桶容积，m^3；

V_1——蒸发排管的容积，m^3；

V_2——吸入管路的容积，m^3；

V_3——供液管路的容积，m^3；

0.7——桶内允许贮液量占贮液桶容积的 70%。

3. 排液桶的选择计算

排液桶有效容积应能容纳系统中最大的蒸发器或一个最大库房蒸发排管中的制冷剂液体。其容积按下式计算：

$$V = \frac{LV_{P}\phi}{0.7} \quad (m^3) \tag{6-4}$$

式中 V——排液桶容积，m^3；

L——最大库房蒸发排管总长度，m；

V_P——每米管子的容积，m^3/m；

ϕ——蒸发排管灌氨量百分数%。

排液桶中存放的氨液量不得超过本身容积的 70%。

上述设备只要容积确定后，就可以根据容积查《制冷与空调设备手册》选择其型号。

三、气液分离器的选择计算

选择气液分离器时筒体横截面上的气流速度不超过 0.5m/s。

气液分离器也是根据计算出的筒体直径来选择其型号。筒体直径按下式计算

$$D = \sqrt{\frac{4V_h \cdot \eta_V}{3600\pi w}} \quad (m) \tag{6-5}$$

式中 D——气液分离器的筒体直径，m；

V_h——压缩机的理论排气量，m^3/h；

η_V——压缩机的容积效率（或输入气系数）；

w——所推荐的气流速度，m/s，一般取 0.5。

四、集油器的选择

目前生产的集油器有三种规格，直径分别为 150mm、200mm 和 300mm。

当冷冻站的制冷量小于 250 ~ 300kW，采用直径 150mm 的集油器一台，制冷量为 300 ~ 600kW 时，宜选用 200mm 的集油器一台；制冷量大于 600kW，采用直径 300mm 的集油器一台。

空气分离器的选型不需要计算，可根据冷库的规格和使用的要求进行选型，每个机房不论压缩机台数多少，只需装设一台空气分离器即可。一般宜选用立式空气分离器。如选用套管式空气分离器时，总制冷量大于 1100kW，可以选用 KF-50 型，总制冷量小于 1100kW，可选用 KF-32 型。

思考题与习题

1. 节流机构在制冷装置中起什么作用？常用的节流机构有哪几种？它们各用于什么场合？
2. 手动膨胀阀（即手动调节阀）与截止阀的主要区别有哪两点？并说明安装位置及应用场合。
3. 浮球膨胀阀的作用有哪些？有几种？并说明其工作原理以及它们之间的区别。
4. 说明热力膨胀阀的分类、组成、工作原理、安装位置。在什么情况下采用外平衡式热力膨胀阀？
5. 电冰箱和空气调节器的制冷系统中采用什么节流装置？
6. 浮球膨胀阀用在干式蒸发器中行吗？
7. 试画一浮球膨胀阀与蒸发器的管路连接图。
8. 试比较内平衡式和外平衡式热力膨胀阀有何不同，各适用于什么场合？
9. 试述毛细管的工作原理及使用中注意的问题。
10. 试述贮液器的种类，各有何用途？
11. 高压贮液器在制冷系统中起什么作用？它的容积如何计算？它与冷凝器的相对位置如何？冷凝器与贮液器之间为什么要装有压力平衡管？不装行不行？
12. 油分离器分离润滑油的原理有哪几种？
13. 油分离器有哪几种类型？
14. 绘出氨制冷系统的放油系统，并说明放油的操作步骤。
15. 系统中为什么有不凝性气体？有何危害？
16. 试述空气分离器的工作原理。
17. 在氨制冷系统中过滤器应安装在什么部位上？它起什么作用？氟利昂制冷系统中为什么要安装干燥过滤器？
18. 试分述回热器、安全阀、易熔塞、气液分离器、紧急泄氨器的作用，它们各应用于什么场合？装在什么部位。
19. 试判断氨液分离器和蒸发器哪个相对位置高？
20. 氨制冷系统的制冷剂流量为 0.4kg/s，冷凝温度为 30℃，试确定高压贮液器的容积。

第七章　制冷系统的自控装置与调节

第一节　制冷系统的自控装置

由制冷压缩机、蒸发器、冷凝器、节流机构等设备组成的制冷系统是一个有机的整体，各设备之间必须相互匹配，相互适应，当其中任一设备的某一个参数发生改变，必然会影响其他设备以及整个系统的工作。因此，在制冷系统运行中，必须对各个设备或整个系统进行调节与控制，使其按要求进行工作。自动调节的目的是使蒸发器的制冷量与冷负荷相适应；节流机构、压缩机等设备运行与蒸发器相适应；此外，要满足系统安全、可靠、节能、高效工作，系统还需有安全保护、放气、放油等操作，也都可以通过自动控制来实现。

一、制冷系统的自动阀门

1. 电磁阀

电磁阀在制冷自动控制系统中是作为执行器，接受各种感应机构或手动开关给出的电信号而开启或关闭管路。在系统中也称电磁操作的截止阀、遥控截止阀，是制冷系统中广泛应用的一种二位自动阀门。

电磁阀在制冷装置中，大多用于膨胀阀之前的供液管上，一般与压缩机联动。电磁阀的结构形式繁多，根据其作用原理，可分为直动式电磁阀和间接作用式电磁阀两类。

(1) 直动式电磁阀

图 7-1 所示为直动式电磁阀的结构，它是由阀体、线圈、芯铁、阀芯和阀座等组成。

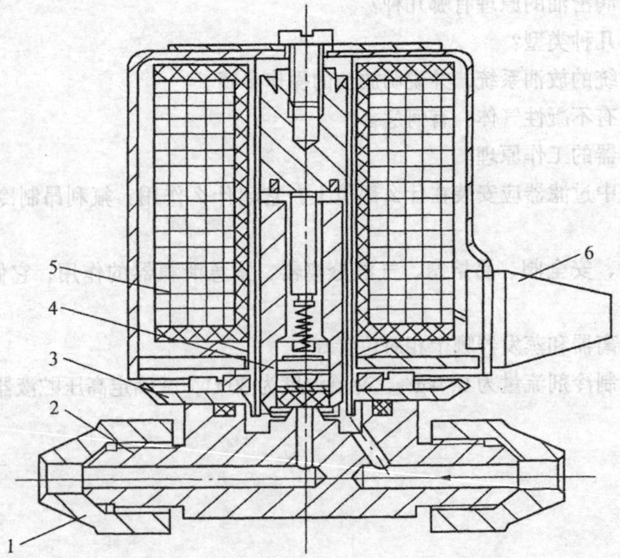

图 7-1　直接启闭式电磁阀（ZCF-3 型）

1—螺母；2—接头；3—座板；4—芯铁；5—电磁线圈；6—接线盒

其工作原理是：当线圈通电后，线圈内产生磁场，在电磁力的作用下芯铁被吸起，使阀门开启，流体顺利通过；当线圈断电时，电磁力消失，芯铁在自重和弹簧的作用下落下，阀门关闭。

直动式电磁阀属于一次开启阀门，结构简单，动作灵活，应用广泛，但线圈所产生的电磁力小，所以只适用于通径小于13mm以下的制冷管道并且压力不大的场合。

(2) 间接作用式电磁阀

当阀门的口径加大时，电磁阀所需要的电磁力也要大，采用直动式电磁阀，电磁阀的尺寸就很大，同时对于各种不同口径的阀需要配备规格不同的电磁头，很不经济，因此，对于口径较大的电磁阀，常采用间接作用式电磁阀。

间接作用式电磁阀是二次开启式电磁阀，图7-2所示为间接作用式电磁阀的结构，它

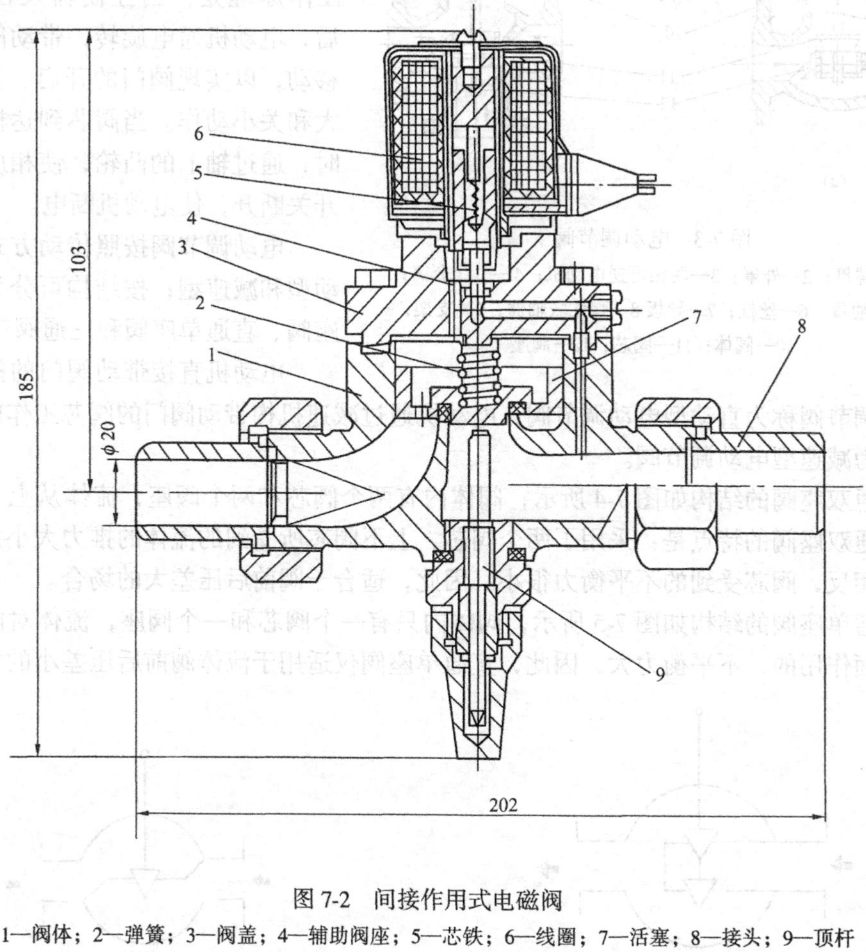

图7-2 间接作用式电磁阀

1—阀体；2—弹簧；3—阀盖；4—辅助阀座；5—芯铁；6—线圈；7—活塞；8—接头；9—顶杆

是由阀体、线圈、芯铁、导阀、主阀和平衡孔等组成。工作原理是：当线圈通电后，产生磁力将芯铁提起，上面的导阀开启，使主阀活塞上部与阀后的低压端接通。由于主阀下部与阀前的高压相通，使活塞上下产生压差，当此压差超过复位弹簧力及主阀活塞自重时，则主阀打开。反之线圈断电，则导阀关闭，切断主阀活塞上腔与主阀出口低压侧的通路，主阀进口的高压通过平衡孔使活塞上下压力平衡，在弹簧力与活塞自重的作用下，主阀关

闭。该类阀门的主阀可以是活塞式，也可以是膜片式。

间接作用式电磁阀启闭平稳，冲击力小，尺寸小，重量轻，声音低，无论是何种口径的规格，其电磁头和导阀可以统一规格，因此，在大口径和高压管路中广泛使用。

2. 电动调节阀

电动调节阀是由电动机和调节阀组成，如图 7-3 所示。电动调节阀的工作原理是：当控制器发出电信号后，电动机通电旋转，带动阀芯上下移动，以实现阀门的开启、关闭、开大和关小动作。当阀芯到达极限位置时，通过轴上的凸轮，使相应的限位开关断开，使电动机断电。

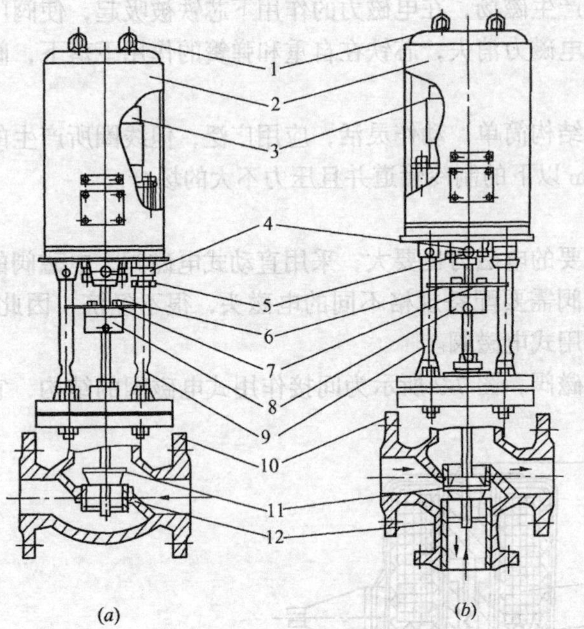

图 7-3　电动调节阀

1—螺母；2—外罩；3—两相可逆电动机；4—引线套筒；5—油罩；6—丝杠；7—导板 8—弹性联轴器；9—支架；10—阀体；11—阀芯；12—阀座

电动调节阀按照传动方式分有直动型和减速型；按结构可分为直通双座阀、直通单座阀和三通阀三种。

电动机直接带动阀门的阀芯工作的电动调节阀称为直动型电动调节阀；电动机通过减速机构带动阀门的阀芯工作的电动调节阀称为减速型电动调节阀。

直通双座阀的结构如图 7-4 所示，阀体内有两个阀芯和两个阀座，流体从上下阀座流出。直通双座阀的特点是：采用了两个阀芯，上下阀芯所受到的流体的推力大小几乎相等而方向相反，阀芯受到的不平衡力很小。因此，适合于阀前后压差大的场合。

直通单座阀的结构如图 7-5 所示，阀体内只有一个阀芯和一个阀座，流体对阀芯的推力是单面作用的，不平衡力大，因此，直通单座阀仅适用于流体阀前后压差小的场合。

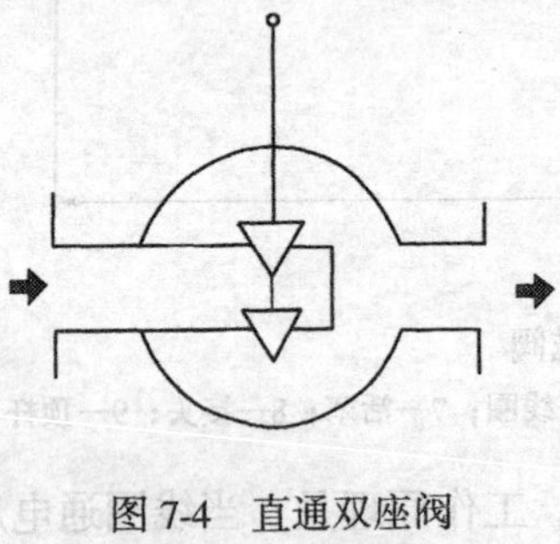

图 7-4　直通双座阀

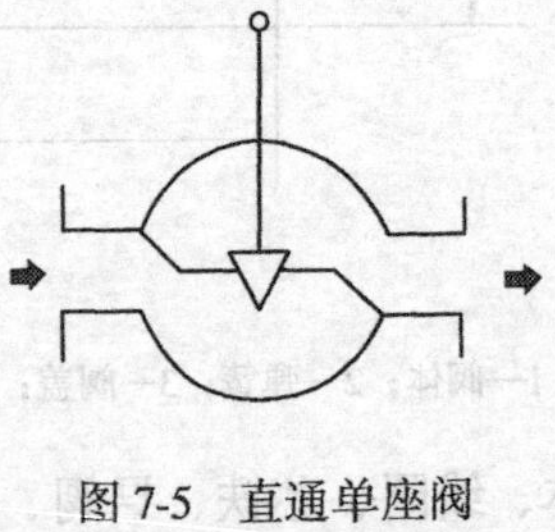

图 7-5　直通单座阀

三通阀的阀体上有三个流体进、出口，根据作用方式不同可分为合流三通阀和分流三通阀两种。合流三通阀的结构如图 7-6 所示，它有两个流体进口，一个流体出口。当阀芯上下移动，改变流体 *A* 和流体 *B* 流入阀体的比例，即关小一个流体的同时，就开大另一个流体。

3. 薄膜式气动阀门

气动阀是一种使用有压气体作为能源，来实现阀门的启闭，从而达到控制流量的目的。

薄膜式气动阀的结构如图7-7所示。其工作过程是：由调节器送来的压缩空气由气孔进入橡皮薄膜的上腔，当膜上部的气体压力大于膜下部的弹簧力时，气压克服弹簧力，使得膜产生向下的变形，推杆也向下移动，阀门的开度减小，当气体压力与弹簧力在另一位置达到新的平衡时，阀门的开度保持不变，反之，阀门的开度增大。可以看出，气压的不同，相应地阀门的开度也不同。

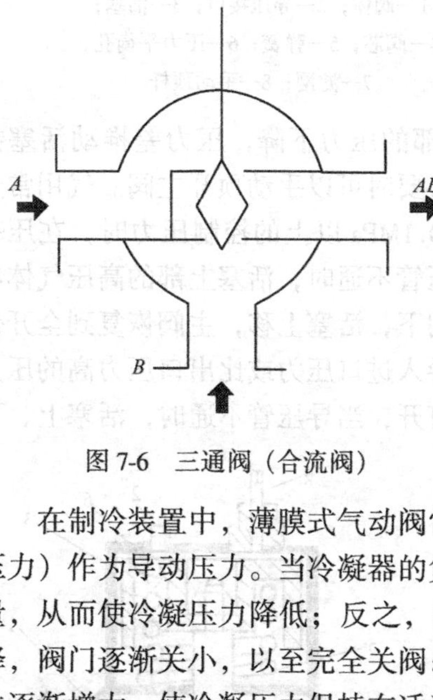

图7-6　三通阀（合流阀）

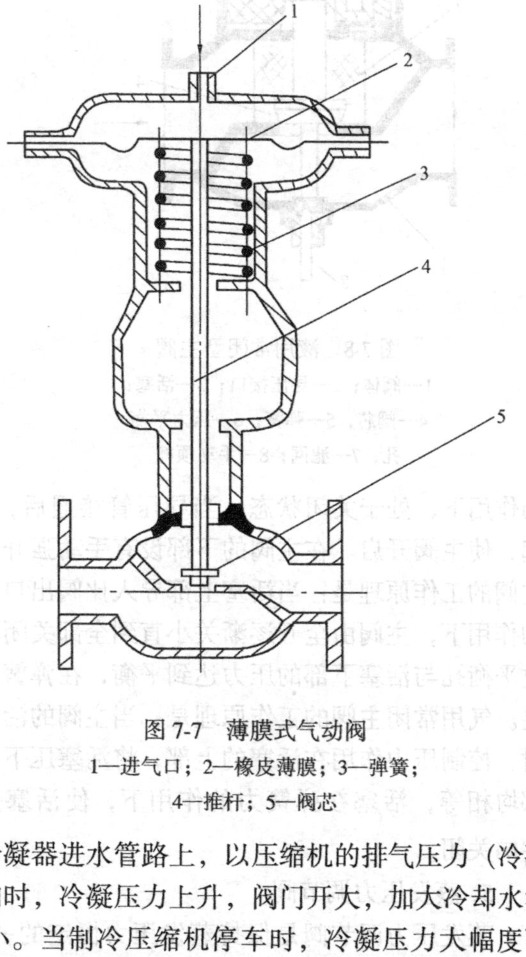

图7-7　薄膜式气动阀

1—进气口；2—橡皮薄膜；3—弹簧；4—推杆；5—阀芯

在制冷装置中，薄膜式气动阀常用于冷凝器进水管路上，以压缩机的排气压力（冷凝压力）作为导动压力。当冷凝器的负荷增加时，冷凝压力上升，阀门开大，加大冷却水流量，从而使冷凝压力降低；反之，阀门关小。当制冷压缩机停车时，冷凝压力大幅度下降，阀门逐渐关小，以至完全关阀；当制冷压缩机开车时，排气压力逐渐上升，阀门打开并逐渐增大，使冷凝压力保持在适当的范围内。

4. 主阀

主阀是靠导阀控制来实现开启、关闭以及比例调节的，不能单独作用，必须与导阀配合使用方可发挥其作用，常用在大口径管路中。主阀分为液用、气用和常闭、常开型，液用只有常闭型，气用有常闭型和常开型。主阀的导阀主要有电磁阀和恒压阀等，导阀通过管路与主阀连接，并根据导阀输入的压力信号使主阀启闭。

图7-8所示为液用常闭主阀的结构图，图7-9所示为气用常开主阀的结构图，图7-10所示为气用常闭主阀的结构图。它们主要是由阀体、阀盖、阀芯、阀杆、活塞、主弹簧、活塞套以及法兰构成，液用常闭主阀的工作原理是：当导压管未接通控制压力时，主阀的活塞上部作用着阀入口侧的压力，活塞上下的液体压力相等，活塞在其自重和上部弹簧力

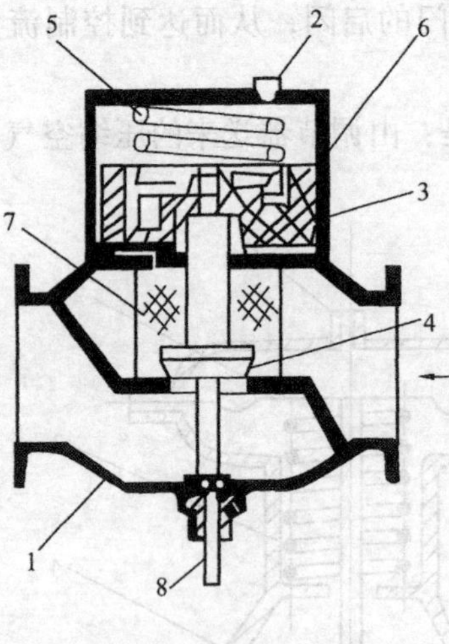

图 7-8　液用常闭型主阀

1—阀体；2—导压接口；3—活塞；4—阀芯；5—弹簧；6—压力平衡孔；7—滤网；8—手动顶杆

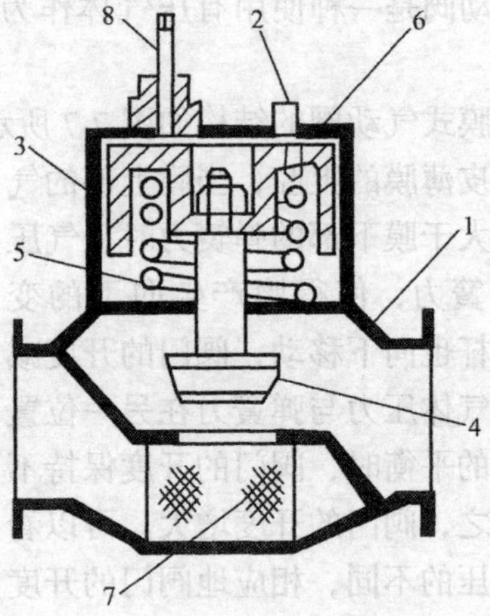

图 7-9　气用常开型主阀

1—阀体；2—导压接口；3—活塞；4—阀芯；5—弹簧；6—压力平衡孔；7—滤网；8—手动顶杆

的作用下，处于关闭状态。当导压管接通后，活塞上部的压力下降，压力差推动活塞抬起，使主阀开启。在主阀的下部设有手动强开顶杆，必要时可以手动顶开主阀。气用常开主阀的工作原理是：当活塞上部导入比阀出口压力高 0.1MPa 以上的控制压力时，在压差的作用下，主阀由全开逐渐关小直到全部关闭，当导压管不通时，活塞上部的高压气体经过平衡孔与活塞下部的压力达到平衡，在弹簧力的作用下，活塞上移，主阀恢复到全开位置。气用常闭主阀的工作原理是：当主阀的活塞上部导入进口压力或比出口压力高的压力时，控制压力作用在活塞的上部，将活塞压下，主阀打开，当导压管不通时，活塞上、下部均相等，活塞在弹簧力的作用下，使活塞上移，主阀关闭。

5. 蒸发压力调节阀

蒸发压力调节阀是保持蒸发压力恒定的一种自动阀门，其实质是保持调节阀的入口压力保持不变，又称背压阀。当使用一台压缩机需要得到几种不同蒸发温度时，在制冷系统中装设蒸发压力调节阀就能满足要求，常用于小型冷藏制冷系统中。图 7-11 所示为直接作用的蒸发压力调节阀。其工作原理是：由蒸发器来的制冷剂蒸气从进口进入，作用在阀芯的下面，克服调节弹簧力，推动阀芯上移，开大阀口，阀的入口压力与弹簧力相平衡，制冷剂蒸气经阀孔节流后作用在阀芯的上面和波纹管上，因阀芯和波纹管的面积相等而相互抵消，因此，阀门的出口压力对阀芯的动作没有影响，最后制冷剂蒸气由

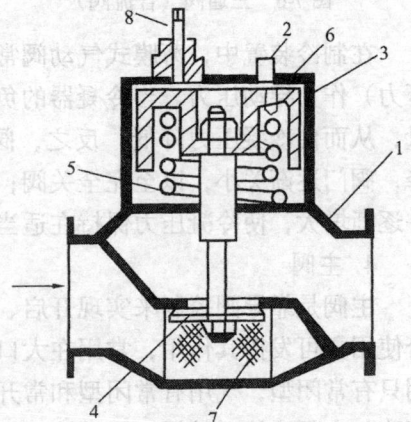

图 7-10　气用常闭型主阀

1—阀体；2—导压接口；3—活塞；4—阀芯；5—弹簧；6—压力平衡孔；7—滤网；8—手动顶杆

出口流出被压缩机吸入。当蒸发器出口压力升高，阀口开大，通过阀孔流出的制冷剂增多，则蒸发压力下降。反之，当蒸发压力下降时，则阀口关小，蒸发压力回升。蒸发压力的调整是通过调节杆及调节弹簧的预紧程度来实现的。调节弹簧弹力越大，则蒸发压力越高。调整时，先接上压力表，根据冷库库温要求，将压力调到比冷库保持库温低5～10℃之相应的饱和压力为止。另外，当蒸发器负荷增大时，使蒸发压力上升，而导致阀门开启度增大，通过阀门的流量增加，即蒸发器的制冷量增加，因此该阀门也有一定的制冷量调节作用。直接式蒸发压力调节阀不但可调节蒸发压力，而且在蒸发压力过低时将会自动关闭，以防止蒸发温度过低，冷库冷负荷过小造成蒸发器严重结霜，更可能导致压缩机"液击"。直接作用的蒸发压力调节阀用于小型系统中。在大型系统中用主阀与恒压导阀来控制。不难看到，随着阀开启度的增大，弹簧力也有所增加，因此阀门只能将蒸发压力恒定在某一范围内。直接式蒸发压力调节阀，既可用于单机多库，又适用于单机单库，装于冷库蒸发器回气管与压缩机之间。

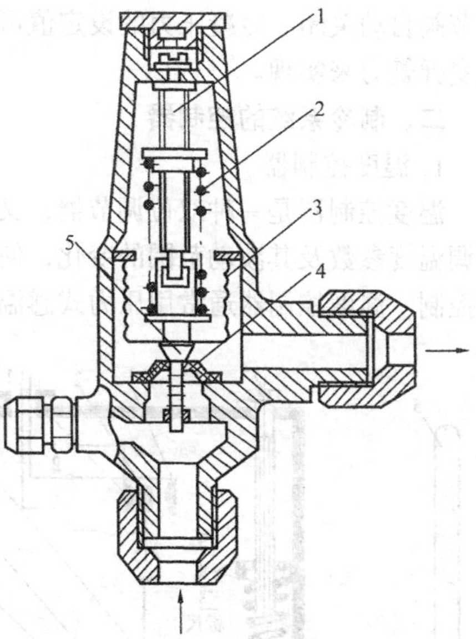

图7-11 直接作用的蒸发压力调节阀

1—调节杆；2—弹簧；3—波纹管；4—阀座；5—阀芯

6. 水量调节阀

水量调节阀用于水冷式冷凝器上，它是根据冷凝压力或温度的变化来调节冷却水量的阀门。图7-12所示为直接作用式水量调节阀的结构图，阀的顶部有一接头，与之相连接的是冷凝压力。当冷凝器的负荷增加，冷凝压力升高，波纹管受压缩，推动调节螺杆向下移动，从而推动阀芯，使阀口开大，使冷却水流量增加；反之，当冷凝器的负荷减少，冷凝压力降低，弹簧向上推动调节螺杆，使阀口关小，冷却水流量减少，从而保证冷凝压力在一定范围内。当压缩机停止运转时，由于冷凝压力大大地降低，水量

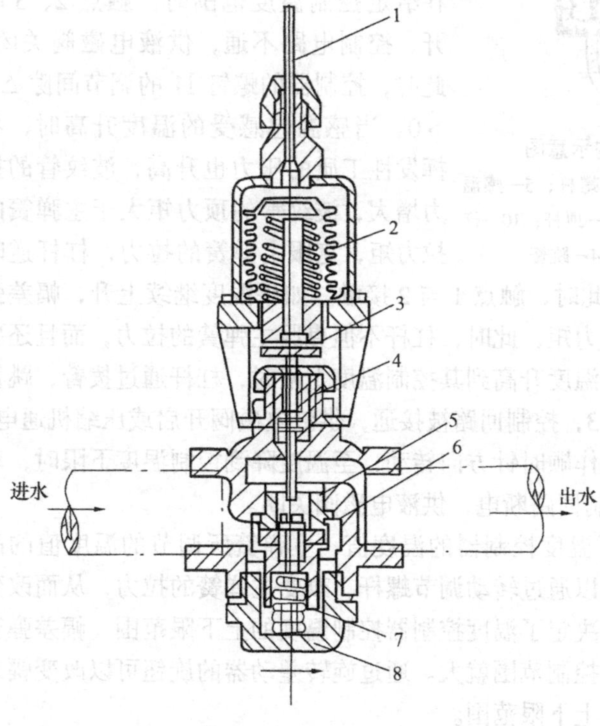

图7-12 直接作用式水量调节阀

1—冷凝压力接管；2—波纹管；3—调节螺钉；4—顶杆；5—阀座；6—橡胶阀门；7—弹簧；8—阀盖

调节阀自动关闭。冷凝压力的设定值可通过旋转压力调节螺杆，使可调弹簧座上下移动，改变弹簧力来实现。

二、制冷系统的控制器

1. 温度控制器

温度控制器是一种双位调节器，又称温度继电器或温度自动开关。温度控制器是根据被调温度参数及其波动范围的变化，使触点接通或断开，从而对压缩机的电机或电磁阀进行控制。温度控制器通常用压力式感温元件将温度参数转变为压力参数，然后借助于波纹管的伸长或缩短产生机械力以此来推动触点通与断。图 7-13 所示为 WT-1226 型温度控制器结构示意图。其感温机构由感温包、毛细管和波纹管组成，根据控制温度的范围不同，内充注不同的易挥发性工质（如乙醚、丙酮、氟利昂等）。温度控制器上有两个静触点 1、3，一个动触点 2，分别与接线柱 1、2、3 连接，接线柱 1—2 为控制回路，与冷库供液阀或压缩机电机控制电路配合使用；接线柱 1—3 为指示灯回路（未接）。当温度在给定控制温度范围时，触点 2、3 断开，控制电路不通，供液电磁阀关闭，此时，控制器的螺钉 11 的调节间隙 $\Delta s_1 > 0$。当感温包感受的温度升高时，易挥发性工质的压力也升高，波纹管的推力增大，波纹管的顶力矩大于主弹簧的拉力矩，克服主弹簧的拉力，杠杆逆时针转动，使 Δs_1 逐步减少直到为零，此时，触点 1 与 2 接触。如果温度继续上升，幅差弹簧参与工作，产生一个顺时针方向的力矩，此时，杠杆不但克服主弹簧的拉力，而且还要克服幅差弹簧的弹力而继续转动。当温度升高到其控制温度上限时，杠杆通过拨臂，跳簧片使动触点 2 从静触点 1 跳至静触点 3，控制回路被接通，供液电磁阀开启或压缩机通电。相反，当感受的温度下降后，杠杆即作顺时针方向转动，至温度降到控制温度下限时，动触点 2 从静触点 3 跳回静触点 1，控制回路断电，供液电磁阀关闭。

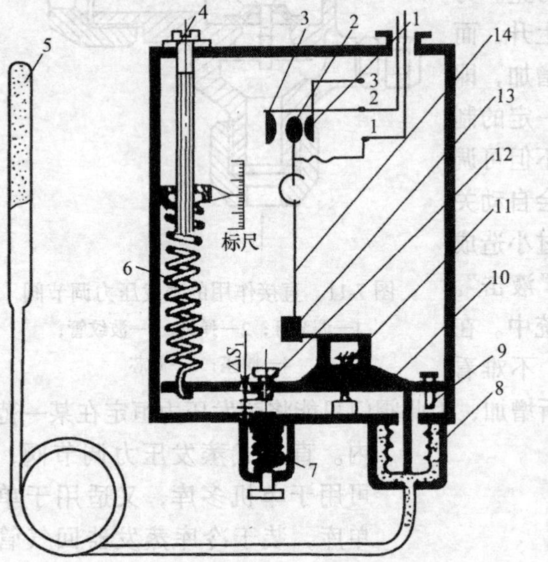

图 7-13 WT-1226 型温度控制器结构示意图

1—静触头；2—动触头；3—静触头；4—调节螺杆；5—感温包；6—主弹簧；7—差动弹簧；8—气箱室；9—顶杆；10—杠杆；11—刀口；12—顶杆；13—拨臂；14—跳簧

温度控制器主弹簧的拉力决定了温度控制器的温度值，主弹簧所调节的温度值的高低，由与弹簧联动的指针来表示。可以通过转动调节螺杆，改变主弹簧的拉力，从而改变温度控制器控制的温度值。幅差弹簧决定了温度控制器控制温度的上下限范围，幅差弹簧的弹力愈大，即控制器的控制温度的控制范围就大。通过旋转差动器的旋钮可以改变幅差弹簧的预紧力，即可改变控制温度的上下限范围。

2. 压力控制器

制冷装置运行中，有许多非正常因素会引起排气压力过高。例如，操作失误（压缩机启动后，排气阀却未打开）；系统中制冷剂充注量过多、不凝性气体含量过高；冷凝器断水或严重缺水、冷凝器风扇卡死等。排气压力过高，超过机器设备的承压极限时，将造成人、机事故。另外，如果膨胀阀堵塞，吸气阀、吸气滤网堵塞等，会引起吸气压力过低。吸气压力过低时，不仅运行经济性变差，蒸发温度过低还会不必要地过分降低被冷却物的温度，增加食品的干耗，使冷加工品质下降。系统低压侧负压严重时，能够加剧空气、水分向系统内的渗入，又造成排气压力、排气温度的升高，这对采用易燃、易爆制冷剂（如 R717）的系统更是危险，必须用压力控制器进行压力保护。制冷装置的高低压控制是通过压力控制器来实现的。它一般是由高压控制器和低压控制器组合而成，称为高低压力控制器。它们的作用是：当压缩机排出压力超过给定值或吸入压力低于给定值时，高低压力控制器自动断开压缩机控制回路，使压缩机自动停车，从而达到自动保护的作用。当系统高、低压力在允许的范围内时，接通电路，使系统正常运行。

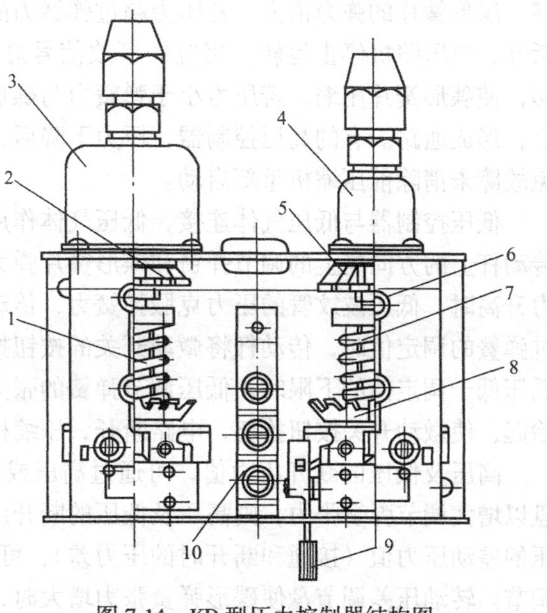

图 7-14　KD 型压力控制器结构图

1—低压调节弹簧；2—低压压差调节盘；3—低压气箱；4—高压气箱；5—高压压差调节盘；6—顶杆；7—高压调节弹簧；8—高压调节盘；9—复位手柄；10—接线板

高低压控制器常把两个压力控制器组合在一起，也有用两个单独的压力控制器来分别控制高压和低压的。制冷系统中常用的高低压控制器有 YK 型、KD 型、KP 型等。

图 7-14 所示为 KD 型压力控制器结构图，图 7-15 所示为 KD 型压力控制器原理图。其工作原理是制冷剂蒸气通过毛细管，将压力作用到控制器的波纹管上，使波纹管产生变形，通过传动机构，把机械量的变化转变为电信号，从而控制压缩机的停或开，保证设备安全经济运行。

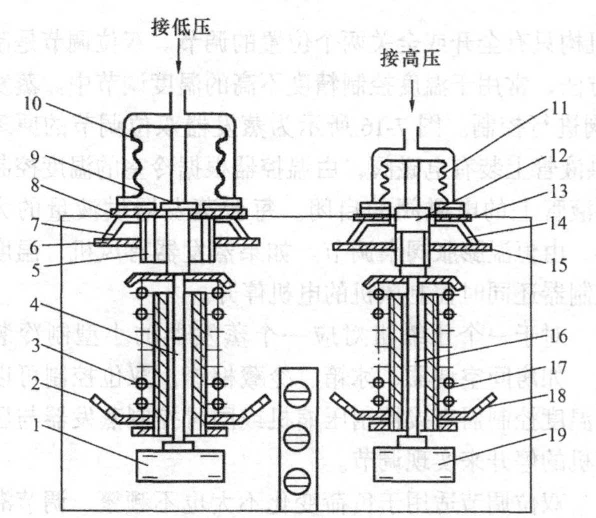

图 7-15　KD 型压力控制器原理图

1—微动开关；2—低压调节盘；3—低压调节弹簧；4—传动杆；5—调节螺栓；6—低压压差调节盘；7—碟形弹簧；8—垫片；9—传动芯棒；10—低压波纹管；11—高压波纹管；12—传动螺杆；13—垫片；14—碟形弹簧；15—高压压差调节盘；16—传动杆；17—高压调节弹簧；18—高压调节盘；19—微动开关

高压控制器与高压气体连接，高压气体作用于高压波纹管上，在正常工作时，作用于传动杆上的向上的弹簧力与向下作用的由波纹管传递到传动杆的高压蒸气压力和碟形簧片的力相平衡。当蒸气压力升高时，高压波纹管的压力克服弹簧力，传动杆下移，碟形簧片的弹力消失。若压力超过弹簧力的调定值时，传动杆将微动开关推动，触点断开，使压缩机停止运转，相应的事故信号灯或铃接通电路。当压力下降时，传动杆上移，使碟形簧片压缩。若压力小于弹簧力与碟形簧片弹力之差时，微动开关动作，触点闭合，形成通路。有的高压控制器，压力下降后，不能自动复位，需要手动复位，这样可避免故障未消除前压缩机重新启动。

低压控制器与低压气体连接，低压气体作用于低压波纹管上，在正常工作时，作用在传动杆上的方向向上的调节弹簧和碟形簧片弹力与向下的低压蒸气压力相平衡。当低压压力升高时，低压波纹管的压力克服弹簧力，传动杆下移，碟形簧片的弹力消失。若压力超过弹簧的调定值时，传动杆将微动开关的按钮按下，此时电路接通，压缩机正常运转。当低压低于调定值的下限时，低压调节弹簧的张力，克服来自波纹管的压力，把传动芯棒9抬起，使微动开关按钮抬起，电路断开，压缩机停止运转。

高压及低压的断开压力值，可通过高压或低压的调节盘2和18进行调节。转动调节盘以增大调节弹簧张力，则高压及低压的断开压力值就相应增大，反之则减小。高压或低压的差动压力值（接通和断开时的压力差），可以通过高压或低压压差调节盘6或15进行调节。转动压差调节盘使碟形弹簧张力增大时，则差动值就相应增大。

第二节　制冷系统的自动调节

一、蒸发器的自动调节

蒸发器调节的任务是使蒸发器的制冷量适应负荷的变化，蒸发器的供液量适应制冷量的变化，蒸发压力（温度）适应制冷系统的要求。

1. 双位调节

双位调节是指调节系统中的执行机构只有全开或全关两个位置的调节。双位调节是制冷系统自动调节中最常用、最简单的方法，常用于温度控制精度不高的温度调节中。蒸发器的双位调节主要是对蒸发器的供液阀进行控制。图7-16所示为蒸发器双位调节的原理图。每个冷室有一蒸发器，蒸发器的供液管上装有电磁阀，由温控器根据冷室的温度控制供液管上的电磁阀的启闭。每台蒸发器供液量的大小，由恒温膨胀阀来调节。如果蒸发器有风机，温度控制器还同时控制风机的电机停开。

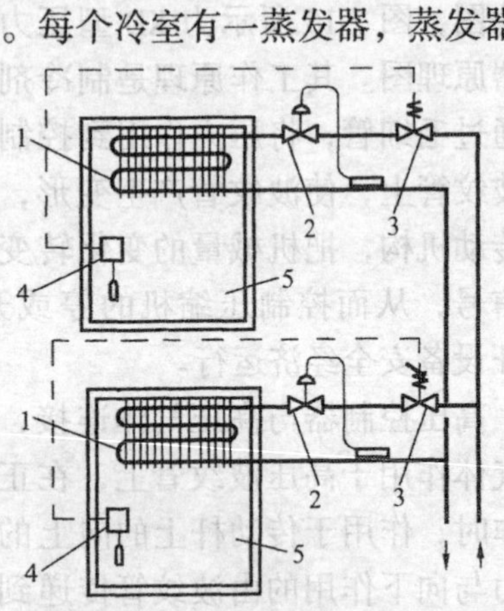

图7-16　蒸发器双位调节的原理图

1—蒸发器；2—恒温膨胀阀；3—电磁阀；4—温度控制器；5—冷室

对于一个压缩机对应一个蒸发器的小型制冷装置，如房间空调器、冰箱、冷藏柜等，双位控制可以用温度控制器直接控制压缩机或同时控制蒸发器与压缩机的停开来实现调节。

双位调节适用于负荷变化不大也不频繁、调节滞后不大的制冷装置中。

2. 阶梯式分级调节

阶梯式分级调节适用于多台蒸发器为同一对象服务的制冷系统的能量调节，通过控制蒸发器工作的台数来调节能量。调节方法之一是对蒸发器实行阶梯式分级调节。例如冷冻水由四台蒸发器共同制备，每台蒸发器的工作受各自的温度控制器控制，设冷冻水的供水温度最低为 t_1，最高为 t_2，总的幅差为 $\Delta t_0 = t_2 - t_1$，每台蒸发器所控制的幅差为 Δt。四台蒸发器都投入运行时的制冷量为100%。若蒸发器的负荷下降，供水温度就下降，当供水温度每下降一个 Δt 时，温度控制器就会关闭一台蒸发器的供液管电磁阀，使蒸发器工作台数逐渐减少，输出的制冷量也由100%以25%的步距逐步减少为0。反之，供水温度升高，依次使蒸发器依次投入工作。

阶梯式分级调节法比较简单，但控制精度差，而每台蒸发器的控制精度要求高。因此，分级不能太多。

3. 蒸发压力调节

对蒸发器的蒸发压力进行调节的作用如下：(1) 蒸发压力（温度）的变化可以从一个侧面反映蒸发器负荷的变化，调节蒸发压力也就是对蒸发器的制冷量进行适当的调节；(2) 保持蒸发压力（温度）恒定，以保证冷却质量，减少干耗；(3) 在多蒸发温度的系统中，必须对蒸发器蒸发压力进行调节，以保持各蒸发器有各自的蒸发温度。

蒸发压力调节采用蒸发压力调节阀来实现。小型制冷系统采用直接作用的蒸发压力调节阀，对于大型制冷装置则用压力导阀与主阀组成的恒压主阀。图7-17所示为多蒸发温度系统中的蒸发压力调节原理图。三个库温不同，菜库的温度为5℃，乳品库的库温为2℃，鱼肉库的库温为-10℃。因此，各个库的蒸发压力不相同，菜库的蒸发压力最高，乳品库的蒸发压力其次，鱼肉库的蒸发压力最低。三个冷库共用一台压缩机，压缩机只能按照最低的蒸发压力吸气，因此在蒸发温度高的菜库和乳品库的蒸发器出口装有蒸发压力调节阀，使阀前的压力保持各自的蒸发压力，阀后的压力经节流后到调定的蒸发压力。

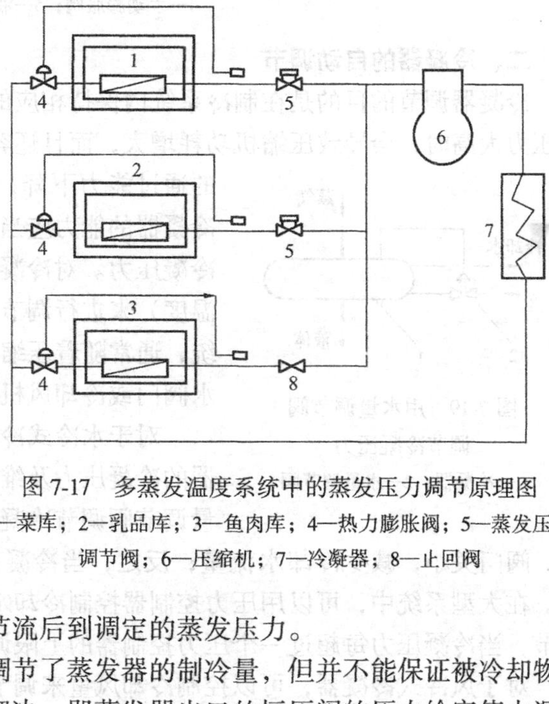

图7-17　多蒸发温度系统中的蒸发压力调节原理图

1—菜库；2—乳品库；3—鱼肉库；4—热力膨胀阀；5—蒸发压力调节阀；6—压缩机；7—冷凝器；8—止回阀

虽然调节蒸发压力在一定程度上也调节了蒸发器的制冷量，但并不能保证被冷却物温度是一定的。可以采用串级调节的方法解决，即蒸发器出口的恒压阀的压力给定值由温度控制器根据被冷却物的温度进行给定，蒸发器的能量就直接受被冷却温度所控制。

4. 蒸发器供液量调节

制冷机的负荷是经常变化的，因此，要求蒸发器的供液量也随着负荷的变化而作相应的变化，使供给蒸发器的制冷剂量与蒸发器输出的制冷量相适应，所以需要对蒸发器的供液量进行调节。在制冷系统中，常用的蒸发器供液量的自动调节设备除了热力膨胀阀、浮球膨胀阀等外，对于满液式蒸发器的供液量的调节也可用浮球液位控制器来实现，如图7-18所示。系统中的浮球液位控制器是用作感应机构，电磁阀作为执行机构。当蒸发器中的液位降低到一定位置时，通过浮球液位控制器，将电磁阀打开，向蒸发器中供液。当蒸发器中的液位上升到一定的高度时，浮球液位控制器将电磁阀关闭，停止向蒸发器供液。电磁阀后的手动膨胀阀的作用是对高压液体节流，另一手动膨胀阀作备用。应用浮球液位控制器及电磁阀只能使蒸发器浮球液位在两个极限位置之间不停地变动，这种调节方法属于两位调节。

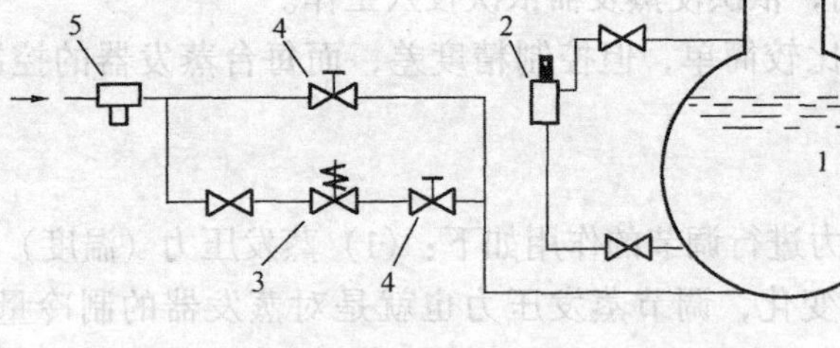

图 7-18　满液式蒸发器的供液量自动调节原理图

1—蒸发器；2—浮球液位控制器；3—电磁阀；

4—手动膨胀阀；5—液体过滤器

二、冷凝器的自动调节

冷凝器调节的目的是在制冷系统内保持相应的冷凝能力，并维持一定的冷凝压力。冷凝压力太高时，会导致压缩机功耗增大，而且还容易引起事故；冷凝压力过低时，膨胀阀的通过能力下降，从而导致蒸发器供液不足。因此可见，冷凝器的能力应当与压缩机的能量相适应，以保持一定的冷凝压力。对冷凝器的调节通常是根据冷凝压力（或冷凝温度）来进行调节的。对于压缩机与冷凝器互相对应的系统，通常随着压缩机的启闭而同时启闭相应冷凝器的冷却水阀门或冷却风机。

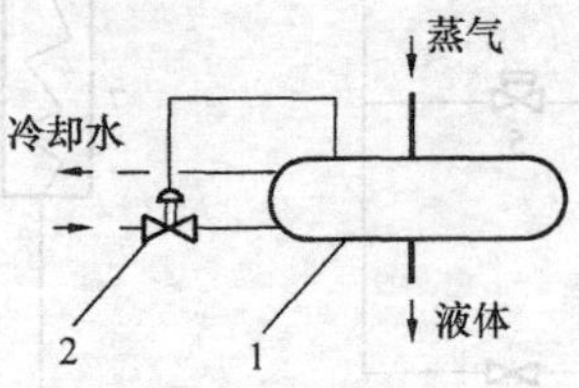

图 7-19　用水量调节阀调节冷凝压力

1—冷凝器；2—水量调节阀

对于水冷式冷凝器，可以控制冷却水流量来调节冷凝器的冷凝压力及维持一定的冷凝压力。图 7-19 所示为用水量调节阀调节冷凝器冷凝压力的原理图。当冷凝压力下降时，阀门关小，减少冷却水流量；反之，当冷凝压力上升时，阀门开大，增大冷却水流量。在大型系统中，可以用压力控制器控制冷却水水泵的运行台数来实现对冷凝器的自动调节，当冷凝压力每超过一个压力控制器的上限调定值时，就启动对应的水泵参与工作。

对于风冷式冷凝器，可以控制冷却风量来调节冷凝器的冷凝压力。冷却风量调节方法之一是采用变频或电磁离合器调节改变冷凝器风机电机的转速。在多台风机的冷凝器中，根据冷凝压力的升降，可以依次停开部分风机来调节风量，以调节冷凝压力。

三、压缩机的自动调节

制冷系统中的压缩机能量通常应与蒸发器的负荷相匹配，根据蒸发器的负荷进行调节。压缩机能量的自动调节方法有：

1. 控制压缩机运行台数或缸数的调节

在多台压缩机或多缸压缩机的制冷系统中，可控制压缩机的运行台数或气缸数进行能量调节。对于多台独立制冷机为同一冷却对象服务的制冷系统，可以根据被冷却物体或空间的温度对每台制冷机进行阶梯式分级控制或延时分级控制。对于多台压缩机并联的系统或用多缸压缩机的系统，压缩机的工作台数或缸数可根据系统的吸气压力进行控制。当蒸发器负荷减少，吸气压力就下降，这时通过压力控制器减少压缩机运行的台数或气缸数，以使吸气压力回升；反之，当吸气压力上升，就增加压缩机运行的台数或气缸数。

图 7-20 所示为多缸压缩机能量调节原理图，图 7-21 所示为压缩机的吸气压力与负荷的关系。压缩机有 8 个气缸，共分 4 级，每级 2 个气缸，由卸载油缸控制。当向油缸供有压油时，则气缸工作，反之，气缸卸载。卸载油缸的供油受三通电磁阀控制。当三通电磁阀失电，则阀的直通（$a-b$）成通路，油泵的有压油供给卸载油缸，气缸工作；当三通电磁阀得电，则阀的旁通（$b-c$）成通路，油缸内的油返回曲轴箱，气缸卸载。

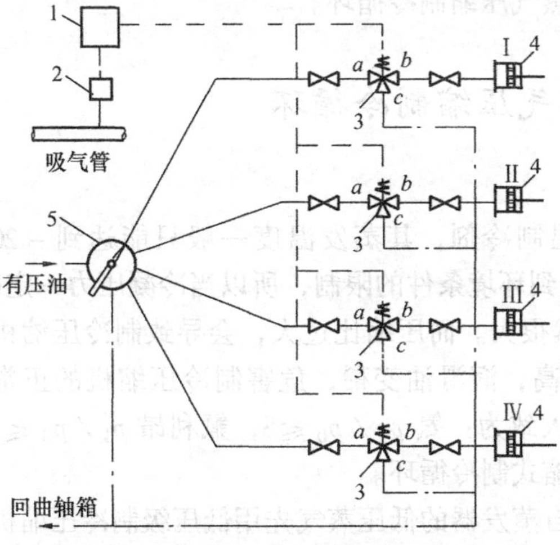

图 7-20　多缸压缩机能量调节原理图

1—压力变送器；2—分级步进调节器；3—三通电磁阀；4—卸载油缸；5—油分配阀

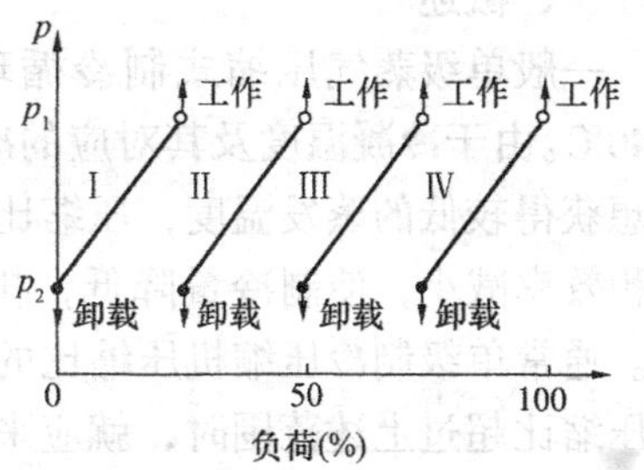

图 7-21　压缩机的吸气压力与负荷的关系

2. 吸气节流调节

对压缩机的吸入蒸气进行节流，其效果与蒸发压力调节是一样的。根据这个原理，可在压缩机的吸气管路上装上自动阀门对吸气进行节流，从而实现对压缩机的能量调节。通常是根据蒸发压力的变化来控制自动阀门的开启度，这样控制方法比较简单，但能量损失大，并引起排气温度升高，因此不宜用于过热损失大的制冷剂（如氨）的制冷系统中。通常用于无能量调节的小型氟利昂压缩机中。

思考题与习题

1. 试述直动式电磁阀的工作原理？
2. 试述蒸发压力调节阀是如何保持蒸发压力恒定的？
3. 试述组合式恒压阀的工作原理？
4. 温度控制器的主要作用是什么？如何实现对温度的控制？
5. 制冷系统设置高、低压控制器的目的是什么？如何控制压缩机的停、开？
6. 对蒸发压力调节的目的是什么？

第八章　双级和复叠式蒸气压缩制冷

随着制冷技术在各行各业的广泛使用，要求达到的蒸发温度越来越低，而单级压缩式制冷循环能获得的最低蒸发温度约为－20～－40℃，当用户需要更低温度时，用单级制冷循环难以实现，这时必须采用双级和复叠式蒸气压缩制冷循环。

第一节　双级蒸气压缩制冷循环

一、概述

一般单级蒸气压缩式制冷循环常用中温制冷剂，其蒸发温度一般只能达到－20～－40℃。由于冷凝温度及其对应的冷凝压力受到环境条件的限制，所以当冷凝压力一定时，要想获得较低的蒸发温度，压缩比 p_k/p_0 必然很大。而压缩比过大，会导致制冷压缩机的容积效率减小，使制冷量降低，排气温度过高，润滑油变稀，危害制冷压缩机的正常工作。通常单级制冷压缩机压缩比的合理范围大致为：氨 $p_k/p_0 \leqslant 8$，氟利昂 $p_k/p_0 \leqslant 10$。当压缩比超过上述范围时，就应采用双级压缩式制冷循环。

双级压缩式制冷循环的主要特点是将来自蒸发器的低压蒸气先用低压级制冷压缩机压缩至适当的中间压力，然后经中间冷却器冷却后再进入高压级制冷压缩机再次压缩至冷凝压力。这样既可以获得较低的蒸发温度，又可使制冷压缩机的压缩比控制在合理范围内，保证制冷压缩机安全可靠地运行。

双级压缩根据中间冷却器的工作原理不同，分为完全中间冷却的双级压缩和不完全中间冷却的双级压缩。工程中氨系统主要采用一次节流、完全中间冷却的双级压缩制冷循环；氟利昂系统则采用一次节流、不完全中间冷却的双级压缩制冷循环。

二、一次节流、完全中间冷却的双级压缩制冷循环

1. 制冷循环的工作原理

一次节流、完全中间冷却的双级压缩制冷循环的工作原理，见图 8-1 所示。

该制冷循环的工作原理为：从蒸发器出来的低压蒸气被低压级制冷压缩机吸入后压缩至中间压力，被压缩后的过热蒸气进入中间冷却器，被来自膨胀阀的液态制冷剂冷却至饱和状态，再经高压制冷压缩机继续压缩至冷凝压力，然后进入冷凝器中冷凝成高压液体。由冷凝器流出的液体分成两路，一路经膨胀阀节流至中间压力进入中间冷却器，利用它的气化来冷却低压制冷压缩机排出的中间压力的蒸气和盘管中的高压液体，气化的蒸气连同节流后的闪发气体及冷却后的中压蒸气一起进入高压制冷压缩机；另一路在中间冷却器的盘管内被过冷后进入膨胀阀，节流后进入蒸发器中蒸发吸热，吸收被冷却物体的热量，以达到制冷的目的。

在图 8-1（*b*）中，1→2 表示低压蒸气在低压级制冷压缩机中的压缩过程；2→3 表示中压过热蒸气在中间冷却器中的冷却过程；3→4 表示中压蒸气在高压制冷压缩机中的压

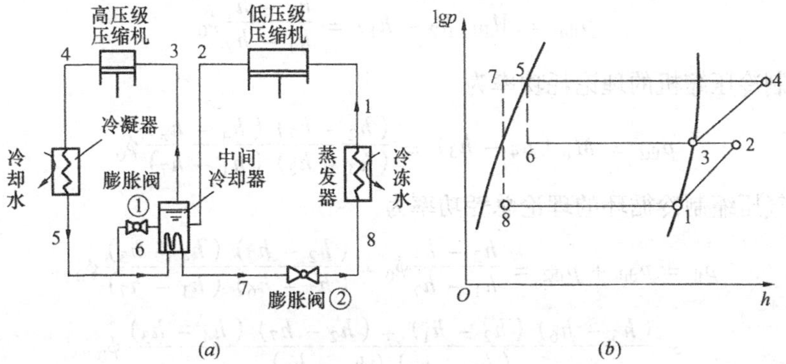

图 8-1　一次节流、完全中间冷却的双级压缩制冷

（a）工作流程；（b）理论循环

缩过程；4→5 表示高压蒸气在冷凝器中的冷却和冷凝过程；5→6 表示高压液体在膨胀阀①的节流过程；6→3 表示中压液体（含有少量闪发气体）在中间冷却器中的蒸发吸热过程；5→7 表示高压液体在中间冷却器盘管内的再冷却过程；7→8 表示高压液体制冷剂在膨胀阀②的节流过程；8→1 表示低压低温液体（含有少量闪发气体）在蒸发器中的蒸发吸热过程。

2. 热力计算

在双级压缩制冷中，流经各设备的制冷剂的质量流量并不相等。流经膨胀阀②、蒸发器和低压级制冷压缩机的制冷剂的质量流量为 M_{R1}，流经膨胀阀①进入中间冷却器的制冷剂的质量流量为 M_{R2}，流经高压级制冷压缩机和冷凝器的制冷剂的质量流量为 M_R。因此，在进行热力计算时必须首先计算出流经各设备的制冷剂的质量流量，然后才能计算出各级制冷压缩机的耗功率、循环的制冷系数等。

对于中间冷却器，根据质量守恒定律，可得：

$$M_R = M_{R1} + M_{R2} \tag{8-1}$$

若已知需要的制冷量为 ϕ_0，则：

$$M_{R1} = \frac{\phi_0}{h_1 - h_8} \tag{8-2}$$

在中间冷却器中，质量流量为 M_{R2}的液态制冷剂气化，使得质量流量为 M_{R1}的中压高温蒸气和高压高温液体被冷却。由此可得热平衡方程

$$M_{R1}(h_2 - h_3) + M_{R1}(h_5 - h_7) = M_{R2}(h_3 - h_6)$$

$$M_{R2} = \frac{(h_2 - h_3) + (h_5 - h_7)}{h_3 - h_6} M_{R1} \tag{8-3}$$

由于 $h_5 = h_6$，$h_7 = h_8$，所以

$$M_R = M_{R1} + M_{R2} = \left[1 + \frac{(h_2 - h_3) + (h_5 - h_7)}{h_3 - h_6}\right] M_{R1}$$

$$= \frac{h_2 - h_7}{h_3 - h_6} M_{R1} = \frac{h_2 - h_7}{(h_3 - h_6)(h_1 - h_7)} \phi_0 \tag{8-4}$$

则低压级制冷压缩机的理论耗功率为

$$p_{th1} = M_{R1}(h_2 - h_1) = \frac{h_2 - h_1}{h_1 - h_7}\phi_0 \tag{8-5}$$

高压级制冷压缩机的理论耗功率为

$$p_{th2} = M_R(h_4 - h_3) = \frac{(h_2 - h_7)(h_4 - h_3)}{(h_3 - h_6)(h_1 - h_7)}\phi_0 \tag{8-6}$$

双级蒸气压缩制冷循环的理论总耗功率为

$$p_{th} = p_{th1} + p_{th2} = \frac{h_2 - h_1}{h_1 - h_7}\phi_0 + \frac{(h_2 - h_7)(h_4 - h_3)}{(h_3 - h_6)(h_1 - h_7)}\phi_0$$

$$= \frac{(h_3 - h_6)(h_2 - h_1) + (h_2 - h_7)(h_4 - h_3)}{(h_3 - h_6)(h_1 - h_7)}\phi_0 \tag{8-7}$$

双级蒸气压缩制冷循环的理论制冷系数为

$$\varepsilon_{th} = \frac{\phi_0}{p_{th}} = \frac{(h_3 - h_6)(h_1 - h_7)}{(h_3 - h_6)(h_2 - h_1) + (h_2 - h_7)(h_4 - h_3)} \tag{8-8}$$

3. 双级压缩氨制冷系统

图 8-2 为双级压缩氨制冷系统图。其工艺流程为：低压级制冷压缩机→中间冷却器→高压级制冷压缩机→氨油分离器→冷凝器→高压贮液器→调节站→中间冷却器盘管→氨液过滤器→浮球膨胀阀→气液分离器→氨液过滤器→氨泵→供液调节站→蒸发排管→回气调节站→气液分离器→低压级制冷压缩机。

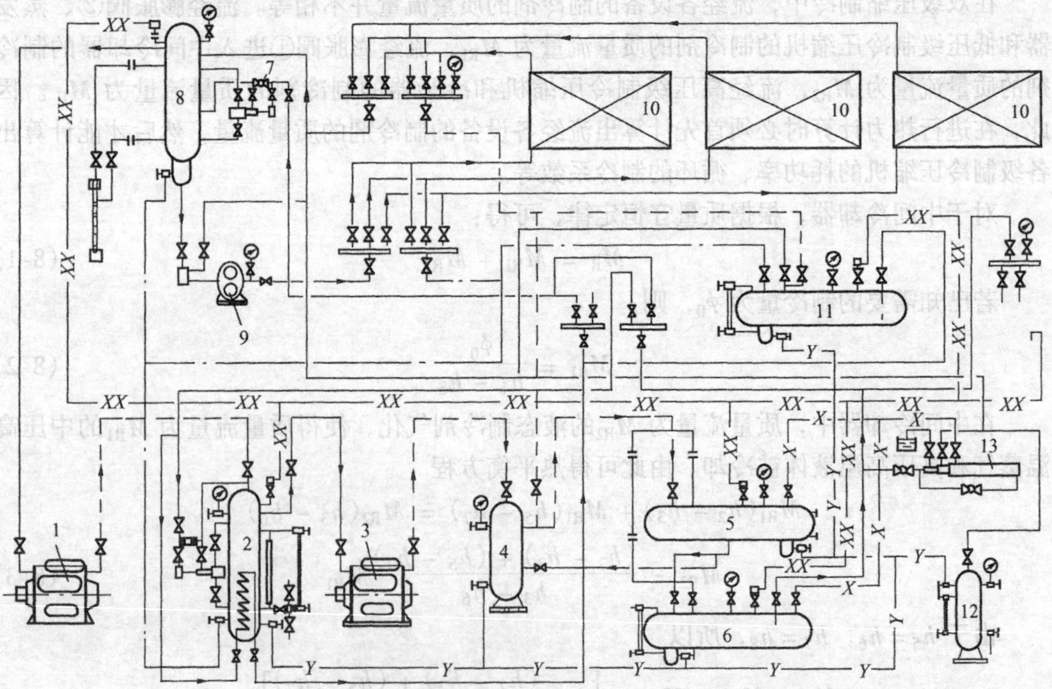

图 8-2 双级压缩氨制冷系统图

1—低压级制冷压缩机；2—中间冷却器；3—高压级制冷压缩机；4—油分离器；5—冷凝器；6—高压贮液器；7—调节阀；8—气液分离器；9—氨泵；10—蒸发排管；11—排液桶；12—集油器；13—空气分离器

三、一次节流、不完全中间冷却的双级压缩制冷循环

1. 制冷循环的工作原理

氟利昂系统采用不完全中间冷却的双级压缩，其目的是希望制冷压缩机的过热度大一些。这样，既能改善制冷压缩机的运行性能，又能改善制冷循环的热力性能。

一次节流、不完全中间冷却的双级压缩制冷的工作原理，见图 8-3 所示。

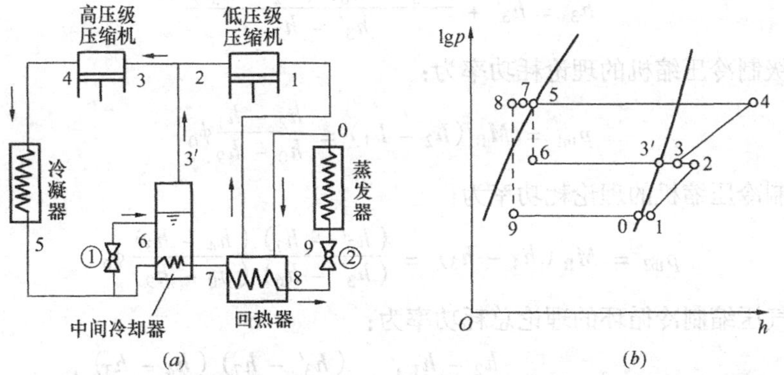

图 8-3　一次节流、不完全中间冷却的双级压缩制冷

（a）工作流程；（b）理论循环

不完全中间冷却的双级压缩与完全中间冷却的双级压缩的主要区别为：低压级制冷压缩机的排气不在中间冷却器中冷却，而是与中间冷却器中产生的饱和蒸气在管路中混合后再进入高压级制冷压缩机中。系统中还设有回热器，使低压蒸气与高压液体进行热交换，以保证低压级制冷压缩机吸气的过热度。

2. 热力计算

在进行热力计算时，首先要确定高压级制冷压缩机的吸气状态点 3。状态点 3 是由状态点 2 和状态点 3′这两种状态混合而成，由此可得热平衡方程

$$M_{R1}h_2 + M_{R2}h_{3'} = (M_{R1} + M_{R2})h_3$$

$$h_3 = \frac{M_{R1}h_2 + M_{R2}h_{3'}}{M_{R1} + M_{R2}} = \frac{M_{R1}h_2 + M_{R2}h_{3'} + M_{R1}h_{3'} - M_{R1}h_{3'}}{M_{R1} + M_{R2}}$$

$$= h_{3'} + \frac{M_{R1}}{M_{R1} + M_{R2}}(h_2 - h_{3'}) \quad (8\text{-}9)$$

低压级制冷压缩机制冷剂的质量流量为

$$M_{R1} = \frac{\phi_0}{h_0 - h_9} \quad (8\text{-}10)$$

在中间冷却器中，质量流量为 M_{R2}的制冷剂气化，使得质量流量为 M_{R1}的高压液体被冷却。由此可得热平衡方程：

$$M_{R2}(h_{3'} - h_6) = M_{R1}(h_5 - h_7)$$

$$M_{R2} = \frac{h_5 - h_7}{h_{3'} - h_6}M_{R1} = \frac{h_5 - h_7}{(h_{3'} - h_6)(h_0 - h_9)}\phi_0 \quad (8\text{-}11)$$

高压级制冷压缩机制冷剂的质量流量为：

$$M_R = M_{R1} + M_{R2} = \frac{\phi_0}{h_0 - h_9} + \frac{h_5 - h_7}{(h_{3'} - h_6)(h_0 - h_9)}\phi_0$$

$$= \frac{(h_3' - h_6) + (h_5 - h_7)}{(h_3' - h_6)(h_0 - h_9)}\phi_0 = \frac{h_3' - h_7}{(h_3' - h_6)(h_0 - h_9)}\phi_0 \tag{8-12}$$

将式（8-10）、式（8-12）代入式（8-9），整理后为：

$$h_3 = h_3' + \frac{(h_3' - h_6)(h_2 - h_3')}{h_3' - h_7} \tag{8-13}$$

则低压级制冷压缩机的理论耗功率为：

$$p_{th1} = M_{R1}(h_2 - h_1) = \frac{h_2 - h_1}{h_0 - h_9}\phi_0 \tag{8-14}$$

高压级制冷压缩机的理论耗功率为：

$$p_{th2} = M_R(h_4 - h_3) = \frac{(h_3' - h_7)(h_4 - h_3)}{(h_3' - h_6)(h_0 - h_9)}\phi_0 \tag{8-15}$$

双级蒸气压缩制冷循环的理论总耗功率为：

$$p_{th} = p_{th1} + p_{th2} = \frac{h_2 - h_1}{h_0 - h_9}\phi_0 + \frac{(h_3' - h_7)(h_4 - h_3)}{(h_3' - h_6)(h_0 - h_9)}\phi_0$$

$$= \frac{(h_3' - h_6)(h_2 - h_1) + (h_3' - h_7)(h_4 - h_3)}{(h_3' - h_6)(h_0 - h_9)}\phi_0 \tag{8-16}$$

双级蒸气压缩制冷循环的理论制冷系数为：

$$\varepsilon_{th} = \frac{\phi_0}{p_{th}} = \frac{(h_3' - h_6)(h_0 - h_9)}{(h_3' - h_6)(h_2 - h_1) + (h_3' - h_7)(h_4 - h_3)} \tag{8-17}$$

3. 双级压缩氟利昂制冷系统

图 8-4 为双级压缩氟利昂制冷系统图。其工艺流程为：低压级制冷压缩机→油分离器→（与来自中间冷却器的蒸气混合）→高压级制冷压缩机→油分离器→冷凝器→干燥过滤器→中间冷却器盘管→回热器→电磁阀→热力膨胀阀→空气冷却器（即蒸发器）→回热器→低压级制冷压缩机。

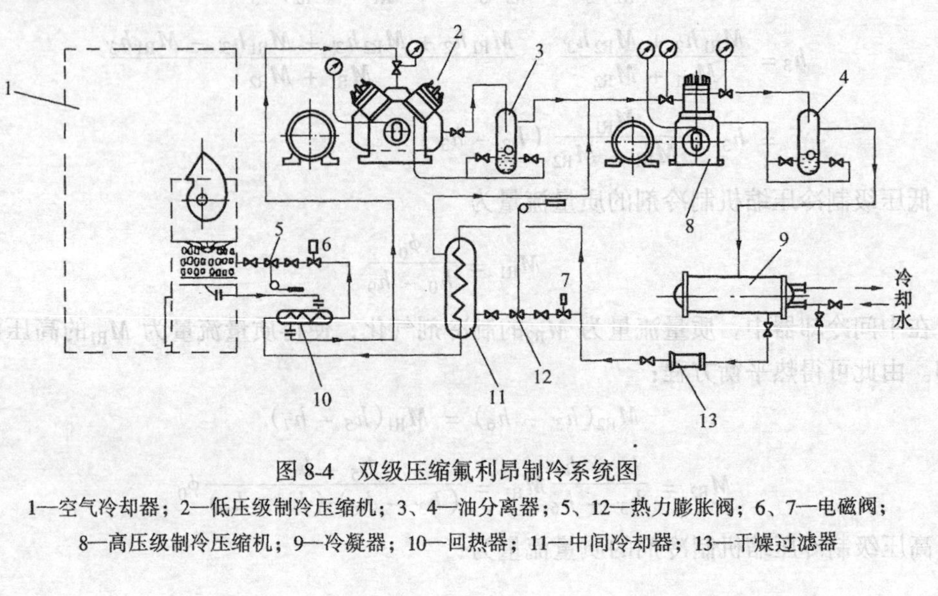

图 8-4　双级压缩氟利昂制冷系统图

1—空气冷却器；2—低压级制冷压缩机；3、4—油分离器；5、12—热力膨胀阀；6、7—电磁阀；8—高压级制冷压缩机；9—冷凝器；10—回热器；11—中间冷却器；13—干燥过滤器

四、选择制冷压缩机时中间压力的确定

在设计双级压缩制冷系统时，选定适宜的中间压力可以使得双级压缩制冷系统所耗的总功率最小。这个中间压力称为最佳中间压力。其计算公式为：

$$p = \sqrt{p_0 p_k} \quad (\text{Pa}) \tag{8-18}$$

但是由于制冷剂蒸气不是理想气体，而且高、低压级制冷压缩机吸气温度不同，吸入蒸气的质量也不相等，所以应对式（8-18）进行如下修正。

$$p = \varphi\sqrt{p_0 p_k} \quad (\text{Pa}) \tag{8-19}$$

式中　φ——与制冷剂性质有关的修正系数。

从实际实验结果得出结论：在相同压缩比时，低压级制冷压缩机的容积效率要比高压级制冷压缩机小，而且当蒸发温度越低，吸气压力越小时，容积效率降低越大。所以，为了提高低压级制冷压缩机的容积效率以获得较大的制冷量，通常将低压级制冷压缩机的压缩比取得小些。实际情况表明最佳中间压力值的确定与许多因素有关，不仅希望双级制冷压缩机的气缸总容积为最小值，而且应使双级制冷压缩机的实际制冷系数为最大值，这样可缩小制冷压缩机的结构尺寸，提高经济性。同时还要求高压级制冷压缩机的排气温度适当低一些，以改善制冷压缩机的润滑性能。

综合以上的要求，修正系数 φ 推荐取下列数值：

对 R22　$\varphi = 0.9 \sim 0.95$

对 R717　$\varphi = 0.95 \sim 1.0$

五、中间冷却器

中间冷却器可分完全中间冷却和不完全中间冷却两种，如图 8-5 所示。中间冷却器的

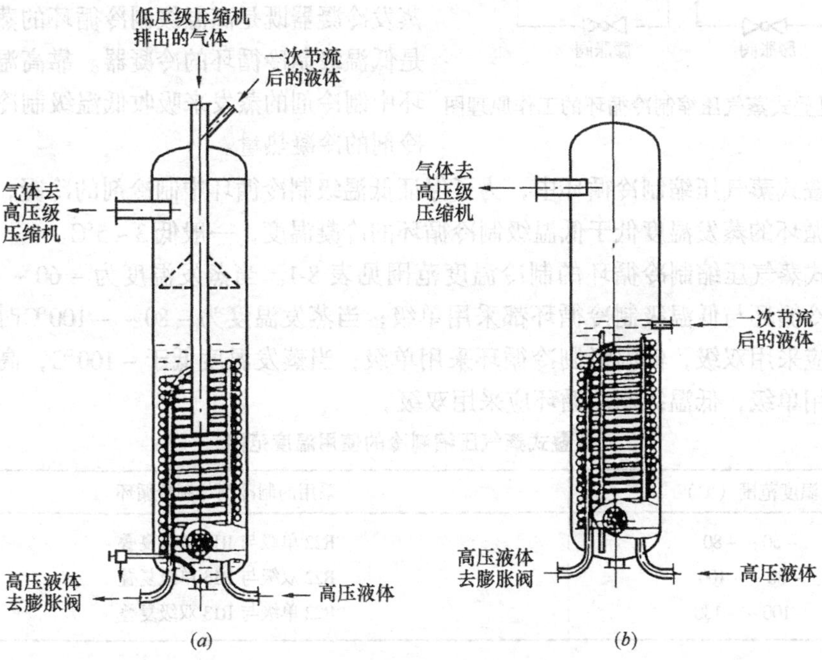

图 8-5　中间冷却器示意图

（a）完全中间冷却器；（b）不完全中间冷却器

壳体断面应保证气流速度不超过 0.5m/s，盘管中液体制冷剂的流速为 0.4～0.7（m/s）。氨中间冷却器的传热系数为 600～700（$W/m^2 \cdot ℃$），氟利昂中间冷却器的传热系数为 350～400（$W/m^2 \cdot ℃$）。

第二节　复叠式蒸气压缩制冷循环

由于受到制冷剂本身物理性质的限制，双级压缩制冷循环所能达到的最低的蒸发温度也是有一定限制的。这是因为：

（1）随着蒸发温度的降低，制冷剂的比体积要增大，单位容积制冷能力大为降低，则低压汽缸的尺寸也就大大增加。

（2）蒸发温度太低，相应的蒸发压力也很低，致使压缩机气缸的吸气阀不能正常工作，同时不可避免地会有空气渗入制冷系统内。

（3）蒸发温度必须高于制冷剂的凝固点，否则制冷剂无法进行循环。

从以上分析可知，为了获得低于－60～－70℃的蒸发温度，就不宜采用氨等作为制冷剂，而需要采用其他的制冷剂。但是，凝固点低的制冷剂临界温度也很低，不利于用一般冷却水或空气进行冷凝，这时必须采用复叠式蒸气压缩制冷循环。

一、复叠式蒸气压缩制冷循环的工作原理

图 8-6 为复叠式蒸气压缩制冷循环的工作原理图，它由两个独立的单级压缩式制冷循环组成，左端为高温级制冷循环，制冷剂为 R22；右端为低温级制冷循环，制冷剂为 R13。蒸发冷凝器既是高温级制冷循环的蒸发器，又是低温级制冷循环的冷凝器。靠高温级制冷循环中制冷剂的蒸发来吸收低温级制冷循环中制冷剂的冷凝热量。

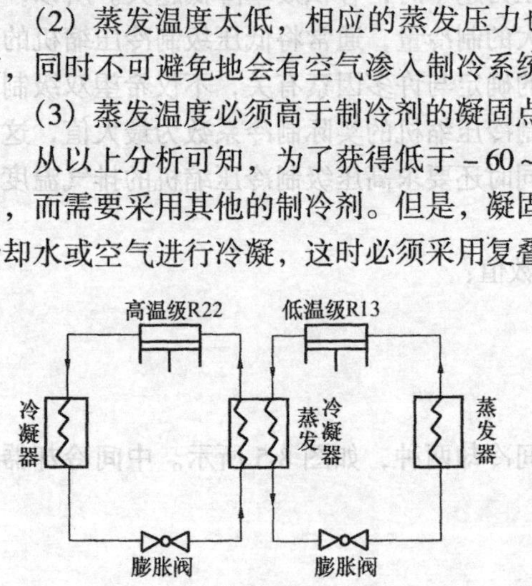

图 8-6　复叠式蒸气压缩制冷循环的工作原理图

在复叠式蒸气压缩制冷循环中，为了保证低温级制冷循环中制冷剂的冷凝，则要求高温级制冷循环的蒸发温度低于低温级制冷循环的冷凝温度，一般低 3～5℃。

复叠式蒸气压缩制冷循环的制冷温度范围见表 8-1。当蒸发温度为－60～－80℃时，高温级制冷循环与低温级制冷循环都采用单级；当蒸发温度为－80～－100℃时，高温级制冷循环应采用双级，低温级制冷循环采用单级；当蒸发温度低于－100℃，高温级制冷循环应采用单级，低温级制冷循环应采用双级。

复叠式蒸气压缩制冷的使用温度范围　　**表 8-1**

温度范围（℃）	采用的制冷剂与制冷循环
－60～－80	R22 单级与 R13 单级复叠
－80～－100	R22 双级与 R13 单级复叠
－100～－130	R22 单级与 R13 双级复叠

二、复叠式压缩制冷系统图

图 8-7 为复叠式压缩制冷系统图。在低温级制冷循环的高压段和低压段之间有一个膨

胀容器，它的作用是防止制冷机停机后低压级系统中的压力过高，以保证安全。

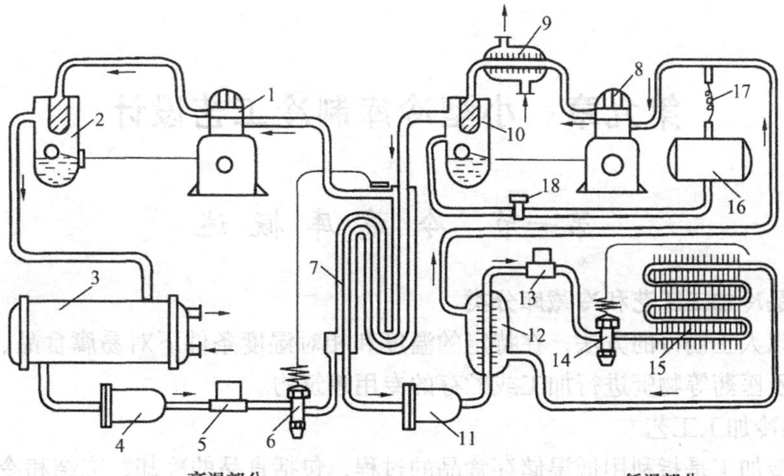

图 8-7　复叠式压缩制冷系统图

1—R22 制冷压缩机；2，10—油分离器；3—冷凝器；4，11—过滤器；5，13—电磁阀；6，14—热力膨胀阀；7—蒸发冷凝器；8—R13 制冷压缩机；9—预冷器；12—回热器；15—蒸发器；16—膨胀容器；17—毛细管；18—单向阀

思考题与习题

1. 根据中间冷却器的工作原理不同，双级压缩制冷循环可分为哪两种形式？二者有何区别？

2. 试述双级氨制冷系统和双级氟利昂制冷系统的工作原理。

3. 有一双级压缩制冷系统，制冷剂为 R717，已知 $p_0=0.717\text{MPa}$，$p_k=1.167\text{MPa}$，试确定其最佳中间压力。

4. 当蒸发温度为 -80℃，能否采用双级压缩制冷循环？为什么？

5. 当蒸发温度为 -100℃，用复叠式压缩制冷时，高温级制冷循环采用单级还是双级？低温级制冷循环采用单级还是双级？

6. 试述复叠式蒸气压缩制冷循环中蒸发冷凝器的作用。

第九章　小型冷库制冷工艺设计

第一节　冷藏库概述

一、食品冷加工工艺和冷藏库分类

冷库是以人工制冷的方法，在特定的温度和相对湿度条件下对易腐食品、工业原料、生物制品以及医药等物资进行加工或贮存的专用建筑物。

1．食品冷加工工艺

食品的冷加工是指利用低温储存食品的过程，包括食品的冷却、冻结和冷藏等。各种食品应按其特点和贮藏要求，选用适宜的温度，即采用不同的冷加工工艺。

(1) 食品的冷却　是将食品的温度降低到指定的温度，但不低于食品所含汁液的冻结点温度。在较低温度下，微生物的活动受到抑制，因而可以延长食品的保存期限。用于食品冷却的房间称为冷却间，冷却间的温度通常为0℃左右，并以冷风机为冷却设备。

(2) 食品的冻结　是将食品中所含的水分大部分冻结成冰。由于缺水和低温，微生物的活动被阻碍或停止，因此，经过冻结的食品可以作较长时间的储存。用于食品冻结的房间称为冻结间，冻结间的温度通常为－23～－30℃。冻结间是借助冷风机或专用冻结装置来冻结食品。

(3) 食品的冷藏　是将经过冷却或冻结的食品，在不同温度的冷藏间内进行短期或长期的储存。冷藏间分为冷却物冷藏间和冻结物冷藏间两类。

2．冷藏库分类

(1) 按结构形式分　主要分为固定式冷库和装配式冷库，此外还有山洞冷库和覆土冷库等。

(2) 按冷藏温度分　主要分为高温冷库和低温冷库。一般高温冷库的冷藏温度为0℃左右，低温冷库的冷藏温度在－15℃以下。

(3) 按使用性质分　主要分为生产性冷库、分配性冷库、生活服务性冷库三类。

生产性冷库主要建在货源较集中的地区。常与肉、鱼类联合加工厂或食品工业企业建在一起。鱼、肉、禽、蛋、果、菜等易腐食品经过适当加工处理后，送入冷库进行冷却或冻结，经短期冷藏贮存后即运往消费地区。生产性冷库的特点是具有较大的冷却及冻结加工能力和一定的冷藏容量。分配性冷库建在大中城市、水陆交通枢纽和人口密集的工矿区，作为市场供应、运输中转和贮备食品之用，其主要任务是贮藏已经冻结的食品。它的特点是冷藏容量大、冻结能力小。生活服务性冷库一般作为工厂企业食堂、宾馆、饮食店贮存食品之用。其特点是库容量小，贮存期短。

(4) 按容量大小分　主要分为小型、中型和大型。通常认为库容量在250～1000t为小型冷库；库容量在1000～3000t为中型冷库；库容量在3000t以上为大型冷库。

3．冷库建筑的组成

下面以小型冷库为例说明冷库建筑的组成，图 9-1 所示为 100t 冷库平面图，一般由冻结间、高温冷藏间、低温冷藏间、常温穿堂、值班室、机房等组成。

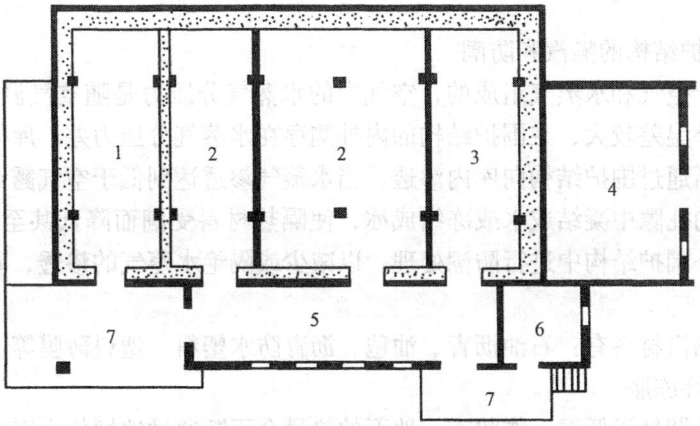

图 9-1 100t 冷库建筑平面图

1—高温冷藏间；2—冻结物冷藏间；3—冻结间；4—机房；
5—常温穿堂；6—值班室；7—站台

（1）冻结间

冻结间也称急冻间、速冻间。主要用于肉类的冻结，肉在冻结间内经过 12～20h 的冻结，肉内温度从 35℃降到 －15℃以下。

（2）高温冷藏间

高温冷藏间主要用于存放蔬菜、水果、蛋、豆制品的贮存，也可用于肉类、家禽的解冻和保鲜。

（3）低温冷藏间

低温冷藏间也称为冻结物冷藏间，其功能是贮存鱼类、肉类、家禽等冻结物，低温冷藏间由于其库温低，保存食品的质量好，保存的周期长。

（4）穿堂

穿堂是食品进出库的通道，并起到沟通各冷间、便于装卸周转的作用。多采用库外常温穿堂，将穿堂布置在冷库主体建筑之外。

（5）机房

通常把包括压缩机间、设备间、水泵房、配电间、工人值班室等房间。

此外在库房出入口设置了公路月台，供汽车等车辆装卸货物使用。

二、冷藏库的隔热、防潮及地坪防冻

1．冷库围护结构的隔热

冷藏库的库温通常低于外界气温，外界热量将通过围护结构传向库内，成为冷库耗冷量的重要组成部分。因此，为了减少围护结构耗冷量，保证食品的工艺要求及降低食品的干耗，冷库建筑必须具有一定的隔热性能，所以在围护结构中应设置隔热层。隔热层除了应有良好的隔热性能，即较小的传热系数外，还应考虑有一定的强度，地坪应有较大的负载能力；应尽可能少占冷库有效空间；减少隔热层内的“冷桥”；隔热结构应能防潮，具有持久的隔热效能；隔热材料外部设保护层，以防虫蛀、鼠咬或装卸作业时损坏。隔热层可用块状、板状或松散的隔热材料。

目前，冷藏库常用的隔热材料有稻壳、软木、聚苯乙烯泡沫塑料、聚氨脂泡沫塑料和玻璃纤维等。

2．冷库围护结构的隔汽和防潮

空气是由干空气和水蒸气组成的，空气中的水蒸气分压力是随空气温度升高而增大。冷藏库的库内外温差较大，在围护结构的内外侧存在水蒸气分压力差。库外高温侧空气中的水蒸气将不断通过围护结构向库内渗透。当水蒸气渗透达到低于空气露点的区域时，水蒸气将在材料的孔隙中凝结成水或冻结成冰，使隔热材料受潮而降低甚至丧失隔热性能。为此，必须在外围护结构中进行防潮处理，以减少或隔绝水蒸气的渗透，确保隔热材料不受潮。

常用防潮隔汽材料有：石油沥青、油毡、沥青防水塑料、塑料薄膜等。

3．防止地坪冻胀

由于冷库长期处于低温工作状态，地下的热量会不断通过地坪传入库内，引起地坪下的温度下降。一旦温度低于0℃，土壤的毛细作用会把地下水吸到已冻结的土层上，形成冰层，产生地坪冻胀现象。严重的地坪冻胀会使冷库的建筑结构遭受破坏。

防止地坪冻胀的方法有地坪架空；隔热地坪下面埋通风管道；采用地坪下面加热盘管，并用温度较高的介质在盘管中循环加热地坪；利用钢筋混凝土垫层中的钢筋作为加热元件，通电加热地坪；冷库下设地下室等。

4．防止热（冷）桥处理

当有导热系数较大的构件（如梁、板、柱、管道及其吊卡支架等）穿过或嵌入冷库围护结构的隔热层时，便形成了冷热交换的通道，称为热（冷）桥。

热（冷）桥在结构上破坏了隔热层和隔汽防潮层的完整性和严密性，容易使隔热层受潮失效。通过地坪的热（冷）桥，可使地坪下的土壤冻胀，危及建筑结构的安全。墙体或屋顶暴露在空气中的热（冷）桥，往往在其表面产生凝结水或冰霜，影响冷库的使用和安全。因此，冷库建筑结构应尽可能避免热（冷）桥。对于那些无法避免而形成热（冷）桥的构件、管道等，须采取必要的措施，尽可能减少热（冷）桥的影响。

通常减少热（冷）桥影响的措施：一是使围护结构各部分的隔热层和隔汽防潮层连接成整体，避免隔热层与外部空气直接接触；二是对形成冷桥的构件、管道等，在其周围和沿长度方向作局部的隔热、隔汽防潮处理，使高温侧不致产生凝结水或冰霜。作减轻热（冷）桥影响处理的隔热层厚度、宽度及长度，应视两侧温差和热（冷）桥构件的材料，以及选用的隔热材料而有所不同。

第二节　冷库耗冷量计算

一、冷库容量的确定

冷库容量的大小根据冷藏贮存食品的种类、数量及其容量来确定。冷库容量包括冷藏量及冷加工量（冷却加工及冻结加工能力）。

1. 冷藏量的确定

冷库的冷藏量以冷藏间的公称容积为计算标准。公称容积为冷藏间的净面积（不扣除柱、门斗和制冷设备所占的面积）乘以冷间净高。但目前习惯上仍以吨位计算，冷库贮藏吨位可按下式计算：

$$G = \frac{\Sigma V\rho\eta}{1000} \tag{9-3}$$

式中 G——冷库贮藏吨位，t；

V——冷藏间的公称容积，m^3；

η ——冷藏间的容积利用系数，见表9-1；

ρ——食品的密度，kg/m^3，见表9-2。

容积利用系数 η 　　　**表9-1**

公称容积（m^3）	500～1000	1001～2000	2001～10000	10001～15000	>15000
容积利用系数	0.40	0.50	0.55	0.60	0.62

注：1. 对于仅贮存冻结食品或冷却食品的冷库，表内公称容积为全部冷藏间公称容积之和；对于同时贮存冻结食品和冷却食品的冷库，公称容积为冻结食品冷藏间或冷却食品冷藏间各自的公称容积之和。

2. 蔬菜冷库的容积利用系数，应按表中数值乘以0.8的修正系数。

食品的计算密度 　　　**表9-2**

序　号	食 品 类 别	密度（kg/m^3）	序　号	食 品 类 别	密度（kg/m^3）
1	冻　肉	400	5	鲜水果	230
2	冻　鱼	470	6	冰　蛋	600
3	鲜　蛋	260	7	机制冰	750
4	鲜蔬菜	230	8	其　他	按实际密度采用

注：同一冷库如同时存放猪、牛、羊肉、禽类、水产品等时，其密度均按$400kg/m^3$计算；当只存羊腔时，密度按$250kg/m^3$计算；当只存冻牛、羊肉时，密度按$330kg/m^3$计算。

2. 冷加工量的确定

冷加工量与库房的大小、食品放置方式及周转次数有关。当冻结间及冷却间内装有吊轨时，冷加工量按下式计算：

$$m = \frac{24Lg_L}{\tau} \tag{9-4}$$

式中 m——每昼夜冷加工量，kg；

L——吊轨有效总长度，m；

n——每昼夜冷却或冻结的周转次数，一般取1，1.5，2，…等；

τ——冷却或冻结加工的时间，h；

g_L——吊轨单位长度净载货量，kg/m。按下列规定取值：

肉类：猪胴体，人工推动 $g_L=200～265kg/m$，机械传动，$g_L=175～250kg/m$；

牛胴体，人工推动1/2胴体吊挂 $g_L=195～400kg/m$，1/4胴体吊挂 $g_L=130～265kg/m$；

羊胴体，人工推动 $g_L=170～240kg/m$。

鱼类：用冻鱼车盘装，15kg盘 $g_L=405kg/m$；20kg盘 $g_L=486kg/m$。

虾类：用冻鱼车盘装，2kg盘 $g_L=216kg/m$。

当冻结间内采用搁架式冷却排管时，其冷加工量按下式计算：

$$m = \frac{24\eta' g' A}{\tau A'} \tag{9-5}$$

式中 m——冻结间每日的冷加工量，kg；

g'——每件（盘、听或箱）食品净重，kg；

η'——搁架利用系数，冻盘装食品 $\eta' = 0.85 \sim 0.90$，冻听装食品 $\eta' = 0.70 \sim 0.75$；冻箱装食品 $\eta' = 0.70 \sim 0.85$；

A——搁架各层水平面面积之和，m^2；

A'——每件食品所占面积，m^2；

24——每昼夜小时数，h。

对于大型冷库，当同时有冷却间及冻结间时，其冷加工量应分别进行计算。小型冷库无冷藏间与冷加工间之分，但在使用中也可能进入一些新鲜食品进行冷加工，其加工量与它们所配置的制冷机的制冷量有关，一般加工量都不大。因此，应通过计算确定其冷加工能力，使用中对进入的新鲜食品量要进行限制。

二、冷藏库耗冷量的计算

冷藏库耗冷量计算是计算组成冷藏库各房间的耗冷量，其目的在于正确合理地确定各库房的冷分配、设备负荷及制冷机机器负荷。冷库的耗冷量在一年四季中并不是恒定不变的，其大小受室外气温、冷冻或冷却货物的进货量、操作管理方式等因素的影响。因此，在一般条件下，先计算各种耗冷量的最大值，然后在确定库房冷分配、设备负荷及制冷机机器负荷时，再根据不同情况对某些耗冷量乘以不同的修正系数。

冷藏库耗冷量计算包括下列五个方面：

（1）由于冷间内、外温差，通过围护结构传热量引起的耗冷量，简称围护结构耗冷量 ϕ_1。

（2）货物在冷加工过程中放出的热量引起的耗冷量，简称货物耗冷量 ϕ_2。

（3）由于室内通风换气而带进的热量引起的耗冷量，简称通风换气耗冷量 ϕ_3。

（4）连续运行的电动设备产生的热量引起的耗冷量，简称电机运转耗冷量 ϕ_4。

（5）由于冷间操作人员、各种发热设备工作而产生的热量引起的耗冷量，简称操作耗冷量 ϕ_5。

（一）围护结构耗冷量 ϕ_1

围护结构耗冷量主要包括三部分：通过墙壁、楼板及屋顶等，因空气对流而渗入的热量形成的耗冷量 ϕ_{1a}；太阳辐射而渗入的热量形成的耗冷量 ϕ_{1b}；由于地坪传热而渗入的热量形成的耗冷量 ϕ_{1c}。但这三部分的耗冷量可简化用一个公式来计算。

$$\phi_1 = KA(t_w - t_n)\alpha \tag{9-6}$$

式中 K——围护结构的传热系数，W/（$m^2 \cdot$℃）；

A——围护结构的计算面积，m^2；

t_w、t_n——冷藏库室外、室内的计算温度，℃；

α——围护结构两侧温差修正系数，见表 9-7。

1. 传热系数 K

传热系数可根据围护结构的材料和具体构造，按下式计算：

$$K = \frac{1}{R_0} = \frac{1}{\frac{1}{\alpha_n} + \sum \frac{\delta}{\lambda} + \frac{1}{\alpha_w}} \tag{9-7}$$

式中 K——冷库围护结构传热系数，W/（m²·℃），地面的传热系数见表 9-3 和表 9-4；

R_0——冷库围护结构传热热阻，m²·℃/W；

α_w——围护结构外表面的放热系数，W/（m²·℃），见表 9-5；

α_n——围护结构内表面的放热系数，W/（m²·℃），见表 9-5；

δ——围护结构各层材料的厚度，m；

λ——各层材料的导热系数，W/（m·℃）。

直接铺设在土壤上的地面传热系数 K　　表 9-3

库房设计温度（℃）	0～-2	-5～-10	-15～-20	-23～-28	-35
K［W/（m²·℃）］	0.58	0.39	0.31	0.26	0.21

铺设在架空层上的地面传热系数 K　　表 9-4

冷间设计温度（℃）	0～-2	-5～-10	-15～-20	-23～-28	-35
K［W/（m²·℃）］	0.47	0.37	0.29	0.24	0.21

冷库围护结构的外表面和内表面放热系数　　表 9-5

围护结构部位及环境条件	α_w ［W/（m²·℃）］	α_n ［W/（m²·℃）］
无防风设施的屋面、外墙的外表面	23	
顶棚上为阁楼或有房屋和外墙外部紧邻其他建筑物的外表面	12	
外墙和顶棚的内表面、内墙和楼板的表面、地面的上表面：		
1）冻结间、冷却间设有强力鼓风装置时		29
2）冷却物冷藏间设有强力鼓风装置时		18
3）冻结物冷藏间设有鼓风的冷却设备时		12
4）冷间无机械鼓风装置时		8
地面下为通风架空层	8	

注：地面下为通风加热管道和直接铺设于土壤上的地面以及半地下室外墙埋入地下的部位，外表面传热系数均可不计。

2. 围护结构传热面积 A

（1）地面、屋面的面积

内墙的中线到中线或外墙的外表面到内墙中线。

（2）墙高度

1）中间层：由该层楼板面至上层楼板面。

2）顶层：由该层楼板面至屋盖外表面或阁楼绝热层的上表面。

3）底层：

（A）土壤上无绝热层的地坪：由该层地坪表面至上层楼板面。

（B）土壤上有绝热层的地坪：由绝热层下表面至上层楼板面。

（C）有架空通风的地坪：由架空板的下表面至上层楼板面。

(D) 埋设通风管的地坪：由通风管顶表面至上层楼板面。

(3) 外墙长度

1）有拐角的外墙：由端部外表面至内隔墙中线。

2）没有拐角的外墙：由内隔墙的中线到中线。

(4) 内墙长度

1）两端连接外墙的：两外墙内表面的距离。

2）一端连接外墙的：由外墙内表面至内隔墙中。

3）两端内墙：由两内墙中到中。

3. 围护结构外侧和内侧计算温度

(1) 围护结构外侧计算温度 t_w

围护结构外侧的计算温度 t_w应按下列规定取值：

1）计算外墙、屋面、顶棚、地面下部无通风等加热装置，或地面隔热层下为通风架空层时：t_w应采用夏季空气调节室外计算日平均温度。

2）计算内墙和楼面时，t_w应取其邻室的室温。当邻室为冷却间或冷冻间时，应取该类冷间空库保温温度。空库保温温度，冷却间应按10℃计算，冷冻间应按－10℃计算。

3）冷间地面隔热层下设有通风加热装置时，其外侧温度按1～2℃计算；如地面下部无通风等加热装置或地面隔热层下为通风架空层时，其外侧的计算温度应采用夏季空气调节日平均温度。

(2) 围护结构内侧计算温度 t_n

围护结构内侧计算温度即为冷库室内温度计算 t_n一般由冷加工或贮藏食品的性质、冷加工时间和贮存期限，以及技术经济分析而定。

围护结构内侧计算见表9-6。

库房设计温度和相对湿度 **表 9-6**

序号	库房名称	室温（℃）	相对湿度（%）	贮藏食品种类
1	冷却间	0		肉、蛋等
2	冻结间	－18～－23 －23～－30		肉、禽、兔、冰蛋、蔬菜等 鱼、虾等
3	冷却物冷藏间	0 －2～0 －1～1 0～2 －1～1 2～4 7～3 11～16	85～90 80～85 90～95 85～90 90～95 85～90 85～95 85～90	冷却后的肉、禽 鲜蛋 冰鲜鱼 苹果、鸭梨等 大白菜、蒜苔、葱头、菠菜、胡罗卜、甘蓝、芹菜、莴苣等 大豆、桔子、荔枝等 柿子椒、菜豆、黄瓜、蕃茄、菠萝、柑等 香蕉等
4	冻结物冷藏间	－15～－20 －18～－23	85～90 90～95	冻肉、禽、兔和副产品、冻蛋、冻蔬菜等 冻鱼、虾等
5	储冰间	－4～－6		盐水制冰的冰块

4. 围护结构两侧温差修正系数 α 值见表9-7

围护结构两侧温差修正系数 α 值 表 9-7

序号	围护结构部位	α
1	$D>4$ 的外墙：冻结间、冻结物冷藏间 冷却间、冷却物冷藏间、储冰间	1.05 1.10
2	$D>4$，相邻有常温房间的外墙	1.00
3	$D>4$ 的冷间顶棚，其上为通风阁楼， 屋面有隔热层或通风层：冻结间、冻结物冷藏间 冷却间、冷却物冷藏间、储冰间	1.05 1.10
4	$D>4$ 的冷间顶棚，其上为不通风阁楼， 屋面有隔热层或通风层：冻结间、冻结物冷藏间 冷却间、冷却物冷藏间、储冰间	1.20 1.30
5	$D>4$ 的无阁楼屋面，屋面有通风层：冻结间、冻结物冷藏间 冷却间、冷却物冷藏间、储冰间	1.20 1.30
6	$D\leqslant4$ 的外墙：冻结物冷藏间	1.30
7	$D\leqslant4$ 的无阁楼屋面，冻结物冷藏间	1.60
8	半地下室外墙，外侧为土壤时	0.20
9	冷间地面下部无通风等加热设备时	0.20
10	冷间地面隔热层下有通风等加热设备时	0.60
11	冷间地面隔热层下为通风架空层时	0.70
12	两侧均为冷间时	1.00

注：1. D 为围护结构热惰性指标。
2. 负温穿堂可参照冻结物冷藏间选用 α 值。
3. 表内未列的其他库温等于或高于 0℃的库房可参照各项中冷却间的 α 值选用。

（二）货物耗冷量 ϕ_2

货物耗冷量 ϕ_2是因为食品及其包装材料进库时的温度都高于库房温度，食品及其包装材料会因为与冷库存在温差而向库内放热。同时冷库中新鲜蔬菜、水果要不断地“呼吸”而向库内排出热量。因此，货物耗冷量主要包括三部分：食品冷加工时放出的热量；包装材料和运输工具放出的热量；鲜活食品在冷却或冷藏时因“呼吸”放出的热量。货物耗冷量 ϕ_2可按下式计算：

$$\phi_2=\phi_{2a}+\phi_{2b}+\phi_{2c}+\phi_{2d}$$

$$=\frac{m(h_1-h_2)}{3.6\tau}+\frac{m_b c_b(t_1-t_2)}{3.6\tau}+\frac{m(q_1+q_2)}{2}+(m_z-m)q_2 \tag{9-8}$$

式中 ϕ_{2a}——食品热量，W；

ϕ_{2b}——包装材料和运载工具热量，W；

ϕ_{2c}——货物冷却时的呼吸热量，W，仅鲜水果、蔬菜冷藏间计算；

ϕ_{2d}——货物冷藏时的呼吸热量，W，仅鲜水果、蔬菜冷藏间计算；

m——冷间的每日进货量，kg；

h_1——货物进入冷间初始温度时的比焓，kJ/kg，见表 9-8；

h_2——货物在冷间终止降温时的比焓，kJ/kg，见表 9-8；

τ——货物冷加工时间，h，对冷藏间取 24h，对冷却间、冻结间取设计冷加工时间；

m_b——每次进货的包装物量，kg；

c_b——包装材料或运载工具的比热容，kJ/（kg·℃），见表 9-9；

t_1——包装材料或运载工具进入冷间时的温度，℃；

t_2——包装材料或运载工具在冷间内终止降温时的温度，℃，一般取冷间的设计温度；

q_1——货物冷却初始温度时单位质量的呼吸热量，W/kg，见表 9-10；

q_2——货物冷却终止温度时单位质量的呼吸热量，W/kg，见表 9-10；

m_z——冷间的贮藏量，kg。

食品的焓值表（kJ/kg） **表 9-8**

食品温度(℃)	牛肉各种禽类	羊肉	猪肉	肉类副产品	去骨牛肉	少脂鱼	多脂鱼	鱼片	鲜蛋	蛋黄	纯牛奶	奶油	炼制奶油	奶油冰淇淋	牛奶冰淇淋	葡萄杏子樱桃	水果及其他浆果	水果及糖浆浆果	加糖的浆果
-25	-10.9	-10.9	-10.5	-11.7	-11.3	-12.2	-12.2	-12.2	-8.8	-9.6	-12.6	-9.2	-8.8	-16.3	-14.7	-17.2	-14.2	-17.6	-22.2
-20	0.0	0.0	0.0	0.0	0.0	0.0	0.0	0.0	0.0	0.0	0.0	0.0	0.0	0.0	0.0	0.0	0.0	0.0	0.0
-19	2.1	2.1	2.1	2.5	2.5	2.5	2.5	2.5	2.1	2.1	2.9	1.7	1.7	3.4	2.9	3.8	3.4	3.8	5.0
-18	4.6	4.6	4.6	5.0	5.0	5.0	5.0	5.0	4.2	4.6	5.4	3.8	3.4	7.1	6.3	7.5	6.7	8.0	10.0
-17	7.1	7.1	7.1	8.0	8.0	8.0	8.0	8.0	6.3	6.7	8.4	5.9	5.0	11.3	9.6	11.7	10.0	12.0	15.5
-16	10.0	9.6	9.6	10.9	10.9	10.9	10.9	10.9	8.4	8.8	11.3	8.0	7.1	15.5	13.4	15.9	13.4	16.8	21.0
-15	13.0	12.6	12.2	13.8	13.4	14.2	14.2	14.7	10.5	11.3	14.2	10.1	9.2	19.7	17.6	20.5	17.2	21.4	26.8
-14	15.9	15.5	15.1	17.2	16.8	17.6	17.2	18.0	12.6	13.8	17.6	12.6	11.3	24.3	22.2	25.6	21.0	26.4	33.1
-13	18.9	18.4	18.0	20.5	20.1	21.0	20.5	21.8	15.1	15.9	21.4	15.1	13.4	29.3	27.2	31.0	25.1	31.4	39.8
-12	22.2	21.8	21.4	24.3	23.5	24.7	24.3	25.6	17.6	18.4	25.1	17.6	15.9	34.8	33.1	36.5	29.7	36.9	46.9
-11	26.0	25.6	25.1	28.5	27.2	28.9	28.1	29.7	20.1	21.4	28.9	20.5	18.0	40.6	39.8	42.7	34.4	43.2	54.9
-10	30.2	29.7	28.9	33.1	31.4	33.5	32.7	34.8	22.6	24.3	32.7	23.5	20.5	46.9	47.3	49.9	39.4	49.4	63.7
-9	34.8	33.9	33.1	38.1	36.0	38.5	37.3	40.2	25.6	28.5	37.3	26.4	23.5	54.1	55.7	57.8	44.8	56.6	73.7
-8	39.4	38.5	37.3	43.2	41.1	43.6	42.3	45.7	28.5	31.0	42.3	29.3	26.0	62.4	65.4	66.6	51.1	64.9	85.9
-7	44.4	43.6	41.9	48.6	46.1	49.4	47.8	51.5	31.8	34.4	48.2	32.7	28.5	72.9	72.1	78.8	58.7	75.8	101.0
-6	50.7	49.4	47.3	55.3	52.4	56.6	54.5	58.7	36.0	39.0	54.9	36.5	31.4	86.7	92.2	93.3	68.7	89.7	120.3
-5	57.4	55.7	54.5	62.9	59.9	74.2	61.6	67.0	41.5	44.8	62.9	40.6	34.4	105.6	111.9	116.1	82.1	108.1	147.5
-4	66.2	64.5	62.0	72.9	69.1	80.9	71.2	77.5	47.8	52.0	73.7	44.8	36.9	132.0	138.7	150.0	104.3	135.3	169.7
-3	75.4	77.1	73.7	88.0	83.0	89.2	85.5	93.9	227.9/57.8*	63.3	88.8	50.7	39.8	178.9	181.4	202.8	139.1	180.6	173.5
-2	98.9	96.0	91.8	109.8	103.5	111.9	106.4	117.7	230.9/75.8*	83.4	111.5	60.3	43.2	221.2	230.0	229.2	211.2	240.1	176.4
-1	186.0	179.8	170.1	204.5	194.4	212.4	199.9	22.50	234.2/128.6*	142.0	184.4	91.8	49.0	224.6	233.4	233.0	268.2	243.9	179.8
0	232.5	224.2	212.0	261.5	243.0	266.0	249.3	282.0	237.6	264.4	319.3	95.1	52.0	227.9	236.7	236.3	271.9	247.2	182.7
1	235.9	227.5	214.9	264.8	246.4	269.8	253.1	285.8	240.5	267.7	323.0	98.0	55.3	231.3	240.1	240.1	275.7	251.0	186.0
2	238.8	230.5	217.9	268.8	249.7	273.2	256.4	289.1	243.9	271.1	326.8	101.4	58.2	234.6	243.4	243.4	279.5	254.3	189.0
3	242.2	233.8	221.2	271.9	253.1	277.0	259.8	292.9	246.8	274.4	331.0	104.8	61.2	238.0	247.2	249.7	283.2	258.1	192.3
4	245.5	236.7	221.2	275.3	256.4	280.3	263.1	296.7	250.1	277.8	334.8	107.7	64.1	241.3	250.1	250.6	287.0	261.5	195.3
5	248.5	240.1	227.1	279.1	259.8	287.4	266.5	300.4	253.1	281.6	339.0	111.5	67.5	244.7	253.9	254.3	290.8	266.5	198.6
6	251.8	243.0	230.0	282.4	263.1	288.7	269.8	303.8	256.4	284.9	342.7	114.4	70.8	248.0	257.3	257.7	294.6	268.6	201.5
7	255.2	246.4	233.4	285.8	266.5	290.8	273.2	307.5	259.4	288.3	346.5	117.7	74.2	251.4	260.6	260.6	298.3	272.4	204.9
8	258.5	249.3	236.3	289.5	269.4	295.4	277.0	311.3	262.7	291.6	350.7	121.5	77.5	254.8	264.0	264.8	302.1	275.7	207.8
9	261.5	252.6	239.2	292.9	272.8	297.9	280.3	315.1	256.6	295.0	354.5	125.7	81.3	258.1	267.3	268.6	305.9	279.5	211.2
10	264.8	255.6	242.2	296.2	276.1	301.3	283.7	318.4	269.0	298.7	358.7	129.9	85.5	261.5	270.7	271.9	309.6	282.8	214.1

食品温度（℃）	牛肉各种禽类	羊肉	猪肉	肉类副产品	去骨牛肉	少脂鱼	多脂鱼	鱼片	鲜蛋	蛋黄	纯牛奶	奶油	炼制奶油	奶油冰淇淋	牛奶冰淇淋	葡萄杏子樱桃	水果及其他浆果	水果及糖浆浆果	加糖的浆果
11	268.2	258.9	245.5	300.0	279.5	305.0	287.0	322.2	271.9	302.1	362.4	134.1	90.1	264.8	274.4	275.7	313.4	286.6	217.5
12	271.1	261.9	248.5	303.4	282.8	308.4	290.4	326.0	275.3	305.5	366.6	138.7	95.1	268.2	277.8	279.1	317.2	289.9	220.4
13	274.4	265.2	251.4	306.7	286.2	312.2	293.7	329.3	278.6	308.8	370.4	144.1	100.6	271.5	281.1	282.8	321.0	293.7	223.7
14	277.8	268.2	254.3	310.5	289.5	315.5	297.1	333.1	281.6	312.2	374.6	149.6	106.4	274.9	284.5	286.2	324.7	297.1	226.7
15	280.7	271.5	257.3	313.8	292.9	318.9	300.8	336.9	284.9	315.9	378.8	155.4	112.3	278.2	287.9	289.9	328.5	300.8	230.0
16	284.1	274.4	260.6	317.2	296.2	322.6	304.2	340.6	287.9	319.3	382.5	161.3	118.6	281.6	291.2	293.3	332.3	304.2	233.0
17	287.4	277.8	263.6	321.0	299.6	326.0	307.5	344.0	291.2	322.6	386.7	166.8	124.9	284.9	294.6	297.1	336.5	308.0	236.3
18	290.4	280.7	266.5	324.3	302.9	329.8	310.9	347.8	294.1	326.0	390.9	172.2	130.3	288.3	297.9	300.4	339.8	313.4	239.2
19	293.7	284.1	269.4	327.7	306.3	331.1	314.3	351.5	297.5	329.3	394.7	177.7	136.2	291.6	301.3	304.2	343.6	315.1	242.6
20	297.1	287.0	272.8	331.4	309.6	336.5	317.6	355.3	300.4	333.1	398.9	182.7	141.2	295.0	304.6	307.5	347.4	318.4	245.5
21	300.0	290.4	275.7	334.8	313.0	340.2	321.4	358.7	303.8	336.5	402.7	187.7	146.2	298.3	308.0	311.3	351.1	322.2	248.9
22	303.4	293.3	278.6	338.1	315.9	343.6	324.7	362.4	307.1	339.8	406.8	192.3	150.8	301.7	311.3	315.1	345.9	325.6	251.8
23	306.7	296.7	281.6	341.9	319.3	346.0	328.1	366.2	310.1	343.2	410.6	196.5	155.4	305.0	314.7	318.4	358.7	329.3	255.2
24	310.1	299.6	284.9	345.3	322.6	350.7	331.4	369.6	313.4	346.5	414.8	200.7	159.6	308.4	318.0	321.8	362.4	332.7	258.1
25	313.0	302.9	287.9	349.0	326.0	354.1	334.8	373.3	316.3	350.3	418.6	204.9	163.8	311.4	321.4	325.6	366.2	336.5	261.5
26	316.4	305.9	290.8	352.4	329.3	357.8	338.1	377.1	319.7	—	422.8	208.7	167.6	315.1	325.1	328.9	370.0	339.8	264.4
27	319.7	309.2	293.7	356.2	332.7	361.2	341.5	380.9	322.6	—	426.5	212.4	171.0	318.4	328.5	332.7	373.8	343.6	267.3
28	322.6	312.3	297.1	359.5	336.0	365.0	345.3	384.2	326.0	—	430.7	215.8	174.3	321.8	331.9	336.0	377.5	344.4	270.7
29	326.0	315.5	300.0	362.9	339.4	368.3	348.6	388.0	328.9	—	434.5	219.1	177.7	325.1	335.2	339.8	381.3	350.7	273.6
30	329.3	318.4	302.9	366.6	342.7	371.7	352.0	391.8	332.3	—	438.7	222.9	181.4	328.5	338.6	343.2	385.1	354.1	277.0

备注：＊分子为冷却鸡蛋的焓值，分母为冻蛋的焓值。

包装材料或运输工具的比热容量　　表 9-9

名　称	C_b（kJ/kg·℃）	名　称	C_b（kJ/kg·℃）
木板类	2.51	马粪纸、瓦纸类	1.47
黄　铜	0.39	黄油纸类	1.51
铁皮类	0.42	布类	1.21
铝　皮	0.88	竹器类	1.51
玻璃容器类	0.84		

水果与蔬菜的呼吸热　　表 9-10

品　种	不同温度下的呼吸热（W/t）						
	0	2	5	10	15	20	25
杏	17	27	56	102	155	199	—
香蕉（青）	—	—	52	98	131	155	
香蕉（熟）	—	—	58	116	164	242	—
成熟柠檬	9	13	20	33	47	58	78
甜樱桃	21	31	47	97	165	219	—
橙	10	13	19	35	56	69	96
西　瓜	19	23	27	46	70	102	—
梨（早熟）	20	28	47	63	160	278	—

续表

品种	不同温度下的呼吸热（W/t）						
	0	2	5	10	15	20	25
梨（晚熟）	10	22	41	56	126	219	—
苹果（早熟）	19	21	31	60	92	121	149
苹果（晚熟）	10	14	21	31	58	73	—
李	21	35	65	126	184	233	—
葡萄	9	17	24	36	49	78	102
香瓜	20	23	28	43	76	102	—
桃	19	22	41	92	131	181	236
菠萝（熟）	—	—	45	70	80	87	—
酸樱桃	22	34	53	107	184	242	—
草莓	47	63	92	175	242	300	453
坚果	2	3	5	10	15	15	—
抱子甘蓝	67	78	135	228	295	520	—
菜花	63	17	88	138	259	402	—
卷心菜	33	36	51	78	121	194	—
结球甘蓝（冬天）	19	24	24	38	58	116	—
马铃薯	20	22	24	26	36	44	—
胡萝卜	28	34	38	44	97	135	—
黄瓜	20	24	34	60	121	174	—
甜菜	20	28	34	60	116	213	—
西红柿	17	20	28	41	87	102	—
蒜	22	31	47	71	128	152	—
葱头	20	21	26	34	46	58	—
青豆	70	82	121	206	412	577	721
莴苣	39	44	51	102	189	339	—
蘑菇	121	131	160	252	485	635	—
豌豆	104	143	189	267	460	645	872
芹菜	20	—	29	—	102	—	—
玉蜀黍	80	—	116	—	465	—	756
青椒	33	—	64	96	114	131	—
芦笋	65	—	85	160	279	363	—
菠菜	82	—	199	313	523	897	—

按《冷库设计规范》（GB 50072—2001）规定，使用式（9-8）应注意以下问题：

1）当冷库仅有鲜水果和鲜蔬菜的冷藏间时，只需计算 ϕ_{2c} 和 ϕ_{2d}。

2）如冻结过程中需加水时，则应计算水的热量。

3）库房每日的进货量 m 应按下列规定取值：

（A）冷却间或冷冻间应按设计冷加工能力计算。

（B）存放果蔬的冷却物冷藏间应按不大于该间冷藏吨位的 8%计算；存放鲜蛋的冷却物冷藏间，应按不大于该间冷藏吨位的 5%计算。

（C）有从外地调入货物的冷藏库，其冻结物冷藏间每间每日进货量应按该间冷藏吨位的 5%计算。

（D）无外地调入货物的冷藏库，其冻结物冷藏间每间每日进货量一般宜按该库每日冻结量计算；如该进货量大于按该冷藏间吨位 5%计算的进货量时，则应按冷间冷藏吨位的 5%计算。

4）货物进入冷间时的温度，应按下列规定来计算：

（A）未经冷却的鲜肉温度应按35℃计算，已冷却的鲜肉温度按4℃计算。

（B）从外地调入的冻肉温度按 - 8～ - 10℃计算。

（C）无外地调入货物的冷库，进入冻结物冷藏间的货物温度按该冷库冻结间终止降温时的货物温度计算。

（D）鲜蛋、水果、蔬菜的进货温度按当地货物进入冷间生产旺月的月平均温度计算。

5）包装材料或运载工具进出库房的温度按下列规定取值：

（A）包装材料或运载工具进入库房温度的取值应按夏季空调日平均温度乘以生产旺月的温度修正系数（见表9-11）。

（B）包装材料或运载工具在冷间内终止降温时的温度，一般为该冷间的设计温度。

包装材料或运输工具进入冷间的温度修正系数　　表9-11

进入冷间月份	1	2	3	4	5	6	7	8	9	10	11	12
温度修正系数	0.10	0.15	0.33	0.53	0.72	0.86	1.00	1.00	0.83	0.62	0.41	0.20

（三）通风换气耗冷量 ϕ_3

对于贮藏蔬菜、水果等鲜货食品的冷间，为适应其生命活动，排除 CO_2 和防止腐烂等，必须进行一定的通风换气。生产性的冷间，为了满足生产工人呼吸需要，也要补充新鲜空气。同时，室外空气进入冷间将被冷却，同时空气的含湿量也将产生变化，导致一部分水蒸气凝结也将消耗一定的冷量。因此，通风换气耗冷量 ϕ_3 包括冷却物换气耗冷量和操作人员需要的新鲜空气耗冷量两部分。

$$\phi_3 = \phi_{3a} + \phi_{3b} = \frac{1}{3.6}\left(\frac{(h_w - h_n) n V_n \rho_n}{24}\right) + 30 n_r \rho_n (h_w - h_n) \tag{9-9}$$

式中　ϕ_{3a}——冷间货物换气耗冷量，W；

ϕ_{3b}——操作人员需要的新鲜空气的耗冷量，W；

h_w——冷间外空气的比焓，kJ/kg；

h_n——冷间内空气的比焓，kJ/kg；

n——每日换气次数，一般根据冷库食品种类而定，可取2～3次，也可根据允许的 CO_2 浓度确定；

V_n——冷间内净体积，m^3；

ρ_n——冷间内空气密度，kg/m^3；

24—— 一天换算成24h的数值；

30——每个操作人员每小时需要的新鲜空气量，m^3/（h·人）；

n_r——操作人员数量；

1/3.6——1kJ/h换算成W的数值。

按《冷库设计规范》（GB 50072—2001）规定，采用上式计算耗冷量时，应注意以下几点：

1）通风换气耗冷量只适用于贮存着有呼吸作用食品的冷藏间。

2）有操作人员长期停留的加工间、包装间等冷间，需计算操作人员需要新鲜空气的

耗冷量 ϕ_{3b}，其余冷间可不计。

3）室外空气的焓应按夏季通风室外计算温度及夏季室外计算相对湿度取值；室内空气的焓应按冷间设计温度和相对湿度取值。

（四）电动机运转耗冷量 ϕ_4的计算

电动机运转热量是由冷库内工作的冷风机、运输链、搬运设备（电瓶车等）所带电动机所产生。其热量聚集在冷间里，靠制冷装置带走，这给制冷系统又增加了一部分耗冷量，电动机运转产生的热量与电动机的功率及安装位置有关，其计算如下

$$\phi_4 = \sum \frac{P\xi\tau_2}{\tau} \quad (\mathrm{W}) \tag{9-10}$$

式中 P——电动机额定功率，W；

ξ——热转化系数，电动机在库房内时应取 1，电动机在库房外时应取 0.75；

τ_2——电动机运转时间，h，对于冷风机配用电动机的运转时间取 1h，对冷间内其他设备配用的电动机可按实用情况取值，一般可按每昼夜操作 8h 计。

（五）操作耗冷量 ϕ_5的计算

冷库由于操作及加工的过程中,有照明及食品、操作人员进出冷库开门的需要,使冷库耗冷量增加,称为操作耗冷量。这部分耗冷量的特点是:间歇性出现,既不稳定又不连续。操作耗冷量 ϕ_5一般包括三部分:照明耗冷量 ϕ_{5a};开门耗冷量 ϕ_{5b};操作人员耗冷量 ϕ_{5c};

$$\phi_5 = \phi_{5a} + \phi_{5b} + \phi_{5c}$$

式中 ϕ_{5a}——照明耗冷量，W；

ϕ_{5b}——开门耗冷量，W；

ϕ_{5C}——操作人员耗冷量，W。

1. 照明耗冷量 ϕ_{5a}

$$\phi_{5a} = q_d A \tag{9-11}$$

式中 A——冷间地面面积，m^2；

q_d——每平方米地板面积照明热量，W/m^2，按照冷库照明规定，对每平方米冷间地板面积的照明规定为：冷却间、冻结间、冷藏间、冰库和冷间内穿堂可取 $2.3W/m^2$；操作人员长时间停留的加工间、包装间等可取 $5.8W/m^2$。

2. 开门耗冷量 ϕ_{5b}

$$\phi_{5b} = \frac{1}{3.6} \times \frac{n'_k n_k V_n (h_w - h_n) M \rho_n}{24} \tag{9-12}$$

式中 n_k——门樘数；

n'_k——每日开门换气次数，见图 9-2 所示；

M——空气幕效率修正系数，可取 0.5；如不设空气幕时，应取 1。

3. 操作人员耗冷量

$$\phi_{5c} = \frac{3}{24} n_r q_r \tag{9-13}$$

式中 n_r——操作人员数量；

$\frac{3}{24}$——每日操作时间系数，按每日操作 3h 计。

q_r——每个操作人员产生的热量，W/人，在冷库冷间设计温度高于或等于 -5℃时，宜取 280W/人；冷间设计温度低于 -5℃时，宜取 410W/人。

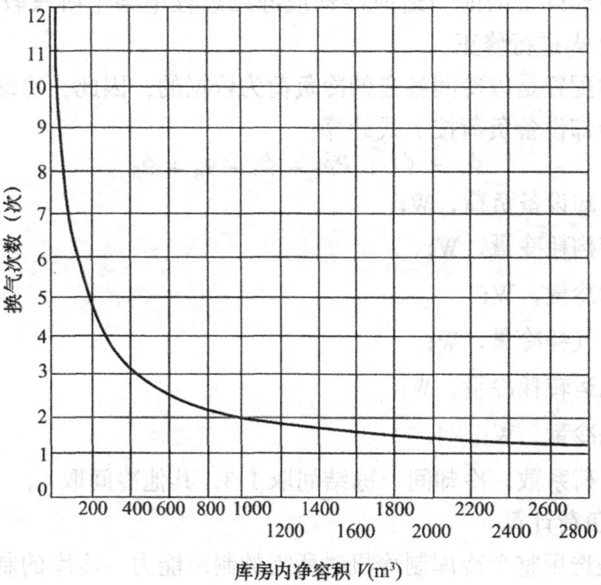

图 9-2　冷间开门换气次数图

计算操作管理耗冷量 ϕ_5时，应注意以下几点：

(1) 冷却间、冷冻间不计算这项耗冷量。

(2) 操作人员数可按冷间的容积每 250m³增加一人。

第三节　小型冷藏库制冷工艺设计

一、负荷计算

本章第二节中计算的 ϕ_1、ϕ_2、ϕ_3、ϕ_4和 ϕ_5五部分热量的总和称为库房的总耗冷量。但是，不能将这总耗冷量直接作为选配制冷机和冷却设备的依据，因为没有考虑库房各种热量的特性。例如围护结构耗冷量和通风换气耗冷量，应是随季节和昼夜大气温湿度变化而变化：货物热则与货物进入量、季节、食品种类、冷加工方法有关；各库电动机运转时间和操作管理的时间也不是同时进行的；各个库房的各个耗冷量的最大值一般不同时出现。同时还要考虑管路冷损失等。所以，应对冷藏库的耗冷量进行适当的修正，以作为冷间冷却设备负荷和冷间机械负荷，从而选配库房中的蒸发器、制冷机及其他辅助设备。

负荷的计算包括两个方面的内容，冷间冷却设备负荷 ϕ_s计算和机械负荷 ϕ_j计算。

(一) 冷间冷却设备负荷计算

冷间冷却设备的主要作用是及时、全部地带走各种热源产生的热量，使库温保持在冷加工工艺要求的范围内，以满足食品冷加工工艺要求，确保食品冷加工质量。

冷间冷却设备负荷计算时，要考虑食品在冻结或冷却加工过程中货物耗冷量是随时间变化的，有时大于整个冷加工过程的平均耗冷量；有时也小于其平均耗冷量。果品或蔬菜在冷却过程中，由于冷却初期食品呼吸热较大，使得食品冷却初期单位时间放出的热量大于整个冷却过程的食品平均小时耗冷量。因此，在确定冷却间和冻结间冷分配设备负荷时，为了使冷间的冷却设备的能力适应冷却或冻结过程中某个阶段较平均耗冷量大的需要，应对货物耗冷量 ϕ_2进行修正。

冷间冷却设备的配置是以冷间各自的冷负荷为依据的，因此，冷却设备负荷计算要逐间分开进行。冷间冷却设备负荷按下式计算：

$$\phi_s = \phi_1 + P\phi_2 + \phi_3 + \phi_4 + \phi_5 \tag{9-13}$$

式中 ϕ_s——冷间冷却设备负荷，W；

ϕ_1——围护结构耗冷量，W；

ϕ_2——货物耗冷量，W；

ϕ_3——通风换气耗冷量，W；

ϕ_4——电动机运转耗冷量，W；

ϕ_5——操作耗冷量，W；

P——货物负荷系数，冷却间、冻结间取 1.3，其他冷间取 1。

（二）冷间机械负荷计算

冷间机械负荷是选用整个冷库制冷机时所需的制冷能力。冷库的制冷机的制冷能力必须适应冷库全年生产的要求，特别是应能满足冷库生产高峰负荷的需要，同时要充分考虑冷库运行的经济性、合理性。本章上节中介绍的负荷计算考虑是在最恶劣的工况条件下进行的。但冷库的生产并不是在最恶劣的条件下运行的，冷库的负荷与冷库的货物加工情况有关，带有明显的季节性，一般在秋天和冬初是冷库的生产旺季，而此时围护结构的耗冷量却不是处于最大值，因此，冷间机械负荷不是简单的负荷累加，而是应根据实际情况对各种计算耗冷量进行修正。冷间机械负荷的计算公式为

$$\phi_j = (n_1\Sigma\phi_1 + n_2\Sigma\phi_2 + n_3\Sigma\phi_3 + n_4\Sigma\phi_4 + n_5\Sigma\phi_5)R \tag{9-14}$$

式中 ϕ_j——冷间机械负荷，W；

n_1——围护结构耗冷量的季节修正系数，一般应根据生产旺季的出现月份，查表 9-12，当全年生产无明显的淡旺季区别时，应取 1；

n_2——货物耗冷量的机械负荷折减系数，与冷间的种类和性质有关，冷加工间和其他冷间应取 1；冷却物冷藏间按下列数值取值：公称容积为 10000m^{3}以下时取 0.6，公称容积 10001～30000m^{3}时，取 0.45，公称容积为 30001m^{3}以上时取 0.3；冻结物冷藏间按下列数值取值：公称容积为 7000m^{3}以下时取 0.5，公称容积为 7001～20000m^{3}时取 0.65，公称容积为 20001m^{3}以上时取 0.8；

n_3——同期换气系数，一般取 0.5～1.0，根据同时最大换气量和全库每日总换气量的比率选择，比率大时取大值；

n_4——冷间用电动机的同期运转系数。冷却间、冻结间、冷却物冷藏间中的冷风机，取值为 1，其他冷间按表 9-13 取值；

n_5——冷间同期操作系数，按表 9-13 取值；

R——制冷装置和管道等冷量损耗补偿系数，一般直接冷却系统取值 1.07，间接冷却系统取 1.10。

季节修正系数 **表 9-12**

n_1值 纬度	月份 库温	1	2	3	4	5	6	7	8	9	10	11	12	
北纬 40° 以上	0℃	−0.70	−0.50	−0.10	0.40	0.70	0.90	1.00	1.00	0.70	0.30	−0.10	−0.50	含 40°
	−10	−0.05	−0.11	0.19	0.59	0.78	0.92	1.00	1.00	0.78	0.49	0.19	−0.11	
	−18	−0.02	0.10	0.33	0.64	0.82	0.93	1.00	1.00	0.82	0.58	0.33	0.10	
	−23	0.08	0.18	0.40	0.68	0.84	0.94	1.00	1.00	0.84	0.62	0.40	0.18	
	−30	0.19	0.28	0.47	0.72	0.86	0.95	1.00	1.00	0.85	0.67	0.47	0.28	
北纬 35°~40°	0℃	−0.30	−0.20	0.20	0.50	0.80	0.90	1.00	1.00	0.70	0.50	0.10	−0.20	含 35℃
	−10	0.05	0.14	0.41	0.65	0.86	0.92	1.00	1.00	0.78	0.65	0.35	0.14	
	−18	0.22	0.29	0.51	0.71	0.89	0.93	1.00	1.00	0.82	0.71	0.38	0.29	
	−23	0.30	0.36	0.56	0.74	0.90	0.94	1.00	1.00	0.84	0.74	0.40	0.36	
	−30	0.39	0.44	0.61	0.77	0.91	0.95	1.00	1.00	0.86	0.77	0.47	0.44	
北纬 30°~35°	0℃	0.10	0.15	0.33	0.53	0.72	0.86	1.00	1.00	0.83	0.62	0.41	0.20	含 30°
	−10	0.31	0.36	0.48	0.79	0.79	0.86	1.00	1.00	0.88	0.71	0.55	0.38	
	−18	0.42	0.46	0.56	0.82	0.82	0.90	1.00	1.00	0.88	0.76	0.62	0.48	
	−23	0.47	0.51	0.60	0.84	0.84	0.91	1.00	1.00	0.89	0.78	0.65	0.53	
	−30	0.53	0.56	0.65	0.85	0.85	0.92	1.00	1.00	0.90	0.81	0.69	0.58	
北纬 25°~30°	0℃	0.18	0.23	0.42	0.80	0.80	0.88	1.00	1.00	0.87	0.65	0.45	0.26	含 25°
	−10	0.39	0.41	0.56	0.85	0.85	0.90	1.00	1.00	0.90	0.73	0.59	0.44	
	−18	0.49	0.51	0.63	0.88	0.88	0.92	1.00	1.00	0.92	0.78	0.65	0.53	
	−23	0.54	0.56	0.67	0.89	0.89	0.93	1.00	1.00	0.92	0.80	0.67	0.57	
	−30	0.59	0.61	0.70	0.90	0.90	0.93	1.00	1.00	0.93	0.82	0.72	0.62	
北纬 25°以下	0℃	0.44	0.48	0.63	0.94	0.94	0.97	1.00	1.00	0.93	0.81	0.65	0.49	
	−10	0.58	0.60	0.73	0.95	0.95	0.98	1.00	1.00	0.95	0.85	0.75	0.63	
	−18	0.65	0.67	0.77	0.96	0.96	0.98	1.00	1.00	0.96	0.88	0.79	0.69	
	−23	0.68	0.70	0.79	0.96	0.96	0.98	1.00	1.00	0.96	0.89	0.81	0.72	
	−30	0.72	0.73	0.82	0.97	0.97	0.98	1.00	1.00	0.97	0.90	0.83	0.75	

冷间用电动机同时运转系数 n_4 和冷间同期操作系数 n_5 **表 9-13**

冷间总间数	1	2~4	≥5
n_4、n_5	1	0.5	0.4

注：冷间总数按同一蒸发温度且用途相同的冷间间数计算。

二、库房冷却设备的选型计算

库房冷却设备主要是蒸发器，即墙、顶盘管、搁架式盘管、冷风机等。

冷却设备是冷库的重要吸热设备，应根据冷藏间性质、贮藏食品种类、库温要求、供液方式以及冷加工工艺的特点进行选择，以满足对库房降温速度、食品冷加工速度及冷藏质量的要求。

（一）冷却设备选型原则

（1）冷却间、冻结间和冷却物冷藏间的冷却设备采用冷风机。

（2）冻结盘装、箱装或听装食品时，可采用搁架式排管或平板冻结器等冻结设备。

（3）冻结物冷藏间采用墙排管、顶排管等冷却设备；当食品有良好的包装时，可采用冷风机。

（4）储冰间采用分散均匀满布的方式设置顶排管。

（5）对于包装间，当室温低于 –5℃时采用墙排管；室温高于 –5℃时，宜选用冷风机。

（6）冷却设备的计算温差应根据减少食品干耗、提高制冷效率，节省能源等，通过技术经济比较确定，一般为 10℃。

（二）库房冷却设备的选择

1. 排管的设计计算

在中、小型冷库冻结间中，采用排管特别是搁架式排管作为冷却设备的较多。搁架式排管对鱼、禽、猪副产品进行冻结加工，可以得到较好的冻结效果。如果在搁架冻结管组配以风机，强制空气对流循环，则将有效地缩短冻结时间，提高冻结质量。

排管的设计计算是确定排管的结构形式，计算排管的冷却面积（蒸发器传热面积）和长度。

（1）排管冷却面积计算

排管的冷却面积按下式计算

$$A=\frac{\phi_s}{K\Delta\bar{t}}(\mathrm{m^2}) \tag{9-15}$$

式中 ϕ_s——排管的设计冷负荷，W；

K——排管的传热系数，W/（$\mathrm{m^2\cdot}$℃），查表 9-14，也可参见相关的设计手册；

$\Delta\bar{t}$——冷藏间温度与蒸发温度之差，℃，一般采用 10℃。

排管的传热系数 表 9-14

排管类型	传热系数[W/($\mathrm{m^2\cdot}$℃)]	排管类型	传热系数[W/($\mathrm{m^2\cdot}$℃)]
光排管（钢）	$9.28\times C_1\times C_2$	搁架式光排管（钢）	17.4

注：C_1、C_2分别为室内温度修正系数和温差修正系数，分别见表 9-15、表 9-16。

室内温度修正系数 表 9-15

室内温度（℃）	5	0	–5	–10	–15	–20
C_1	1.5	1.2	1.05	1.00	1.00	1.00

温差修正系数 表 9-16

温差（℃）	5	10	15
C_2	0.7	1.0	1.1

（2）排管用钢管总长度及排管结构尺寸的确定

根据排管冷却面积 A 和所采用的无缝钢管规格，可计算出排管所用管子的总长度 L

$$L=\frac{A}{f} \tag{9-16}$$

式中 A——排管的冷却面积，$\mathrm{m^2}$；

f——每米长无缝钢管的外表面积，$\mathrm{m^2}$。

根据排管用管子的长度来确定排管的长度、根数及高度等结构尺寸。

2. 冷风机的选型计算

冷风机的选择计算可按下列步骤和方法进行：

(1) 根据库温查有关手册确定冷风机类型。

(2) 根据库房相对湿度，查图 9-3 确定对数平均温差。

(3) 根据工况及平均温差，查表 9-17 确定冷量修正系数 CF。

(4) 以计算确定冷库所需负荷 ϕ_S，乘以修正系数 CF 的数作为选定冷风机的冷量，确定冷风机的具体型号。

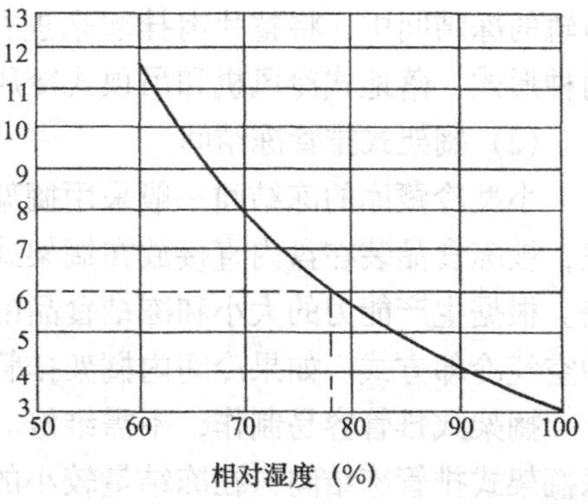

图 9-3　温差与相对湿度关系曲线图

【例 9-1】　已知设计冷负荷 $\phi_s = 15.28$kW，库房相对温度 $\varphi = 78\%$，库房温度 -15℃（蒸发温度 -25℃），工质为 R22，试选择冷风机。

【解】　选择步骤如下：

(1) 因库温为 -15℃，查有关设计手册，选择 DD 型冷风机，双重翅片节距为 8/4mm。

冷量修正系数 CF　　**表 9-17**

制冷剂		R22									
蒸发温度（℃）		-40	-35	-30	-25	-20	-15	-10	-5	0	+5
平均温差（℃）	6	1.97	1.91	1.86	1.80	1.73	1.64	1.54	1.47	1.15	1.14
	7	1.64	1.60	1.56	1.49	1.44	1.36	1.30	1.23	0.96	0.95
	8	1.39	1.36	1.32	1.28	1.23	1.19	1.13	0.98	0.83	0.82
	9	1.23	1.21	1.16	1.12	1.08	1.04	0.98	0.79	0.72	0.72
	10	1.09	1.08	1.03	1.00	0.97	0.93	0.88	0.71	0.64	0.64

(2) 由相对温度 φ 与 $\Delta\bar{t}$ 的关系，查图 9-3 确定 $\Delta\bar{t} = 6$℃。

(3) 由冷量修正系数，查表 9-17 得 CF = 1. 8。

(4) 冷风机的选型冷量为：$1.8 \times 15.28 = 27.5$kW。

(5) 由参数表查得所选冷风机型号为 DD100，名义制冷量为 30.23kW，富裕系数为 10%。

三、冷藏库制冷工艺设计

(一) 冷藏库的冷却方式

选择库房冷却方式，进行冷却设备的布置时，应根据各冷间的不同工艺要求，从温度、湿度、风速和气流组织等方面加以考虑。

1. 冻结间的冷却方式

冻结间的任务是在指定的加工时间内，完成食品的冻结加工工序，达到规定的质量指标。不但要求冻结食品降温速度快，而且要求同一批食品冻结速度均匀，因此，冻结间的冷冻方式的选择应结合冻结加工工艺的特点，同时还考虑合理的气流组织。目前大多采用冷风机和搁架式排管两种。

(1) 冷风机吹风式冻结间

冻结间内，肉类吊悬在吊轨上、鱼类装盘后放在吊挂式或手推式的鱼笼上进行冻结。

吊轨的冻结间中，将整片肉挂起来进行冻结，吊轨的间距 750～850mm。冷风机的布置有两种形式：落地式冷风机和吊顶式冷风机。

（2）搁架式排管冻结间

小型冷藏库的冻结间一般采用搁架式排管为冷却设备兼货架，制冷剂在排管中直接蒸发，被冻食品装在盘内直接放在搁架式排管，与蒸发器直接接触，换热强度大，冻结速度快。根据生产能力的大小和冻结食品的工艺要求，可采用空气自然循环和空气强制循环两种空气冷却方式。如果冷间内搁架排管的冷却面积不足时，还需增设顶排管。

搁架式排管容易制作，不需维修。由于进出货的搬运劳动强度大，冻结时间较长，所以搁架式排管冻结间只在冻结量较小的冷藏库中采用。

2. 冷却间的冷却方式

对于贮存果蔬、鲜蛋的冷却间，由于果蔬、鲜蛋不能出现冻结现象，因此应采用冷风机和风道两侧送风的冷却方式，以使冷间气流均匀。为了避免风量过大，引起食品干耗严重和耗电过大，风速宜保持在 0.75m/s 为宜。

对于贮存屠宰后的肉类的冷却间，视不同的品种和包装采用不同的气流组织和冷却设备。如屠宰后吊挂的猪、羊胴体，要在 20 小时从 35℃冷却到 4℃，一般采用冷风机。冷风机常设于冷间的一端进行纵向吹风。喷口的边缘稍低于库房的楼板板底或梁底。

3. 冷藏间的冷却方式

冷藏间的冷却方式与冷藏间的功能以及冷藏物的种类有关，冷库的制冷系统大多采用直接蒸发的制冷方式。室内空气的循环方式则是随库房的种类而定。

（1）冻结物冷藏间

冻结物冷藏间是用于储存已冻结的食品，防止外界热量传入影响冻结食品的贮存的冷库。

对于有包装材料的货物，冷藏间可采用冷风机，冷空气在冷间内强制循环，使室内温度均匀，可及时将外界传入冷间的热量消除。冷风机吹出的气流应沿冷藏间的平顶及外墙形成贴附射流，使冷藏货物处于循环冷风的回流区内，这样也有利于减少食品干耗。其特点是安装与操作维修，融霜十分方便，是目前冷库经常采用的形式。

对于无包装材料的货物，由于食品容易干耗，冷藏间内的空气流速不能太大，因此，冷藏间可采用以墙排管和顶排管作蒸发器，库内空气自然对流循环。特点是排管笨重，耗金属量大，冷间内温度不均匀，融霜劳动强度大。

（2）冷却物冷藏间

冷却物冷藏间主要用于冷藏水果、蔬菜、鲜蛋等，由于果蔬等在冷藏期间吸进氧气、放出二氧化碳，同时放出热量。若室内空气不流通，就可能使局部的冷藏条件恶化而引起食品变质。若采用顶排管时，则其滴水较难处理，因此冷却物冷藏间常使用冷风机为冷却设备，必要时也可增设墙排管，但应考虑其排水问题。为了便于操作管理，节省制冷系统管道和融霜需用的给水排水管道，冷风机宜布置在库房进门的一侧，采用长风道圆喷嘴的送风形式，可取得均匀送风的效果，如图 9-4 所示，送风道的截面采用矩形，沿长度方向的高度相等而宽度变化，布置在冷间顶部中央走道上方，喷口向上仰角为 17°，冷空气射流贴着库房平顶，沿货堆上部空间吹至墙面，流经货堆后从中央走道返回冷风机的回风口，经冷风机冷却后的空气，由送风管上的喷嘴送至顶部各处。风道表面即使产生凝结滴水也不会滴到货物上。在小型冷藏库中，冷却物冷藏间也可采用冷却排管为冷却设备。为了防止排管上的凝结水滴到食品上，通常设置墙排管而不采用顶排管，并在管组下设有排放滴水的水沟。

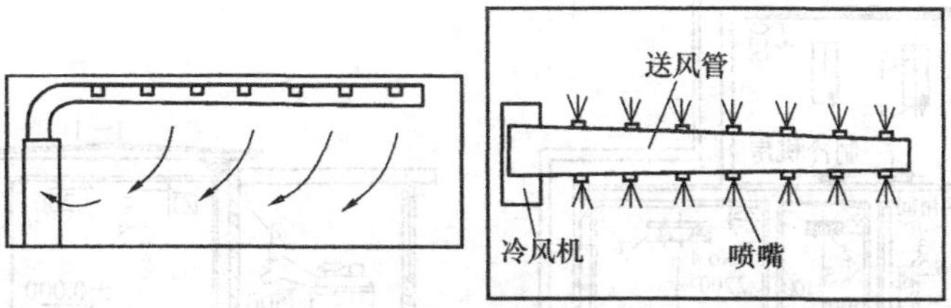

(*a*) (*b*)

图 9-4　冷却物冷藏间冷风机及风道布置

（*a*）立剖面图；（*b*）平面图

为了防止冻坏食品，要求库内温度均匀、通风又不使食品干耗严重，各区域的温差尽可能小于 ±0.5℃。

对于贮藏未包装食品时，货垛间的平均速度不宜大于 0.3m/s；

（二）冷库的制冷系统可见第三章第二节和第三节的内容。

四、小型冷库工程设计实例

1. 20t 冷风机式小冷库

图 9-5、图 9-6 是公称容积为 150m³冷风机式小型冷库的制冷工艺原理图和工艺平剖面图。从图中可以看出：该库库容量为 20t，由冻结物冷藏间（－15℃）、冷却物冷藏间（0℃）、两用间（－15～－18℃）、机房、穿堂和月台等组成。冻结物冷藏间、冷却物冷藏间和两用间都采用的是吊冷风机。制冷装置选用 4FS7B 制冷压缩机两台，并联安装，各自

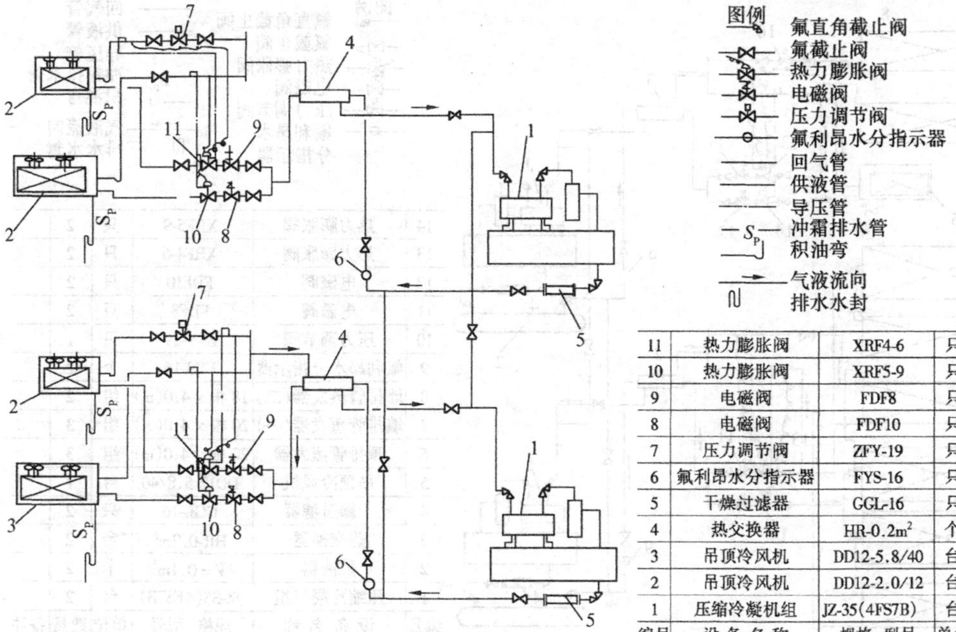

编号	设备名称	规格、型号	单位	数量
11	热力膨胀阀	XRF4-6	只	2
10	热力膨胀阀	XRF5-9	只	2
9	电磁阀	FDF8	只	2
8	电磁阀	FDF10	只	2
7	压力调节阀	ZFY-19	只	2
6	氟利昂水分指示器	FYS-16	只	2
5	干燥过滤器	GGL-16	只	2
4	热交换器	HR-0.2m²	个	2
3	吊顶冷风机	DD12-5.8/40	台	2
2	吊顶冷风机	DD12-2.0/12	台	2
1	压缩冷凝机组	JZ-35(4FS7B)	台	2

图 9-5　公称容积 150m³（20t 冷风机式）小型冷库制冷工艺原理图

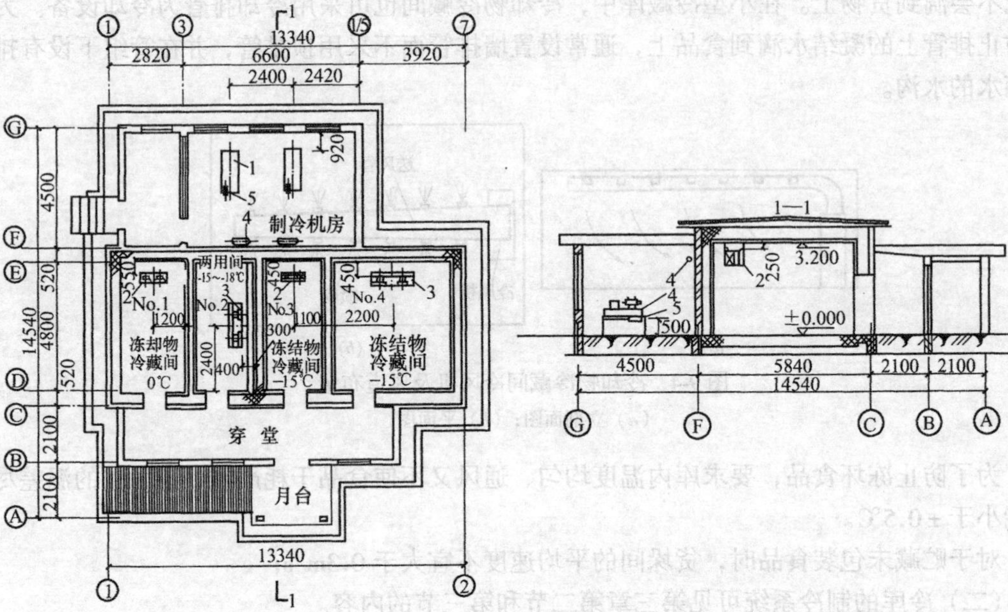

图 9-6 公称容积 150m³（20t 冷风机式）小型冷库制冷工艺平剖面图

独立系统，一般情况下，每台压缩机向各自的蒸发器供冷，但在必要的时候两台机组可以并联运行、切换使用由一台向全库供冷。整个系统采用了回热循环。冷库的各冷间设置有温度控制器（图中未画出），它与供液管路上的供液电磁阀组成对冷间的温度控制。各冷风机选用了热力膨胀阀来实现节流降压，对于蒸发温度不相同的冷风机，采用了在蒸发温度高的回气管路上设置有压力调节阀。

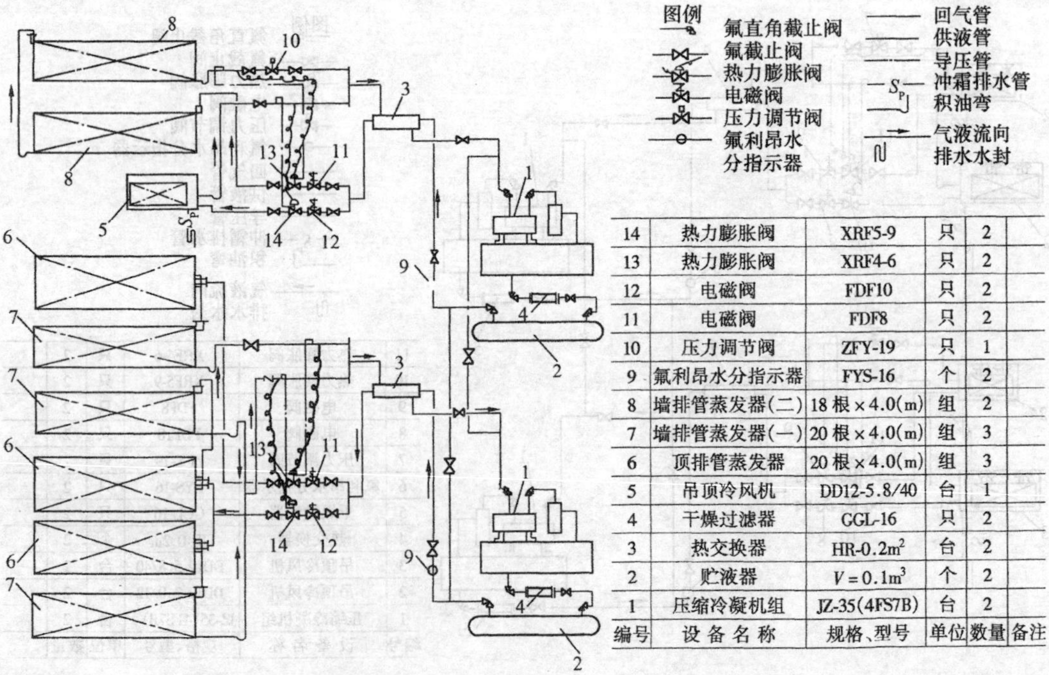

编号	设备名称	规格、型号	单位	数量	备注
14	热力膨胀阀	XRF5-9	只	2	
13	热力膨胀阀	XRF4-6	只	2	
12	电磁阀	FDF10	只	2	
11	电磁阀	FDF8	只	2	
10	压力调节阀	ZFY-19	只	1	
9	氟利昂水分指示器	FYS-16	个	2	
8	墙排管蒸发器（二）	18 根 × 4.0(m)	组	2	
7	墙排管蒸发器（一）	20 根 × 4.0(m)	组	3	
6	顶排管蒸发器	20 根 × 4.0(m)	组	3	
5	吊顶冷风机	DD12-5.8/40	台	1	
4	干燥过滤器	GGL-16	只	2	
3	热交换器	HR-0.2m²	台	2	
2	贮液器	$V = 0.1m^3$	个	2	
1	压缩冷凝机组	JZ-35(4FS7B)	台	2	

图 9-7 公称容积 150m³（20t 排管式）小型冷库制冷工艺原理图

2.20t 排管式小冷库

图 9-7、图 9-8 为公称容积为 150m³ 排管式小型冷库的制冷工艺原理图和工艺平剖面图。

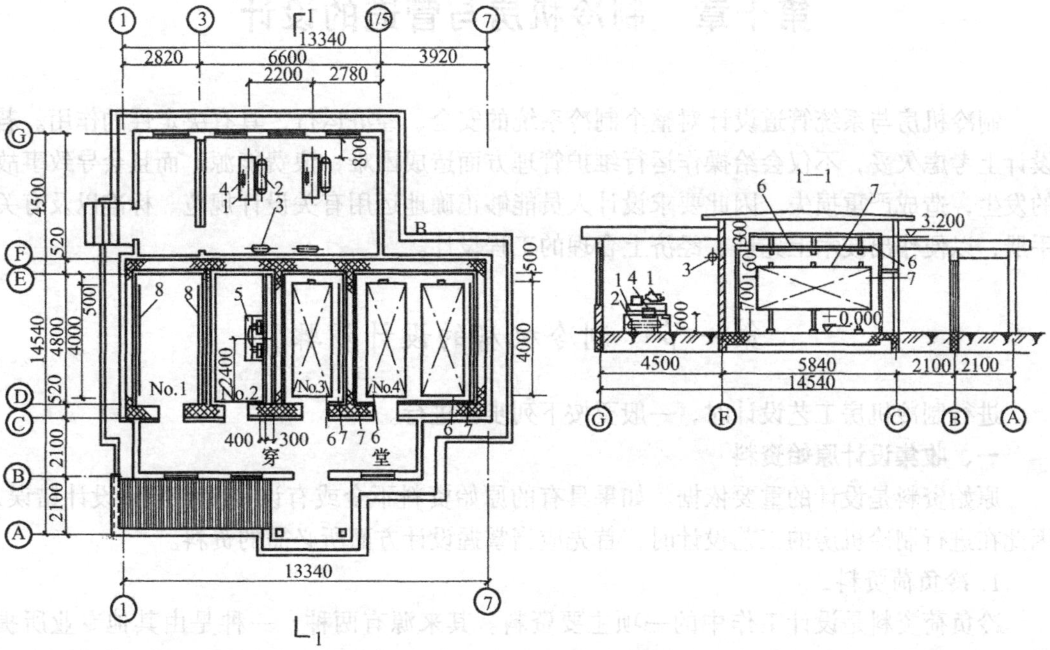

图 9-8　公称容积 150m³（20t 排管式）小型冷库制冷工艺平剖面图

思考题与习题

1. 冷库是如何分类的？常见的冷库有哪几类？
2. 冷库的外围护结构为什么要设置防潮隔汽层？
3. 如何确定冷库的容量？
4. 如何确定围护结构外侧的计算温度？
5. 冷库的耗冷量有哪几项？
6. 如何确定冷却设备负荷和机械负荷？

第十章　制冷机房与管道的设计

制冷机房与系统管道设计对整个制冷系统的安全、经济运行，具有决定性的作用。若设计上考虑欠妥，不仅会给操作运行维护管理方面造成困难，浪费能源，而且会导致事故的发生，造成严重损失。因此要求设计人员能够正确地运用有关设计规范、标准以及有关手册，以便作出技术上先进、经济上合理的工程设计。

第一节　制冷机房的设计步骤

进行制冷机房工艺设计时，一般要按下列步骤进行。

一、收集设计原始资料

原始资料是设计的重要依据。如果具有的原始资料不全或有误，就会导致设计错误，因此在进行制冷机房的工艺设计时，首先应当掌握设计方面所必需的资料。

1. 冷负荷资料

冷负荷资料是设计工作中的一项主要资料。其来源有两种，一种是由其他专业所提供，例如空调工程所用制冷机房的冷负荷资料应当由采暖通风专业提供；另一种是制冷工程设计人员以生产工艺负荷资料为依据计算出的冷负荷资料。

2. 工厂发展规划资料

在某些工程建设中，常有工厂近期和远期的发展规划。设计机房时应当了解工厂近期和远期的发展规划，考虑制冷机房的扩建问题。

3. 水质资料

水质资料系指确定使用的冷却水水源的水质资料，其主要指标有水中含铁量、水的碳酸盐硬度和酸碱度（pH 值）等。

4. 气象资料

气象资料系指工厂建设地区的最高和最低温度、采暖计算温度、大气相对湿度、土壤冻结深度、全年主导风向及当地大气压力等。

5. 地质资料

地质资料系指工厂建设地区的大孔性土壤等级、土壤酸碱度、土壤耐压能力、地下水位、地震烈度等。

6. 设备资料

（1）制冷压缩机或机组的主要性能、技术规格、技术参数、外形图、安装图及出厂价格等。

（2）制冷辅助设备的性能、规格、外形图、安装图等。

7. 主要材料资料

主要材料资料系指当地使用的绝热材料、管材等的技术性能、规格和出厂价格等。

8. 各有关专业的设计图纸

对于新建的制冷机房，在设计时需要各有关专业共同协作，且需在设计中互相提供必需的条件、图纸和档案资料。对于改建或扩建的制冷机房，在设计时除需取得上述资料之外，还必须了解原有制冷设备的数量、使用年限、库存年限、产品名称、制造厂名、产品结构特点、产品技术性能、运行情况、曾发生的事故及处理情况、原有厂房改建或变动情况、厂区有关地带的综合管线变更情况、厂区道路变更情况、制冷机房原有的设计图纸档案和有关专业的设计图纸档案以及目前存在的问题等等。

二、确定制冷机房的设计容量

制冷机房的容量是以生产工艺所提供的任务书为依据，并需按照机房的服务对象和制冷系统的状况，计算出最大冷负荷。由于制冷系统的具体情况不同以及建厂地区上的差异，需按设备和管道布置情况等因素计算出冷损失，或者依据经验适当地考虑冷负荷的附加系数，从而得出该制冷机房的设计容量。

三、制冷机房的布置

制冷机房的布置一是指根据生产工艺的要求和制冷机房服务对象的分布状况确定制冷机房在厂区的位置；二是指制冷机房的房间组成及各房间内制冷设备的布置。

四、制冷剂管道的设计

制冷剂管道的设计是制冷系统设计成功与否的关键，其设计的主要内容是管道系统的布置与管径的确定。

五、各有关专业的图纸设计

制冷机房的设计需要土木建筑专业、采暖通风专业、电气专业、给水排水专业共同协作，完成相应内容的设计。

第二节　制冷设备的选择和制冷机房的布置

一、制冷设备的选择计算

制冷设备的选择计算可按下列步骤进行：

（1）确定制冷系统的制冷量。制冷系统的制冷量应包括用户需要的制冷量及制冷系统和供冷系统的冷损失。冷损失的大小可由设备和管道等的具体情况计算得出，一般可按附加系数确定。对于直接冷却系统，附加系数为5%～7%；对于间接制冷系统，附加系数为7%～15%。

（2）确定制冷系统的形式及制冷剂。制冷系统形式的确定是多种因素综合考虑的结果，一般应根据用途、总制冷量和当地环境条件等来确定。对于大型空调系统，制冷系统多选用单级蒸气压缩式，且选用冷水机组；对于有余热、废热可供利用的场合，制冷系统可选用吸收式。对于直接供冷系统或对卫生安全要求较高的用户，制冷剂应选用氟利昂；对于间接供冷系统，制冷剂可选用氨。

（3）确定制冷系统的制冷工况。

（4）根据制冷量和制冷工况选择制冷压缩机和电动机。

（5）选择冷凝器并确定冷却水量。

（6）选择蒸发器并确定载冷剂循环量。

(7) 选择其他辅助设备。

【例 10-1】 空调用户要求供给 7℃的冷冻水，回水平均温度为 11℃，需要的总冷量为 790kW。可利用河水作冷却水源，水温最高为 32℃。试选择有关制冷设备。

【解】 采用氨作为制冷剂，利用河水作为冷却水源，选用立式壳管冷凝器，直流供水。

1. 确定制冷量

采用间接制冷系统，取附加系数为 10%，则制冷系统的制冷量为

$$\phi_0 = 1.1 \times \phi'_0 = 1.1 \times 790 = 869\text{kW}$$

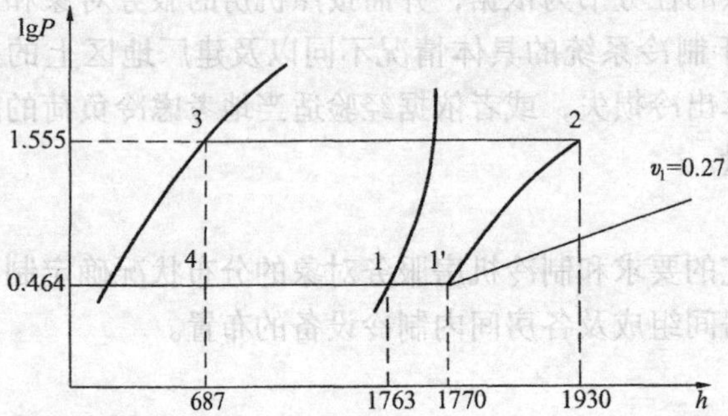

图 10-1 氨的 lg$p$-h 图

2. 确定制冷工况

蒸发温度 t_0：比要求供给的冷冻水温度 t_2低 5℃

$$t_0 = t_2 - 5 = 7 - 5 = 2℃$$

冷凝温度 t_k：比冷却水进出口平均温度高 6℃，取立式壳管冷凝器冷却水进出口温差为 4℃，则

$$t_k = \frac{32 + 36}{2} + 6 = 40℃$$

3. 选择制冷压缩机

选择制冷压缩机的方法有下列三种：

(1) 根据制冷压缩机的理论输气量选择制冷压缩机。

根据 $t_0 = 2℃$，$t_k = 40℃$，从氨的 lg$p$-h 图上查得有关数据，如图所示。

$$q_v = \frac{h_1 - h_4}{v_{1'}} = \frac{1763 - 687}{0.27} = 3985\ \text{kJ/m}^3$$

$$\eta_V = 0.94 \sim 0.085\left[\left(\frac{p_k}{p_0}\right)^{\frac{1}{1.28}} - 1\right] = 0.515\left[\left(\frac{1.555}{0.464}\right)^{\frac{1}{1.28}} - 1\right] = 0.81$$

$$V_h = \frac{\phi_0}{\eta_V q_v} = \left(\frac{869}{0.81 \times 3985}\right) = 0.269\text{m}^3/\text{s} = 969\text{m}^3/\text{h}$$

从有关样本查得：6W-12.5 型制冷压缩机的理论输气量 $V_{h1} = 0.118\text{m}^3/\text{s} = 425\text{m}^3/\text{h}$；8S-12.5型制冷压缩机的理论输气量 $V_{h2} = 0.157\text{m}^3/\text{s} = 566\text{m}^3/\text{h}$。选择 6W-12.5 型和8S-12.5型制冷压缩机各一台，理论输气量 $V_h = V_{h1} + V_{h2} = 0.118 + 0.157 = 0.275\text{m}^3/\text{s} = 990\text{m}^3/\text{h}$。

各台制冷压缩机的制冷量为

$$\phi_{01} = \eta_V V_{h1} q_v = 0.81 \times 0.118 \times 3985 = 380.9\text{kW}$$

$$\phi_{02} = \eta_V V_{h2} q_v = 0.81 \times 0.157 \times 3985 = 506.8\text{kW}$$

2 台压缩机的制冷量

$$\phi_0 = \phi_{01} + \phi_{02} = 380.9 + 506.8 = 887.7\text{kW},\text{可满足要求。}$$

(2) 根据冷量换算公式计算制冷量，选择制冷压缩机。

根据 $t_0 = 2℃$，$t_k = 40℃$，从换算系数表上查得冷量换算系数 $k_i = 2.04$，则标准制冷

量为

$$\phi_{0A} = \frac{\phi_{0B}}{k_i} = \frac{869}{2.04} = 425.9\text{kW}$$

从有关样本查得：6W-12.5 型制冷压缩机的标准制冷量 $\phi_{0A1} = 183.7$ kW；8S-12.5 型制冷压缩机的标准制冷量 $\phi_{0A2} = 244.2$ kW。选择 6W-12.5 型和 8S-12.5 型制冷压缩机各一台，标准制冷量 $\phi_{0A} = \phi_{0A1} + \phi_{0A2} = 183.7 + 244.2 = 427.9$ kW，可以满足要求。

（3）根据制冷压缩机特性曲线选择制冷压缩机。

4. 确定制冷压缩机配用电机的功率

（1）理论功率 p_{th}

6W-12.5 型制冷压缩机

$$p_{th1} = M_{R1} W_{th1} = \frac{0.118 \times 0.81 \times 3985}{1763 - 687} \times (1930 - 1770) = 56.64\text{kW}$$

8S-12.5 型制冷压缩机

$$p_{th1} = M_{R1} W_{th1} = \frac{0.157 \times 0.81 \times 3985}{1763 - 687} \times (1930 - 1770) = 75.36\text{kW}$$

（2）指示功率 p_i

$$\frac{p_k}{p_0} = \frac{1.555}{0.464} = 3.4\text{，从有关图上查得：}\eta_i = 0.85$$

$$p_{i1} = \frac{p_{th1}}{\eta_{i1}} = \frac{56.64}{0.85} = 66.64\text{kW}$$

$$p_{i2} = \frac{p_{th2}}{\eta_{i2}} = \frac{75.36}{0.85} = 88.66\text{kW}$$

（3）轴功率 p_e

从有关图上查得：$\eta_m = 0.85$

$$p_{e1} = \frac{p_{i1}}{\eta_{m1}} = \frac{66.64}{0.85} = 78.40\text{kW}$$

$$p_{e2} = \frac{p_{i2}}{\eta_{m2}} = \frac{88.66}{0.85} = 104.31\text{kW}$$

（4）电动机功率 p

$$p_1 = 1.1 p_{e1} = 1.1 \times 78.40 = 86.24\text{kW}$$

$$p_2 = 1.1 p_{e2} = 1.1 \times 104.31 = 114.7\text{kW}$$

6W-12.5 型和 8S-12.5 型制冷压缩机按空调工况配用电机功率分别为 100kW 和 115kW，均满足要求。

5. 选择冷凝器

（1）冷凝器的热负荷

根据 $t_0 = 2$℃，$t_k = 40$℃，从有关图上查得：$\varphi = 1.17$

$$\phi_k = \varphi\phi_0 = 1.17 \times 869 = 1016.7\text{kW}$$

（2）冷凝器的传热面积

$$\Delta \bar{t} = \frac{t_{w2} - t_{w1}}{\ln \dfrac{t_k - t_{w1}}{t_k - t_{w2}}} = \frac{36 - 32}{\ln \dfrac{40 - 32}{40 - 36}} = 5.8℃$$

查表取 $K=700\text{W}/(\text{m}^2\cdot℃)$，则

$$A=\frac{\phi_K}{K\Delta t}=\frac{1016.7\times10^3}{700\times5.8}=250\text{m}^2$$

选用 LN-125 型立式壳管冷凝器 2 台，每台传热面积为 125m^2。

(3) 冷却水量

$$M=\frac{\phi_k}{1000C_p(t_{w2}-t_{w1})}\times3600=\frac{1016.7}{1000\times4.186\times(36-32)}\times3600=218.6\text{m}^3/\text{h}$$

6. 选择蒸发器

选用螺旋管式蒸发器

(1) 蒸发器的传热面积

$$\bar{\Delta t}=\frac{t_1-t_2}{\ln\frac{t_1-t_0}{t_2-t_0}}=\frac{11-7}{\ln\frac{11-2}{7-2}}=6.8℃$$

查表取 $K=500\text{W}/(\text{m}^2\cdot℃)$，则

$$A_0=\frac{\phi_0}{K\Delta t}=\frac{869\times10^3}{500\times6.8}=255.6\text{m}^2$$

选用 SR-145 型螺旋管式蒸发器 2 台，每台传热面积为 145m^2。

(2) 冷冻水量

$$M_1=\frac{\phi_0}{1000C_p(t_1-t_2)}\times3600=\frac{869}{1000\times4.186\times(11-7)}\times3600=186.8\text{m}^3/\text{h}$$

7. 选择其他辅助设备

(1) 选择贮液器

$$V=\frac{\frac{1}{3}M_R v3600}{\beta}=\frac{\frac{1}{3}\times\frac{0.81\times0.275\times3985}{1763-687}\times0.0017\times3600}{0.8}=2.1\text{m}^3$$

选用 ZA-2.5 型贮氨器 1 台，容积为 2.5m^3。

(2) 选择氨油分离器

$$D=\sqrt{\frac{4V_h\eta_v}{\pi w}}=\sqrt{\frac{4\times0.275\times0.81}{3.14\times0.8}}=0.60\text{m}$$

选用 YF-80B 型氨油分油器 2 台。

制冷设备选用的汇总表，见表 10-1。

制冷设备汇总表　　表 10-1

设备名称	型　号	规　格	数量	单位	备　注
制冷压缩机	6W-12.5		1	台	配用电动机功率 100kW
	8S-12.5		1	台	配用电动机功率 115kW
立式冷凝器	LN-125	$A=125\text{m}^2$	2	台	
螺旋管式蒸发器	SR-145	$A_0=145\text{m}^2$	2	台	
贮液器	ZA-2.5	$V=2.5\text{m}^3$	1	台	
氨油分油器	YF-80B	$D=325\text{mm}$	2	台	
集油器	JY-325	$D=325\text{mm}$	1	台	
紧急泄氨器	AX-32	$D=121\text{mm}$	1	台	

二、制冷机房的布置

制冷机房设计时可遵循如下的原则：

（1）制冷机房位置应尽可能靠近冷负荷中心，力求缩短输送管道。吸收式和喷射式制冷机房还应尽可能靠近热源。

（2）大中型制冷机房内的主机宜与辅助设备及水泵等分间布置，制冷机房宜与空调机房分开设置。

（3）大中型制冷机房内应设置值班室、控制室、维修间和卫生间。有条件时应设置通信装置。

（4）在建筑设计中，应根据需要预留大型设备的安装和维修进出用的孔洞，并应配备必要的起吊设施。

（5）氨制冷机房应设置两个互相尽量远离的对外出口，其中至少有一个出口直接对外，大门应设计成由室内向室外开。氨制冷机房的电源开关应布置在外门附近，发生事故时，应能立即切断电源，但事故电源不能切断。氨制冷机房应设置每小时不少于3次换气次数的机械通风系统和每小时不少于12次换气次数的事故排风设施，配用的电动机必须采用防爆型，并应设置必要的消防和安全器材。

（6）制冷机房设备布置的间距见表10-2。

制冷机房设备布置的间距 **表10-2**

项　　目	间距（m）	项　　目	间距（m）
主要通道和操作通道	≥1.5	非主要通道	≥0.8
制冷机突出部分与配电盘之间	≥1.5	溴化锂吸收式制冷机侧面突出部分之间	≥1.5
制冷机突出部分相互之间	≥1.0	溴化锂吸收式制冷机的一侧与墙面之间	≥1.2
制冷机与墙面之间	≥0.8		

（7）在布置卧式壳管式冷凝器、蒸发器、冷水机组和溴化锂吸收式制冷机时，必须考虑在其一端预留清洗和更换管簇的必要距离。

制冷机房的净空高度 **表10-3**

项　　目	机房净空高度（m）
氟利昂制冷机	≥3.6
氨制冷机	≥4.8
溴化锂吸收式制冷机设备顶部距梁底	≥1.2

（8）制冷机房内应考虑留出必要的检修用地。当利用通道作为检修用地时，应根据设备的种类和规格而适当加宽。

（9）制冷机房的高度见表10-3。设备顶部与梁底的间距不应小于1.2m。

第三节　制冷剂管道的设计

制冷剂管道设计的正确与否，将影响制冷设备的制冷能力，甚至会影响制冷系统的正常运行。本节仅介绍常用的氨和氟利昂管道的计算方法。

一、制冷剂管道的布置原则

（一）基本原则

制冷剂管道的布置应符合下列原则：

（1）制冷剂管道必须符合工艺流程的流向，便于操作、维修，运行安全可靠。

（2）配管应尽量短而直，以减少系统制冷剂的充注量及系统的压力降。

（3）防止液体制冷剂进入制冷压缩机；防止润滑油积聚在制冷系统的其他无关部位；保证制冷压缩机曲轴箱内正常运行的油面；保证蒸发器供液充分且均匀。

（4）保证管道与设备、围护结构之间的合理间距。并尽可能集中沿墙、柱、梁布置，以便于固定和减少吊架。

（二）氟利昂管道的布置原则

1. 吸气管道

（1）制冷压缩机的吸气管道应有不小于 0.02 的坡度，且必须使其坡向制冷压缩机。以确保停机时润滑油能自动流回制冷压缩机，工作时润滑油能够连续地随制冷剂蒸气一起流回制冷压缩机。

（2）当蒸发器位于压缩机之上时，通常应在蒸发器的上部设计成一个倒 U 形弯，如图 10-2 所示，以防止停机时液体制冷剂流回制冷压缩机，避免再启动制冷压缩机时发生液击。

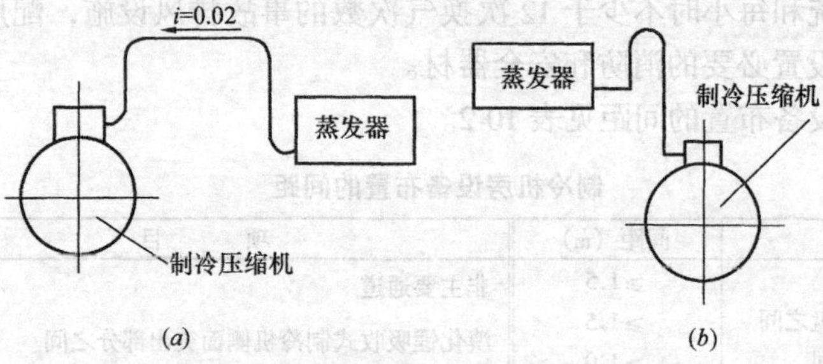

图 10-2　氟利昂制冷压缩机的吸气管道

（3）在变负荷工作的系统中，为了保证低负荷时也能回油，管径需要选用得很小，但当系统全负荷运行时，吸气管道的压力降太大。为了避免这种现象的发生，可用两根上升立管，两管之间用一个集油弯头连接，如图 10-3 所示。

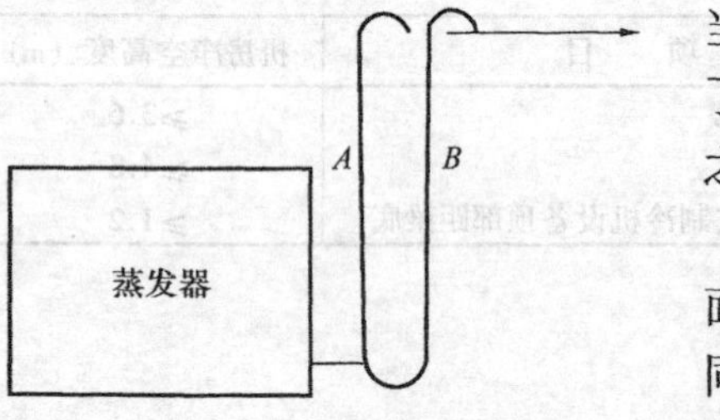

图 10-3　双上升吸气立管

在全负荷运行时，两根立管同时使用，两管截面之和应能保证管内制冷剂的流速具有带油速度，同时又不产生过大的压力降。两根立管中的一根 A 应按可能出现的最低负荷选择管径。在低负荷运行时，起初是两根立管同时使用，由于管内蒸气的流速低，润滑油逐渐积聚在弯头内，直至弯头封住，于是只剩一根立管 A 工作，管内蒸气的流速提高，保证低负荷时能回油。在恢复全负荷运行后，由于管内蒸气的流速提高，润滑油从弯头中排出，使两根立管同时工作。

为了避免单管工作时可能不断地有油进入不工作的立管中，两根立管均应从上部与水平管相接。

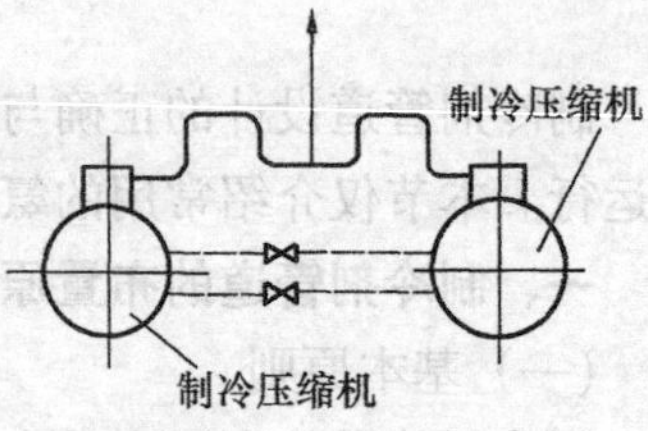

图 10-4　并联制冷压缩机的吸气管道

（4）当氟利昂制冷压缩机并联运行时，制冷压缩机的吸气管道上应设置 U 形集油弯，如图 10-4 所示。以防止润滑油进入未工作的制冷压缩机，避免再启动制冷压缩机时发生液击。

（5）当多组蒸发器的回气支管接至同一吸气总管时，应根据蒸发器与制冷压缩机的相对位置采取不同的方法，见图 10-5 所示。

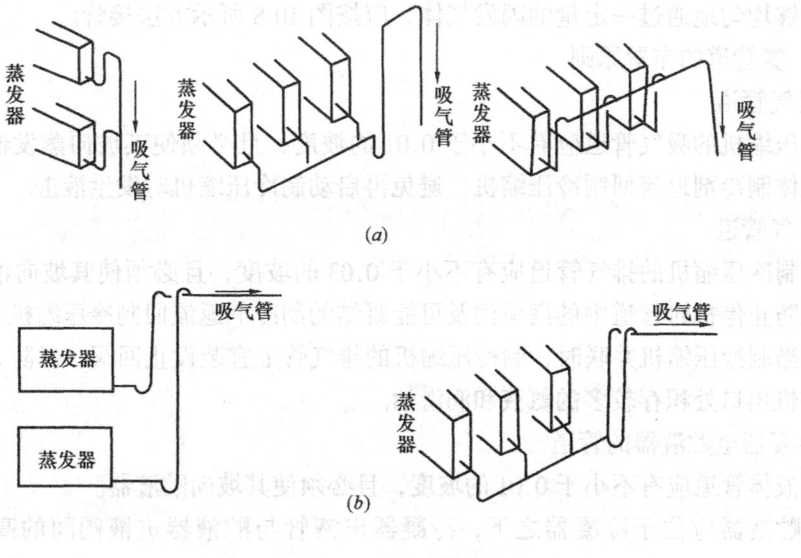

图 10-5　多组蒸发器的回气管道

（*a*）蒸发器高于制冷压缩机；（*b*）蒸发器低于制冷压缩机

2. 排气管道

（1）制冷压缩机的排气管道应有不小于 0.01 的坡度，且必须使其坡向油分离器或冷凝器。以确保停机时管道中的润滑油和可能凝结的制冷剂一起流向油分离器或冷凝器。

（2）在无油分离器时，如果制冷压缩机位于冷凝器之下，排气管道应设计成一个 U 形弯，并在管道中设置止回阀，如图 10-6 所示。以防止润滑油和凝结的制冷剂返流回制冷压缩机。

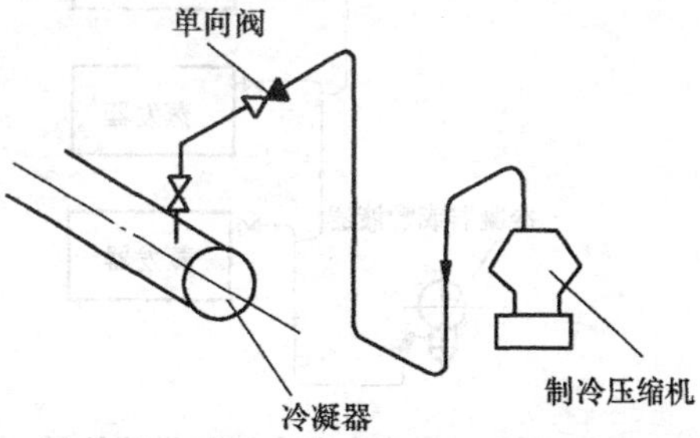

图 10-6　氟利昂制冷压缩机的排气管道

3. 冷凝器至贮液器的管道

（1）当采用直通式贮液器时，可不设外部平衡管。接管的水平管段应有不小于 0.01 的坡度，且必须使其坡向贮液器。贮液器应位于冷凝器之下，冷凝器出液管与贮液器进液阀间的高差不应小于 200mm。

（2）当采用波动式贮液器时，需设外部平衡管。液体制冷剂从贮液器底部进出，以调节和稳定制冷剂循环量。从冷凝器出来的液体可以不经过贮液器直接通过供液管到达膨胀阀。冷凝器与贮液器的进液阀间高差应不小于 300mm。

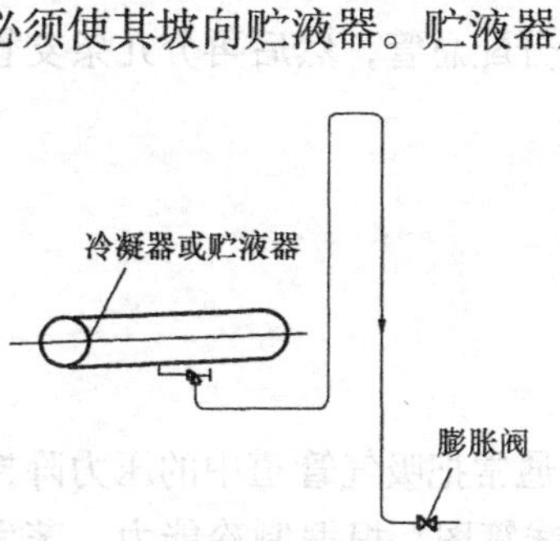

图 10-7　蒸发器的供液管道

4. 冷凝器或贮液器至蒸发器的管道

（1）当蒸发器位于冷凝器或贮液器之下时，若供液管上不装设电磁阀，则液体管道应设有倒U形弯，其高度应不小于2m，如图10-7所示。以防止停机时液体继续流向蒸发器。若供液管上装设电磁阀，可不设置倒U形弯。

（2）当多台蒸发器位于冷凝器或贮液器之上且不能避免产生闪发气体时，为了使每台蒸发器能够均匀地通过一定量的闪发气体，应按图10-8所示方法接管。

（三）氨管道的布置原则

1. 吸气管道

制冷压缩机的吸气管道应有不小于0.01的坡度，且必须使其坡向蒸发器。以防止管道中的液体制冷剂返流回制冷压缩机，避免再启动制冷压缩机时发生液击。

2. 排气管道

（1）制冷压缩机的排气管道应有不小于0.03的坡度，且必须使其坡向油分离器或冷凝器。以防止停机时管道中的润滑油及可能凝结的制冷剂返流回制冷压缩机。

（2）当制冷压缩机并联时，制冷压缩机的排气管上宜装设止回阀。以防止在未工作的制冷压缩机出口处积存较多的氨液和润滑油。

3. 冷凝器至贮液器的管道

（1）液体管道应有不小于0.01的坡度，且必须使其坡向贮液器。

（2）贮液器应位于冷凝器之下，冷凝器出液管与贮液器进液阀间的高差不应小于300mm。

（3）当冷凝器并联时，应设有压力平衡管，为了检修方便，平衡管上应装设截止阀，如图10-9所示。

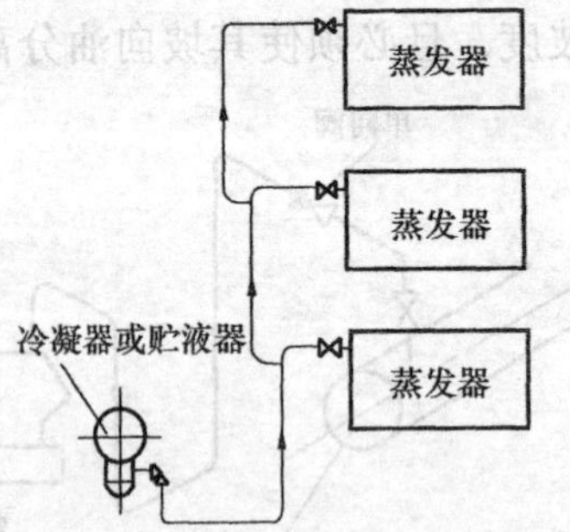

图10-8　多台蒸发器的供液管道

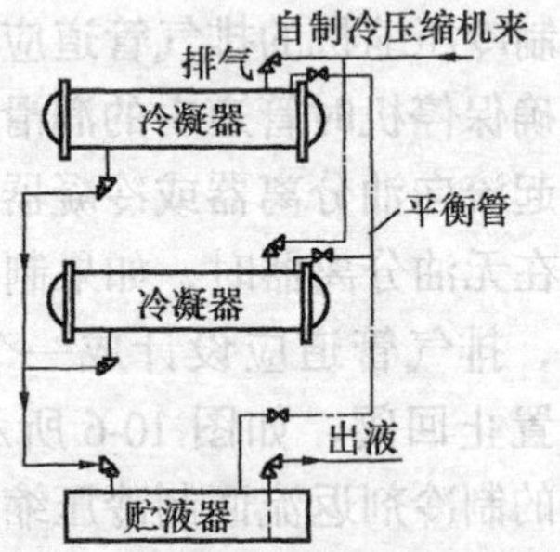

图10-9　并联冷凝器的接管

4. 贮液器至蒸发器的管道

液体管道可以经节流机构直接接至蒸发器；也可先接至分配总管，然后再分几条支管接至各蒸发器中（即设调节站）。

二、管道水力计算

（一）管径的确定

1. 氟利昂管道管径的确定

（1）吸气管道

吸气管道中的压力降将直接影响制冷压缩机的制冷量，通常把吸气管道中的压力降控制在相当于饱和温度差1℃。按此原则制成吸气管道的管径线算图，根据制冷能力、蒸发温度、管材种类和当量长度就可确定管径。图10-10为R22吸气管道的线算图。它是按膨胀阀前的液体温度为40℃编制的。对于其他进液温度，可以近似地应用。

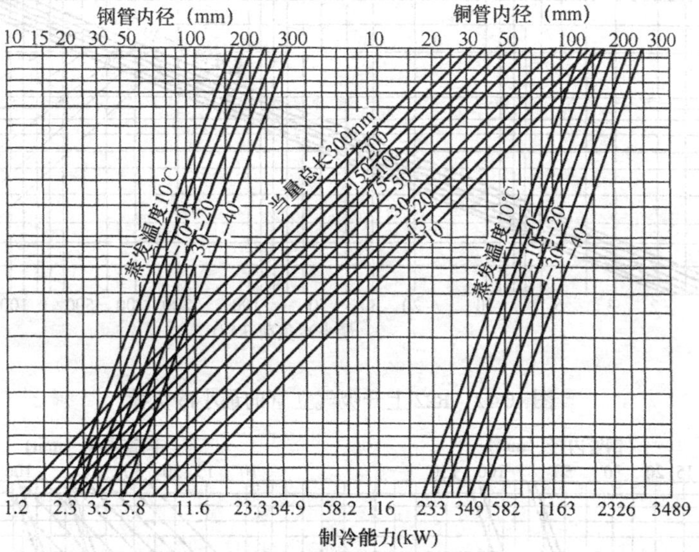

图 10-10　R22 吸气管道的线算图

氟利昂制冷剂有与润滑油互相溶解的特点，因此必须保证从制冷压缩机带出的油能全部回到制冷压缩机的曲轴箱内。所以对于上升的吸气立管，应当考虑必要的带油速度，以满足回油的需要。R22 吸气立管的回油最低流速见图 10-11。

为了设计工作时的方便，将最低流速换算成最低流量，又根据最低流量计算出上升吸气立管的最小冷负荷，可按最小冷负荷确定管径。R22上升吸气立管的最小冷负荷与管径的关系见图 10-12。它是按膨胀阀前的液体温度为 40℃编制的。对于其他进液温度，可以近似地应用。

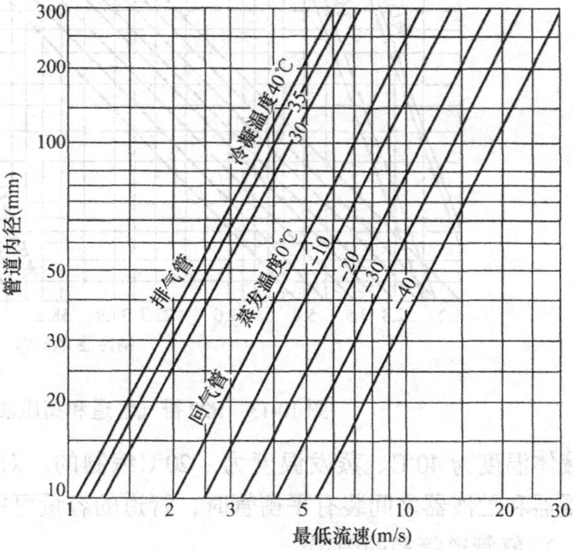

图 10-11　吸气立管的回油最低流速

(2) 排气管道和高压液体管道

排气管道中的压力降将直接影响制冷压缩机的需用功率，通常把排气管道中的压力降控制在相当于饱和温度差 0.5℃。高压液体管道是指从贮液器到热力膨胀阀进口的液体管道。这部分管道中的压力降可能导致产生闪发气体而使热力膨胀阀工作失常，通常将高压液体管道中的压力降控制在相当于饱和温度差 0.5℃，图 10-13 为 R22 排气管道和高压液体管道的线算图。它是按膨胀阀前的液体温度为 40℃编制的。对于其他进液温度，可以近似地应用。

(3) 冷凝器至贮液器的管道

图 10-14 为冷凝器至贮液器的管道的线算图。它是根据液体流速为 0.5m/s、膨胀阀前

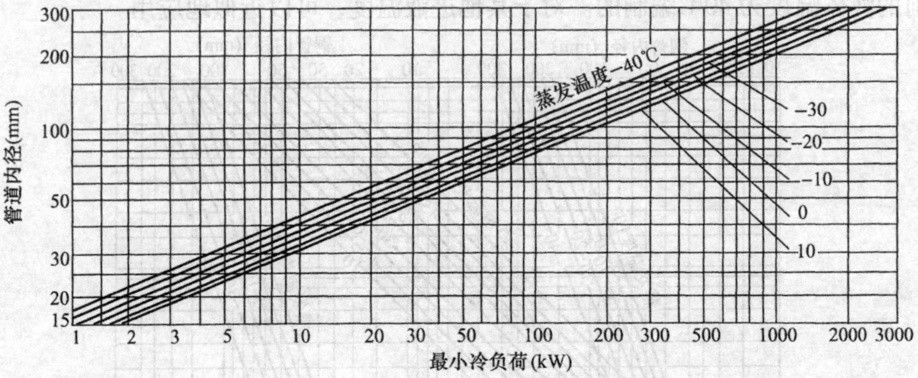

图 10-12　R22 上升吸气立管的最小冷负荷

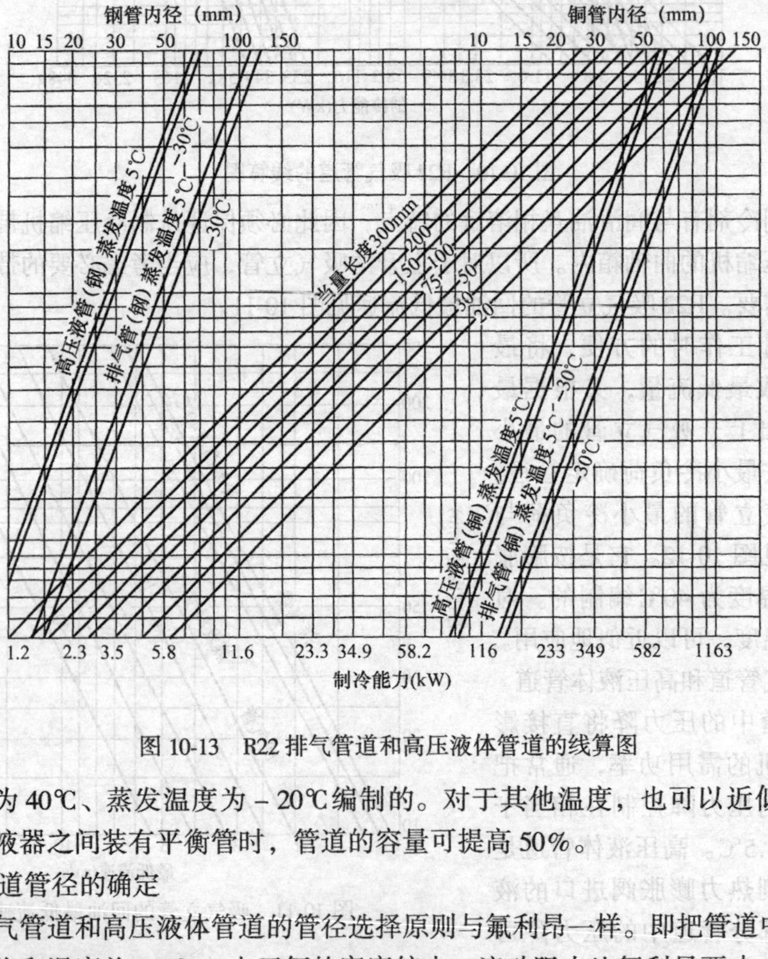

图 10-13　R22 排气管道和高压液体管道的线算图

的液体温度为 40℃、蒸发温度为 -20℃编制的。对于其他温度，也可以近似地应用。若冷凝器和贮液器之间装有平衡管时，管道的容量可提高 50%。

2. 氨管道管径的确定

氨的排气管道和高压液体管道的管径选择原则与氟利昂一样。即把管道中的压力降控制在相当于饱和温度差 0.5℃。由于氨的密度较小，流动阻力比氟利昂要小；此外，氨的吸气管路的压力降对制冷系统性能的影响比氟利昂要大，因此，把氨的吸气管道中的压力降控制在相当于饱和温度差 0.5℃。图 10-15 为氨吸气管道、排气管道及高压液体管道的线算图。对于冷凝器至贮液器的管道，管径选择原则同氟利昂，参见图 10-14。

（二）管道的压力损失计算

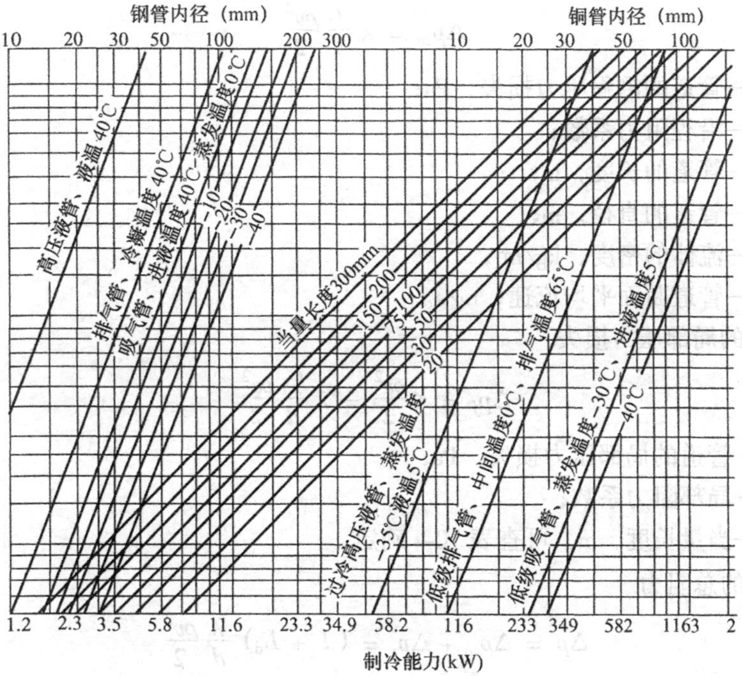

图 10-14　冷凝器至贮液器的管道的线算图

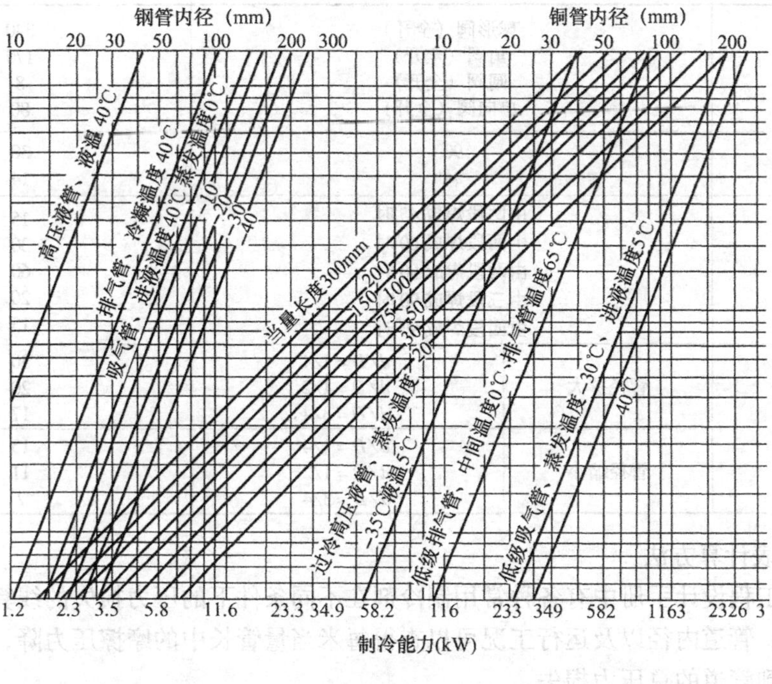

图 10-15　氨吸气管道、排气管道及高压液体管道的线算图

1. 运用公式计算

（1）管道的沿程压力损失

$$\Delta p_{\mathrm{m}} = \lambda \frac{L}{d} \frac{\rho v^2}{2} \tag{10-1}$$

式中 Δp_{m}——管道的沿程压力损失，Pa；

λ——沿程阻力系数；

L——管道的长度，m；

d——管道的直径，m；

ρ——流体的密度，kg/m³；

v——管道断面平均流速，m/s。

（2）管道的局部压力损失

$$\Delta p_j = \zeta \frac{\rho v^2}{2} = \lambda \frac{L_{\mathrm{d}}}{d} \frac{\rho v^2}{2} \tag{10-2}$$

式中 Δp_j——管道的局部压力损失，Pa；

ζ——局部阻力系数；

L_{d}——当量长度，m，可查表 10-4 确定。

（3）管道的总阻力

$$\Delta p = \Delta p_{\mathrm{m}} + \Delta p_j = (L + L_{\mathrm{d}}) \frac{\lambda}{d} \frac{\rho v^2}{2} \tag{10-3}$$

各种阀门和管件的当量直径 **表 10-4**

阀门和管件的名称			当量直径（$L_{\mathrm{d}}/d_{\mathrm{n}}$）
阀　门	球形阀（全开）		340
	角阀（全开）		170
	闸阀（全开）		8
	单向阀（全开）		80
丝扣弯头	90°		30
	45°		14
焊接弯头	由两段焊成 45°时		15
	由两段焊成 60°时		30
	由两段焊成 90°时		60
	由三段焊成 90°时		20
	由四段焊成 90°时		15
变径管	管径扩大	$d/D = 1/4$	30
		$d/D = 1/2$	20
		$d/D = 3/4$	17
	管径缩小	$d/D = 1/4$	15
		$d/D = 1/2$	11
		$d/D = 3/4$	7

2. 查图表计算方法

在制冷工程设计手册中有各种常用制冷剂在不同条件下的压力损失的线算图。根据制冷剂的流量，管道内径以及运行工况可以查得每米当量管长中的摩擦压力降，再乘以管道总长，即得到管道的总压力损失。

第四节 制 冷 机 组

制冷系统机组化是现代制冷装置的发展方向。制冷机组就是将制冷系统中的全部或部分设备直接在工厂组装成一个整体，为用户提供所需要的冷量和用冷温度。制冷机组结构紧凑，使用灵活，管理方便，质量可靠，安装简便，能缩短施工周期，加快施工进度，深受设计人员和用户的欢迎。

目前常用的制冷机组有活塞式冷水机组、螺杆式冷水机组、离心式冷水机组、吸收式冷水机组及各种形式的空调和除湿机组。所有机组的型号、规格、性能参数均由制造厂家提供，设计人员和用户可以根据使用要求直接从产品样本中选择。

一、活塞式冷水机组

活塞式冷水机组是由活塞式制冷压缩机、卧式壳管式冷凝器（或风冷冷凝器）、热力膨胀阀和干式蒸发器等组成，并配有自动（或手动）能量调节和自动安全保护装置。活塞式冷水机组中常用的制冷剂为R22，单机容量一般小于580kW。

根据一台冷水机组中制冷压缩机台数的不同，活塞式冷水机组可分为单机头（一台制冷压缩机）和多机头（两台以上制冷压缩机）两种。

图10-16为活塞式冷水机组的外形图。整个制冷设备装在槽钢底架上。在安装时，用户只需在基础上固定底架，连接冷水机组和冷冻水管以及电动机电源即可进行调试。

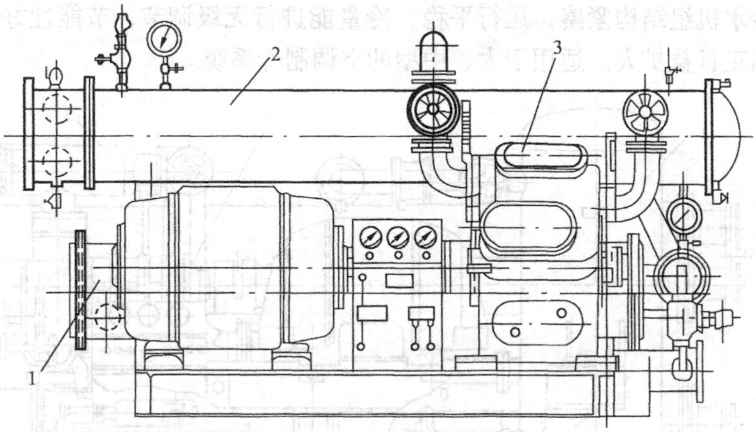

图10-16　活塞式冷水机组的外形图

1—蒸发器；2—冷凝器；3—制冷压缩机

近几年，国内外正在生产模块化冷水机组。它是由多个模块单元组合而成，见图10-17。各模块的结构、性能完全相同，每个模块能提供一定的冷量，用户可根据实际所需冷量选用模块数量。各模块中的冷却水管和冷冻水管可通过特定的连接方式相互连接，电源可通过接插口连接，且机组中采用了高效板式换热器，所以模块化冷水机组安装方便，结构紧凑，使用灵活，占地面积小，且外形美观，但目前价格较高。

先进的模块化冷水机组备有一套计算机处理机，制冷机组的有关运行参数可以从液晶显示屏上显示出来。计算机具有保护和监视的双重功能，它可以不断地监视蒸发器和冷凝器的进、出口水温和流量，并可根据温度对时间的变化率去控制投入运行的模块数目，使机组的制冷量与实际需求制冷量相匹配。该机组同时可对全封闭制冷压缩机的排气温度和压力、电动机过载和过热等进行监控。当系统发生故障时，它还可以将当时的运行参数和故障发生的日期和时间记录下来，通过显示屏幕显示出来，或用打印机打印出来。对由多

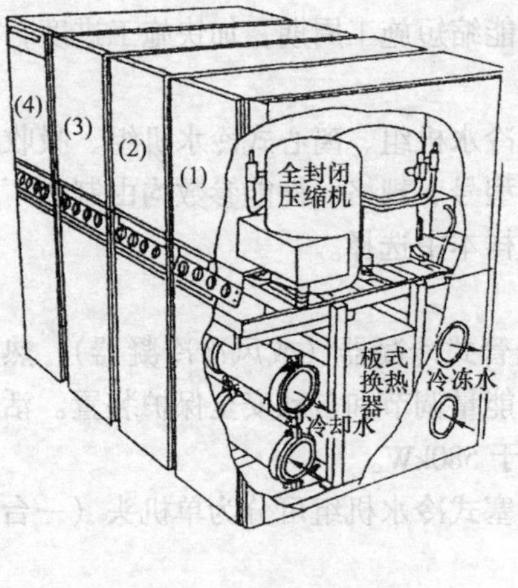

图 10-17　模块化冷水机组的外形图

个模块组成的冷水机组，当某一个模块中的机组出现异常时，该模块中的制冷压缩机就会停止运行，自控系统将立即命令另一台机组启动补上。这种机电控制一体化的方式也是现代所有制冷机组的发展方向。

二、螺杆式冷水机组

螺杆式冷水机组是由螺杆式制冷压缩机、冷凝器、热力膨胀阀、蒸发器、油分离器、自控元件等组成。目前，国产的螺杆式冷水机组中常用的制冷剂为 R22，单机容量一般小于 1160kW。

图 10-18 为螺杆式冷水机组的外形图。由于螺杆式制冷压缩机运行平稳，机组安装时可以不装地脚螺栓，直接放在具有足够强度的水平地面或楼板上。

螺杆式冷水机组结构紧凑，运行平稳，冷量能进行无级调节，节能性好，易损件少，它的使用范围正日益扩大。适用于大、中型的空调制冷系统。

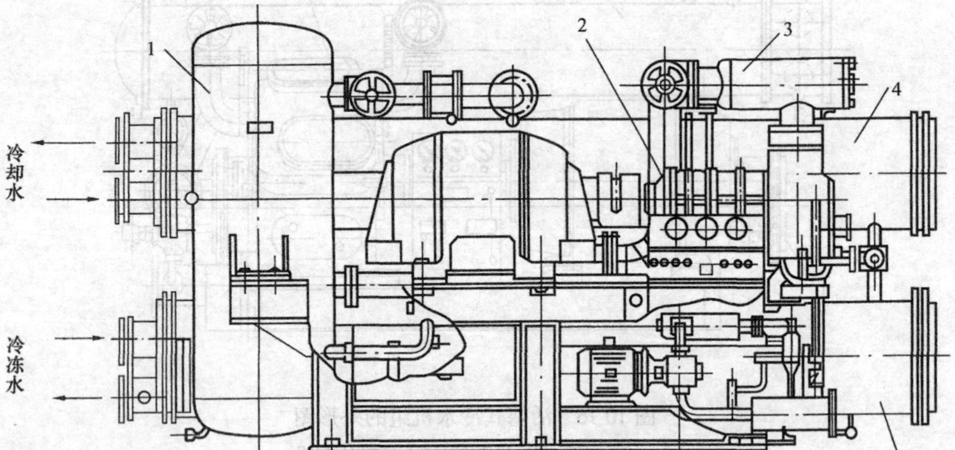

图 10-18　螺杆式冷水机组的外形图

1—高效分油器；2—螺杆式制冷压缩机；3—吸气过滤器；4—冷凝器；5—蒸发器

三、离心式冷水机组

离心式冷水机组是由离心式制冷压缩机、冷凝器、蒸发器、节流机构和调节机构等组成。离心式冷水机组中常用的制冷剂为 R22 和 R123。单机容量一般大于 1160kW。

图 10-19 为离心式冷水机组的流程图。

离心式冷水机组制冷量大，机械磨损小，易损件少，运行平稳，振动小，可实现无级调节，但效率较低，有高频噪声，操作不当时会发生喘振。适用于大型的空调制冷系统。

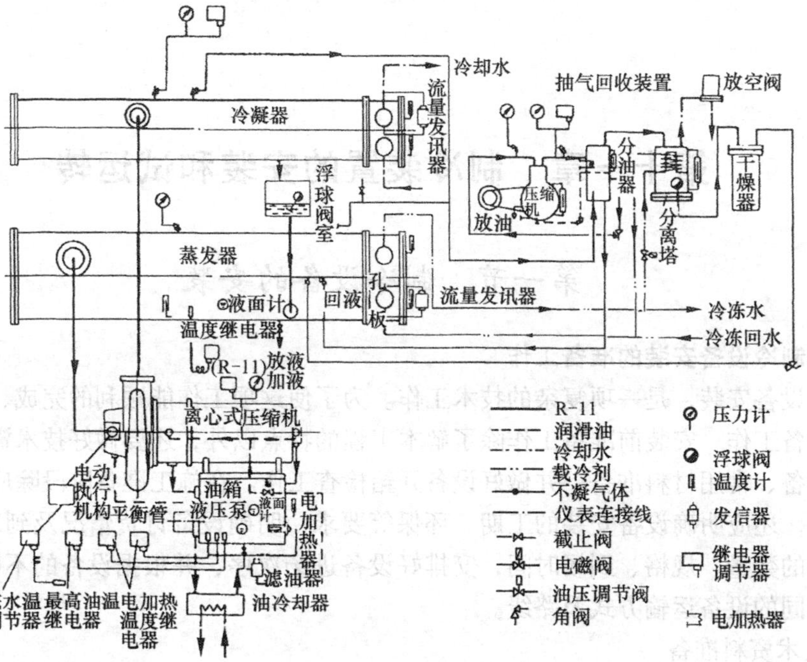

图 10-19　离心式冷水机组的流程图

思考题与习题

1. 制冷剂管道布置的基本原则是什么？

2. 氨制冷系统和氟利昂制冷系统的吸、排气管水平管段的坡度有何不同？为什么？

3. 吸、排气管道的压力降对制冷系统有什么不利影响？吸、排气管道的允许压力降为多少？

4. 某空调系统所需冷量为744kW，要求供给8℃的冷冻水，冷却水温度为27℃，试选择制冷压缩机。

5. 一台制冷机的制冷量为17kW，所需的轴功率为7kW，机械效率为0.85，冷却水量为3.6m^3/h，冷却水进入冷凝器的温度为27℃，求冷却水出冷凝器的温度。

第十一章　制冷装置的安装和试运转

第一节　制冷设备的安装

一、制冷设备安装的准备工作

制冷设备安装，是一项复杂的技术工作。为了使这项工作能顺利的完成、应按要求做好各项准备工作。安装前准备工作除了解本工程的特点以外，还要做好技术资料准备、施工机具准备、常用材料准备，并做好设备开箱检查工作。在施工准备阶段除应完成上述准备工作外，还应明确设备安装的工期、环保等要求，明确设备订货情况及到现场的时间，根据设备的数量、规格、到场时间，安排好设备进场次序，并根据设备的不同安装位置，制定出不同的设备运输方式及路线。

1. 技术资料准备

制冷设备在安装前，必须对其有关的技术资料进行认真的准备和审定。技术资料包括施工图纸、施工方案、技术措施、施工进度计划以及制冷设备相关的资料。

(1) 图纸会审

图纸会审的目的是为了解决设计中出现的问题、疑点、消除隐患，使设计更为合理，确保工程施工的顺利进行，达到降低成本，使工程质量符合施工验收标准。

图纸会审，一般由建设单位组织。由设计单位、施工单位、监理单位以及设备生产厂家参加，各方签字认同，作为施工与工程验收的依据，会审纪要文件与施工图纸具有同等效力。

图纸会审的内容有两部分：设计与土建、安装之间的有关问题的会审；安装各工种之间的会审。在会审过程中，应注意：核对制冷设备与基础之间的配合尺寸，如平面位置、标高、地脚螺栓孔的位置及尺寸；制冷设备的配管、连接走向及坡度等；电气控制设备的布线等内容。

图纸会审中，主要考虑以下问题：

1）按图纸目录清点图纸是否齐全，总图、平面图、剖面图、工艺流程图、局部安装详图、所用标准图是否符合设计和施工要求。

2）建筑结构与制冷设备安装的统一性，包括平面尺寸、标高、预留孔洞尺寸是否一致。

3）冷冻站房内的管道布置是否畅通、合理，管道有无交叉，各种管路的坡度是否合理。

4）自控系统原理图、布线图接线是否合理、正确。

5）站房内部空间及结构能否满足设备吊装、组装、调整等操作要求。

6）采用的新材料、新工艺、新设备是否满足施工要求等。

图纸会审中所提出的问题，有关问题的处理方式等，要逐项填写在图纸会审记录中，形成图纸会审纪要后应签字盖章并存档。

(2) 制定施工方案的依据

在完成施工图会审和有关技术文件准备后，方能制定施工方案。施工方案的制定，应依据施工图纸和国家、行业有关施工标准的规定。

对于制冷设备的安装施工，应参照的国家、行业技术标准主要有：

1)《通风与空调工程施工及验收规范》(GB 50243—97)；

2)《制冷设备、空气分离设备安装工程施工及验收规范》(GB 50274—98)；

3)《压缩机、风机、泵安装工程施工及验收规范》(GB 50275—98)；

4)《工业金属管道工程施工及验收规范》(GB 50235—97)；

5)《采暖与卫生工程施工及验收规范》(GB 50235—97)；

6)《自动化仪表安装工程质量检验评定标准》(GBJ 131—90)。

7)《机械设备安装工程施工及验收通用规范》(GB 50231—98)。

(3) 编制施工进度计划

施工进度计划是对施工过程的总安排，它对于保质、保量、保工期，顺利完成施工任务起着重要作用。制定进度计划的依据有：工程施工图及其他技术资料；开工和竣工日期；施工方案；施工图预算；土建工程进度计划；工期定额；施工队伍人员数量；施工队伍人员各工种的组成；施工设备、机具的使用情况等。

进度计划的编制形式有条形图和网络图两种，详见《预算与施工组织管理》的相关章节。

2. 施工机具及量具准备

为提高制冷设备安装的机械化程度，除有必要的钳工设备、焊接设备以外，还应准备吊装机具和常用量具。

3. 制冷设备的开箱检查

制冷设备的开箱检查，是安装前的一个重要工作环节，关系到设备的安装能否顺利进行及工程验收。检查的目的是查明设备的技术状况、数量、有无质量缺陷、有无缺少附件及工具现象、有无影响安装的因素等。

(1) 参加检查人员组成

制冷设备的开箱检查应由建设单位、监理单位、施工单位及供货单位（最好有设备厂家参加）的代表所组成。施工单位一般由材料员、质检员、施工员或技术员参加。

(2) 检查内容

1) 首先，在开箱前根据供货单检查箱数、箱号是否相符，检查箱的包装情况，是否完好无损；

2) 开箱后，检查设备装箱清单、产品使用说明书、产品合格证书、产品检验证书、必要的装配图、安装图和其他技术文件是否齐全，并由施工单位保存，作为工程验收的依据之一；

3) 根据设备装箱清单，检查设备名称、数量、规格及型号是否相符；检查全部零件、配件、附属材料、专用工具是否齐备，与设备装箱单是否相符；各种仪表有无破损，铅封是否完好等；

4) 外观检查制冷设备和零部件有无破损、锈蚀等现象；

5）设备填充的保护气体应无泄漏、油封完好。设备开箱检查后，设备应采取保护措施，不应过早拆除，以免设备受损。

（3）检查结果

设备开箱检查结果应由施工单位填入设备开箱检查记录表内，并由参加检查的单位代表共同认定后签字盖章。此表由施工单位保存，如果发现设备不符或缺陷，可做为建设单位向生产厂家交涉的依据和工程验收依据之一。

4. 设备基础的检查验收

设备基础主要承受机器设备的自重的静荷载和机器运转的动荷载，并且应吸收机器运转产生的振动，不允许产生共振，耐润滑油的侵蚀等，在设备安装前要对基础进行检查。设备基础应有足够的强度、刚度、稳定性。设备基础的位置、几何尺寸和质量，应符合现行的《钢筋混凝工程施工及验收规范》（GB 50204—2002）和《机械设备安装工程施工及验收通用规范》（GB 50231—98）的规定。

（1）设备基础的检查和验收

设备基础一般由土建单位进行施工。在安装单位、土建施工单位共同检查，确认合格后，安装单位方可验收。检查基础时，首先检查外形尺寸是否符合设计要求或产品说明书要求；其次检查其水平度、标高、纵横轴线偏差、地脚螺栓的位置及标高。

设备基础表面和地脚螺栓预留孔中的油污、碎石、积水等均应清除干净；预埋地脚螺栓的螺纹和螺母应保护完好；放置垫铁部位表面应凿平。

（2）设备基础检查不合格处理

设备基础检查不合格，应由土建单位进行处理。容易出现不合格的偏差有：标高不符合要求、地脚螺栓孔位置不对、水平度不符合要求、基础中心偏差过大等。

（3）设备基础验收合格后，应填写验收记录。

（4）在制冷设备安装前，应对设备基础进行复检，主要检查核对设备基础尺寸和几何尺寸，并做复检记录，由施工单位保存，该记录是工程验收依据之一。

二、制冷压缩机的安装

1. 设备就位

在制冷压缩机就位前，设备基础应验收合格，并已经将设备基础清理干净。根据施工图纸按建筑物的定位轴线，对压缩机安装的中心线放线，并用墨线弹出中心线，见图11-1，确定压缩机的准确安装位置。

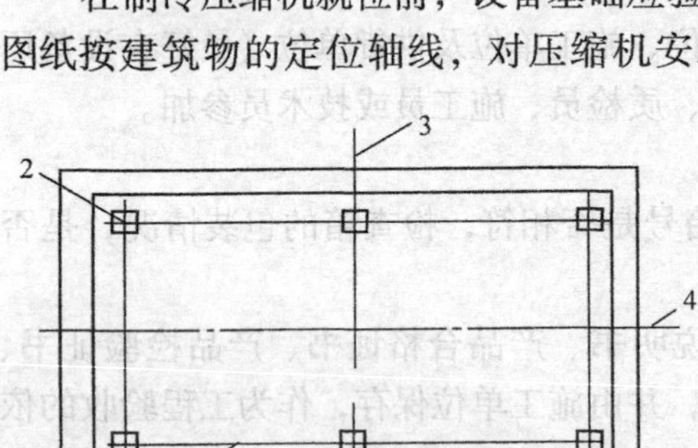

图 11-1　基础放线

1—地脚螺栓孔中心线；2—地脚螺栓孔；3—纵中心线；4—横中心线；5—设备底座边线

设备就位，就是将制冷压缩机在开箱后由箱的底排移到设备基础上，可根据现场实际条件及制冷压缩机的吨位，选择以下的就位方法：

（1）利用冷冻站内的桥式起重机，将制冷压缩机直接吊装到基础上。此方法应注意安全，在就位时钢丝绳与设备的接触处应垫木方等物，以免损坏设备；

（2）利用铲车或叉车就位，此方法尽量不用，因为制冷压缩机的任何部位都难以承受机器重量；

(3) 利用人字桅杆就位。即制冷压缩机运至基础上，再将人字桅杆上挂上倒链，将制冷压缩机吊起，抽去底排，将制冷压缩机安放到基础上。此方法也应注意钢丝绳与设备接触处要垫上木板，以免损坏制冷压缩机加工面及防腐漆，而且机组要保持水平状态；

(4) 制冷压缩机滑移上位。将制冷压缩机连同底排运至基础旁摆正，对好基础，卸下底排与制冷压缩机的连接螺栓，撬起制冷压缩机一端，将几根滚杆放入压缩机与底排之间，使制冷压缩机完全落到滚杆上，再在基础和底排上放三四根横跨滚杆，撬动制冷压缩机，使之滑到设备基础上，最后撬动制冷压缩机，抽出滚杆。

2. 制冷压缩机找正

制冷压缩机找正，就是将制冷压缩机的纵横中心线与设备基础纵横中心线对正。可用线锤进行测量，如果没有对正，可用撬杆轻轻撬动制冷压缩机进行调整，直到符合表 11-1 的规定。

制冷设备与制冷附属设备安装允许偏差 **表 11-1**

序　号	项　　目	允许偏差（mm）	序　号	项　　目	允许偏差（mm）
1	平面位移	10	2	标　高	±10

在制冷压缩机对正时，应注意其管口等部件的位置是否符合设计要求。

3. 制冷压缩机的初平

将制冷压缩机就位找正后，调整制冷压缩机的水平度，使其水平度接近要求（纵横水平度允许偏差为 1/1000 或按制冷压缩机的技术文件确定）。

(1) 初平前的准备工作

初平前的准备工作，应按三个方面进行，即地脚螺栓的准备、垫铁的准备及垫铁垫放位置的确定。

1) 地脚螺栓的准备　地脚螺栓用于将制冷压缩机固定于设备基础上，主要承受动荷载。地脚螺栓分为两种，即长型和短型。在制冷设备安装中，使用短型地脚螺栓，其长度为 100 ~ 1000mm，其外形如图 11-2 所示。

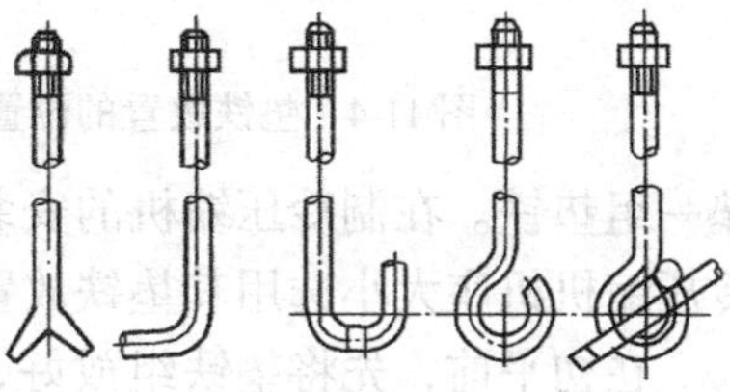

图 11-2　短型地脚螺栓外形图

地脚螺栓的直径与设备底座的螺栓孔径有关。使用时，可按表 11-2 选用直径。

机组底座地脚螺栓孔孔径与地脚螺栓直径对照表（mm） **表 11-2**

机组底座地脚螺栓孔孔径	12 ~ 13	13 ~ 17	17 ~ 22	22 ~ 27	27 ~ 33	33 ~ 40	40 ~ 48
地脚螺栓直径	10	12	16	20	24	30	36

螺栓的长度应进行计算。它的长度与其直径、垫铁高度、机座厚度、螺母厚度、垫圈厚度、防振胶垫等的厚度有关。其长度可按下式计算确定：

$$L = 15d + s + (5 \sim 10)\text{mm} \qquad (11\text{-}1)$$

式中 L——地脚螺栓的长度，mm；

d——地脚螺栓的直径，mm；

s——垫铁高度、机座厚度、垫圈厚度、防振胶垫厚度的总和，mm。

2）垫铁的准备　垫铁用于垫在制冷压缩机机座下，调整压缩机的安装高度和水平度。

垫铁的种类很多，在制冷设备安装中常用的是斜垫铁和平垫铁。其制作材料斜垫铁采用普通碳素钢，平垫铁采用普通碳素钢或铸铁。其外形和尺寸，见图 11-3。

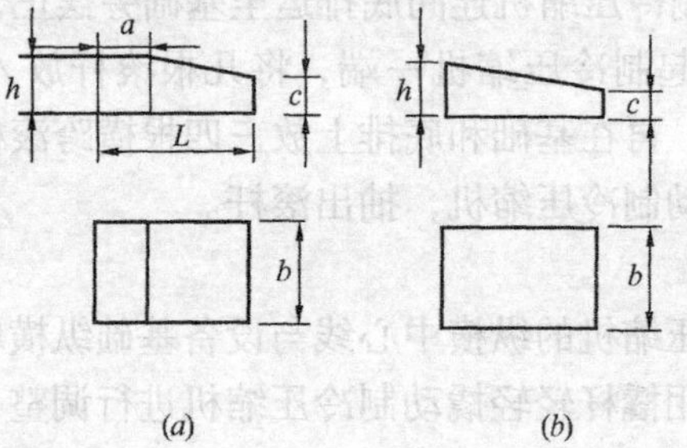

图 11-3　斜垫铁和平垫铁

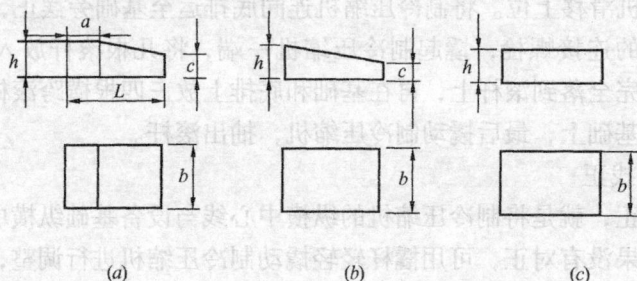

（a）斜垫铁 A 型；（b）斜垫铁 B 型；（c）斜垫铁 C 型

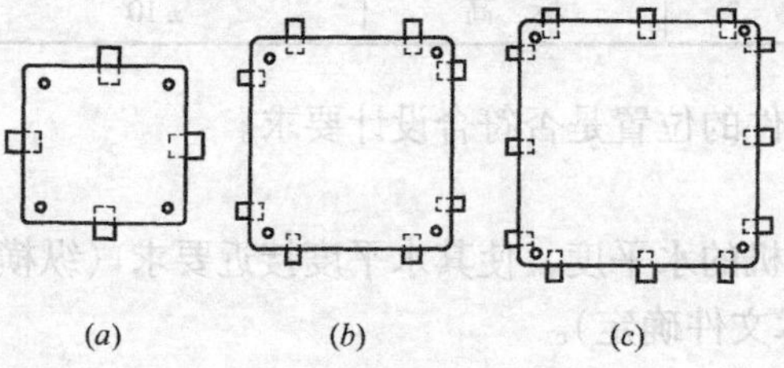

图 11-4　垫铁放置的位置

3）垫铁垫放位置的确定　垫铁的垫放位置应根据制冷压缩机底座外形和机座上螺栓孔的位置来确定。其放置位置应按下列原则确定：每个地脚螺栓孔旁至少应有一组垫铁；垫组在能放稳和不影响灌浆的情况下，应放在靠近地脚螺栓和机座主要受力部位的下方；相邻两垫铁组的间距 500～1000mm 为宜；制冷压缩机底座有接缝处的两侧应各垫一组垫铁。在制冷压缩机的安装过程中，一般有图 11-4 三种方式放置垫铁。可根据制冷压缩机机座大小选用其垫铁放置方式。

在初平前，先将垫铁组放好，垫铁的中心线应与制冷压缩机机座边缘垂直，并应注意：每组垫铁放置整齐、平稳、接触良好；每一垫铁组宜减少垫铁块数，不宜超过五块；放置垫铁时，厚的宜放在下面，薄的宜放在中间且不宜小于 2mm。

（2）制冷压缩机初平

制冷压缩机初平是在其精加工水平面上，用框式水平仪测量其水平度。如水平度相差很多时，可将低的一侧换上厚垫铁；如果水平度不大，可采用打入斜垫铁的方法逐步找平，使其纵横向水平度接近 1/1000。在初平过程中，垫铁外露长度应符合要求，不符合时应更换垫铁。

在初平过程中，使用框式水平仪等精密量具时，应将精加工面用软布擦净，以免磨损仪器。在打入垫铁时，应将框式水平仪从压缩机上取下，以免振坏。

在初平时，应校正制冷压缩机标高是否符合设计要求。

4．制冷压缩机的精平

（1）地脚螺栓二次灌浆

在制冷压缩机对正后，应将地脚螺栓穿入设备基础的预留孔内，加上套垫并拧上螺母，使螺纹外露 2～3 扣，待制冷压缩机初平后，再用混凝土灌浆。这种方法称二次灌浆法。其优点是：螺栓中心距、垂直度、螺栓插入长度易于调整，方便施工。也可以在设备基础施工时将地脚螺栓直接安在上面，这种方法如果在螺栓定位不准时，会给施工带来极大不便，经常发生制冷压缩机地脚螺栓孔与地脚螺栓不吻合的现象，但小偏差可以调整。出现偏差，应在设备基础验收时解决。

在二次灌浆时应注意：灌浆时宜采用细碎石混凝土，其强度应比基础或地坪的混凝土强度高一级；灌浆时应捣实，并不应使地脚螺栓倾斜和影响安装精度；灌浆必须一次完成；洒水养护时间不少于 7 天；待混凝土强度达到 70%以上时，才能拧紧地脚螺栓，混凝土达到 70%强度的时间与温度有关，表 11-3 所列为混凝土强度达到 70%所需天数。

(2) 制冷压缩机精平

精平是制冷压缩机安装的重要工序，它是在制冷压缩机初平后进行的。精平后，水平度应达到规范要求或制冷压缩机技术文件要求。精平的目的是：保持设备运转中的设备稳定及重力的平衡，以减少振动防止变形；减少磨损及能耗，延长设备使用寿命。

混凝土强度达到 70%所需天数 **表 11-3**

气 温（℃）	5	10	15	20	25	30
所需天数（天）	21	14	11	9	8	6

精平的方法，根据制冷压缩机的形式不同而不同，如立式和 W 型的压缩机可采用框式水平仪在气缸端面或压缩机进排气口处测量；V 型和 S 型压缩机可采用角度水平仪在气缸端测量，如果无角度水平仪，也可在压缩机的进排气口和安全阀法兰端面测量。如果测量水平度不符合要求，应通过调整垫铁的方法进行调平。

在测量水平时，必须将测量面上的油漆刮净，以免影响测量的准确性。

在制冷压缩机精平后，应将各垫铁之间及垫铁组与制冷压缩机机座焊牢（铸铁垫铁除外)，并检查垫铁是否压紧（用手锤敲击垫铁听声判断），也可采用下列方法：采用 0.05mm 塞尺检查垫铁与机座、垫铁与垫铁之间的间隙，在垫铁同一断面处以两侧塞入的长度总和不得超过垫铁长度或宽度的 1/3 为宜。精平后，垫铁端面应露出制冷压缩机机座边缘，平垫铁宜露出 10～30mm，斜垫铁露出 10～50mm。垫铁组伸入机座底面的长度应超过地脚螺栓的中心。

5. 基础抹面

在制冷压缩机精平后，应将制冷压缩机机座与基础间的空隙灌满混凝土，并将垫铁埋入其中，用于制冷压缩机运行时将负荷传递到基础上。

灌混凝土之前，应在基础外边缘放置模板，如制冷压缩机底部不需全部灌浆，且灌浆层需承受设备负荷时，设内模板。内模板到制冷压缩机机座边缘的距离不应小于 100mm 或底座肋面宽度。

灌浆层厚度不应小于 25mm。灌浆层应有向外的坡度，以防止油、水等流入压缩机底座。在混凝土凝固前应用水泥砂浆抹面。抹面应压密实。

6. 制冷压缩机的拆卸和清洗

制冷压缩机按其出厂方式分为两种，即整体出厂压缩机和解体出厂压缩机。解体出厂的压缩机应按要求进行检查、清洗后按技术文件要求进行装配。对于整体出厂压缩机在规定的防锈保证期内进行安装时，油封、气封良好且无锈蚀情况下，其内部可不拆洗，当超过防锈保证期或有明显缺陷时，受建设单位委托，可按制冷压缩机技术文件的要求，对机组内部进行拆卸、清洗。目前，制冷压缩机多整体出厂，故对解体出厂压缩机的组装、清洗不做阐述。

当整体出厂的压缩机进行拆卸和清洗时，首先应测量制冷压缩机原始装配数据及检查零、部件原有装配标记，并做好记录存档。对于拆卸后不合格或损坏的零、部件应进行修理或更换，对不符合制冷压缩机技术文件要求的间隙、配合进行调整，记录存档。

（1）拆卸步骤

拆卸步骤按制冷压缩机的形式及清洗要求而确定，总体上说应从外向内，由上向下进行拆卸。对于活塞式制冷压缩机，应按下列步骤进行拆卸：擦净制冷压缩机外表面，拆下冷却水管、油管后，卸下吸气过滤器；拆开气缸盖，取出排气阀组；放出曲轴箱内润滑油，拆下侧盖；拆下连杆大头盖，取出连杆螺钉及轴瓦；取出连杆及活塞；取出吸气阀片；取出气缸套；卸下油泵。

（2）拆卸时应注意：拆卸时应记住拆卸顺序；拆卸时不能损坏零、部件；记住拆卸前零部件的位置；拆卸后妥当放置、防止丢失、漏装；密封部分可不拆卸。

（3）零、部件清洗

拆卸后的零、部件一般进行两次清洗。首先除去零、部件表面油漆、油污，用煤油或汽油清洗，然后更换煤油或汽油再洗一次，直到洗净为止。洗净后，应在零部件外涂机油，以防止锈蚀。清洗时，场地内应有防火设备。

（4）制冷压缩机装配

所有零、部件清洗完毕后，可进行装配。装配的顺序应是由内到外，先拆后装。有些零件应先组装后再装入制冷压缩机。制冷压缩机装配后，拧紧所有紧固螺栓（钉），开口销等必须更换并锁紧，密封胶垫等必须更换，注入润滑油至规定位置。

（5）各部件装配时，应符合制冷压缩机技术文件要求，并对冷却水路做严密性实验，无渗漏。检查曲轴箱底是否渗油，检查方法是：将煤油注入机身内，使润滑油升至最高油位，持续4小时以上无渗漏现象。

三、冷凝器安装

冷凝器的形式有多种，这里只对水冷式冷凝器安装作简单介绍，水冷冷凝器有立式和卧式两种。在安装时，立式冷凝器的垂直度和卧式冷凝器的水平度允许偏差为1/1000；冷凝器的安装可根据安装现场条件，选用合适的吊装方式，可采用倒链、提升机或绞车等工具。安装完毕后，应对系统进行气密性实验。

1. 立式冷凝器安装

立式冷凝器通常安装于钢筋混凝土水池上方，其安装方法有以下三种：

（1）将冷凝器安装在现浇混凝土的水池池顶

采用这种方法安装时，应在水池顶部预埋地脚螺栓或预留地脚螺栓孔，将冷凝器吊放至池顶部，找正、找平后拧紧螺母，如果地脚螺栓孔需二次灌浆，也在找平、找正后进行。

（2）将冷凝器安装在工字钢或槽钢上

首先将工字钢或槽钢按安装的要求放置在水池上并固定，然后将冷凝器吊装其上，用螺栓加以固定。注意工字钢或槽钢应避让冷却水管。

（3）将冷凝器安装于池顶上，在池顶预埋钢板，钢板与池顶钢筋焊在一起。安装时，先按冷凝器的地脚螺栓孔位置放工字钢或槽钢于钢板上，将冷凝器吊装到工字钢或槽钢上，待冷凝器找平，找正后，将工字钢或槽钢与预埋钢板焊牢。这种安装方法冷凝器的安装位置可调整，便于校正，比较灵活。

2. 卧式冷凝器安装

卧式冷凝器一般装于室内，为了节省设备间的面积，卧式冷凝器经常安装在贮液器上方，但二者高差应满足设计文件要求。卧式冷凝器可安装于型钢支架上，也可以安装在位置高于贮液器的混凝土基础上。当卧式冷凝器安装于贮液器上方时，如图 11-5 所示。

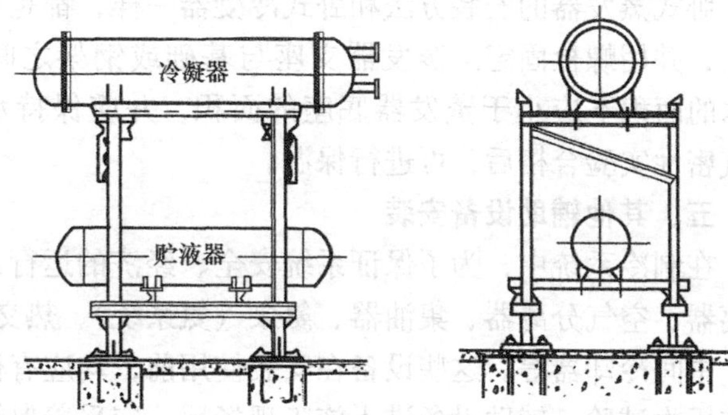

图 11-5　卧式冷凝器与贮液器安装

用于安装冷凝器的钢架，应横平竖直，冷凝器的安装精度取决于钢架的水平度。在焊制钢架时，应测量其垂直度和水平度，测量水平度时，应选取多处测量，避免误差，取其平均值，作为水平度。

如果卧式冷凝器的集油器处于中间位置或无集油器，应控制水平度在 1/1000 以内；当集油器在一端时，应有 1/1000 的坡度并坡向集油器。

卧式冷凝器上的接口较多，有进气管、出液管、压力表、安全阀、均压管等接口，安装时应注意。

四、蒸发器安装

1. 立式蒸发器安装

立式蒸发器在安装前，应对此箱进行渗漏实验，将水箱装满水保持 8～12 小时不渗不漏为合格。立式蒸发器应安装在保温基础上，四周保温处理（如果需要），如图 11-6 所示。

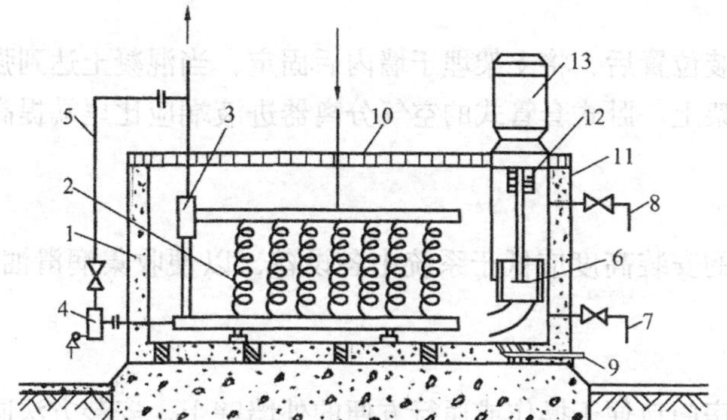

图 11-6　立式蒸发器安装

1—蒸发水箱；2—蒸发管组；3—气液分离器；4—集油罐；5—平衡管；6—搅拌器叶轮；7—出水口；8—溢水口；9—泄水口；10—盖板；11—保温层；12—刚性联轴器；13—电动机

先将基础表面清理干净、平整，然后做保温层，同时放防腐枕木，并以 1/1000 的坡度坡向泄水口，最后用热沥青封面。做完保温后，即可安装水箱。将水箱吊至基础上（应采取防止水箱变形的措施），就位后，将各排蒸发管组吊入水箱内，用集气管和供液管连成大组，然后固定。要求每组管组间距相等，并以 1/1000 的坡度向集油器。组装完毕后，试压合格，方可保温。

安装搅拌器时，应先分开联轴器，清除内孔中的铁锈及污物。清除干净后，再用刚性联轴器将搅拌器与电动机连接起来，转动时搅拌器不应有明显的摆动，然后调整电动机位置，使搅拌器叶轮外圆和导流筒的间隙一致。调整好以后，将电动机固定在蒸发器上。

2. 卧式蒸发器安装

卧式蒸发器的安装方法和卧式冷凝器一样，都是安装在混凝土基础上或型钢焊制的支架上，并用螺栓固定。蒸发器支座与基础或钢架之间，应垫以 50 ~ 100mm 厚防腐枕木，枕木的面积不应小于蒸发器底座的面积，并应保持水平，其水平度允许偏差为 1/1000。经气密性实验合格后，可进行保温。

五、其他辅助设备安装

在制冷系统中，为了保证系统安全、经济的运行，应有许多辅助设备，其中包括：油分离器、空气分离器、集油器、氨泵（氨系统）、热交换器（氟利昂系统）、低压循环贮液器、中间冷却器等。这些设备在安装使用前，均应有校验出厂试压合格证书，否则应补做单体压力试验。辅助设备进入施工现场后，应妥善保管，封口在安装前不得拆开，拆开的要重新封口，以免进入污物。对放置时间过久的设备，应进行除锈处理。

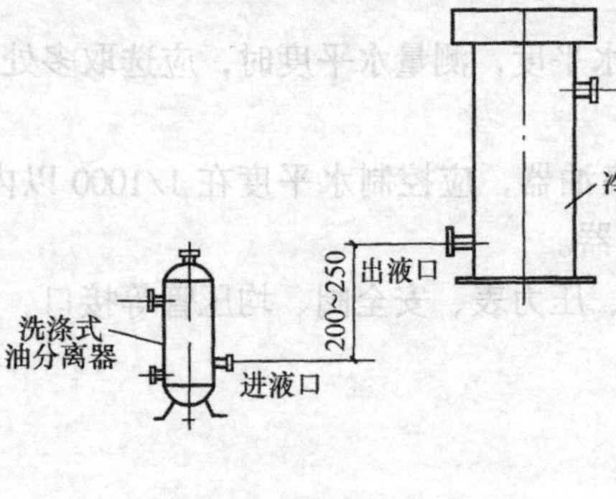

图 11-7　洗涤式油分离器与冷凝器的安装高度

1. 油分离器安装

油分离器一般安装于混凝土基础上，用地脚螺栓固定。固定前应调整其垂直度不大于 1/1000，如果不符合要求，可用垫铁进行调整。对于洗涤式油分离器，要注意其安装高度与冷凝器的安装高度，应满足设计要求，如设计无要求时，洗涤式油分离器的进液口应比冷凝器的出液口低 200 ~ 250mm，详见图 11-7。

2. 空气分离器安装

目前常用的空气分离器有卧式套管式和立式盘管式两种。空气分离器一般安装于墙上，与地面距离 1.2m 左右，用螺栓与支架固定。如图 11-8 所示。

安装时在安装位置放线，确定安装位置后，将支架埋于墙内后固定，当混凝土达到强度后，用螺栓将空气分离器固定在支架上。卧式套管式的空气分离器进液端应比尾端提高 1 ~ 2mm。

3. 集油器安装

集油器安装于混凝土基础上，它的安装高度应低于系统中各设备，以便收集润滑油，安装方法与油分离器相同。

4. 紧急泄氨器安装

紧急泄氨器一般垂直地安装于机房门口便于操作或通行方便的外墙壁上。安装方法同盘管式空气分离器。

其他辅助设备的安装，这里不做阐述，但应注意：必须按设计图纸要求进行；平直牢固，位置准确；低温容器应增设垫木，减少“冷桥”现象。

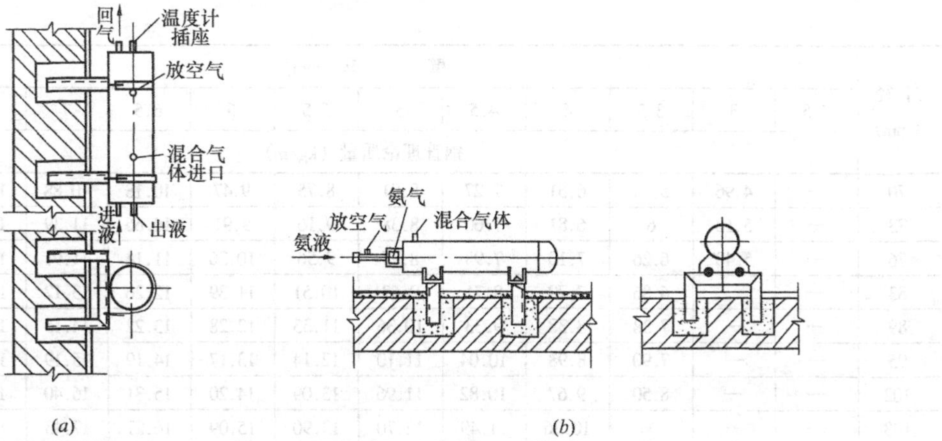

图 11-8　空气分离器的安装

(a) 立式空气分离器安装；(b) 卧式空气分离器安装

第二节　制冷系统管路和附件的安装

一、制冷剂管道选择

制冷系统中常用的管材有钢管和铜管两种。在选择管材时，应考虑管道的强度、管道的耐腐蚀性、使用温度及管道内壁的光滑度。目前氨制冷系统普遍采用无缝钢管，氟里昂系统及低温系统普遍采用铜管，为节约有色金属、降低造价，当氟利昂系统所需管径较大(大于 25mm) 时，也可采用无逢钢管。

1. 钢管

制冷工程中，常用的钢管为热轧无缝钢管，无缝钢管常用钢号为 10、20 号钢和 16Mn 等，钢管规格采用"外径×壁厚"来表示。国产常用热轧无缝钢管的规格见表 11-4。

常用热轧无缝钢管的规格　　表 11-4

外径 (mm)	壁厚 (mm)											
	2.5	3	3.5	4	4.5	5	5.5	6	6.5	7	7.5	8
	钢管理论质量 (kg/m)											
32	1.82	2.15	2.46	2.76	3.05	3.33	3.59	3.85	4.09	4.32	4.53	4.73
38	2.19	2.59	2.98	3.35	3.72	4.07	4.41	4.73	5.05	5.35	5.64	5.92
42	2.44	2.89	3.32	3.75	4.16	4.56	4.95	5.33	5.69	6.04	6.38	6.71
45	2.62	3.11	3.58	4.04	4.49	4.93	5.36	5.77	6.17	6.56	6.94	7.30
50	2.93	3.48	4.01	4.54	5.05	5.55	6.04	6.51	6.97	7.42	7.86	8.29
54	—	3.77	4.36	4.93	5.49	6.04	6.58	7.10	7.61	8.11	8.60	9.07
57	—	3.99	4.62	5.23	5.83	6.41	6.98	7.55	8.09	8.63	9.16	9.67
60	—	4.22	4.88	5.52	6.16	6.78	7.39	7.99	8.58	9.15	9.71	10.26
63.5	—	4.48	5.18	5.87	6.55	7.21	7.87	8.51	9.14	9.75	10.36	10.95
68	—	4.81	5.57	6.31	7.05	7.77	8.48	9.17	9.86	10.53	11.19	11.84

续表

外径 (mm)	壁厚 (mm)											
	2.5	3	3.5	4	4.5	5	5.5	6	6.5	7	7.5	8
	钢管理论质量 (kg/m)											
70	—	4.96	5.74	6.51	7.27	8.01	8.75	9.47	10.18	10.88	11.56	12.23
73	—	5.18	6	6.81	7.60	8.38	9.16	9.91	10.66	11.39	12.11	12.82
76	—	5.40	6.26	7.10	7.93	8.75	9.56	10.36	11.14	11.91	12.67	13.42
83	—	—	6.86	7.79	8.71	9.62	10.51	11.39	12.26	13.12	13.96	14.80
89	—	—	7.38	8.38	9.33	10.36	11.33	12.28	13.22	14.15	15.07	15.98
95	—	—	7.90	8.98	10.04	11.10	12.14	13.17	14.19	15.19	16.18	17.16
102	—	—	8.50	9.67	10.82	11.96	13.09	14.20	15.31	16.40	17.48	18.54
108	—	—	—	10.26	11.49	12.70	13.90	15.09	16.27	17.43	18.59	19.73

2. 铜管

按材质可分为纯铜管和黄铜管。铜管是经挤制和拉制的无缝管，它的规格也是用“外径×壁厚”表示。常用的纯铜管规格见表 11-5。

拉制纯铜管的外径和壁厚尺寸 (mm) **表 11-5**

外径 \ 壁厚	0.5	0.75	1.0	1.5	2.0	2.5	3.0	3.5	4.0	4.5	5.0	6.0	7.0	8.0	9.0	10.0
3,4,5,6,7	○	○	○	○	○	—	—	—	—	—	—	—	—	—	—	—
8,9,10,11,12,13,14,15	○	○	○	○	○	○	○	○	—	—	—	—	—	—	—	—
16,17,18,19,20	—	—	○	○	○	○	○	○	○	○	—	—	—	—	—	—
21,22,23,24,25, 26,27,28,29,30	—	—	○	○	○	○	○	○	○	○	○	—	—	—	—	—
31,32,33,34,35, 36,37,38,39,40	—	—	○	○	○	○	○	○	○	○	○	—	—	—	—	—
41,42,43,44,45, 46,47,48,49,50	—	—	○	○	○	○	○	○	○	○	○	○	—	—	—	—
52,54,55,56,58,60	—	—	○	○	○	○	○	○	○	○	○	○	—	—	—	—
62,64,65,66,68,70	—	—	—	○	○	○	○	○	○	○	○	○	○	○	○	○
72,74,75,76,78,80	—	—	—	○	○	○	○	○	○	○	○	○	○	○	○	○
82,84,85,86,88,90, 92,94,96,98,100	—	—	—	○	○	○	○	○	○	○	○	○	○	○	○	○

注:“○”表示有产品,“—”表示无产品。

二、制冷系统管道安装

1. 管道除锈

制冷系统管道安装之前，应将管子内氧化皮、污染物和锈皮除去，使内壁出现金属光泽后，方可封闭管子端口。管道除锈的方法很多，可根据不同的材质，使用不同的除锈方法。

(1) 无缝钢管除锈

对于管径较大的钢管，可用钢丝刷在管道内反复拖拉或使钢丝刷在管内旋转清除锈皮及污物，再用干布浸上煤油擦净，然后用干燥的压缩空气吹净钢管内部，以喷出空气在白纸上无污物为合格，最后封闭管子端口待用。

对于管径较小的钢管、弯头等部件，可用干布浸上煤油擦净其内壁。如果不能擦净，可采用酸洗的方法除去内部锈皮及污物，具体做法是：稀释硫酸至20%浓度；在40～50℃的条件下酸洗10～15分钟；进行光泽处理，处理液可用铬酐100g，硫酸50g、水150g配制。

经过酸洗的钢管，必须用水冲洗后再用3%～5%的碳酸钠溶液中和。冲洗后把钢管加热，吹干后方可封存。

(2) 铜管除锈

主要是清除铜管焊弯过程中烧红退火后管内产生的氧化皮。除去氧化皮可将棉纱布绑在钢丝上，浸上汽油在管子内反复拖拉，直到除去干净为止；如果以上方法清不净，可采用酸洗的方法：配制硝酸溶液（98%的浓硝酸与水以3∶7混合）；将铜管放入硝酸溶液中数分钟取出；用水冲洗后用3%～5%碳酸钠溶液中和；用水冲洗烘干。

2. 管道切割

在管道施工过程中，可以根据施工现场的条件，选择合适的管道切割方法。通常使用的管道切割方法有锯割、刀割、磨切、氧—乙炔焊切割等。

3. 管道连接

制冷系统管道连接可采用焊接、法兰连接、螺纹连接、扩口连接，经常使用的是焊接和法兰连接。

(1) 焊接连接

焊接连接是目前施工中最常使用的管道连接形式，这种形式适用介质的压力、温度的范围广泛，并有很高的强度和严密性，多采用手工电弧焊和气焊。手工电弧焊适用于焊接管、管径50mm以上的管道，气焊适用于小管径和薄壁的钢管及有色金属管。电弧焊的焊缝性能优于手工气焊。

1) 管道的坡口　为了防止管道的根部出现未熔化和未焊透的现象，钢管焊接前应加工Y形坡口。坡口形式，见图11-9。

当管道横向敷设对接施焊时，坡口形状应是对称的，如果对竖向敷设的管道对接施焊时，坡口应加工成如图11-10的不对称形式坡口。

2) 管道焊接　焊接时，其质量应符合《工业金属管道工程施工及验收规定》(GB 50235—97)和《现场设备、工业管道工程施工及验收规范》(GB 50236—97)的规定。

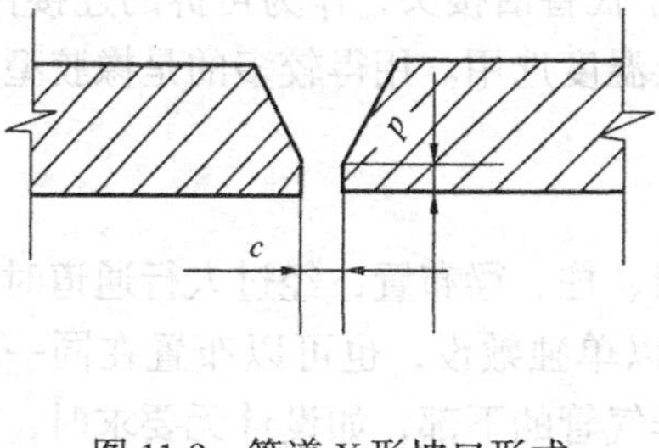

图11-9　管道Y形坡口形式

p—钝边；c—间隙

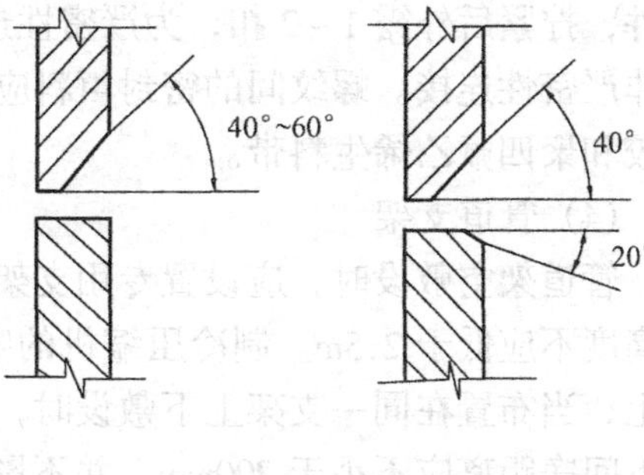

图11-10　横焊缝的管道坡口形式

3）承插钎焊焊接　此方法适用于铜管焊接，承插的扩口方向应迎介质流向。其承插深度应符合表 11-6 的规定。

承插式焊接的铜管承口的扩口深度表（mm）　　**表 11-6**

铜管规格	≤DN15	DN20	DN25	DN32	DN40	DN50	DN55
承插口的扩口深度	9~12	12~15	15~18	17~20	21~24	24~26	26~30

（2）法兰连接

法兰连接是用法兰将管子、管件、阀门或其他附属设备等连接成管路系统的方法。在制冷系统的施工安装中常用此方法，这种方法安装的优点是：安装方便，可以拆卸，便于维修。在制冷系统中，常用凸面、凹凸面平焊钢制法兰，石棉橡胶垫片。法兰与管子轴线垂直度允许偏差，符合表 11-7 的规定，法兰垫片内外径允许偏差，符合表 11-8 的规定。

法兰垂直度允许偏差（mm）　　**表 11-7**

公称直径 DN	≤300	>300
允许偏差 e	1	2

法兰垫片内外径允许偏差（mm）　　**表 11-8**

公称通径 DN	DN<125		DN>125	
	内　径	外　径	内　径	外　径
允许偏差	2.5	-2.0	3.5	-3.5

法兰连接所使用的螺栓规格应相同，且应按同一方向插入，螺母应在便于拆卸的一侧。锁紧螺母时，不能一次锁紧，至少应重复两次，并应采用十字对称法进行。

螺栓坚固后的外露螺纹，最多不超过两个螺距。法兰紧固后，密封面的平行度应符合要求，用塞尺检验法兰边缘最大和最小间隙，其差应不大于法兰外径的 1.5/1000，且不大于 2mm。不允许用斜垫片或强紧螺栓的办法消除歪斜和加垫片的方法弥补过大的间隙。

（3）螺纹连接

螺纹连接是通过内、外螺纹的啮合，达到管子与管件或与设备连接的目的。为使接头严密不漏，在内、外螺纹间应加密封填料。

螺纹连接内、外螺纹的配合形式有：圆锥外螺纹与圆锥内螺纹、圆锥外螺纹与圆柱内螺纹、圆柱外螺纹与圆柱内螺纹三种。前两种形式为短丝连接，用于内螺纹阀门及内螺纹管件，拧紧后外露 1~2 扣，为严密性连接。后一种用于代替活接头，作为可拆的连接件，为非严密性连接。螺纹间的密封填料应根据输送介质及温度选用。用得较多的是橡胶型密封胶和聚四氟乙烯生料带。

（4）管道支架

管道架空敷设时，应设置专用支架，并应尽量沿墙、柱、梁布置，经过人行通道时安装高度不应低于 2.5m。制冷压缩机的吸、排气管道可以单独敷设，也可以布置在同一支架上，当布置在同一支架上下敷设时，吸气管应放在排气管的下部，如设计无要求时，其上下间净距离应不小于 200mm，并不影响管道安装及保温操作，见图 11-11。如果吸排气管平行敷设时，水平管间净距不应小于 250mm。

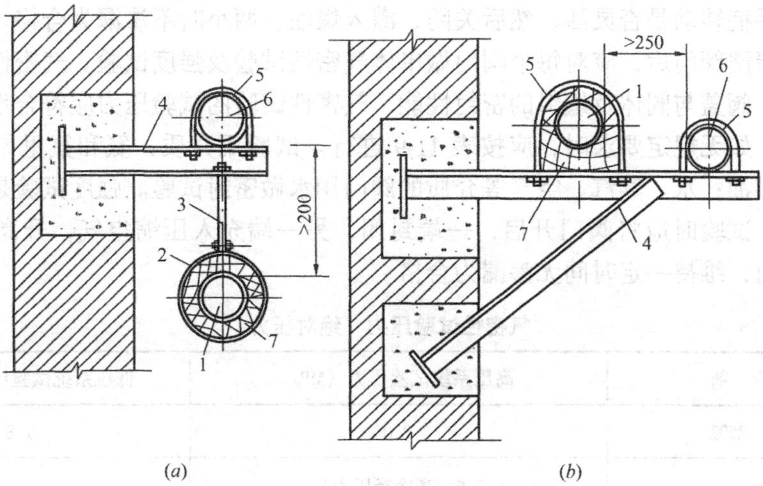

图 11-11　吸排气管同支架安装

（a）吸排气管上下敷设；（b）吸排气管水平敷设

1—吸气管；2—扁钢；3—吊架；4—支架；5—圆钢；6—排气管；7—木衬瓦

管道地下敷设时，可采用通行地沟敷设、半通行地沟敷设、不通行地沟敷设。

通行地沟净高应不小于 1.8m，与其他管道共用地沟时，低温管道应放下部，并远离其他管道；半通行地沟净高一般为 1.2m，冷热管道不能采用同沟敷设；不通行地沟通常采用活动的地沟盖板，制冷剂管道宜单独敷设。

制冷管道安装时应注意：

（1）为防止吸气管路与支架接触处产生“冷桥”现象，在管道与支架之间应垫以油浸处理过的木块；

（2）制冷管道上的三通接口，不允许使用“T”形三通，应做成顺流三通；

（3）制冷管道穿墙应放保护套管，套管与管道应有 10mm 的间隙，管道接口及法兰不能置于套管内；

（4）弯管半径不应小于管子外径的 3.5 倍，不允许使用机制弯头和焊接弯管；

（5）安装时注意工质的流向；

（6）支架安装形式、结构、要合理，并适合温度变化，避免冷热管道对制冷压缩机及附属设备产生拉力或推力。

三、制冷阀门及仪表安装

1. 制冷阀门安装

（1）制冷阀门安装前准备工作

制冷阀门安装前，应首先检查其型号、材质及工作压力是否符合设计要求，出厂合格证、质量证明书是否齐备。对进、出口封闭性能良好并在保证期限内的阀门，可只清洗密封面。不符合上述条件的阀门（安全阀除外）必须逐个拆卸清洗，除去油污及铁锈。在拆卸过程中，应检查阀瓣和阀座的密封情况是否良好。如发现有贯通的划痕时，应用冷冻机油进行研磨，若划痕较深，超过 0.05mm 以上，研磨不易去掉时，须重新浇轴承合金，加工后方可使用。拆卸、清洗阀门时，应按要求更换填料和垫片。阀门组装后，应将阀门开闭几次，看手柄转动是否灵活，然后关闭，灌入煤油，两小时不渗漏为合格。

在拆卸清洗阀门后，应对每个阀门做单体气密性试验及强度试验。气密性试验是检验阀瓣和阀座、阀盖与阀体及填料的密封性能，气密性试验的试验压力应符合设计和设备技术文件要求，如无规定要求时，应按表 11-9 进行。试验用介质：氨和氟里昂制冷剂系统的阀门仍用煤油；水、蒸汽、空气等介质的阀门用水做密封试验。强度试验是检验阀体材料承压性能，试验时应将阀门开启，一端封闭，另一端充入压缩空气，升高压力为 1.25 倍的工作压力，维持一定时间无渗漏为合格。

气密性试验压力（绝对压力） **表 11-9**

制 冷 剂	高压系统试验压力（MPa）	低压系统试验压力（MPa）
R717、R502	2.0	1.8
R22	2.5（高冷凝压力）、 2.0（低冷凝压力）	1.8
R12	1.6（高冷凝压力）、 1.2（低冷凝压力）	1.2
R11	0.3	0.3

安全阀安装前除应检查出厂合格证、质量证明书等，还应检查铅封是否完好，并不要随意拆卸。安全阀平时应铅封呈开启状态，不得关闭。

浮球阀、膨胀阀、电磁阀等安装前应进行单体动作灵活性试验，并检验其密封性。

（2）阀门安装

安装阀门时应注意：

1）对有安装方向的阀门（如截止阀、安全阀、膨胀阀），介质流动方向应与阀门箭头方向相同；

2）阀门手柄严禁朝下或朝向不便操作的方向；

3）安装高度应便于维修和操作；

4）膨胀阀的感温包安装位置要适当并与气管紧密接触不受外界干扰；

5）节流阀应尽量靠近蒸发器，以减少冷量损失。

2. 仪表安装

在制冷系统中使用的仪表应是专用仪表，在安装前应进行校验，校验合格方可使用。其安装质量应参照《自动仪表安装工程质量检验评定标准》（GBJ 131—90）评定。

（1）温度计安装

制冷系统中常用的温度计是工业内标式玻璃温度计。安装时，温包应在管道的中心线上。

温度计可安装在弯管、直管、水平管上，也可根据实际情况，竖直或倾斜安装，比如管径较大的水平管可竖直安装，管径较小的水平管可倾斜安装。

（2）弹簧管压力表安装

弹簧管压力表的表盘应垂直于地面，如果安装位置高于视平线时，为便于观察可使表盘稍向前倾斜。安装方法根据本身接头形式确定，一般采用螺纹连接。

第三节　制冷系统的试运转

一、压缩机试运转

在制冷压缩机安装完毕后，应按设计或制冷压缩机的技术文件要求进行试运转。不同类型的制冷压缩机有不同的试运转内容及要求。在制冷压缩机试运转前，应做一些准备工作：熟悉制冷系统的设备、技术文件、参数要求；检查试运转所需的水、电、油是否满足要求；明确制冷压缩机的试运转程序；准备记录运行中所出现的问题及运行参数。

在制冷压缩机试运转前应对冷却水系统的设备进行检查、密封试验，并对冷却水系统进行试运转。确认冷却水系统正常后方可进行压缩机试运转。制冷压缩机的试运转，应包括空负荷试运转、空气负荷试运转、负荷试运转。

1. 活塞式压缩机试运转

在活塞式制冷压缩机试运转前应做好下列工作：最后核对图纸，检查安装有无遗漏；向曲轴箱内加入润滑油并符合压缩机技术文件要求；全面复查压缩机各紧固部件，应已锁紧和紧固；检查电机运转方向与压缩机运转方向是否相符；仪表和电气设备调整是否正确；检查安全阀、油压继电器、高低压继电器等安全保护装置的设定值是否正确，动作是否灵活、可靠，进、排气管路应清洁和畅通。

(1) 压缩机空负荷试运转

空负荷试运转的作用在于检查各零部件经拆卸、清洗、装配后的运转情况。

在进行空负荷试运转之前，应将各级吸、排气阀组拆下，并使用试车夹具将气缸套压紧，向活塞环部加1～2mm厚的润滑油，用干净布包好气缸顶部的缸盖部分，防止灰尘或异物落入气缸内。先启动冷却系统、滑润系统，视其是否正常。如果正常，点动压缩机，检查各部位有无异常。若无异常，再依次运转5分钟、30分钟和2小时以上。每次启动运转前应检查压缩机润滑油是否正常，如果异常，应检查其原因后，进行检修，合格后再进行空负荷试运转。

在空负荷试运转中的油压、油温和各摩擦部位的温度应符合压缩机技术文件规定；运转应平稳，无异常噪声和剧烈振动；油封处无滴漏现象；气缸内壁无异常磨损；运转电流稳定。

(2) 压缩机空气负荷试运转

空气负荷试运转的目的是为了观察压缩机的工作性能，各运动部件在加载情况下声音是否正常。

在空气负荷试运转之前，应更换润滑油，清洗滤油器，装上空气滤清器（或松开吸气过滤器法兰螺栓，留出一定空隙作为压缩机空气吸入口），逐级装上吸、排气阀组，关闭吸气阀，启动压缩机，调整排气压力至0.3MPa左右（当吸气压力为大气压力时，对于有水冷却的其排气压力为0.3MPa），连续运转不小于1h。

空气负荷试运转应检查和记录：润滑油的压力、温度、各部位的供油情况；各级吸排气的压力和温度；各级进、排水温度、压力和冷却水供应情况；各级吸排气阀工作情况；各运动部件运转声音情况；各连接部位有无漏气、漏水、漏油情况；连接部位有无松动现象；能量调节装置是否灵敏；主要磨擦部位温度；电机的电压、电流、温升；自控装置灵敏程度等。在空气负荷试运转后，应拆下空气过滤器（如果安装吸气过滤器应清洗），清洗油过滤器，并更换润滑油。

2. 螺杆式压缩机试运转

对于螺杆式制冷压缩机安装后的试运转目的在于检查其运转部件运转声音、振动及仪表工作是否正常。

在试运转前，应进行如下检查：润滑系统必须清洁，加油量和规格符合压缩机技术文件规定；冷却水供水量、温度、水质应符合设计或压缩机技术文件要求，且无渗漏；各种仪表，控制设备调试合格；压缩机吸入口处应装空气过滤器和临时过滤网；盘车转动应灵活，无阻滞现象；按规定开启或关闭有关阀件。

(1) 螺杆式压缩机空负荷试运转

首先启动油泵，使油压上升，在规定压力下运转不应小于15min；点动电机，其旋转方向应与压缩机相符；启动压缩机并运转2~3min，无异常现象后其连续运转时间不应小于30min；当停机时，油泵应继续运转15min方可停转，停泵后应清洗各进油口的过滤网。再次启动压缩机，应连续进行吹扫，并不应小于2h，轴承温度应符合压缩机技术文件规定。

在空负荷试运转中，参照活塞式压缩机空负荷试运转进行检查。

(2) 螺杆式压缩机空气负荷试运转

在进行空气负荷试运转前，应做以下准备：空负荷试运转应完毕并不少于30min；关闭压缩机吸气口的导向叶片；拆除浮球室盖板和蒸发器上的视孔法兰，使吸气口与大气相通。

空气负荷试运转时，首先按要求供应冷却水，然后启动油泵，使其供油正常，建立正常油压。启动压缩机，待主机运转正常后，按压缩机技术文件要求的升压速率和运转时间，慢慢开启吸气阀，调节滑阀，逐级升压试运转，使压缩机慢慢地升温；在上一级升压试运转无异常现象后，可将压力逐渐升高，在额定压力下连续运转时间不应小于2h。

在额定压力下运转，应注意压缩机各项参数的变化并做相应记录，如果有不正常声音或局部温度特别高应立刻停机检查，在排除故障后重新进行试运转。应当检查和记录的项目有：润滑油压力、温度及供油情况；吸、排气的温度和压力；冷却水的进、出水温度及流量；轴承温度；电机运行参数等。

3. 离心式压缩机试运转

离心式制冷压缩机安装后应进行试运转，其目的在于检查电机的转向和附件的动作是否正确，以及机组的运转是否良好。在进行空气负荷试运转前，除应参照活塞式制冷压缩机试运转做相应准备以外，还应检查润滑系统是否正常，并进行油泵试运转，调整油压在0.1~0.3MPa，油温40~45℃左右，运转时间不应小于8h，以便清洗油路。油泵运行停止后，应更换冷冻机油，并重复进行清洗工作。

空气负荷试运转应按如下程序进行：关闭压缩机吸气口导向叶片或进气阀，拆除浮球室盖板和蒸发器上的视孔法兰，使吸、排气口与大气相通；启动冷却水泵，并使其正常工作；启动油泵，调整油系统，使其正常供油；点动压缩机，如果转向正确、无卡阻现象，启动压缩机，如果机组的电机为通水冷却时，其运转时间不应小于半小时，机组电机为通气冷却时，其连续运转时间不应大于10min。在空气负荷试运转时，应检查油温、油压的变化情况，轴承部位的温升，机器的运转声音及机器的振动。

二、制冷系统吹污

制冷设备和管道在安装期间，已经进行了单体除锈吹污工作。但在安装过程中，其内部不可避免地会有焊渣、铁锈及氧化皮等渣滓，如果这些污物留在系统内，可能会被吹入压缩机，使气缸内壁“拉毛”，或使气缸出现划痕，甚至造成敲缸事故。有时还会损坏阀门的密封面、堵塞过滤器、毛细管、膨胀阀等，使制冷系统不能正常工作。因此在压缩机正式运转之前，应对制冷系统进行吹污处理，使制冷系统保持清洁，以保证系统的正常运行。

在进行吹污操作时，应将与大气相通的阀门关闭，其余阀门全部开启。吹污工作应按设备和系统分段进行，并使每段的排污口在最低点。

吹污的介质可使用二氧化碳、氮气、干燥的压缩空气。吹污前，应将气源与系统相连，并向所需吹污的设备或管路充入吹污气体，在压力逐渐升高的同时，可用木锤敲击弯头或阀门，当充入气体压力达到0.5～0.6MPa时，迅速打开排污口，使污物随同气体一同喷出。反复数次，在排污口处设靶，其上绑上干净的白布，当白布上无污物为合格。

在吹污时，排污口前方严禁站人，以免吹出的污物伤人。吹污合格后，应将系统中的阀门进行清理，取出阀芯，清洗阀座和阀芯上的污物，然后重新装配，以免使污物留在系统内，影响制冷系统正常运行。对于氟利昂系统，吹污合格后应充入保护气体，以保持系统内的清洁和干燥。

三、制冷系统的严密性试验

在制冷系统吹污后，应对制冷系统进行严密性试验。严密性试验，也称试漏试验。制冷系统试漏试验有压力试漏、真空试漏和充制冷剂试漏。

1. 压力试漏（气压试验）

压力试漏氨系统可用压缩空气、二氧化碳或氮气作为试漏介质；氟利昂系统可用二氧化碳或氮气作为试漏介质。使用压缩空气时，尽量选用双级空气压缩机，因空气的绝热指数大，压缩终点温度太高，若使用制冷压缩机，应指定一台。其试压压力应符合设计和设备技术文件规定，如无规定，应按表11-9规定进行。

试压时，可分两个步骤进行。第一步，将充气管接系统高压段，关闭压缩机本身的吸、排气阀和系统与大气相通的所有阀门、液位计阀门，然后向系统充气。当系统内压力达到低压系统试验压力要求时，停止充气。待压力平衡后，记录压力表指示压力、环境温度等参数，用肥皂水涂至系统焊口、螺栓、法兰、阀门等处，检查有无漏气。保持压力6h，记录压力表压力及环境温度，允许压力降0.02～0.03MPa，如无漏气现象，关闭高低压处截止阀，使高低压段分开，继续向高压系统充气至高压系统试验压力时停止充气。经18h后，压力无变化为合格，如果有压力降，应按下式计算。

$$\Delta P = P_1 - \frac{(273 + t_1)}{(273 + t_2)} \times P_2 \tag{11-2}$$

式中 ΔP——压力降，MPa；

P_1——开始时系统中气体绝对压力，MPa；

P_2——结束时系统中气体绝对压力，MPa；

t_1——开始时系统中气体温度，℃；

t_2——结束时系统中气体温度，℃。

气压试验的前6h，因压缩机排出气体温度高于室温，系统中气体被冷却后会产生压力降低，后18h，系统中气体与室温相差较小，不允许有明显压降。试验终了时压力应符合上式计算结果，试验记录应每2h记一次。

2. 真空试漏（真空试验）

真空试漏应在压力试漏后进行。其目的是进一步检查系统在真空下的严密性并排除系统内残余水分及压力试漏气体，为充制冷剂试漏做准备。真空试验的试验压力应按设备技术文件的规定执行。抽真空时应使用真空泵进行，或使用系统中选定的压缩机，但全封闭式压缩机和较大的压缩机不宜自身抽气，此时必须用真空泵来进行。系统的真空度应比当地大气压低20～30mmHg，用水银压差计或压力真空表测定，保持18h压力没变化为合格。

3. 充制冷剂试漏

制冷剂试漏在真空试验后进行，其目的是进一步检查系统严密性。检漏方法是：抽真空试验后利用系统的真空度向系统充入少量制冷剂，当系统内压力升至0.1～0.2MPa时，停止充液并进行检漏。其余步骤同压力试漏。对系统进行全面检查应无泄漏为合格。

4. 检漏

检漏工作要细致，主要检查系统各焊接、法兰连接、螺纹连接部位。检测方法大体有：声响检漏、目测检漏、浓肥皂水检漏、卤素灯检漏、电子卤素灯检漏仪检漏、酚酞试纸检漏，可根据系统所用制冷剂来定。发现漏点时应作标记，待系统检查完毕后，排出制冷剂并用压缩空气吹净，方可补焊，直到不漏为止。

四、制冷系统充灌制冷剂

当制冷系统充制冷剂试漏合格，而且管道保温后，方能开始对制冷系统正式充灌制冷剂。充灌制冷剂前，应检查制冷剂是否符合设计和设备技术文件要求，有无出厂合格证。

1. 系统充氨

氨具有强烈刺激性气味，在空气中达到一定浓度（11%～25%）遇明火可发生燃烧或爆炸，对人体皮肤和呼吸道有毒害作用，因此充氨之前应注意安全措施：充氨地点准备防毒（氨）面具，橡皮手套、毛巾、脸盆和水等防护工具；药品；严格遵守操作规程；掌握急救方法和急救药品的使用。

充氨时应按下列步骤进行：

（1）将氨瓶口朝下，瓶底提高与地面成30°固定在台秤的斜木架上（如图11-12），称出此时氨瓶及木支架的全部重量并作好记录，根据系统设计充氨量设定台秤动作值（若一个氨瓶氨量不足可再换一个氨瓶），用高压橡胶管连接氨瓶与加氨阀；

（2）微开氨瓶出口阀门后关闭，将系统加氨阀接口松一松，把管内空气放出，再把接头旋紧并检查此处是否泄漏；

（3）开启氨瓶阀与加氨阀向系统充氨，在正常情况下管路表面将结一层薄霜并有制冷剂流动的响声；

（4）随着制冷剂进入系统，系统内氨液量增加，当系统内的压力升高到0.1～0.2MPa（表压）时应停止充灌，进行全面检查，无异常后，继续充灌；当氨瓶内压力与系统内压力接近时，充氨比较困难，此时，可开启压缩机降低系统内压力继续充氨；

（5）如果充氨过程中台秤动作，证明充氨量已达到设计充氨量的60%或达到计算充氨量，可以暂停加氨，如果系统投入运行发现氨量不足，可以补充氨液；

(6) 如果氨瓶下部结霜融化时，证明氨液已加完，此时应先关闭氨瓶阀，再关加氨阀，并计算出加氨量。更换氨瓶按上述步骤继续加氨，直到完成为止。

充氨过程中，应注意以下几点：

(1) 应开启搅拌机或蒸发器水泵，直接蒸发时要开启强制空气循环的风机；

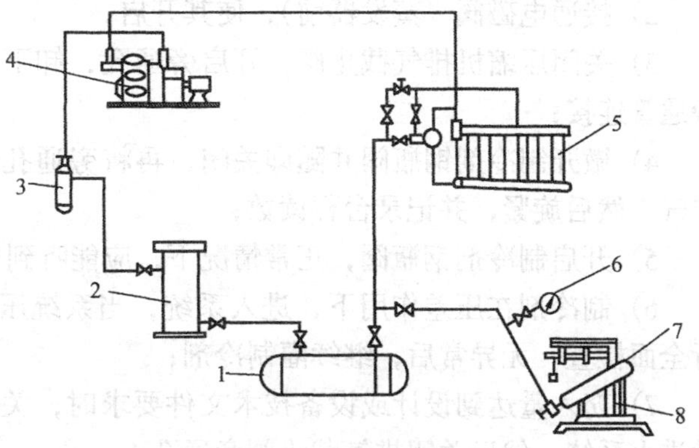

图 11-12 系统充氨

1—贮液器；2—冷凝器；3—油分离器；4—压缩机；5—蒸发器；6—压力表；7—氨瓶；8—台秤

(2) 打开充氨地点所有门窗；

(3) 严禁非工作人员进入充氨地点，充氨地点周围严禁吸烟和从事电焊等作业；

(4) 充氨过程中不允许采取加热氨瓶的方法加快充氨速度；

(5) 准备各种用具（小活动搬手、管钳等）及充氨工具如压力表、过滤器及阀门等。

2. 系统充氟利昂

对于大型的或有专用充液阀的氟利昂制冷系统，可以使用与加氨相同的方法。对于中小型的氟利昂制冷系统，一般不设专用充液阀，制冷剂可从压缩机排气截止阀和吸气截止阀的旁通孔充入系统，并分别称为高压段充氟和低压段充氟。

(1) 高压段充氟

这种方法充入系统的制冷剂为液体，也称液体充注法（如图 11-13）。这种方法充灌速度快、方便安全，尤其在系统抽真空的情况下或安装完毕后第一次向系统内充灌制冷剂更为方便，使用这种方法充氟，压缩机必须停止运转，以免发生冲缸事故。

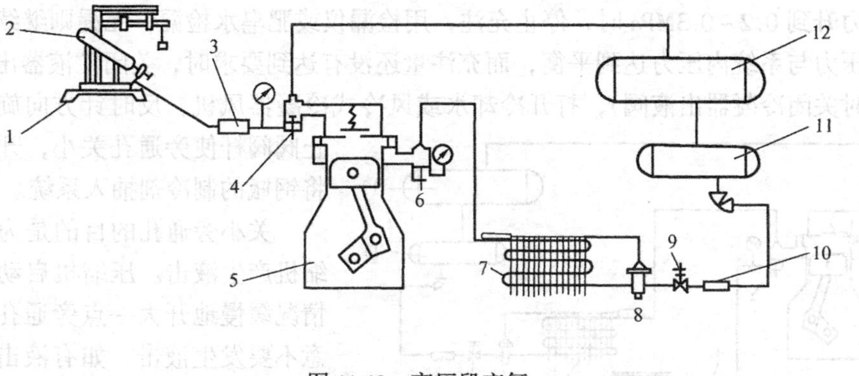

图 11-13 高压段充氟

1—台秤；2—氟瓶；3—干燥过滤器；4—排气截止阀；5—压缩机；6—吸气截止阀；7—蒸发器；8—膨胀阀；9—电磁阀；10—干燥过滤器；11—贮液器；12—冷凝器

高压段充氟具体操作方法为：

1) 将制冷剂钢瓶斜放在台秤上，口朝下并固定，注意钢瓶必须高于贮液器，使其二者之间形成高差；

2）接通电磁阀（蒸发器前），使其开启；

3）关闭压缩机排气截止阀，开启旁通孔，卸下旁通孔堵头，用铜管将制冷剂钢瓶与旁通管连接；

4）微开制冷剂钢瓶阀并随即关闭，再将旁通孔端的接头松一松，使氟利昂排除管内空气，然后旋紧，并记录台秤读数；

5）开启制冷剂钢瓶阀，正常情况下，应能听到气流声；

6）制冷剂在压差作用下，进入系统，当系统压力达到0.2~0.3MPa时停止充注，进行全面检查，无异常后，继续灌制冷剂；

7）充入量达到设计或设备技术文件要求时，关闭钢瓶阀，加热充氟管，使液体气化后进入系统，然后关闭排气截止阀旁通孔；

8）卸下充氟管，用堵头堵死旁通孔，恢复电磁阀正常工作，充氟完毕。

（2）低压段充氟

低压段充氟即从压缩机吸气截止阀旁通孔处充入氟利昂气体（如图11-14），而不能使用液体，以防止压缩机发生液击或冲缸事故。这种方法充入速度较慢，适用于制冷剂不足而需要补充的情况下采用。在充注过程中，需使压缩机运转，并开启冷凝器的水泵或风机。

充注方法如下：

1）将制冷剂钢瓶竖放在台秤上。

2）将压缩机吸气截止阀开足，使吸气截止阀旁通孔关闭，然后卸下旁通孔堵头，用钢管将氟瓶与旁通孔相连。

3）稍开一下氟瓶阀并随即关闭，再松一下旁通孔端管接头使空气排出，听到气流声时立即旋紧。

4）从台秤上读出重量，并作好记录。

5）将吸气截止阀阀杆顺时针方向旋转1~2圈，使吸气截止阀旁通孔打开与系统相通，再检查排气截止阀是否打开，然后打开钢瓶阀，制冷剂便在压差作用下进入系统。当系统压力升到0.2~0.3MPa时，停止充注，用检漏仪或肥皂水检漏，无漏则继续充注。当钢瓶内压力与系统内压力达到平衡，而充注量还没有达到要求时，关闭贮液器出液阀（无贮液器时关闭冷凝器出液阀），打开冷却水或风冷式冷凝器风机，反时针方向旋转吸气截止阀阀杆使旁通孔关小，开启压缩机将钢瓶的制冷剂抽入系统。

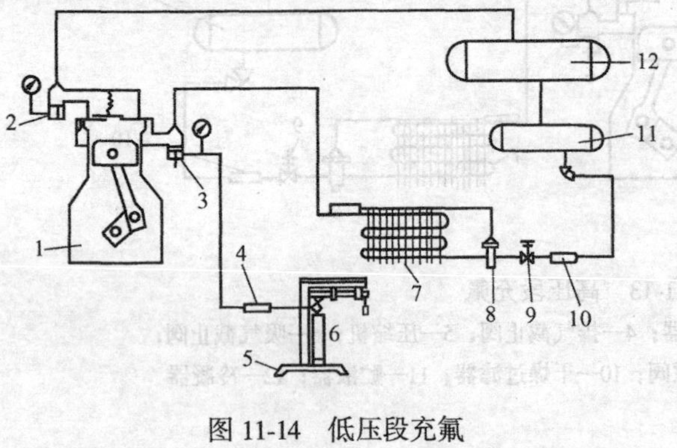

图11-14　低压段充氟

1—压缩机；2—排气截止阀；3—吸气截止阀；4—干燥过滤器；5—台秤；6—氟瓶；7—蒸发器；8—膨胀阀；9—电磁阀；10—干燥过滤器；11—贮液器；12—冷凝器

关小旁通孔的目的是为了防止压缩机产生液击。压缩机启动后可根据情况缓慢地开大一点旁通孔，但须注意不要发生液击，如有液击，应立即停机。

6）充注量达到要求后，关闭钢瓶阀，开足吸气截止阀，使旁通孔关闭，拆下充氟管，堵上旁通孔，打开贮液器或冷凝器出液阀，则充氟工作完毕。

五、制冷设备和管道的保温及涂色

1. 制冷设备与管道的防腐

制冷设备和管道保温前，应进行防腐处理，在防腐施工时，必须对所需防腐的设备和管道的表面进行清理，除掉表面的锈皮、灰尘和污垢后；外刷防锈漆两道。

2. 制冷设备及管道的保温

制冷系统在吹污、试压、试漏合格、制冷设备及管道经防腐处理后进行制冷设备及管道的保温。

(1) 保温目的

保温的目的是为了减少制冷设备和管道的冷量损失；防止设备管道外表面结露结霜；热气冲霜管道保温是为了减少蒸气的热量损失，尽量缩短冲霜时间。

(2) 保温范围

制冷系统需保温的设备和管道有：从调节阀至压缩机吸入口前在蒸发压力下工作的设备和管道、冷冻水或盐水管道、两级压缩系统中间压力下的管道；热冲霜管等。

(3) 常用保温材料

常用的保温材料有软木、膨胀蛭石、岩棉、聚笨乙烯泡沫塑料、硬质聚氨脂泡沫塑料等。

3. 制冷设备及管道涂色

制冷管道及设备的色漆 **表 11-10**

名　称	颜　色	名　称	颜　色
高、低压液体管	淡黄（Y06）	氨液分离器、低压循环贮液器、中间冷却器、排液桶	天酞蓝（PB09）
吸气管、回气管	天酞蓝（PB09）	集油器	赭黄（YR02）
高压气体管、安全管、均压管	大红（R03）	压缩机及机组、空气冷却器	按出厂涂色
放油管	赭黄（YR02）	各种阀体	黑色
水管	湖绿（BG02）	截止阀手轮	淡黄（Y06）
油分离器	大红（R03）	节流阀手轮	大红（R03）
冷凝器	银灰（B04）		
贮液器	淡黄（Y06）		
放空气管	乳白（Y11）		

在制冷系统中，通常把制冷设备和不同功能的管路涂成各种颜色，以便于运行、操作及管理，其颜色见表 11-10。管道涂色之前，管道的保温工作应已经完成。

六、制冷系统负荷试运转

制冷系统负荷试运转的目的是检查压缩机在制冷工况下的工作性能和安装质量，检查各项工作参数是否达到设计要求，以便为交付验收提供依据。制冷系统负荷试运转应在系统吹污、严密性试验合格、系统充注制冷剂后进行。在试运转前，应进行各项准备工作：系统中各安全保护装置已调定；符合设备技术文件规定；动作灵敏、可靠；油箱油量符合要求；按设备技术文件要求开启或关闭相应各部位阀门；冷却水系统能正常工作；冷冻水系统能正常工作；压缩机能量调节机构调至最小或使用旁通阀。

1. 试运转的方法

按照制冷系统供液方式，自动化程度和生产工艺要求不同，制冷系统的试运转方法也不同。

(1) 重力供液系统

氨液经节流阀进入氨液分离器，利用重力作用将制冷剂送到各部位的蒸发器，蒸发后的湿蒸气经氨液分离器分离，液体重新进蒸发器蒸发，蒸发后的气体被压缩机吸入，再由压缩机升压后进入冷凝器，冷凝后进入贮液器，从贮液器经节流阀进入氨液分离器，完成制冷循环。试运转时应严格控制节流阀的开启度，并严格注意氨液分离器内液面高度，并根据蒸发器的负荷大小调节各蒸发器供液量及压缩机运行台数。

(2) 氨泵供液系统

氨液经浮球阀或节流阀进入低压循环贮液桶，然后由氨泵将氨液送到各部位蒸发器，从蒸发器出来的湿蒸气进入低压循环贮液桶进行气液分离，氨液经氨泵重新进入蒸发器进行蒸发吸热，气体进入压缩机后进入冷凝器，冷凝后进入贮液器，然后经浮球阀或节流阀再进入低压循环贮液桶，完成制冷循环。在试运转过程中应严格控制低压循环贮液桶中液面的高度，保证氨泵不能断流，在氨泵系统中应安装压差控制器，当压差低于调定值时，氨泵停止运行，以保护氨泵。

(3) 氟利昂制冷系统

氟利昂液体经膨胀阀直接进入蒸发器进行蒸发吸热而形成蒸气被压缩机吸入，这种系统中向蒸发器供液量的多少取决于热力膨胀阀的自动调整，根据蒸发器负荷大小，调节热力膨胀阀，应使从蒸发器出来的气体有一定过热度，以避免发生湿压缩。小型氟利昂系统，一般由温度控制器来控制压缩机的启动和停止。对于大的多个蒸发器氟利昂系统，一般用温度控制器控制电磁阀供液，而用压力继电器控制压缩机。当每个蒸发器达到设计温度时，供液电磁阀关闭，压缩机的吸气压力随之降低，当系统中最后一个蒸发器的电磁阀关闭后，吸气压力会降到低压继电器的调定值，低压继电器动作，压缩机停转。反之，当每个蒸发器内高于设计温度一定值时，供液电磁阀开启，压缩机吸气管内压力升高，当升高到一定值时，高压继电器动作，压缩机开始运行。

(4) 多蒸发温度的制冷系统

试运转时按系统单独进行，在单独调试之后再调节整个系统。

2. 制冷系统负荷试运转的要求

制冷系统负荷试运转应符合下列要求：

(1) 压缩机启动后应缓慢开启吸气阀，调整节流装置，其系统正常工作；

(2) 系统试运转，系统的温度能在最小冷负荷下，降低至设计或设备技术文件规定的温度；

(3) 符合压缩机试运转各项要求。

3. 试运转过程中需检查和记录的项目，由施工单位存档，是工程验收的条件之一。

(1) 油位及各部位供油情况；

(2) 润滑油的温度和压力；

(3) 吸、排气的压力和温度；

(4) 冷却水进、出水温度及流量；

(5) 冷冻水（载冷剂）的进出水温度及流量；

(6) 贮液器、低压循环贮液桶、液体分离器等附属设备的液位高度；

(7) 各连接及密封部位的密封情况；

(8) 各运动部件的声音应正常；

(9) 电机的电压、电流及温升；

(10) 能量调节装置的工作应稳定、灵敏；

(11) 安全保护装置动作灵敏、准确；

(12) 机器本身的振动和噪声。

4. 停机

(1) 按设备技术文件规定步骤进行；

(2) 停机后，在关闭冷却水系统的水泵和风机及相应阀门，放空积水。

第四节　制冷系统的工程验收

一、工程验收的一般规定

1. 工程验收的组织和程序

制冷装置的安装（分部工程）可以做为一个独立的单位工程进行工程验收。制冷装置的施工完成后，施工单位应组织有关人员进行自检评定，合格后再向建设单位提交工程验收报告。建设单位收到工程验收报告后，应由建设单位（项目）负责人组织施工（含分包单位）、设计、监理等单位（项目）负责人进行工程验收。未办理工程验收，设备不得投入使用。

2. 工程验收资料

当制冷装置施工做为一个独立的验收单位时，必须具备工程内容完整的验收资料，其中应包括：

(1) 图纸会审记录、设计变更通知单和竣工图；

(2) 设备的开箱检查、检验记录；

(3) 设备基础检查记录；

(4) 主要材料和用于主要部位材料的出厂合格证明和检验记录或试验资料；

(5) 隐蔽工程施工记录；

(6) 设备安装施工记录；

(7) 管道焊接、试验、检验记录；

(8) 试运转记录；

(9) 质量综合检查记录。

二、制冷装置设备验收

按《通风与空调工程施工质量及验收规范》（GB 50243—2002）的要求，制冷装置设备的验收分为主控项目和一般项目进行验收。

3. 主控项目

(1) 制冷设备、制冷附属设备的规格、型号、技术参数必须符合设计要求，具有合格证书及性能检验报告；

(2) 设备基础验收报告；

（3）设备安装的平面位置、标高、管口方向必须符合设计要求；

（4）用地脚螺栓紧固的制冷设备、制冷附属设备，其垫铁的放置位置应正确、接触紧密，螺栓必须拧紧并有防松动措施；

（5）直接膨胀式表面冷却器的外表面应清洁、完整，空气与制冷剂呈逆向流动，其与外壳四周应严密，冷凝水排放畅通；

（6）制冷设备的各项严密性试验和运行的技术数据，均应符合设备技术文件的规定。对组装式的制冷机组和现场充注制冷剂的机组，必须进行吹污、气密性试验、真空试验、制冷剂检漏试验，相应数据必须符合产品技术文件和有关现行国家标准、规范的规定。

4．一般项目

（1）制冷设备、制冷附属设备安装位置、标高允许偏差，应符合表 11-1 的规定；

（2）整体安装的制冷机组，其机身纵、横水平度允许偏差为 1/1000，并应符合设备技术文件的规定；

（3）制冷设备安装的水平度或垂直度允许偏差 1/1000，并符合设备技术文件规定；

（4）采用隔振措施的制冷设备或附属设备，其隔振座的位置应正确，各隔振器的压缩量应一致，偏差不大于 2mm；

（5）采用弹簧隔振的制冷机组，应有防止机组运行时水平位移的措施；

（6）模块式冷水机组单元多台并联组合时，接口应牢固，且严密不漏。连接后机组外表应平整完好，无明显扭曲。

三、制冷系统管道安装验收

1．主控项目

（1）制冷系统的管道、管件和阀门的型号、材料及工作压力等必须符合设计要求，并具有出厂合格证、质量证明书；

（2）法兰、螺纹等处的密封材料应与管内的介质性能相适应；

（3）制冷剂液体管道不得装成上凸形，气体管道不得装成下凹形（特殊回油管除外）；

（4）液体支管引出时，必须从干管底部或侧面接出，气体支管必须从干管顶部或侧面接出；有两根以上的支管从干管引出时，连接部位应错开，间距不应小于 2 倍支管管径，且不小于 200mm；

（5）制冷机与附属设备之间制冷剂管道的连接，其坡度与坡向应符合设计或设备技术文件要求；

（6）制冷系统投入运行前，应对安全阀进行调试校核，其开启和回座压力应符合设备技术文件的要求；

（7）氨制冷剂管道、附件、阀门及填料不得采用铜或铜合金材料（磷青铜除外），管内不得镀锌。氨系统管道焊缝应进行射线照相检验，抽检率为 10%，以质量不低于Ⅲ级为合格。在不宜进行射线照相检验操作的场合，可采用超声波检验代替，以不低于Ⅱ级为合格；

（8）输送乙二醇溶液的管道系统，不得使用内镀锌管道及配件。

2．一般项目

（1）管道、管件的外壁应清洁干燥；铜管管道支吊架的形式、位置、间距及管道安装标高应符合设计要求，连接制冷剂的吸、排气管道应设单独支架；管道直径小于等于

20mm 的铜管道，在阀门处应设置支架；管道上下平行敷设时，吸气管应在下方；

（2）制冷剂管道弯曲半径不应小于 3.5D（管道直径），其最大外径与最小外径之差不应大于 0.08D，且不应使用焊接弯管及皱褶弯管；

（3）制冷剂管道分支管按介质流向弯成 90°弧度与主管道连接，不宜使用弯曲半径小于 1.5D 的压制弯管；

（4）铜管切口应平整、不得有毛刺、凹凸等缺陷，切口允许倾斜偏差为管径的 1/100，管内翻边后应保持同心，不得有开裂及褶皱，并应具有良好的密封面；

（5）采用承插钎焊连接的铜管，其承插深度应符合表 11-6 的规定，承插扩口方向应迎介质流向。当采用套接钎焊焊接连接时，其承插深度不应小于承插连接的规定；

（6）管道穿墙或楼板时，管道的支吊架不得影响结构安全并设钢制套管，接口不得置于套管内，钢套管上部应高出楼层地面 20~25mm，下部与楼板或墙体装饰面平齐，不得将套管作为管道支撑；

（7）制冷剂阀门安装应进行强度和严密性试验。强度试验压力为阀门公称压力的 1.5 倍，时间不得少于 5 分钟；严密性试验压力为阀门公称压力的 1.1 倍，持续时间 30 秒不漏为合格，合格后应保持阀体内干燥。如阀门进、出口封闭破损或阀体锈蚀还应进行解体清洗；

（8）管道平面位置、标高和出口方向应符合设计要求；

（9）水平管道上的阀门手柄不应朝下；垂直管道上的阀门手柄应朝向便于操作的地方；

（10）自控阀门的安装位置应符合设计要求。电磁阀、调节阀、热力膨胀阀、升降式止回阀的阀芯均应朝上，热力膨胀阀的安装位置应高于感温包，感温包应安装在蒸发器末端的回气管上，与管道接触良好，绑扎严密；

（11）安全阀应垂直安装在便于检修的位置，其排气口的方向应朝向安全地带，排液管应安装在泻水管上；

（12）制冷剂系统的吹扫排污应采用压力为 0.6MPa 的干燥空气或氮气，以浅色布检查 5 分钟，无污物为合格。系统吹扫完毕后，应将系统中阀门的阀芯拆下清洗干净。

四、制冷装置的竣工验收

按上述检查项目和方法，对制冷系统进行检查，全部合格后，填写《通风与空调子分部工程验收记录》，由相关单位签字盖章。

五、制冷装置的交工验收

制冷装置安装施工验收完毕后，将工程移交建设单位。

思考题与习题

1. 简述制冷压缩机的安装方法。
2. 简述冷凝器及其他附属设备的安装方法。
3. 制冷阀门安装前应进行什么准备工作？安装时应注意哪些问题？
4. 制冷管道有几种敷设方式？
5. 制冷装置为什么要进行密封试验？应分为几个阶段？
6. 制冷系统吹污采用何种介质？应如何进行？

7. 简述氨制冷系统的制冷剂充注方法。

8. 真空试漏的目的及方法是什么？

9. 制冷压缩机为什么要进行试运转？如何操作？

10. 制冷系统为什么要进行制冷剂试漏？如何进行？

11. 制冷装置工程验收如何组织？

第十二章　制冷装置运行操作与维修

第一节　制冷装置的操作技术

合理、正确地使用制冷装置，直接关系到设备运转的经济性、安全性和使用寿命。为此，操作和管理人员必须按操作规程，严格执行各项技术管理规章制度，掌握系统运行中工况的变化规律、特点和调整的方法，确保整个制冷系统安全运行。

一、制冷压缩机的启动

1. 制冷压缩机启动前的准备工作

（1）检查运行记录，了解运行情况

开机前应查看运行记录，了解制冷压缩机的运行情况，确定压缩机是正常停机，还是故障停机。如果因为故障停机，必须在故障排除后，根据负荷情况，确定开机台数。

（2）检查压缩机

检查压缩机与电动机相连的部位（皮带轮或联轴器），保护罩是否良好，有无障碍物，安全防护罩是否完好。曲轴箱内的油面不得低于视孔的 1/2 或在两个孔之间。曲轴箱内压力不超过 0.2MPa，否则应稍开气阀，并找出原因。各个部位压力表表阀必须全部打开，并指示出正常值（或范围）。油三通阀应指示在“工作”的位置上，能量调节阀（油分配阀）手柄应指在“0”位或最小负荷上。检查冷却水套的供水及排水情况，油压、高低压力继电器等自动保护装置就位情况。

（3）检查阀门

主要检查高低压系统的阀门。在高压部分，油分离器、冷凝器、高压贮液器等上的进出口阀门（液体和气体）、安全阀、电磁阀前的截止阀、平衡管阀、压力表阀等均应处于开启状态，而压缩机的排气阀、调节站的供液阀、热气冲霜阀、放油阀、放空气阀等均应处于关闭状态。在低压部分，压缩机的吸气阀、各设备的放油阀、冲霜阀、排液阀等应关闭。氨液分离器或循环贮液桶的供液阀、调节站蒸发器的供液阀、蒸发器至氨液分离器的阀门、压缩机进口阀等都应根据工况要求进行调整；压力表阀、压差继电器接头上的阀门都应开启。应注意所有指示和控制仪表前的阀门均应处于开启状态。

（4）检查液面高度

检查高压贮液器及低压贮液器的液面。高压贮液器内的液面不应超过贮液器容量的 80%且不低于 30%；低压贮液器和排液桶一般不应存液，如果贮存液体超过 30%后应尽早排出。循环贮液器或氨液分离器的液面应保持在控制液位上。

（5）检查中间冷却器

这是对于双级压缩式制冷系统而言的，检查其进、出阀门，液位控制器气体和液体平衡管阀、蛇形盘管的进出液阀是否全部开启。中间冷却器的放油阀及排液阀应关闭。打开液位指示器阀就可以显示出液位高低，如果液位高，应先排液；如果液位过低，应先供液。如果其压力超过 0.5MPa 时，还要排液减压。

（6）检查水泵、风机及控制仪表

保证冷却水、冷冻水供应正常，必须保证循环的冷冻水和冷却水流量为产品使用说明书或其他有关技术资料上规定的该产品的设计值。检查风机是否能正常运转。对所有用电的指示和控制仪表通电，检查仪表是否正常。上述检查、调整确认合格后，方可启动制冷系统。

2. 制冷压缩机的启动

（1）启动水泵或风机

启动冷冻水水泵、冷却水水泵并观察水泵运转情况是否正常，如果发现水泵进出口压差过大、水压不稳、异常噪声、漏水等情况应进行调整或排除后重新启动水泵。观察室外冷却塔风机（水冷式）或室外机组风机（风冷式）运转情况，如果有较大异常噪声应停机检查，排除故障后重新启动。

（2）启动机组

机组结构、性能不同，启动过程稍有不同。

1）单级活塞式压缩机的启动。首先转动油滤器手柄数圈，以防止油泵不上油或油路堵塞。拔动联轴器，将卸载装置的手柄调至零处或最小处，进行卸载启动，以保护电机。切除不准备运行的压缩机，将出现故障的压缩机排除故障后，接通电流，启动压缩机，同时开启排气阀。待压缩机达到正常转速后，启动指示灯切换运行位置，当曲轴箱内压力接近 0MPa，缓慢开启吸气阀门，以防压缩机吸入液滴而产生液击现象，如果出现液击现象或发现气缸结霜时，应立即关闭或开小吸气阀，待正常后再逐渐开启吸气阀。如液击严重，在开机状态下无法恢复正常工作，应关闭吸气阀，开启其他压缩机吸尽管道内的液体后，重新启动压缩机。

压缩机启动后要注意所有的指示及控制仪表的参数是否正常，其中应包括油压表、吸排气压力表、吸排气温度和电机电流表的读数。这些参数是系统运行中的主要参数。如果排气压力过高，可能是排气阀未开，应该立即停车检查；油压过低时，也应立即调节油压调节阀，如果调整不到正常值时，应停车检查；同时必须注意吸气温度和排气温度，以免发生湿压缩或排气温度过高。

2）氟利昂活塞式压缩机的启动。氟利昂活塞式制冷压缩机的启动与氨活塞式制冷压缩机启动方式相同，但应注意：开机前应检查电磁阀和热力膨胀阀是否正常；对有油加热装置的压缩机，应控制曲轴箱的油温，以减少润滑油中的制冷剂。如果在润滑油中含有制冷剂，而且曲轴箱中设有加热器，则停机前应抽净曲轴箱中的制冷剂，否则润滑油中便会溶有制冷剂，下次启动时会造成曲轴箱内压力急剧下降，油中的制冷剂快速蒸发，容易把液滴带入压缩机气缸内，产生液击现象。

二、制冷压缩机的停机

制冷压缩机停机有两种形式，即正常停机或紧急停机。

1. 正常停机

处于正常的制冷运转过程中，因外界冷负荷变化，机组群的负荷调节需要、定期保养或其他非故障性的人为主动停机，称机组正常停机。

（1）单级活塞式压缩机的停机

如果是多台压缩机制冷系统由于负荷减少而依次停机，应关闭与其相连的供液阀。如果是最后一台压缩机停机，应在停机前半小时关闭供液调节阀，关闭氨泵（如果有氨泵），停止向制冷系统供液。

待蒸发器压力降到 0.49×10^5Pa 以下时，可关闭压缩机的吸气阀，切断压缩机的电机电源。压缩机正常停机后一段时间，曲轴箱内的压力将回升。因为曲轴箱内运行时压力较低，如果回升过快则重新打开吸气阀，启动压缩机运行一段时间后停机关闭吸气阀。如果压力低于 0MPa 而不回升，应开吸气阀，促使曲轴箱内压力回升到 0MPa 以上，以免漏入空气。

压缩机停机后，关闭压缩机排气阀，并将卸载机构调到零位或最小位置。在压缩机的吸排气阀关闭后，不得再启动压缩机，否则会发生事故。在停机 5~10 分钟后，关闭压缩机的水套供水阀门。切断冷冻水和冷却水水泵开关，停止水泵运行，停止冷却塔、风冷式冷凝器的风机运行。如环境温度在 0℃以下时，须将冷却塔、冷冻水水系统、冷却水水系统内的水排空，以防止结冻而损坏管道及设备。如果环境温度在 0℃以上及每日或短时停机时，最好让冷凝器和蒸发器内充满水。长期停机时，应将各水路中的水排空。

（2）氟利昂活塞式压缩机的停机

如果停机时间较长或每次使用间隔时间较长，则在停机后应将制冷剂贮存在本系统的贮液器内，如果没有贮液器，应将其贮存在冷凝器内，以减少泄漏的可能，防止泄漏。操作方法是：关闭贮液器或冷凝器的出液阀，使制冷剂进入冷凝器或贮液器而不再流出。待压缩机的吸气压力降到 0MPa 或稍低时，关闭电源，使压缩机停止运行。观察吸气压力的回升情况，若压力回升过高，表明系统内还留有较多制冷剂，这时可再次启动压缩机，继续吸入制冷剂而进行压缩，运行一段时间后吸气压力降到 0MPa 或稍低时停机，继续观察吸气压力回升情况，直到停机后吸气压力稳定在 0~0.05MPa（表压）。如果压力低于 0MPa（表压）而不回升，则应微开贮液器或冷凝器的出液阀，带油分离器的系统可微开手动放油阀，几秒钟即关闭，使压缩机吸气侧压力回升到 0~0.05 MPa（表压），以防止空气渗入。关闭冷凝器进水阀门，如果环境温度在 0℃以下时，应将冷凝器中的水放掉，以免冻坏冷凝器。

2. 事故紧急停机

紧急停机是制冷装置在运行过程中，由于遇到意外设备故障或因外界影响将对制冷系统造成严重威胁而采取的停机措施。紧急停机有以下几种情况：

（1）外部突然断电停机

在运行过程中遇到此种情况，应立即关闭供液阀，停止向蒸发器供液，以免在下次开机启动时产生湿压缩；然后关闭制冷压缩机吸、排气阀和中间冷却器供液阀。对于氟系统有电磁阀时可不做处理。切断电源开关，查明原因，恢复供电后，可重新启动系统。

（2）突然停水停机

由于管路检修或其他意外原因，冷却水突然中断时，应立即切断电源，停止压缩机运行，避免冷凝压力过分升高。然后再关闭供液阀、制冷压缩机吸、排气阀（对水冷式氨压缩机同样要切断电源）。解除故障后，可再行启动。如因停水，系统或设备安全阀超压跳开，应对安全阀进行减压。

（3）遇火警停机

当制冷站房或与制冷站房相邻的建筑物发生火灾时，应立即切断电源。如果是氨系统迅速开启紧急泄氨器，打开贮液器、油分离器、蒸发器各放油阀，使系统氨液集中到紧急泄氨器迅速排出，以免发生爆炸事故。

(4) 设备故障停机

如果制冷系统中的其他设备发生故障时，当时间允许可按正常停机操作，若紧急情况，如制冷剂大量泄漏等严重事故时，根据实际情况采取停止部分或全部系统工作。如果是氨系统，必须戴好防毒面具并穿好防护服，分别关闭机器和设备的有关阀门及电源开关，并开启机房内全部排风扇，必要时用水浇漏氨部位，以减少向室内散发。如果局部故障，对系统运行影响不大，可在局部采取措施后抢修不必停机。

(5) 压缩机故障停机

下列情况虽然压缩机出现故障，但可正常停机：油压过低；油温过高；压缩机主电动机绕组温度过高；冷水出水温度过低；蒸发温度过低；轴封处制冷剂泄漏严重；湿压缩较严重；排气压力过高；排气温度过高；能量调节机构失灵；冷冻水（或冷却水）断流；轴封处泄漏制冷剂。

(6) 人工操作的故障停机

在机组运行过程中已经发生故障，但未自动停机时，运行管理人员应立即进行停机操作。停机操作过程如下：

1) 切断电源，停止压缩机运行；若属重大事故，先停止压缩机运行，再切断制冷站总电源，停止一切辅助设备的运行（如水泵、风机等）。

2) 关闭制冷系统所有阀门。

3) 记录故障参数及现象，进行分析及检修。

三、螺杆压缩机操作

1. 开机前准备

首先检查上一班运行记录及螺杆压缩机的各个部位的转子转动是否灵活，有无障碍；关闭吸气阀，检查油位高度是否符合要求；冷凝器和油冷却器的冷却水路是否畅通；排气阀应开启；能量调节装置处于“0”位置，以使空载启动。其次检查其余各项：冷冻水路是否畅通；冷却水泵、冷冻水泵等是否转动灵活。

2. 启动水泵和室外冷却塔风机

水泵和风机应运转平稳，并根据水泵前后压差，由水泵性能曲线查出水量是否符合要求。

3. 开机操作

首先启动油泵，待达到正常油压时启动压缩机；待达到正常转速后，缓慢开启吸气阀门，将能量调节到所需位置。此时观察吸、排气压力、温度、油压、喷油压力等参数，并根据以上参数进行调整。

4. 停机操作

首先调节能量调节装置至“0”位置再停主机，并关闭吸气阀门，停油泵。当压缩机完全停止运行后，切断冷水泵和冷却水泵开关，停止水泵及冷却塔风扇运行。如果在北方，冬季应将所有水系统内水放出，以免结冰冻坏压缩机、辅助设备及管路。

5. 记录检查开机、停机及运行参数。

四、离心式压缩机的操作

1. 开机前的准备

首先检查上一班运行记录，如果非正常停机或有其他非正常运行记录，应先排除故障，然后检查压缩机抽气回收装置中压缩机油位和电源情况，如果压缩机油槽内的油温太低，应当加热，以免溶于油中太多制冷剂。

2. 启动油泵

观察油压是否正常，运转抽气装置5~10分钟，排除可能进入制冷系统的空气；启动冷冻水泵、冷却水泵、室外冷却塔风机，向油冷却器供水，调节水的压力、流量。关闭压缩机进口导叶，以便空载启动。

3. 开机操作

闭合开关，启动压缩机，观察电流变化、压缩机有无异常噪声及各处油压。当电流稳定后，缓慢开启进口导叶，此时注意不能使电流超过额定电流。当冷冻水温达到设计要求时，调节冷却水量，保持油温在规定范围内，检查浮球阀动作情况。

4. 停机操作

切断压缩机电机电源，压缩机进口导叶应自动关闭或手动关闭。关闭油系统的回气阀门。压缩机完全停止运行后，关闭冷冻水泵、冷却水泵、油冷却器、室外冷却塔风机、油泵。

5. 记录开机、关机及运行参数

开机时各项检查记录，关机时有无异常记录。运行中的参数记录：轴承温度、各处油压、油箱的油温和油位、冷冻水温度、排气温度、电机电流等。

第二节　制冷装置的运行管理

一、制冷装置的运行管理

制冷装置是一个密闭的系统。制冷剂在制冷系统中的运行情况，是通过系统中的压力和温度来反映的。这些压力和温度就是运行参数。运行参数主要包括：蒸发压力、蒸发温度、冷凝压力、冷凝温度、吸气温度和排气温度等。在所有的运行参数中，蒸发压力、蒸发温度、冷凝压力、冷凝温度是主要参数。

一个稳定运行的制冷系统，各项运行参数是一定的，如果外界环境温度、被冷却物体温度等发生变化，则制冷系统的各项参数就需变化，以适应新的负荷要求。

1. 蒸发温度的调节

蒸发温度即是在蒸发器内制冷液体的蒸发产生气体的温度。由于蒸发器的形式不同，蒸发器内各部分蒸发温度也不一定完全相同（由于液面高度影响）。蒸发温度也很难直接测出，它是通过蒸发器压力表读数（蒸发压力）查表求得。蒸发温度的调节实际上就是蒸发压力的调节，通过压力调节温度。蒸发温度的高低取决于生活或生产工艺负荷及蒸发器的传热温差。如果温差过大制冷系数下降，如温差过小，降温困难。传热温差应根据经济效果和蒸发器的不同形式来选取，这是在系统设计时应注意的问题。

制冷系统在运行过程中，如果外界冷负荷增大，蒸发器内的制冷剂蒸发速度加快，而且使制冷剂过热，此时将表现为蒸发压力上升，在这种情况下就需要增加压缩机的运行台数或缸数，使更多的制冷剂进入蒸发器蒸发吸热，以此抑制蒸发温度上升。相反就应减少压缩机运行台数或缸数，抑制蒸发温度下降。有时，在外界负荷稳定的情况下，由于蒸发器本身的传热能力下降也可使蒸发温度发生变化，比如蒸发器外表面结霜或蒸发器内存油过多，这时应采取相应的措施，进行除霜或除油，以使制冷剂恢复正常工作。在氟系统中热力膨胀阀调节不当，也可能使蒸发温度波动，这时应对热力膨胀阀进行调节。

2. 冷凝温度调节

冷凝温度也是不能直接测量出来的参数，应通过冷凝压力查表求得。由于冷凝器的型号不同，影响其变化的因素也有所差异。水冷式冷凝器的冷凝温度主要影响因素有：冷却水水温、冷却水水量、冷凝面积、冷却水流速、冷凝器内空气含量、油污、压缩机排气量、冷凝器内外表面结垢情况等。风冷冷凝器冷凝温度的影响因素有：空气温度、空气流速、冷凝面积、冷凝器表面清洁情况、压缩机排气量、冷凝器的结构等。蒸发式冷凝器还与空气的相对湿度有关。如果正常运行中的制冷系统冷凝温度发生波动，应从以上各个方面着手进行解决，比如对水量、水温、风速、风量等进行调节，以使冷凝温度达到设计值。

3. 排气温度调节

制冷剂气体经压缩机排出后的温度即为排气温度。排气温度可以从排出管温度计读出。排气温度与吸气温度、冷凝温度、蒸发温度和制冷剂本身性质有关。

如果冷凝温度一定，蒸发温度越低，压缩比就越大，排气温度越高。当蒸发温度一定时，冷凝温度越高，则压缩比越大，排气温度也越高。反之，会使排气温度降低。如果使用的制冷剂不同，即使冷凝温度和蒸发温度相同，排气温度也未必相同，比如氨就比 R22 的排气温度高，因此对于氨系统来说，更应注意观察其排气温度的变化。

如果排气温度过高会给压缩机的运行带来不良后果，比如润滑油容易碳化，而且会直接影响阀片的工作，造成阀片封闭不严，同时使气阀各部件高温过早老化，并影响到压缩机运行的安全性，排气温度过低，通常是制冷剂供液量大造成的，而且在供液过大后，湿压缩的可能性增大，因此排气温度也是判断压缩机是否发生湿压缩的标志。

为了压缩机运行的安全性、经济性，应使排气温度在正常范围内，无论是温度过高或过低，都可以通过调节吸气温度、蒸发温度、冷凝温度、制冷剂供液量进行调节。一个稳定运行的制冷系统，如果吸气温度、蒸发温度、冷凝温度发生变化，正常情况下将意味着冷负荷发生了变化，此时应对系统进行相应调节。

4. 吸气温度调节

吸气温度是指制冷剂被吸入气缸前的制冷剂气体温度。吸气温度可通过安装在吸气管路上的温度计直接测出。一个稳定运行的制冷系统，如果吸气温度发生变化，那么节流阀的开启程度发生了变化，或者为了适应外界负荷变化，制冷剂流量发生了变化。从制冷剂本身来说，吸气管路过长，或者吸气管路保温不善、遭到破坏，也可使吸气温度升高。当吸气温度升高时，压缩机的吸气比容增大，在耗电量相同情况下，制冷剂循环量会相应减小，压缩机对外界输出冷量降低，制冷系数会减少。

在压缩机实际运行中，压缩机吸气过热是不可避免的，其原因：在蒸发器内过热；吸气管路保温情况；人为因素等。为了压缩机运行安全，防止湿压缩的发生，应允许压缩机吸气有一定过热度。可是压缩机吸气温度的高低，直接影响到安全性、经济性，在运行中应尽量避免。

二、冷却水系统的运行管理

1. 运行前检查

首先检查散热部分设备，对于使用冷却塔的冷却水系统，应检查喷头是否堵塞；布水器是否损坏；集水槽和水池是否损坏渗漏，是否清洁；空气通过口百叶是否畅通、损坏；管路充水的情况；补水系统是否能正常运行，补水水源情况；冷却塔风机是否灵活、无松动现象，叶片是否损坏；冷却塔电机绝缘情况；管路中的阀门是否开启或关闭等。对于直接采用江、河、湖泊为水源的冷却水系统，参照冷却塔系统作相应检查。各项检查符合要求后，方可启动冷却水系统。

2. 冷却水系统的运行管理

在运行过程中，经常有喷头堵塞，风机叶片损坏等事情发生。因此在运行中应经常察看各部位、各设备的运行情况，以免对制冷系统产生不利影响。冷却水系统维护主要注意下列设备：

(1) 配水及集水设备

布水器的喷头和管路是否有堵塞现象及有无损坏；布水器各分支管淋水的均匀性；冷却水泵及补水泵流量及扬程；电机运转情况；检查过滤装置是否堵塞；集水设备应定期检查、清洗。

(2) 通风设备

减速箱中的油位及油质是否正常；电机的运行情况，传动装置运行情况；风机轴承运行时温度是否正常，风机运行是否平稳，运行中叶片有无损坏。

3. 水质控制

冷却水系统使用的冷却水，对其水质有要求，详见表 12-1，从表中可以看出对冷却水水质指标要求并不十分严格，但应控制在一定范围内，并避免结垢严重、微生物的生长、藻类生物堵塞管道，以保证冷却水系统正常运行。系统中所产生的水垢，主要采用化学除垢的方法。

冷却水水质的参考指标 **表 12-1**

名称	允许含量	名称	允许含量
浑浊度（mg/L） 硫化氢（mg/L） 铁（mg/L）	≤200 0.5 0.3	硫酸钙（mg/L） 碳酸盐硬度（度） （德国度）	1500 ~ 2000 8 ~ 30

4. 水量补充

冷却水系统正常运行时，冷却塔蒸发水分将使冷却水减少，如果把水冷却 5℃，蒸发水量大约损失 1%左右，再考虑排污及飘逸损失，冷却水补水量将达到 1.4% ~ 1.6%，如果溴化锂吸收式制冷系统，冷却水冷却温差大，补水量将达到 2% ~ 2.5%，所有冷却水系统失去的水，均由补水系统进行补充。

第三节 制冷装置的检修

一、制冷装置正常运行的标志

为了使压缩机能正常工作，对于单级压缩，应遵守表 12-2 中规定数值：

单级制冷压缩机工作条件　　表 12-2

工 作 条 件	R717	R12	R22
蒸发温度（℃）	+5～-30	+10～-30	+5～-40
冷凝温度（℃）	≤40	≤50	≤40
压缩比（p_k / p_0 绝对压力比）	≤8	≤10	≤10
压力差 $p_k - p_0$（MPa）	1.373	1.177	1.373
压缩机吸气温度（℃）	t_0+（5～8）	+15	+15
压缩机排气温度（℃）	≤150	≤125	≤145
安全阀开启压力差	16	14	16
油压比曲轴箱压力高（MPa）	0.147～0.294	0.147～0.294	0.147～0.294
油温（℃）	10～70	25～70	25～70

此外，还应注意：表中压缩机排气温度为压缩机正常工作的最高排气温度，正常运行时应低于表中所列值，超过该值应查明原因；冷凝压力高低取决于冷凝器结构形式、使用工质，一般情况下：R12 为 0.784～0.981MPa，最高不超过 1.177MPa，R22 为 0.981～1.373MPa，最高不超过 1.570MPa，在刚启动压缩机时，冷凝压力较高是正常的，因为负荷较大；压缩机运转时的声音清晰而有节奏，除正常的吸、排气阀片上下起落声音外，气缸与活塞、活塞销、连杆轴承、曲轴箱内不应有敲击声或杂音；贮液器液面不低于液面指示计的 1/3，且不超过 2/3；开启式压缩机轴封处漏油量不应大于 0.5mL/h；系统中各种仪表摆动平稳；轴承温度不超过 60℃；压缩机机体不应有局部发热现象，气缸壁不应有局部发热或结霜现象，吸气管和压缩机入口部分应结干霜；气缸冷却水套进口水温不应大于 35℃，出口温度不应大于 45℃；运转中油压不低于 0.1 MPa（绝对压力）；冷却水温度不应过低；氟利昂压缩机回油管时冷时热为正常，液体过滤器前后温差不明显，更不能结霜，否则管路堵塞；氟利昂压缩系统各接头不渗油，渗油说明氟利昂泄漏；氨系统各阀门及连接处，不应有明显漏氨现象；符合设计文件、设备技术文件的其他规定。

二、活塞式压缩机常见故障及其排除

1. 压缩机不能正常启动

(1) 检查电源、电路及电压

电源是否有电，是否缺相，熔断器是否被烧断，开关触头接触是否良好。当电机缺相运行时，声音反常，应立即停机，否则会烧坏电机。如果电源电压异常，应停止使用压缩机。并应查明电源问题的原因。

(2) 检查压差继电器，高低压继电器

因压差继电器和高、低压继电器都是为了压缩机安全运行所采取的保护措施，当压缩机油压（高压和低压）不正常时，均可使压缩机停止运行。查清动作原因，手动复位按钮，重新启动压缩机。

(3) 温度继电器故障

温度继电器的接线处，由于受潮放电，燃烧绝缘物，使继电器动静触头不能闭合。此时除应更换继电器外，还应进行防潮处理。如果感温包内工质泄漏也应更换感温包。

(4) 电动机引线接触不良或绕组烧断

用电流表进行测量，有断路现象，此时检查电机接线或维修电机。

(5) 电源接通，熔断器烧断

检查电机绕组是否烧毁或有无短路，如有应维修电机。

(6) 压缩机卡死

压缩机在运行过程中，因润滑油过少，运动部件各摩擦面无润滑，发热抱轴发生卡死现象。压缩机长期放置不用因锈蚀也可能产生卡死现象。发生卡死现象，应维修压缩机。

2. 压缩机启动后容易停机

(1) 系统中制冷剂充入量太多或不足，致使压力保护开关动作，此时应用钢瓶放出多余的制冷剂或补入制冷剂；

(2) 压缩机高、低压串气，使吸气压力上升，吸气负荷加大，可通过检查密封部件解决；

(3) 制冷系统中存有大量空气，使冷凝压力上升，压缩机启动困难，即使启动也会再停机，这时应放出系统中的空气；

(4) 排气阀未开，造成压力继电器动作而停机，解决问题的办法是打开排气阀即可；

(5) 电磁阀故障，不能开启，吸入压力过高导致压力继电器动作而停机。可通过检修电磁阀解决；

(6) 冷却水不足或水温过高，会使排气压力过高，使压力继电器动作，造成停机，解决办法是加大水量，降低水温；

(7) 膨胀阀开启度不足，如果不能调节，应及时更换；

(8) 干燥过滤器堵塞，使吸气压力过低，致使压力继电器动作而停机，这时应调换过滤器。

3. 油压过高

由于调压阀开度太小，油路局部堵塞或油压表不准（油压表损坏等），可以通过调节阀门、清通油路或更换压力表解决。

4. 油压过低

(1) 油泵损坏，间隙太大，需更换相关配件来解决；

(2) 油压调节阀开启度过大，应调节油压阀至合适开度；

(3) 油泵传动机构失灵，可通过压缩机检修来解决；

(4) 油系统堵塞或漏气、漏油，这时应通过清理油系统，检修压缩机解决。

5. 油温过高

(1) 曲轴箱油位太高，连杆搅动升温，油的规格型号不对，黏度低，油膜薄，摩擦发热量大，油温高；油冷却供水量过少或水温太高。处理方法是减少油量，更换合适润滑油、调整冷却水量及水温；

(2) 压缩机高、低压串气使低压侧漏入高温气体；轴承和轴封间隙太小或表面不平，摩擦热量增多；吸排气温度过高等，应通过压缩机检修来解决。

6. 曲轴箱中油起泡沫

如果油中含有大量氨液，曲轴箱内压力降低时，氨液气化蒸发而起泡；油位太高，连杆搅动起泡。处理方法是排空氨液，降低油位。

7. 压缩机耗油增加

压缩机各润滑部位间隙过大而漏油，卸载油缸漏油，比如漏入气缸的润滑油可随高压制冷剂蒸汽而进入管路系统，此时压缩机耗油增加。解决办法是机器检修，及时更换部件。

8. 压缩机湿压缩

如果气缸内有敲击声，那么气缸内可能产生湿压缩，其原因有：热力膨胀阀失灵，开启度过大，进入蒸发器的液体制冷剂过多，蒸发不充分；电磁阀失灵，停机后大量制冷剂液体进入蒸发排管；热力膨胀阀温包与管路接触不良，致使开启度增大；启动压缩机时，吸气阀开的太快；制冷系统制冷剂过多，解决办法是正确操作及维修，调整制冷剂加入量。

9. 压缩机噪声或振动

压缩机内部件损坏或运动部件间隙不对；减振不当或损坏；缺油或过载；安装时压缩机与基座螺钉未紧固或压缩机放置不平；曲轴中线与机身气缸轴心线不垂直；制冷系统的管路卡得太松、断裂、相互接触，管道支架刚性不好，支架本身振动。处理方法是检修压缩机、合理布置管道、适当供油。

10. 压缩机排气压力过高

(1) 冷却水量过小或水温太高，可通过增加供水量，调整供水阀门，降低冷却水供水温度解决；

(2) 制冷系统制冷剂过多或有不凝性气体，排除过多制冷剂，排除不凝性气体即可。

11. 压缩机排气压力过低

(1) 冷却水量过多或冷却水温太低，这时应检查冷却水量及水温，适当调整；

(2) 制冷系统制冷剂不足，可通过增加制冷剂解决；

(3) 活塞磨损严重，应更换活塞或活塞环；

(4) 压缩机不应卸载时卸载工作，检查卸载原因后解决；

(5) 排气阀片漏气，应调至低压侧。

12. 压缩机吸气压力过高

(1) 冷负荷过大，应通过降低负荷增加运行缸数或压缩机运行台数；

(2) 活塞环磨损严重，更换活塞环；

(3) 感温包故障，检查感温包，调整开启度。

13. 压缩机吸气压力太低

(1) 制冷剂不足，及时补充制冷剂，检查有无泄漏处；

(2) 液体管路或干燥器堵塞，应清洁管路，调换过滤器；

(3) 蒸发器内水温太低，应通过调整水量调节阀开度或检查冷负荷的变化情况；

(4) 膨胀阀堵塞或调节阀失灵，应重新调节或更换膨胀阀。

14. 轴封温度高

主轴承间隙过小，过紧，摩擦产热温度升高，这时应调节间隙，检修有关部件。

15. 轴封漏油严重，应检查密封圈、石棉垫片及轴封弹簧，压盖螺栓是否拧紧或不均匀，动、静环封面拉毛，这时应检修密封面，更换部件，均匀拧紧螺栓等来处理。

16. 能量调节机构失灵

(1) 高压与低压压差不匹配、油路堵塞、油活塞卡死、油路有气体存在，可以通过疏通油路灌油散气等解决；

（2）从压缩机本身来看，可能是拉杆与转动环安装不当等，这时应重新安装。

17. 气缸壁温度过高

（1）机械故障，如活塞走偏或间隙太小，高、低压串气等使气缸壁温度升高，应通过检修压缩机来处理；

（2）冷却水量不足温度太高、水垢太多（传热能力差），使气缸温度升高；

（3）油压低、黏度低，不能充分润滑，应检查油路，更换其他型号润滑油。

18. 气缸拉毛

（1）油中带有脏物、气阀破损、磨损杂质进入气缸，可发生拉毛现象；

（2）活塞走偏，引起拉毛；

（3）活塞与气缸间隙太小，活塞环开口尺寸太小卡住活塞发生拉毛；

（4）压缩机润滑油选用不合理，黏度太低或积碳卡住运动部件，造成活塞在高温下受热膨胀引起拉毛。气缸拉毛后，必须停机检修。

19. 压缩机高低压侧泄漏

高、低压侧密封不严；阀片密封不严；活塞磨损严重；阀座与气缸密封不严等，应检查各密封面，进行调整或维修。

20. 压缩机体上结霜严重

制冷剂太多、热力膨胀阀截流孔太大、热力膨胀阀感温包位置不当。确定原因后，采取相应措施加以解决。

活塞或压缩机在正常运行中还能发生许多故障，比如连杆断裂，轴承温度过高，阀片破碎等，请参考相关书籍，这里不再过多说明。

三、螺杆式压缩机常见故障及排除

1. 压缩机不能启动

（1）电路故障，通过检查电路解决；

（2）能量调节未到零位，因带有负荷而不能启动，此时应将能量调节到零位；

（3）排气压力高，通过打开吸气阀，使高压气体回到低压系统解决；

（4）排气止回阀泄漏，应检查止回阀或更换；

（5）部分机械磨损，应通过拆卸检修、更换或调整加以解决；

（6）机腔内积油或积液太多，应手动联轴器，排除机腔内积油或积液。

2. 启动后自动停机

（1）过载保护引起停机，应查找过载原因并排除故障；

（2）控制电路故障，检查修理控制元件，并维修解决；

（3）电机绕组烧毁或短路，应当检修电表或更换。

3. 机组振动过大

（1）机组地脚螺栓未紧固，应塞紧调整垫铁，拧紧地脚螺栓；

（2）压缩机与电机不同轴度过大，应通过重新调整同轴度加以解决；

（3）压缩机转子不平衡，解决的办法是重新检查、调整；

（4）机组与管道的固有频率相同而共振，可通过改变管道支架位置解决；

（5）吸入过量润滑油，这时应停机，手动联轴器排出润滑油。

4. 运行中声音异常

(1) 转子内有异物，应检修压缩机及吸气过滤器；

(2) 止推轴承破裂，应更换方可解决；

(3) 滑动轴承磨损，使转子与机壳摩擦，应更换滑动轴承、检修；

(4) 联轴器键松动，应紧固螺栓或换键。

5. 压缩机机体温度过高

(1) 吸气温度过高，这时应开大节流阀；

(2) 机体摩擦部位发热，应迅速停机检查；

(3) 压缩比过大，应通过降低排气压力解决；

(4) 吸油量不足，增加喷油量解决；

(5) 油冷却器传热效果差，应通过清洗油冷却器，增加冷却水量，降低油温解决。

6. 油压过低

(1) 油压调节阀开度调节不当（过大），应调整油压调节阀至适当开度；

(2) 油量不足，应增加冷冻机油至适当位置；

(3) 油路或油过滤器堵塞，应检查吹洗油路及过滤器；

(4) 油泵故障，转子磨损，应检查或更换部件；

(5) 喷油过多，应调整喷油量；

(6) 压力表指示错误，应检修或更换压力表。

7. 油压过高

(1) 油压调节阀开度调节不当（过小），调整调节阀至适当开度；

(2) 油泵排出管堵塞，应清理油路；

(3) 压力表指示错误，检修或更换压力表。

8. 油温过高

油冷却的传热效率下降，应消除油冷却后表面的污垢，增大冷却水量或降低水温。

9. 油位上升

制冷剂液体进入或溶于油内，应关小节流阀，降低蒸发系统液位并继续运转提高温度使制冷剂蒸发。

10. 耗油量大

加油过多或油分离器效果不佳，均可使油耗量增大，应加油到规定位置或检修油分离器。

11. 压缩机结霜严重或机体温度过低

(1) 热力膨胀阀开启过大，应适当关小阀门；

(2) 系统制冷剂充灌过多，此时应排除多余的制冷剂；

(3) 冷负荷过小，调节冷量或增加负荷；

(4) 供油温度过低，应减小油冷却器冷却水量；

(5) 热力膨胀阀感温包未扎紧，应按要求重新捆扎。

12. 制冷能力不足

(1) 滑阀位置不当或故障，应调整滑阀至所需位置或检修滑阀；

(2) 喷油量不足，应检修油路、油泵、提高喷油量；

（3）吸气阻力大，检查吸气管路及吸气过滤器是否堵塞，应清洗；
（4）机器磨损间隙过大，应调整或更换部件；
（5）冷却水量不足或水温过高，应调整水量，降低水温；
（6）蒸发器内存油过多，应回收冷冻机油；
（7）制冷剂充灌量不足，应填加至规定值。

四、离心式压缩机常见的故障及其排除

1. 压缩机不能启动

（1）电源故障，检查电源，恢复供电；
（2）进口导叶不能全关，应检查导叶关闭是否与执行机构同步，并手动关闭导叶；
（3）过载保护器动作，检查设定值并调整，然后手动复位；
（4）控制线路熔断器断线，检查熔断器并更换断线。

2. 压缩机转动不平衡，出现振动

（1）机械故障

包括轴承间隙过大，防振装置调整不良、密封填料和旋转体接触、推力块磨损、压缩机与主轴不同心、轴弯曲等，应停机检修，调整或更换部件；

（2）增速齿轮磨损，应修理或更换；
（3）油压过高，应降低油压至给定值。

3. 电动机过负荷

制冷负荷过大，冷却水温过高、水量少、系统内有空气、吸入液体制冷剂均可使电机超负荷，解决的办法是降低负荷、增加冷却水量，降低冷却水温、排除空气、降低蒸发器内液面的办法解决。

4. 压缩机喘振

冷凝压力过高、蒸发压力过低、导叶开度过小均可能使压缩机发生喘振，应通过降低冷凝压力，提高蒸发压力，调整导叶开启解决。

5. 油压过低

（1）油内含有制冷剂，使油变稀，应当提高油温，降低冷却器水温；
（2）油过滤器堵塞，应清洗过滤器；
（3）油压调节阀失灵，应研磨修理调节阀或更换；
（4）油泵故障，检修油泵，排除故障。

6. 油压过高，调节阀失灵或油路堵塞，应检修调节阀或清洗油路。

7. 油压波动剧烈

油压表故障、油路中有空气或制冷剂、调节阀失调等，应通过检修或更换油压表或调节阀，放出油路空气来解决。

8. 密封漏油并伴有温度升高现象

产生故障的原因有：机械密封损坏、油循环不良、油压降低，应更换密封元件，检查、清洗油路、调节调节阀。

9. 轴承温度过高

其原因有：轴瓦磨损、润滑油污染或混入水、油，冷却器有污垢及冷却水量不足、压缩机排气温度过高等。排除方法：更换轴瓦；换润滑油；清洗油冷却器及加大冷却水量降低水温等。

10. 压缩机腐蚀严重

主要原因是：密封不严，空气渗入；冷冻水，冷却水水质不好；润滑油质不好等，应通过检查机器密封性，提高使用水的水质，换油来解决。

思考题与习题

1. 活塞式压缩机如何启动?
2. 简述螺杆式压缩机的操作过程。
3. 制冷压缩机如何进行加油操作?
4. 制冷压缩机正常运行的标志是什么?
5. 活塞式压缩机不能正常启动应如何检查?
6. 螺杆式压缩机组的振动过大，如何处理?
7. 离心式压缩机出现喘振如何处理?

第十三章　溴化锂吸收式制冷

第一节　吸收式制冷机的工作原理

吸收式制冷原理与蒸气压缩式制冷相比，有相同之处，都是利用液态制冷剂在低温、低压条件下蒸发、汽化，同时吸收载冷剂的热量，产生冷效应，使载冷剂温度降低。所不同的是吸收式制冷利用二元溶液作为工质对，组成二元溶液的是两种沸点不同的物质。其中，低沸点的物质是制冷剂，高沸点的物质是吸收剂。为了比较，图 13-1 列出了两种制冷方式的工作原理，吸收式制冷机中有两个循环，即制冷剂循环和溶液循环。

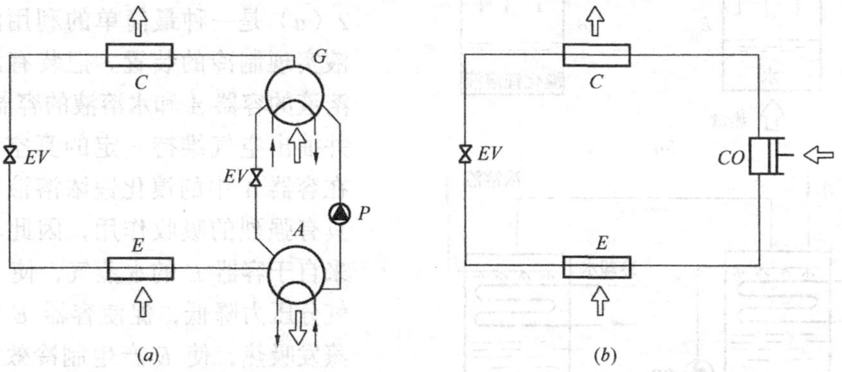

图 13-1　吸收式和蒸气压缩式制冷机工作原理
（*a*）吸收式制冷机；（*b*）蒸气压缩式制冷机
E—蒸发器；*C*—冷凝器；*EV*—膨胀阀；*CO*—压缩机；*G*—发生器；*A*—吸收器；*P*—溶液泵

从图中不难看出，吸收式制冷系统必须具备四个热交换装置：发生器、吸收器、冷凝器、蒸发器。这四个热交换装置，辅以其他辅助设备，组成吸收式制冷机。

制冷剂循环：由发生器 *G* 中出来的制冷剂蒸汽（可能含有少量制冷剂蒸汽）在冷凝器 *C* 中向冷却剂释放热量，凝结成液态高压制冷剂。高压液体经膨胀阀 *EV* 节流到蒸发压力后进入蒸发器 *E*，在蒸发器中液态制冷剂又被气化为低压制冷剂蒸汽，同时吸收载冷剂热量产生制冷效应。低压制冷剂蒸汽进入吸收器 *A* 中，而后吸收器/发生器组合将低压制冷剂蒸汽转变成高压蒸汽，从而完成制冷剂循环。

溶液循环：在吸收器 *A* 中，由发生器来的稀溶液（溶液浓度以制冷剂的含量计算）吸收来自蒸发器所产生的低压制冷剂蒸汽，从而成为浓溶液，吸收过程放出的热量被冷却剂带走。由吸收器出来的浓溶液经溶液泵 *P* 升压后，输送到发生器 *G* 中。在发生器中，利用低品位热能对浓溶液加热，使之沸腾，由于发生器内压力不高，其中低沸点的制冷剂蒸汽被蒸发出来（可能有少量吸收剂蒸汽），浓溶液成为稀溶液。从发生器出来的高压稀溶液经膨胀阀 *EV* 节流到蒸发压力，而又回到吸收器中，完成了溶液循环。

不难看到，吸收式制冷机中制冷剂循环的冷凝、蒸发、节流三个过程与蒸气压缩式制冷是相同的，所不同的是吸收式制冷以热源为主要动力，消耗热能，而蒸气压缩式制冷消耗机械能。由于吸收式制冷以热能为主要动力，加之吸收过程要放出大量热量，所以吸收式制冷向外界放出热量较大。

吸收式制冷机中所用的二元溶液主要有两种，即氨水溶液和溴化锂水溶液。氨水溶液中氨为制冷剂，水为吸收剂。溴化锂水溶液中水为制冷剂，溴化锂为吸收剂。在空调工程中采用溴化锂水溶液，即溴化锂吸收式制冷机。

第二节　溴化锂吸收式制冷的工作原理

采用溴化锂水溶液的吸收式制冷机称为溴化锂吸收式制冷机。

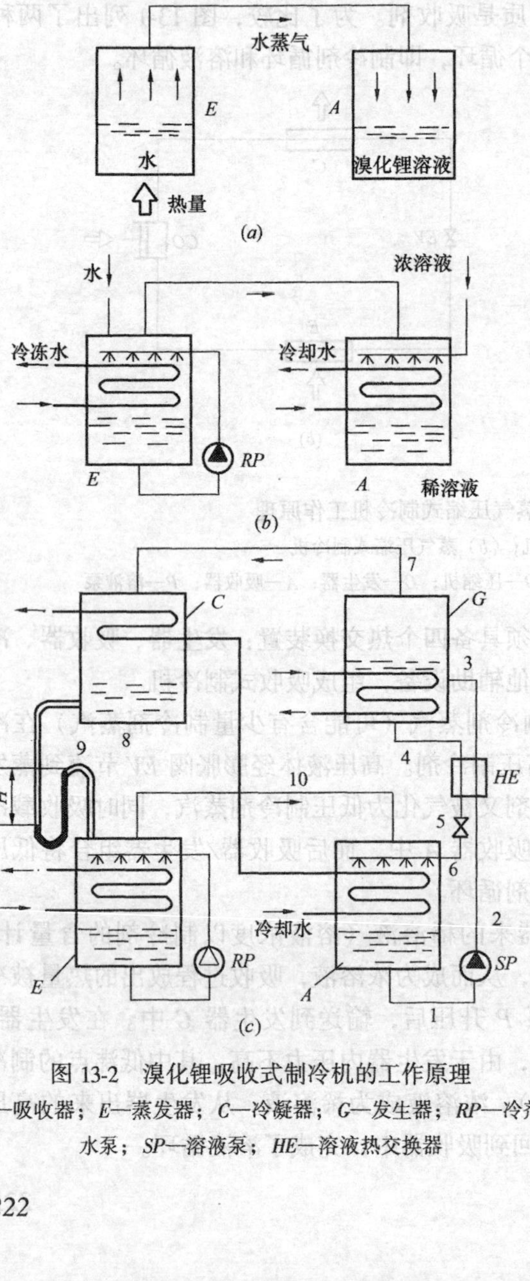

图 13-2　溴化锂吸收式制冷机的工作原理

A—吸收器；*E*—蒸发器；*C*—冷凝器；*G*—发生器；*RP*—冷剂水泵；*SP*—溶液泵；*HE*—溶液热交换器

溴化锂吸收式制冷机是靠水在低压下不断汽化而产生制冷效应。图 13-2（*a*）是一种最简单的利用溴化锂溶液实现制冷的装置。把装有溴化锂浓溶液的容器 *A* 和水溶液的容器 *E* 相连，并抽出空气维持一定的真空度。由于在容器 *A* 中的溴化锂浓溶液对水蒸气具有强烈的吸收作用，因此不断吸收来自于容器 *E* 的水蒸气，使 *E* 中水蒸气分压力降低，促使容器 *E* 中水继续蒸发吸热，使 *E* 产生制冷效应。但是 *A* 中的溴化锂浓溶液随时间的增大，溶液变稀，吸收能力降低，温度升高，使容器 *E* 的制冷能力减小，直到不能制冷。同时，容器 *E* 中水也在不断减少。很明显，这套装置无法实现连续制冷。

图 13-2（*b*）是改进以后的装置。在这套装置中，蒸发器 *E* 可以补水以补充蒸发掉的水，同时在吸收器中补充溴化锂浓溶液，排出溴化锂稀溶液，以保证吸收器中溴化锂的吸收能力。为了提高蒸发器的换热能力及减少液柱对蒸发温度的影响，在蒸发器中设置冷剂水泵和盘管，将水喷淋在盘管上，盘管内通过需冷却的冷冻水。为了增强吸收器的吸收作用，将溶液喷淋在管簇上，管簇内通以冷却水，带

走吸收过程放出的热量。这种装置虽然可以连续运行，但并不经济，它消耗溴化锂和水，为此，应将溶液再生利用。

图 13-2（*c*）是溶液进行循环，制冷剂（简称冷剂水）也进行循环的溴化锂吸收式制冷机的流程图。在这个系统中增设了发生器 *G* 和冷凝器 *C*。在发生器中装有加热盘管，并通以表压为 0.1MPa 左右的工作蒸汽或 120℃左右的高温水，加热稀溶液，使溶液沸腾，产生水蒸气，而溶液变为浓溶液。浓溶液经节流后再回吸收器，吸收水蒸气后变为稀溶液；吸收器中的稀溶液经溶液泵 *SP* 升压送到发生器中。为了减少吸收器的排出热量和发生器水耗热量并提高吸收式制冷机的热效率，系统中设有溶液热交换器 *HE*，使稀溶液和浓溶液进行热交换，这样稀溶液被预热，而浓溶液得到冷却。发生器中产生的冷剂水蒸气在冷凝器中冷凝成冷剂水，再经 U 形管进入蒸发器 *E* 中，U 形管起冷剂水的节流作用。冷凝器与蒸发器间的压差很小，一般是在 6.5～8kPa，即 U 形管中水柱高差只有 0.7～0.85m 即可。

第三节 单效溴化锂吸收式制冷机的工艺流程

一、单效溴化锂制冷机的工艺流程

只有一个发生器的溴化锂吸收式制冷机称为单效溴化锂吸收式制冷机。

图 13-3 所示，是一国产单效溴化锂吸收式制冷机的流程图。在图中，可清楚看出溶液循环和冷剂水循环：

溶液循环：从吸收器 4 出来的稀溶液由发生器泵 7 升压后，经溶液热交换器 5，送入发生器 2 中；而发生器中的浓溶液经热交换器及引射器 9 进入吸收器中。

制冷剂水（简称冷剂水）循环：发生器中产生的冷剂水蒸气进入到冷凝器 1 中，蒸汽放出热量，冷凝成水，经 U 形管 13 进入蒸发器 3 中，冷剂水汽化成蒸汽进入吸收器中，被浓溶液所吸收。

在吸收器和发生器中压力很低，液柱对饱和温度（蒸发器中蒸发温度）影响很大，在蒸发器中压力为 100mmH_2O 时，会使蒸发温度升高 10～12℃，由此可以看出水柱对蒸发温度的影响非常大，这种现象应当避免。因此，在吸收器和蒸发器中全部采用淋激式换热器，以减少液柱影响并增强换热能力。为此蒸发器下放有冷剂水泵，将水喷淋在传热管簇上，循环水量一般为蒸发量的 10～20 倍，吸收器设有吸收器泵，它的作用除喷淋外，还起引射浓溶液的作用。发生器采用沉浸式换热器，但液面高度应限制在 300～500mm 以内。

系统中的冷剂水泵、发生器泵、吸收器泵均采用屏蔽泵，以满足溴化锂制冷机高真空度的要求。为了保证系统内的真空度，系统中设有抽气装置。

二、溴化锂制冷机的安全装置

1. 防结晶装置

如果溴化锂溶液浓度过高或温度过低，会使溴冷机在运行中结晶，而不得不停机。这是溴冷机最大的障碍，必须设法杜绝。结晶的产生原因很多，比如：加热蒸汽压力不稳定，加热量突然增大，冷剂水蒸发过多，使发生器出口溶液浓度过高；操作不当或系统大量漏气，吸收冷剂蒸汽的能力减弱，也可引起发生器出口浓溶液浓度过高；冷却水温度过

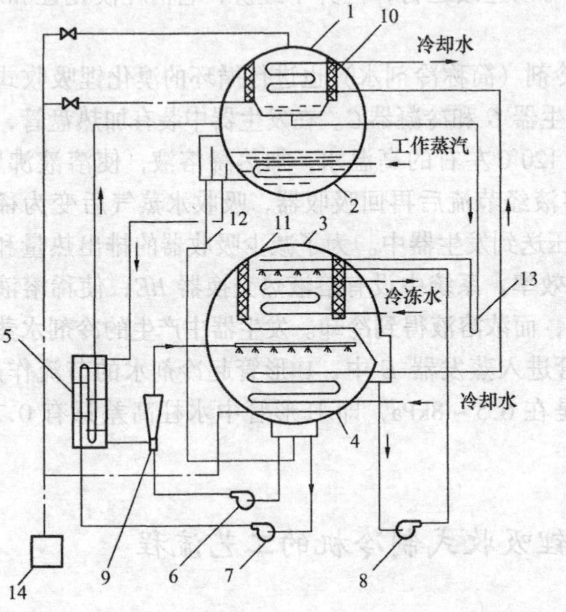

图 13-3　单效溴化锂吸收式制冷机的流程图

1—冷凝器；2—发生器；3—蒸发器；4—吸收器；5—溶液热交换器；6—吸收器泵；7—发生器泵；8—冷剂水泵；9—引射器；10—挡液板；11—挡水板；12—浓溶液溢流管；13—U 形管；14—抽气装置

低，稀溶液与浓溶液在热交换器进出口热交换过程剧烈，致使溶液温度过低；运行过程中停电，由发生器来的浓溶液来不及稀释。为了防止溶液结晶，在图 13-3 中，使用了浓溶液溢流管，又称防结晶管。结晶的出现，通常发生在浓度高而温度低的地方，即浓溶液热交换器的浓溶液出口管上。一旦发生结晶现象，浓溶液由于不能正常通过热交换器而使发生器内溶液液位上升，当液位超过隔板时，浓溶液就从溢液管流入吸收器中，使吸收器中溶液温度升高，温度较高的稀溶液经热交换器时，可将结晶融化。

2. 冷剂水和冷冻水的防冻装置

在溴化锂制冷机运行过程中，如果冷冻水泵突然发生故障，或者负荷降低，冷量自动调节系统失控，加热蒸汽量过大，则会使蒸发温度过低，使蒸发器内冷剂水和冷冻水有结冻的危险，严重时可冻裂传热管。为了避免此现象发生，可以采取以下措施：

(1) 在冷剂水管道上安装一个温度继电器，当温度低于给定值时，温度继电器动作(断开)，使蒸发器泵停止运行，并关闭蒸汽阀门。这样由于蒸发器泵不起作用，制冷效果消失，蒸发器中蒸发温度升高，直至冷剂水温度高于给定值，温度继电器闭合，蒸发器泵继续启动运行，并打开蒸汽阀门，制冷机重新工作。

(2) 在冷冻水管道上安装一个压力继电器或压差继电器。当冷冻水泵发生故障停机时，冷冻水管道上的压力下降，压力继电器动作，制冷机停止运行。压差继电器与压力继电器作用相同，只是压差继电器更能可靠地反映出冷冻水泵是否发生故障。如果冷冻水管道发生阻塞时，输送冷媒压力不一定下降，此时压力继电器不能及时发出信号，而压差继电器可以消除这个缺陷，保证制冷机安全运行。

(3) 利用某些带有电触点的差压流量计，可在冷冻水泵发生故障时防止蒸发器中冷剂水或冷冻水冻结。即当冷冻水水量低于某一给定值时，流量计触点动作，发出警报，并使制冷机停止运行。

3. 冷剂水防污染装置

(1) 冷剂水被污染的原因

冷却水温度过低会造成冷凝压力过低，使发生过程变得剧烈，发生器中的溶液液滴可能被冷剂蒸汽带入冷凝器中，致使进入蒸发器的冷剂水含有微量溴化锂而使冷剂水被污染，影响制冷机性能。

(2) 冷剂水污染的排除方法

当蒸发器中冷剂水的密度超过1.04时，说明溴化锂已混入冷剂水中，要解决该问题，必须查明污染的原因，然后再使冷剂水再生。再生步骤如下：

1）关闭冷剂水管道上的阀门；

2）打开冷剂水旁通阀，将冷剂水直接排入吸收器；

3）随冷剂水的排放，蒸发器中冷剂水减少，当冷剂水泵发出吸空声音而无法运行时，停止冷剂水泵运转；

4）由于送往发生器的稀溶液浓度降低，可适当关小供汽阀，防止污染再次发生；

5）如此反复操作，直到蒸发器中冷剂水密度低于1.04，再生工作结束。

4. 屏蔽泵的保护装置

屏蔽泵是机组运转中惟一的运动部件。如果屏蔽泵发生故障，溴冷机将不能运行。造成屏蔽泵故障的原因主要有：泵的叶轮卡死，产生超载，烧坏电机；冷却液体温度过高，损坏电机；单相运行，电源负荷不平衡；润滑油的压力过低或润滑油管路堵塞，损坏轴承等。为了防止发生上述事故，可在屏蔽泵的电路中装负荷继电器。当屏蔽泵超负荷时，电机温度升高，电流过大，继电器动作，屏蔽泵停止运转。

第四节　双效溴化锂吸收式制冷机的工艺流程

为了防止单效溴化锂吸收式制冷机出现结晶现象，热源温度不能太高，如果工作蒸汽压力过高，必须减压使用，造成能量利用上的不合理。而双效溴化锂制冷机解决了这一问题。双效溴化锂制冷机，比单效溴化锂制冷机增加了一个高压发生器，也称高压筒。低压部分与单效溴化锂制冷机的结构相近。

图13-4为双效溴化锂制冷机的工艺流程图。从图中可以看到，其中两筒与单效制冷

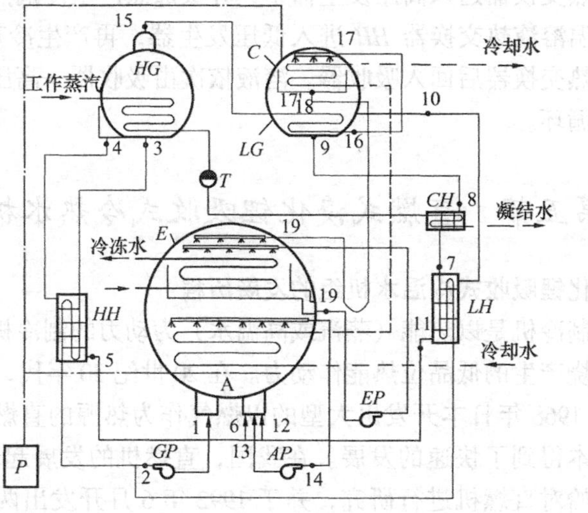

图13-4　双效溴化锂吸收式制冷机流程

C—冷凝器；*LG*—低压发生器；*HG*—高压发生器；*E*—蒸发器；*A*—吸收器；*AP*—吸收器泵；*GP*—发生器泵；*EP*—蒸发器泵；*HH*—高温溶液热交换器；*LH*—低温溶液热交换器；*CH*—凝水热交换器；*T*—疏水器；*P*—抽气装置

机类似，另一筒则是高压发生器。工作蒸汽进入高压发生器 *HG* 中，加热溶液，产生冷剂水蒸气。此水蒸气进入低压发生器 *LG* 的盘管内，加热溶液，水蒸气释放凝结热量，凝结水经节流进入冷凝器 *C* 中。低压发生器溶液所产生的冷剂水蒸气进入冷凝器 *C* 中被凝结成水。这两股冷剂水一起经 U 形管进入蒸发器 *E* 的水盘中，由蒸发器泵 *EP* 将冷剂水喷淋在蒸发器盘管上。冷剂水汽化实现制冷。冷剂水蒸气在吸收器 *A* 中被喷淋的溶液所吸收。吸收器泵 *AP* 的作用是将溴化锂溶液均匀喷淋到管簇上，增大蒸汽与溶液接触面积，便于吸收。

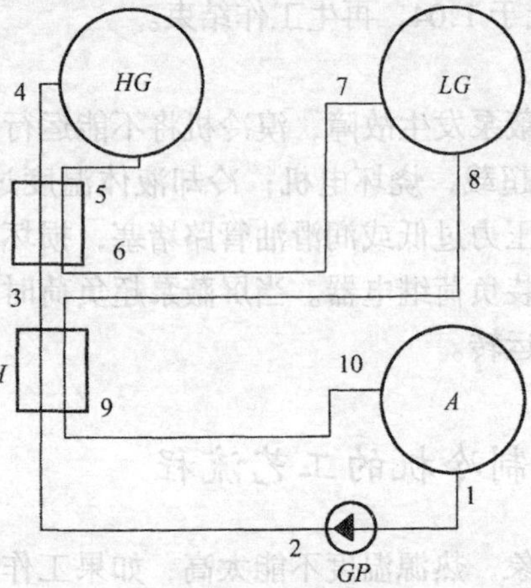

图 13-5　溶液串联循环流程图
（图内符号的意义同图 13-4）

吸收器中的稀溶液经发生器泵升压，分别送入高压发生器和低压发生器，也就是说一路经过高温溶液热交换器 *HH* 预热后进入高压发生器；另一路经低温溶液热交换器 *LH* 及凝水热交换器 *CH* 进入低压发生器；低压发生器的浓溶液经低温溶液热交换器被冷却后进入吸收器。工作蒸汽的凝结水在凝水热交换器中加热去低压发生器的稀溶液，以利用一部分凝水热量。

冷却水串联吸收器和冷凝器，以回收吸收过程和冷凝过程释放出的部分热量。冷却水也可以并联经过吸收器和冷凝器。

双效溴化锂制冷机溶液循环有两种方式，即并联循环和串联循环。图 13-4 所示的是并联循环方式，即由吸收器出来的稀溶液经吸收器泵分别送入高、低压发生器。如图 13-5 所示，为串联方式，发生器泵将稀溶液经高温溶液热交换器和低温溶液热交换器送入高压发生器中，并被加热产生冷剂蒸汽，稀溶液变成中间溶液；该溶液经高温溶液热交换器 *HH* 进入低压发生器，再产生冷剂蒸汽而变成浓溶液；浓溶液经低温溶液热交换器后回入吸收器。溶液依次由吸收器—高压发生器—低压发生器—吸收器进行串联循环。

第五节　直燃式溴化锂吸收式冷热水机组

一、直燃式溴化锂吸收式冷温水机组的发展历程

溴化锂吸收式制冷机是以热能（蒸汽或高温水）为动力的制冷机。直燃式溴化锂吸收式机组是以燃料燃烧产生的低品位热能作动力。在 20 世纪 30 年代，就已经出现了直燃式吸收式制冷机。在 1968 年日本开发出大型的以燃气作为热源的直燃式溴化锂吸收式冷热水机组，之后在日本得到了快速的发展。在我国，直燃机的发展起步于 20 世纪 90 年代，相继有多个厂家开始对直燃机进行研究，并于 1992 年 6 月开发出两台 1160 kW 直燃机投入运行。直燃式溴化锂吸收式冷热水机组的种类很多，以燃料类型分类有：燃气型（天然气、煤气、液化气等）和燃油型（轻油、重油）；按制备热水的方式分有：用蒸发器制备热水（冷冻水与热水为同一水系统），用冷凝器、溶液热交换器、吸收器制备热水（冷却水与热水为同一水系统），另设热水器制备热水；按制冷和供热组合形式分有：制冷与采

暖专用机（即夏季制冷专用，冬季采暖专用），同时制冷与采暖的机组，同时制冷与热水供应的机组等。

二、直燃式溴化锂吸收式冷热水机组的工作原理

图 13-6 和图 13-7 是一直燃式溴化锂吸收式冷热水机组的制冷流程和采暖流程。

这种机组与双效溴化锂吸收式制冷机组类似，所不同的是高压发生器直接利用燃料燃烧产生的热量来产生冷剂水蒸气。在这种直燃式溴化锂冷温水机组中的高压发生器实质上

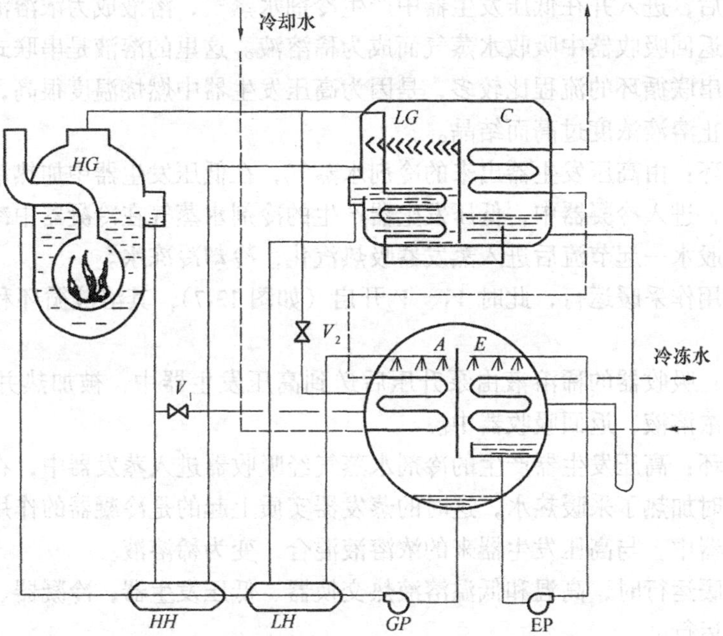

图 13-6 直燃式溴化锂吸收式冷热水机组制冷流程

V_1、V_2—制冷与采暖运行的切换阀，其余符号同图 13-4

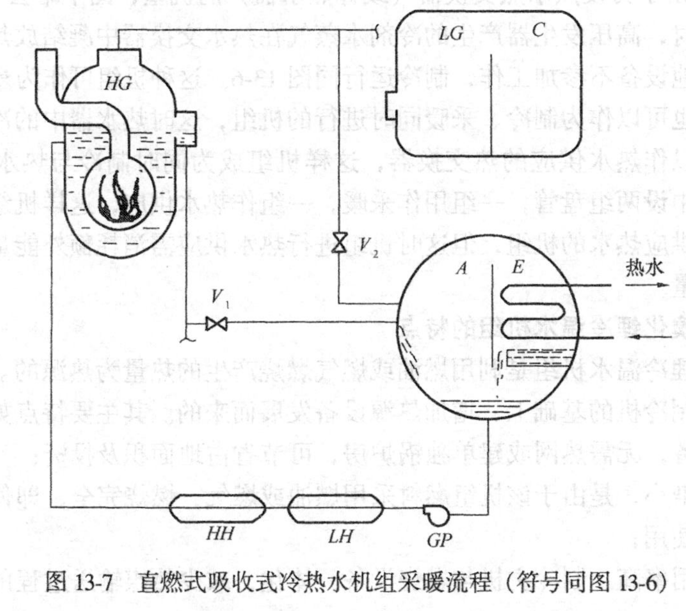

图 13-7 直燃式吸收式冷热水机组采暖流程（符号同图 13-6）

是一台蒸汽锅炉。它也是由锅筒和燃烧设备所组成。但由于压力低，锅筒不一定是圆形的，可以是其他形状。燃烧设备由燃气或燃油的燃烧器、燃料供给系统，点火装置、送风系统、燃烧室、安全装置所组成。在制冷运行时，关闭阀门 V_1和 V_2（如图 13-6）。其溶液循环和冷剂水循环如下：

溶液循环：由吸收器出来的稀溶液，经低温和高温热交换器预热后进入到高压发生器，并在其中被加热产生冷剂水蒸气，溶液浓度变高，成为中间溶液。该溶液经高温溶液热交换器冷却后，进入并在低压发生器中产生冷剂水蒸气，溶液成为浓溶液，经低温热交换器冷却后，返回吸收器中吸收水蒸气而成为稀溶液。这里的溶液是串联式循环流程。直燃式机组中用串联循环的流程比较多，是因为高压发生器中燃烧温度很高，采用溶液串联循环有利于防止溶液浓度过高而结晶。

冷剂水循环：由高压发生器出来的冷剂水蒸气，在低压发生器中加热溶液而成为凝结水，经节流后，进入冷凝器中，低压发生器产生的冷剂水蒸气在冷凝器中冷凝成水。在冷凝器中的这两股水一起节流后进入蒸发器吸热汽化，冷却冷冻水。

下面讨论用作采暖运行，此时 V_1、V_2开启（如图 13-7），其溶液循环和冷剂水循环如下：

溶液循环：吸收器的稀溶液由泵升压后送到高压发生器中，被加热并产生冷剂水蒸气；溶液成为浓溶液，返回吸收器中。

冷剂水循环：高压发生器产生的冷剂水蒸气经吸收器进入蒸发器中，在蒸发器中冷凝成冷剂水，同时加热了采暖热水，这时的蒸发器实质上起的是冷凝器的作用。冷剂水由蒸发器流入吸收器中，与高压发生器来的浓溶液混合，变为稀溶液。

在进行采暖运行时，高温和低温溶液热交换器、低压发生器，冷凝器、吸收器泵、蒸发器泵不参与运行。

图 13-6、图 13-7 所示的机组即是用蒸发器制备热水和冷冻水，冷冻水和热水为同一水系统的机型，是夏季制冷和冬季采暖的专用机。

如图 13-8 给出了另设热水热交换器（或称热水器）的机型，图中略去了其他设备。

在采暖运行时，高压发生器产生的冷剂水蒸气在热水交换器中凝结放热，将采暖热水加热。而这时其他设备不参加工作，制冷运行同图 13-6。这种机组可作为夏季制冷冬季采暖的专用机组；也可以作为制冷、采暖同时进行的机组，这时热水器中的冷剂水宜用作制冷。热水器也可以作热水供应的热交换器，这样机组成为同时制冷与热水供应的热交换器，若在热水器中设两组盘管，一组用作采暖，一组作热水供应，这样机组就成为了制冷与采暖，同时又供应热水的机组，但这时机组进行热水供应需消耗额外能量，或减少采暖供热能力或制冷量。

三、直燃式溴化锂冷温水机组的特点

直燃式溴化锂冷温水机组是利用燃油或燃气燃烧产生的热量为热源的。它是在蒸汽型和热水型溴化锂制冷机的基础上，增加热源设备发展而来的。其主要特点如下：

（1）热源自备，无需热网或建单独锅炉房，可节省占地面积及投资；

（2）环境污染小，是由于该机组燃料采用燃油或燃气，燃烧完全，即使环境保护限制严格的地区也可使用；

（3）热能利用率高。制冷主机与燃烧设备一体化，减少热媒输送过程的热量损失，而且可根据负荷变化调节燃料耗量，提高了热能利用率；

(4) 节约电力。由于溴化锂机组用电量很低，因此可以用在电力短缺的地区。也可以平衡城市中煤气和电力消耗，有利于城市季节能源的合理利用。如夏季是城市用电高峰及用气低谷的季节，空调冷源的燃气化可以做到削用电高峰补用气低谷的作用；

(5) 运行安全，无爆炸隐患，主机负压运行，机房可设在建筑物内任何位置；

(6) 可制备卫生热水，可以满足写字楼、宾馆、公寓等各类用户要求；

(7) 容易实现自动控制而且热源稳定，出力容易保证；

(8) 主机安装简单，操作方便。

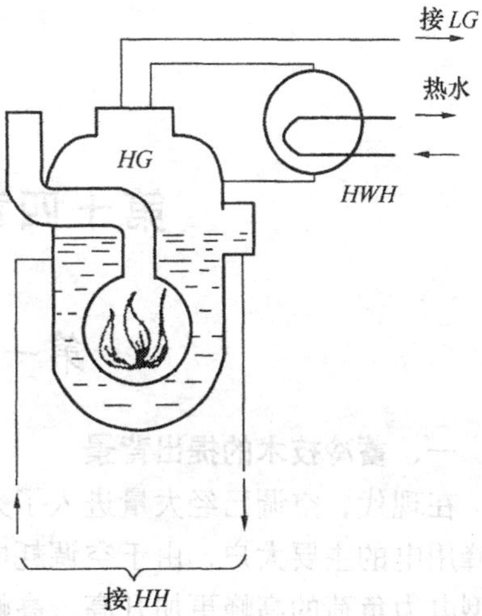

图 13-8 另设热水器的机型 HWH-热水器
（其余符号同图 13-6）

思考题与习题

1. 吸收式制冷与蒸气压缩式制冷有何不同?
2. 试述溴化锂吸收式制冷机的工作原理?
3. 溴化锂吸收式制冷机中溶液热交换器的作用是什么?

第十四章　蓄　冷　技　术

第一节　蓄冷技术概述

一、蓄冷技术的提出背景

在现代，空调已经大量进入了人们的生产和生活中，在夏季，普遍使用的空调已成为高峰用电的主要大户，由于空调耗电主要集中在温度最高的中午时间区段内，这就使得波浪型电力负荷的高峰更加升高，高峰与低谷间的负荷差拉大。大多数城市电网均面临着高峰期电力不够用、低谷期电力用不了的局面。为了实现“移峰填谷”、均衡负荷，提出了昼夜蓄冷调荷技术。它是利用制冷机组在夜间电力负荷低谷期运行，利用水或共晶盐等介质的显热和潜热，并将电能转变为冷量储存起来，在电网负荷高峰段再将冷量释放出来，作为空调冷源，满足生产和生活用冷负荷的需求。其实质是将冷量的生产和冷量的使用在时间上相分离，从而实现用电的“削峰填谷”，达到均衡电网负荷的目的，特别是在实行了峰谷分时计费电价制度，蓄冷技术优势就更加明显了。

二、蓄冷技术

（一）蓄冷技术的分类

蓄冷技术有很多具体的形式，可以按照蓄冷进行的原理、蓄冷持续的时间和蓄冷使用的介质进行分类。

1. 按照蓄冷原理分类

有显热式蓄冷和潜热式蓄冷两类。

显热式蓄冷是指蓄冷介质温度降低但不发生任何相变和化学反应来储存冷量，如在蓄冷空调中的水蓄冷空调就是显热式蓄冷。

潜热式蓄冷是指蓄冷介质发生相变吸热来储存冷量，如冰蓄冷空凋和共晶盐就是相变潜热式蓄冷。

2. 按照蓄冷持续时间进行分类

主要有昼夜蓄冷和季节性蓄冷两种类型。

昼夜蓄冷是将制冷机组在夜间低谷期运行制取的冷量，以显热或潜热的形式将冷量储存起来并用于次日白天高峰期的冷量需求。

季节性蓄冷是在冬季将形成的冷量（以冰或冷水的形式）储存在特定的容器或地下蓄水层中，在夏季再将其释放出来供应用户的冷负荷需求。

3. 按照用于蓄冷的介质进行分类

有水蓄冷、冰蓄冷及共晶盐蓄冷三类。

水蓄冷系统是利用水的显热来储存冷量，水经过冷却后储存于蓄冷罐中。

冰蓄冷系统是利用水的相变潜热来储存冷量。

共晶盐蓄冷系统是利用共晶盐发生相变来储存冷量。

（二）蓄冷材料及其性质

常用的蓄冷材料主要是水和盐水溶液。按是否相变可分为相变材料和非相变材料。

1. 对蓄冷材料的要求

（1）对非相变材料在工作温度范围内始终保持液态，凝固点尽可能低。

（2）比热和导热系数要大，换热效果要好。

（3）应有较好的化学稳定性，不燃、无毒、没有爆炸危险、对环境无污染。

（4）价格低廉。

（5）对于相变材料必须具有适当的相变温度，高的相变潜热。

（6）对于相变材料应有较低的蒸汽压力，较高的密度，而且相变前后体积变化比较小。

（7）对于相变材料要有很好的相平衡性质，不应产生相分离；在凝固过程中，不应发生大的过冷现象；应有较高的固化结晶速率。

2. 蓄冷材料的性质

水具有良好的热力学性质，在蓄冷中主要是进行显热蓄冷，在蓄冷技术中得到广泛应用。水、冰、盐水的具体性质可参阅第二章第二节的内容及有关设计手册。

（三）蓄冷的基本概念

1. 蓄冷效率

蓄冷效率是指实际可用于空调负荷的释冷量与用于制冷蓄冷总能量之比。

2. 释冷能力

释冷能力是指实际可用于空调供冷的蓄冷槽中的蓄冷量。

3. 蓄冰率

蓄冰率是指蓄冰槽内制冰容积与蓄冰槽容积的比值，通常用 IPF 表示。

IPF 的计算如式（14-1）。

$$\mathrm{IPF}=\frac{\text{蓄冰槽内制冰容积}}{\text{蓄冰槽容积}}\times 100\% \tag{14-1}$$

一般用蓄冰率来决定蓄冰槽的大小。目前各种蓄冰设备的 IPF 值约在 20%～70%。

（四）蓄冷方式

无论哪种蓄冷方式，都有一个用来蓄存蓄冷介质的设备，通常是一个空间或一个容器，称为蓄冷设备，或称蓄冷装置。蓄冷系统一般由蓄冷设备、制冷设备、连接管道及控制系统组成。

1. 水蓄冷

水蓄冷是利用水作为蓄冷介质，利用水的显热进行冷量储存。它的特点是：水的价格低廉、使用方便、初投资少、系统简单、维修方便、技术要求低、可以充分利用建筑物的消防水池、蓄水设备，在冬季可以用于蓄热。

2. 冰蓄冷

冰蓄冷就是利用水变成冰时的相变潜热实现冷量的储存。冰蓄冷主要利用的是相变潜热蓄冷，比显热蓄冷的冷量储存多，因此，与水蓄冷相比，储存同样多的冷量，冰蓄冷所需的体积将比水蓄冷所需的体积小得多。

3. 共晶盐蓄冷系统

共晶盐蓄冷是利用由无机盐、水、促凝剂和稳定剂组成的混合物的固液相变特性来蓄冷。其特点是：其蓄冷槽的体积比冰蓄冷槽大，比水蓄冷槽小，共晶盐的相变温度较高，可以克服冰蓄冷要求很低的蒸发温度的弱点。

三、蓄冷系统的特点

下面以蓄冷空调为例来说明蓄冷系统的特点：

(1) 转移空调用电时间，节约高峰电力。制冷机组在夜间电力低谷时段运行，蓄存冷量，而在白天用电高峰时段，制冷机组停运或部分开启，用蓄存的冷量来满足全部或部分空调负荷。

(2) 利用夜间廉价电，运行费用低。由于电力部门实施峰、谷分时电价，蓄冷系统在谷段运行，其运行费用比常规空调系统低，分时电价差值越大，用户收益越多。

(3) 蓄冷时制冷设备满负荷运行，能充分利用制冷设备容量。常规空调制冷设备运行是根据空调负荷变化而调整运行容量，而蓄冷系统中的制冷设备满负荷运行的比例高，尤其蓄冷时一般为最大设备容量运行，因此设备运行状态稳定，设备利用率高。

(4) 蓄冷系统中的制冷设备容量和安装功率较常规空调系统小。蓄冷空调一般蓄冷时间较长，而且运行时制冷设备容量利用率高，因此，其制冷设备容量通常可较常规空调系统减少 30%～40%。

(5) 一般蓄冷空调系统的初投资较常规空调系统要高。由于蓄冷空调系统，较常规空调增加了蓄冷装置等，因此一次性投资相对较高。

(6) 对电网进行“削峰填谷”，提高了电网运行稳定性、经济性，降低发电能耗。

第二节　蓄冷空调系统

一、蓄冷空调系统

蓄冷空调系统是指将蓄冷系统应用于空调系统中，是蓄冷系统及空调系统的总称。蓄冷空调系统主要包括水蓄冷空调系统、冰蓄冷空调系统及共晶盐蓄冷空调系统三类。

1. 蓄冷空调根据蓄冷装置工作情况的分类

根据蓄冷装置工作情况可分为全量蓄冷与分量蓄冷。

全量蓄冷是把白天的空调负荷全部转移至夜间。夜间开启制冷机组，制冷机满负荷运行制冷、蓄冷。白天制冷机组停运，仅靠蓄冷装置释冷供冷，全量蓄冷方式可以减少所需制冷设备容量，同时利用夜间廉价电力制冷、蓄冷，避开了制冷机白天高峰用电，可以较大节省运行费用。但全量蓄冷方式所需蓄冷装置的投资较大。

分量蓄冷是把白天的空调负荷部分转移至夜间。夜间开启制冷机组，制冷机满负荷运行制冷、蓄冷。白天制冷机组继续运行并承担部分空调负荷，同时蓄冷装置释冷、供冷，承担转移的另一部分空调负荷。分量蓄冷方式中，通常采用均衡负荷蓄冷方式，该种蓄冷方式的特点是：白天空调负荷由制冷机和蓄冷装置共同承担，即采用分量蓄冷模式的负荷分配形式，同时设计日 24h 制冷机连续满负荷运行。这种蓄冷方式所需设备容量最小，制冷机组利用率高，白天高峰时段的空调负荷部分移至夜间低谷时段，节省运行费。

2. 蓄冷空调系统与常规空调系统的区别

图 14-1 (*a*) 是常规空调系统原理图；图 14-1 (*b*) 是空调负荷图。

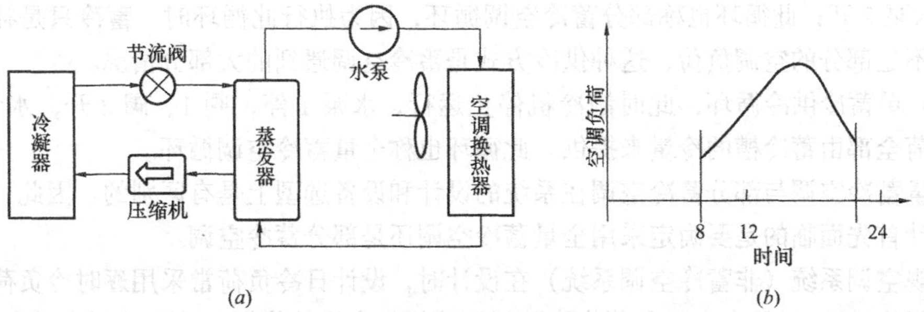

图 14-1　常规空调系统原理及负荷图

如图 14-1（*a*）所示的常规空调系统，是由制冷循环和供冷循环两个子系统组成，制冷循环子系统包括压缩机、冷凝器、节流阀和蒸发器等，制冷循环回路内流动的是制冷工质；供冷循环系统包括蒸发器、循环水泵和空调换热器，即通常所称的空调风机盘管等，供冷管网内载冷剂是被冷却过的水。空调标准规定流出蒸发器的供空调用的冷水温度为5~7℃，流回蒸发器的空调回水温度为12~13℃。图 14-1（*b*）所示的是一日内空调负荷变动示意图，由于建筑围护结构的传热情况、环境气温、内部人员和发热器件的不同，使得不同场合、不同季节、不同时间的空调负荷是不同的。如果不用蓄冷空调，为保证用户需求，较安全的设计是，制冷用主机的选择一般要能满足最大空调负荷需求，并还要留有一定备用量，以备用户发展的需求以及制冷机组制冷能力下降时能保证正常的供冷。因此，在大多数情况下，制冷机不在满负荷下工作，工作效率不高，或有设备闲置。另外，在空调负荷高峰期正是用电高峰期，电价也贵。鉴于常规空调对变动空调负荷的不协调、不经济，科研工作者和空调工程师提出和设计了种种蓄冷空调方案，有效地弥补了常规空调系统的不足。

图 14-2 所示是蓄冷空调系统基本原理示意图，它在常规空调系统的供冷循环系统中增添了一个既是与蒸发器并联也是与空调换热器并联的蓄冷槽，并增添一个水泵 2 和两个阀门。这样，原供冷循环回路就可以出现以下几种新的循环方式：

（1）常规空调供冷循环，此时蓄冷槽不工作，阀 1 开、阀 2 关，水泵 1、2 开；制冷机直接供冷。

（2）蓄冷循环，此时空调换热器不工作，阀 1 关、阀 2 开，水泵 1 开，水泵 2 关；制冷机向蓄冷槽充冷。

（3）联合供冷循环，此时蒸发器和蓄冷槽联合向空调换热器供冷，阀 1、阀 2 开，水

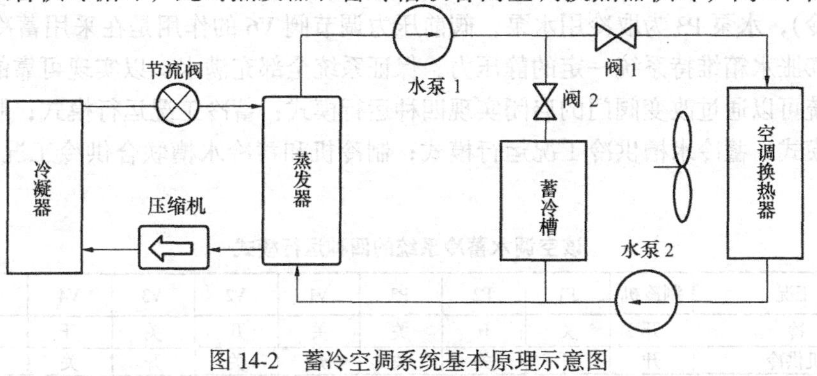

图 14-2　蓄冷空调系统基本原理示意图

泵 1、水泵 2 开；此循环也称部分蓄冷空调循环，因为执行此循环时，蓄冷只是补充制冷机供冷不足部分的空调负荷，这种供冷方式是蓄冷空调遇到的大部分情况。

(4) 单蓄冷供冷循环，此时制冷机停止运行，水泵 1 停，阀 1、阀 2 开，水泵 2 开，空调负荷全部由蓄冷槽的冷量来提供。此循环也称全量蓄冷空调循环。

全量蓄冷空调与部分蓄冷空调在系统的设计和设备选型上是有区别的。因此，蓄冷空调的设计首先面临的是要确定采用全量蓄冷空调还是部分蓄冷空调。

常规空调系统（非蓄冷空调系统）在设计时，设计日冷负荷常采用逐时冷负荷，计量单位一般为 kW，以最大小时负荷作为选择制冷机组容量的依据，选配的制冷机容量较大，实际上制冷机绝大部分时间都是在部分负荷下运行的，这样制冷机的效率较低，而且在制冷周期时段，制冷设备的利用率也比较低。蓄冷空调系统在设计时，设计日冷负荷常采用总冷负荷，计量单位通常为 kW·h。以设计日总冷负荷作为选择制冷机的依据，选配的制冷机容量较小，制冷机的效率及在制冷周期时段，制冷设备的利用率也都比较高。

二、水蓄冷空调系统

水蓄冷空调系统是将水蓄冷技术应用于空调系统中。水蓄冷系统是利用水的显热来蓄存冷量。在电力低谷期，制冷机组开启，水被冷却后温度降低，蓄存在蓄水槽中，待电力高峰期，空调用冷冻水的温度升高将冷量释放出来。蓄水槽蓄冷量的大小，主要取决于蓄水槽蓄存水量和空调回水温度与蓄水槽供冷水温度之差（蓄冷水温度差）。蓄冷水温度差越大，蓄冷量也就越大。维持较高的蓄冷水温度差，可以通过降低蓄水槽的冷水温度、提高回水温度，以及防止较高温度的回水与蓄水槽中冷水的混合等措施来实现。对于大多数空调系统来说，蓄冷水温度差取 6~11℃，典型水蓄冷系统的蓄冷温度取 4~7℃。

1. 水蓄冷装置

水蓄冷装置是水蓄冷系统中一个关键设备，主要作用是储存蓄冷介质。为防止和减少蓄冷槽内因温度较高的水流与温度较低的水流发生混合，引起能量损失，并尽可能大的维持蓄冷水温度差，水蓄冷装置具有特殊的水槽结构和管路布置。水蓄冷槽有自然分层式、空槽式和迷宫式等多种形式，具体结构形式参见有关设计手册。

2. 空调水蓄冷系统典型流程

图 14-3 所示为一种空调水蓄冷系统典型流程。该系统为直接连接的空调水蓄冷系统，系统由蓄冷水槽、制冷机组、三台水泵、膨胀水箱、电动调节阀、阀前压力调节阀和用户组成。蓄水槽采用的是开式水槽，空调冷水系统采用的是闭式系统，水泵 P1 为制冷机供冷用水泵，水泵 P2 为蓄冷用水泵（水泵 P2 的流量要小于水泵 P1，以增大进出水温度，有利于蓄冷），水泵 P3 为取冷用水泵，阀前压力调节阀 V6 的作用是在采用蓄冷水槽供冷时，通过膨胀水箱维持系统一定的静压力，保证系统全部充满水，以实现可靠的运行。

该系统可以通过改变阀门的启闭实现四种运行模式：蓄冷工况运行模式；制冷机供冷工况运行模式；蓄冷水槽供冷工况运行模式；制冷机和蓄冷水槽联合供冷工况运行模式，如表 14-1。

该空调水蓄冷系统的四种运行模式 **表 14-1**

运行工况	制冷机	P1	P2	P3	V1	V2	V3	V4	V5	V6
蓄　冷	开	关	开	关	关	开	关	开	关	关
制冷机供冷	开	开	关	关	开	关	开	关	关	关

续表

运行工况	制冷机	P1	P2	P3	V1	V2	V3	V4	V5	V6
蓄冷水槽供冷	关	关	关	开	关	关	关	关	调节	调节
制冷机和蓄冷水槽供冷	开	开	关	开	开	关	开	关	调节	调节

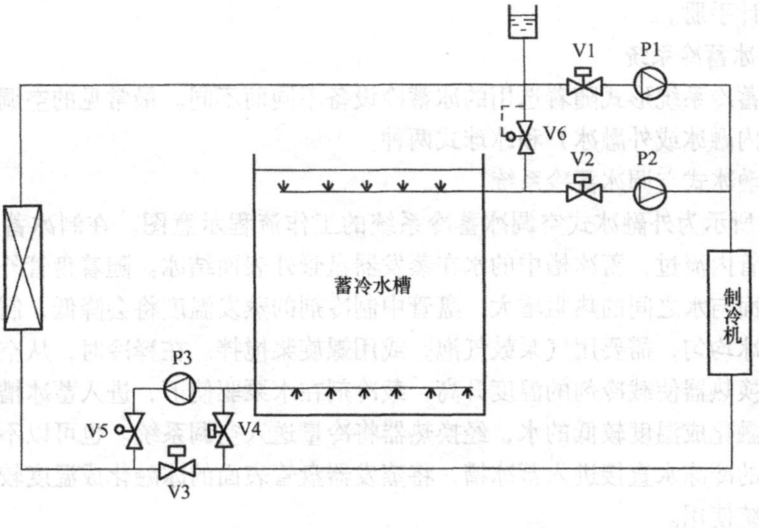

图 14-3　一种空调水蓄冷系统典型流程

系统的优点是：系统简单、一次性投资低、温度梯度损失小、水泵扬程较低。缺点是：蓄水槽与大气相通，水质易受环境污染，水中含氧量高，且易生长菌藻类植物。所以必须设置相应的水处理装置。由于采用的是直接连接的空调水蓄冷系统，受楼层高静压的影响，它一般适宜于不超过6层建筑的空调水蓄冷系统。若必须供高层时，可采用间接连接的空调水蓄冷系统，在蓄水槽和空调用户侧之间加装板式换热器，将两者的水力系统隔开，但降低了蓄冷的可用温差，增加了设备的投资。

3. 空调水蓄冷系统的特点

(1) 与常规空调系统相同，可使用各种冷水机组，包括吸收式冷水机组，并使其在经济状态下运行。

(2) 适用于常规空调供冷系统的改造和扩容，可以通过不增加制冷机组的容量而达到增加供冷容量的目的。

(3) 可以利用消防水池、原有的蓄水设施、建筑物地下室或筏式基础等作为蓄冷容器，不必再专门设置蓄水槽，降低初投资。

(4) 只蓄存水的显热，不能蓄存潜热，故需要很大的存储空间。而且蓄冷水槽体积大，保温防水处理造价较高。

(5) 蓄冷水槽表面积大，热损失也大。

三、冰蓄冷空调系统

冰蓄冷系统是以冰作为蓄冷介质，利用冰的相变潜热来蓄存冷量。冰蓄冷系统广泛应用于空调系统中。由于同样体积的冰的蓄冷量是水蓄冷的17倍，冰系统具有蓄能密度大，蓄冷装置体积小，冰水温度低，在相同空调负荷下可减少冰水供应量等特点。

1. 冰蓄冷设备

冰蓄冷设备形式很多，根据制冰方法可将冰蓄冷设备分为两类：静态制冰蓄冰设备和动态制冰蓄冰设备。静态制冰是指冰的制备、储存和融化在同一位置进行，蓄冰设备和制冰部件作为整体结构。冰盘管式和封装件式属于静态制冰蓄冰设备。动态制冰是指冰的制备和储存不在同一位置，制冰机和蓄冰槽相对独立。如冰片滑落式和冰晶式等，具体结构参见有关设计手册。

2. 空调冰蓄冷系统

空调冰蓄冷系统形式随着选用的冰蓄冷设备不同而不同。最常见的空调冰蓄冷系统有冰盘管式（内融冰或外融冰）和冰球式两种。

（1）外融冰式空调冰蓄冷系统

图 14-4 所示为外融冰式空调冰蓄冷系统的工作流程示意图。在制冰蓄冷时，制冷剂在蒸发器盘管内流过，蓄冰槽中的水在蒸发器盘管外表面结冰。随着盘管外冰层厚度的增加，盘管表面与水之间的热阻增大，盘管中制冷剂的蒸发温度将会降低，制冷机电耗会增加。为使结冰均匀，需要用气泵鼓气泡，或用螺旋桨搅拌。在释冷时，从空调设备流回的冷冻水通过换热器使载冷剂的温度升高，载冷剂在水泵驱使下，进入蓄冰槽，将蒸发器盘管表面的冰融化成温度较低的水，经换热器将冷量送入空调系统。也可以不设换热器，空调设备流回的冷冻水直接进入蓄冰槽，将蒸发器盘管表面的冰融化成温度较低的水，直接进入空调系统使用。

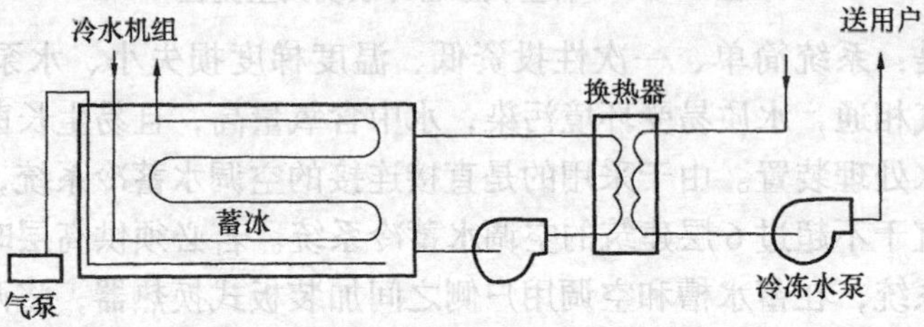

图 14-4　外融冰式空调冰蓄冷系统的工作流程示意图

外融冰式空调冰蓄冷系统有如下特点：

1）制冷系统的压缩机多选用往复式或螺杆式。

2）在融冰过程中，冰由外向内融化，温度较高的水与冰直接接触，可以在较短的时间内制出大量的低温冷冻水。特别适用于短时间要求冷量大、温度低的场合。

3）因采用外融冰方式，若蓄存的冰没有完全融化而再度制冰，由于冰的热阻较大，会增加制冷设备电耗。

4）蓄冷槽内需要保持 50% 以上的水，以便抽水融冰，这可以通过控制盘管外冰层的厚度或增加盘管距离来实现。

5）在蓄冷槽中，为使结冰均匀，需用螺旋桨搅拌器或空气泵鼓气泡搅拌，这既增加了耗电量，又增加了故障率。

6）蓄冰槽一般做成开式，其水系统管路需要安装止回阀和稳压阀等控制部件，以免停泵时系统水回流、蓄冰槽水外溢以及开机时蓄冰槽水被抽空。

（2）内融冰式空调冰蓄冷系统

内融冰式空调冰蓄冷系统又称为完全冻结式空调冰蓄冷系统，如图 14-5 所示。在蓄冷时，冷水机组制出的低温的中间载冷剂进入蓄冰桶中的塑料盘管或金属盘管内，使盘管外的水全部结成冰。融冰时，从空调系统流回的温度较高的冷冻水进入蓄冰桶内的塑料或金属盘管内，将管外的冰融化，冷冻水的温度下降，再被抽回到空调系统使用。

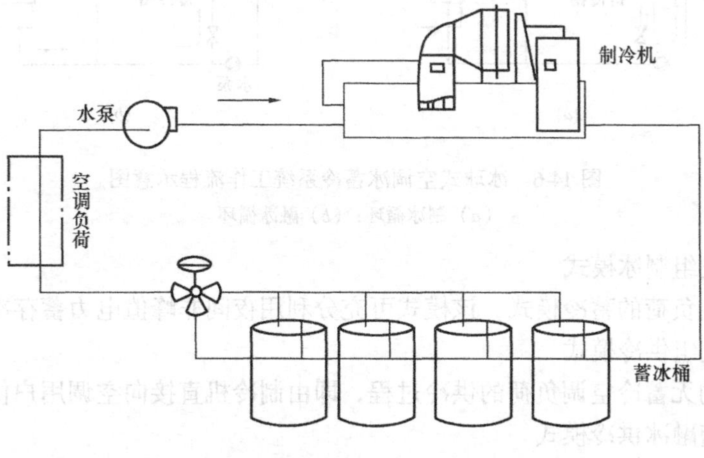

图 14-5 内融冰式空调冰蓄冷系统示意图

内融冰式空调冰蓄冷系统有如下特点：

1）与常规空调系统使用的制冷设备类似，可以选用三级高效离心式制冷机。

2）制冷系统采用了间接冷却系统，制冷剂用量少，不易泄漏。

3）蓄冷系统常以乙二醇水溶液为中间载冷剂，注意乙二醇水溶液的腐蚀性，因此，中间载冷剂要添加氧化抑制剂防腐。

4）乙二醇为有毒物质，要防止其逸出挥发造成环境污染，通常采用密闭式乙二醇循环系统。

5）蓄冷槽内的水可以完全冻结成冰，蓄存体积较小，无结冰厚度控制器和搅拌设备，降低了故障率，并减少了用电量。

6）融冰时，由盘管表面开始融冰，若蓄存冰未用完面开始制冰时，仍由盘管表面开始制冰，即制冰开始时盘管表面无冰层热阻，传热效果好。

7）采用中间载冷剂进行蓄冰和融冰，增加了一次传热损失，需靠增加传热面积来补偿。

8）内融冰方式使结冰和融冰过程都比较缓慢，适合空调使用。

（3）冰球式空调冰蓄冷系统

图 14-6 所示为冰球式空调冰蓄冷系统工作流程示意图。在蓄冷时，由制冷机制出的低温的中间载冷剂通过一定的时间使蓄冰球内的水完全结冰，蓄存冷量，如图 14-6（*a*）所示。在释冰时，来自空调负荷侧的 8～10℃的冷冻水流进装有冰球的蓄冰槽，冰球融冰释冷后，得到温度较低的冷冻水，以此供给空调负荷侧，满足其冷量的需求，如图 14-6（*b*）所示。对于较大型空调系统或高层建筑宜设置板式换热器，将空调系统循环的冷冻水与中间载冷剂分隔开，既可减少中间载冷剂的用量，又可降低冰球所承受的压力。

3. 冰蓄冷空调系统运行模式

由于冰蓄冷空调系统存在着制冷机和蓄冰槽“双冷源”，因此，系统运行时有着不同的运行模式。通常冰蓄冷空调系统有下列四种运行模式：

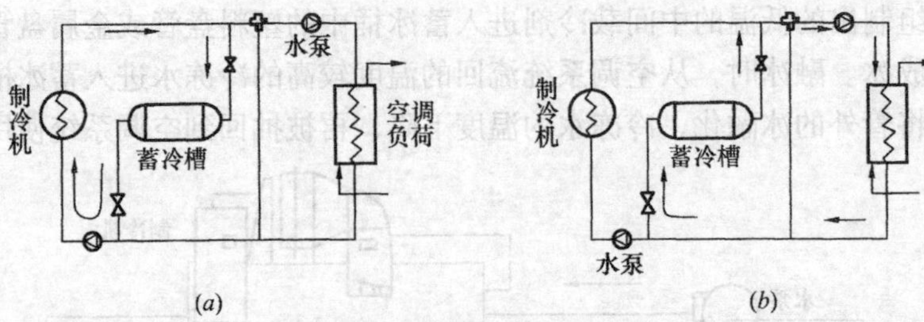

图 14-6 冰球式空调冰蓄冷系统工作流程示意图
（a）制冰循环；（b）融冰循环

(1) 制冷机组制冰模式

这是无空调负荷的蓄冷模式，该模式可充分利用夜间非峰值电力蓄存冷量。

(2) 制冷机组供冷模式

这是传统的无蓄冷空调负荷的供冷过程，即由制冷机直接向空调用户供冷。

(3) 蓄冰槽融冰供冷模式

这种模式适用于全量蓄冰空调系统，或空调负荷小于设计日蓄冷量的空调系统。

(4) 制冷机组和蓄冰槽联合供冷模式

联供模式适用于夏季冷负荷较高时期，在白天用电高峰时段，用制冷机和蓄冰槽联合供给冷量，以满足空调负荷需求。

四、蓄冷空调系统应用场合

蓄冷空调系统可以起到移峰填谷、平衡电网的作用，并有利于提高发电机组效率和环境保护，具有显著的社会效益。但是光有显著的社会效益还不够，同时还得考虑具有良好的经济效益。

影响蓄冷空调系统经济性的主要因素有电价结构和空调负荷特性等。电价结构是国家电力部门按照不同的用电时段制定的电费结构，即峰、平、谷三个时段的电费结构。峰期用电电费最高，平期用电电费居中，谷期用电电费量低。蓄冷空调系统适合以下场合：

(1) 空调最大冷负荷比平均冷负荷大得多的场合：最大负荷与平均负荷的比值越大，利用蓄冷设备减小制冷设备最大容量的潜力也就越大。例如办公楼、宾馆、饭店、百货商场、银行等的空调。

(2) 电力峰、谷差价大，电力优惠政策力度大的地区：这样的地区应用蓄冷空调系统，其运行费用通常比常规空调系统低很多，蓄冷系统设备投资的增加额，可以在合理的回收年限因节省的运行费得以回收。

(3) 空调时间短、空调冷负荷大的周期性使用的场合：比如，影剧院、体育馆、学校、礼堂、教堂、餐厅等。这类建筑空调的特点是人员集中时间短，空调负荷大，若用常规空调，其制冷设备容量需要很大，投资大，不经济。采用蓄冷空调系统，既可以减少设备容量，又可以节省运行费用。

(4) 对必须配备备用冷源的场合。比如医院、计算机房等重要场合，蓄冷空调系统提供短期应急备用冷源。

(5) 现有的非蓄冷制冷系统需要增容的场合。建筑需要扩建或重建，空调用冷需要增加制冷系统的容量，此时采用蓄冷空调系统往往更为有利。

（6）有现成的蓄冷空间可以利用的场合。在改建工程中，可以充分利用现有建筑的某些建筑空间作蓄冷空间。比如，现有的消防水池通过稍加改造就可用作水蓄冷水池。这样，可以避免体积庞大槽体的投资，提高蓄冷系统的经济性。

（7）与低温送风相结合的空调系统。利用冰作为蓄冷介质的蓄冷系统允许较经济地利用低温冷冻水和低温送风，即空调系统中利用蓄冰技术可以实现低温送风，低温送风温度一般为6~9℃，这样，由于送风量的减少可以减少输送管道系统的投资；由于风道截面的减小节省了所占建筑空间，从而节省了建筑的初投资等。

（8）作为区域供冷的冷源。由于区域供冷容量大，为特大型离心式制冷机的使用提供了条件，这使得设备初投资和运行费用更加节省。

思考题与习题

1. 什么是蓄冷空调系统？
2. 什么是全量蓄冷？什么是分量蓄冷？
3. 根据蓄冷介质的不同，蓄冷系统可分几类？各有何特点？
4. 空调水蓄冷系统的特点？
5. 何谓内融冰方式？何谓外融冰方式？两者有何异同？
6. 冰蓄冷空调系统的运行模式有哪些？

附　录

附录 A　制冷用物理参数表

R12 饱和液体与饱和气体物性表　　**附表 A-1**

温度 t（℃）	绝对压力 p（MPa）	密度 ρ（kg/m^3）	比体积 v（kg/m^3）	比焓 h（kJ/kg）		比熵 s［kJ/（kg·℃）］		质量比热 c_p［kJ/（kg·℃）］	
				液体	蒸汽	液体	蒸汽	液体	蒸汽
-50.00	0.03925	1544.3	0.38362	155.32	329.23	0.8203	1.5996	0.863	0.537
-45.00	0.05053	1530.3	0.30346	159.66	331.63	0.8359	1.5933	0.868	0.546
-40.00	0.06426	1516.1	0.24281	164.01	334.03	0.8583	1.5875	0.873	0.554
-35.00	0.08077	1501.7	0.19633	168.40	336.42	0.8769	1.5824	0.878	0.563
-30.00	0.10044	1487.2	0.16029	172.81	338.81	0.8951	1.5779	0.884	0.572
-29.80	0.10132	1486.6	0.15899	172.99	338.90	0.8959	1.5777	0.884	0.572
-28.00	0.10929	1481.4	0.14817	174.58	339.76	0.9024	1.5762	0.886	0.575
-26.00	0.11872	1475.5	0.13716	176.35	340.70	0.9096	1.5745	0.888	0.579
-24.00	0.12878	1469.6	0.12714	178.14	341.65	0.9167	1.5730	0.891	0.583
-22.00	0.13949	1463.6	0.11800	179.93	342.59	0.9239	1.5715	0.894	0.586
-20.00	0.15088	1457.6	0.10965	181.72	343.53	0.9309	1.5701	0.896	0.590
-18.00	0.16296	1451.6	0.10202	183.52	344.46	0.9380	1.5688	0.899	0.594
-16.00	0.17578	1445.5	0.09503	185.32	345.39	0.9450	1.5675	0.902	0.598
-14.00	0.18937	1439.4	0.08862	187.14	346.32	0.9520	1.5662	0.905	0.602
-12.00	0.20374	1433.3	0.08273	188.95	347.25	0.9589	1.5651	0.908	0.606
-10.00	0.21893	1427.1	0.07731	190.78	348.17	0.9658	1.5639	0.911	0.611
-8.00	0.23498	1420.9	0.07233	192.61	349.08	0.9727	1.5629	0.915	0.615
-6.00	0.25190	1414.7	0.06773	194.45	349.99	0.9796	1.5618	0.918	0.619
-4.00	0.26974	1408.3	0.06348	196.29	350.89	0.9864	1.5608	0.921	0.624
-2.00	0.28851	1402.0	0.05956	198.14	351.79	0.9932	1.5599	0.925	0.628
0.00	0.30827	1395.6	0.05593	200.00	352.68	1.0000	1.5590	0.928	0.633
2.00	0.32902	1389.2	0.05256	201.87	353.57	1.0068	1.5581	0.932	0.638
4.00	0.35082	1382.7	0.04944	203.74	354.45	1.0135	1.5573	0.936	0.643
6.00	0.37368	1376.1	0.04654	205.62	355.32	1.0202	1.5565	0.940	0.648
8.00	0.39765	1369.5	0.04384	207.51	356.19	1.0269	1.5557	0.944	0.653
10.00	0.42276	1362.8	0.04134	209.41	357.05	1.0335	1.5550	0.948	0.658
12.00	0.44903	1356.1	0.03900	211.31	357.90	1.0402	1.5542	0.953	0.664
14.00	0.47651	1349.3	0.03682	213.23	358.75	1.0468	1.5535	0.957	0.669
16.00	0.50523	1342.5	0.03479	215.15	359.58	1.0534	1.5529	0.962	0.675
18.00	0.53521	1335.5	0.03289	217.09	360.41	1.0600	1.5522	0.966	0.681
20.00	0.56651	1328.6	0.03111	219.03	361.23	1.0666	1.5516	0.971	0.687

续表

温度 t (℃)	绝对压力 p (MPa)	密度 ρ (kg/m³)	比体积 v (kg/m³)	比焓 h (kJ/kg)		比熵 s [kJ/(kg·℃)]		质量比热 c_p [kJ/(kg·℃)]	
				液体	蒸汽	液体	蒸汽	液体	蒸汽
22.00	0.59914	1321.5	0.02945	220.98	362.04	1.0731	1.5510	0.976	0.693
24.00	0.63315	1314.4	0.02789	222.94	362.83	1.0796	1.5504	0.981	0.700
26.00	0.66857	1307.2	0.02643	224.92	363.62	1.0862	1.5498	0.987	0.707
28.00	0.70544	1299.9	0.02505	226.90	364.40	1.0927	1.5493	0.992	0.714
30.00	0.74379	1292.5	0.02376	228.89	365.16	1.0992	1.5487	0.998	0.721
32.00	0.78366	1285.0	0.02255	230.90	365.92	1.1057	1.5481	1.004	0.728
34.00	0.82509	1277.4	0.02141	232.91	366.66	1.1121	1.5476	1.010	0.736
36.00	0.86811	1269.8	0.02034	234.94	367.39	1.1186	1.5470	1.017	0.744
38.00	0.91277	1262.0	0.01932	236.98	368.10	1.1251	1.5465	1.023	0.753
40.00	0.95909	1254.2	0.01837	239.03	368.81	1.1315	1.5459	1.030	0.762
42.00	1.0071	1246.2	0.01747	241.10	369.49	1.1380	1.5454	1.038	0.771
44.00	1.0569	1238.1	0.01661	243.18	370.16	1.1444	1.5448	1.045	0.780
46.00	1.1085	1229.8	0.01581	245.27	370.82	1.1509	1.5443	1.053	0.791
48.00	1.1618	1221.5	0.01505	247.38	371.45	1.1573	1.5437	1.062	0.801
50.00	1.2171	1213.0	0.01432	249.51	372.07	1.1638	1.5431	1.071	0.812
52.00	1.2742	1204.3	0.01364	251.65	372.67	1.1703	1.5425	1.080	0.824
54.00	1.3333	1195.6	0.01299	253.80	373.25	1.1767	1.5418	1.090	0.837
56.00	1.3944	1186.6	0.01237	255.97	373.81	1.1832	1.5412	1.100	0.850
58.00	1.4575	1177.5	0.01179	258.16	374.35	1.1896	1.5405	1.111	0.865
60.00	1.5227	1168.2	0.01123	260.37	374.86	1.1961	1.5398	1.123	0.880
62.00	1.5901	1158.7	0.01070	262.60	375.35	1.2026	1.5390	1.135	0.896
64.00	1.6595	1149.0	0.01020	264.85	375.81	1.2091	1.5382	1.148	0.914
66.00	1.7312	1139.0	0.00972	267.12	376.24	1.2157	1.5374	1.163	0.933
68.00	1.8052	1128.9	0.00926	269.73	376.64	1.2222	1.5365	1.178	0.954
70.00	1.8814	1118.5	0.00882	271.73	377.01	1.2288	1.5356	1.194	0.977
75.00	2.0825	1091.2	0.00781	277.65	377.77	1.2454	1.5330	1.242	1.043
80.00	2.2991	1061.8	0.00690	283.75	378.26	1.2622	1.5298	1.303	1.131
85.00	2.5322	1029.7	0.00607	290.09	378.40	1.2794	1.5260	1.384	1.251
90.00	2.7829	994.2	0.00532	296.73	378.10	1.2971	1.5212	1.496	1.427
95.00	3.0524	953.9	0.00462	303.76	377.16	1.3156	1.5150	1.669	1.712

R22 饱和液体与饱和气体物性表 **附表 A-2**

温度 t (℃)	绝对压力 p (MPa)	密度 ρ (kg/m³)	比体积 v (kg/m³)	比焓 h (kJ/kg)		比熵 s [kJ/(kg·℃)]		质量比热 c_p [kJ/(kg·℃)]	
		液体	气体	液体	气体	液体	气体	液体	气体
-100.00	0.00201	1571.3	8.2660	90.71	358.97	0.5050	2.0543	1.061	0.479
-90.00	0.00481	1544.9	3.8448	101.32	363.85	0.5646	1.9980	1.061	0.512
-80.00	0.01037	1518.2	1.7782	111.94	368.77	0.6210	1.9508	1.062	0.528
-70.00	0.02047	1491.2	0.94342	122.58	373.70	0.6747	1.9108	1.065	0.545
-60.00	0.03750	1463.7	0.53680	133.27	378.59	0.7260	1.8770	1.071	0.564

续表

温度 t (℃)	绝对压力 p (MPa)	密度 ρ (kg/m³)	比体积 v (kg/m³)	比焓 h (kJ/kg)		比熵 s [kJ/(kg·℃)]		质量比热 c_p [kJ/(kg·℃)]	
		液体	气体	液体	气体	液体	气体	液体	气体
-50.00	0.06453	1435.6	0.32385	144.03	383.42	0.7752	1.8480	1.079	0.585
-48.00	0.07145	1429.9	0.29453	146.19	384.37	0.7849	1.8428	1.081	0.589
-46.00	0.07894	1424.2	0.26837	148.36	385.32	0.7944	1.8376	1.083	0.594
-44.00	0.08705	1418.4	0.24498	150.53	386.26	0.8039	1.8327	1.086	0.599
-42.00	0.09580	1412.6	0.22402	152.70	387.20	0.8134	1.8278	1.088	0.603
-40.81b	0.10132	1409.2	0.21260	154.00	387.75	0.8189	1.8250	1.090	0.606
-40.00	0.10523	1406.8	0.20521	154.89	388.13	0.8227	1.8231	1.091	0.608
-38.00	0.11538	1401.0	0.18829	157.07	389.06	0.8320	1.8186	1.093	0.613
-36.00	0.12638	1395.1	0.17304	159.27	389.97	0.8413	1.8141	1.096	0.619
-34.00	0.13797	1389.1	0.15927	161.47	390.89	0.8505	1.8098	1.099	0.624
-32.00	0.15050	1383.2	0.14682	163.67	391.97	0.8596	1.8056	1.102	0.629
-30.00	0.16389	1377.2	0.13553	165.88	392.69	0.8687	1.8015	1.105	0.635
-28.00	0.17819	1371.1	0.12528	168.10	393.58	0.8778	1.7975	1.108	0.641
-26.00	0.19344	1365.0	0.11597	170.33	394.47	0.8868	1.7937	1.112	0.646
-24.00	0.20968	1358.9	0.10749	172.56	395.34	0.8957	1.7899	1.115	0.653
-22.00	0.22696	1352.7	0.09975	174.80	396.21	0.9046	1.7862	1.119	0.659
-20.00	0.24531	1346.5	0.09268	177.04	397.06	0.9135	1.7826	1.123	0.665
-18.00	0.26479	1340.3	0.08621	179.30	397.91	0.9223	1.7791	1.127	0.672
-16.00	0.28543	1334.0	0.08029	181.56	398.75	0.9311	1.7757	1.131	0.678
-14.00	0.30728	1327.6	0.07485	183.83	399.57	0.9398	1.7723	1.135	0.685
-12.00	0.33038	1321.2	0.06986	186.11	400.39	0.9485	1.7690	1.139	0.692
-10.00	0.35479	1314.7	0.06527	188.40	401.20	0.9572	1.7658	1.144	0.699
-8.00	0.38054	1308.2	0.06103	190.70	401.99	0.9658	1.7627	1.149	0.707
-6.00	0.40769	1301.6	0.05713	193.01	402.77	0.9744	1.7596	1.154	0.715
-4.00	0.43628	1295.0	0.05352	195.33	403.55	0.9830	1.7566	1.159	0.722
-2.00	0.46636	1288.3	0.05019	197.66	404.30	0.9915	1.7536	1.164	0.731
0.00	0.49799	1281.5	0.04710	200.00	405.05	1.0000	1.7507	1.169	0.739
2.00	0.53120	1274.7	0.04424	202.35	405.78	1.0085	1.7478	1.175	0.748
4.00	0.56605	1267.8	0.04159	204.71	406.50	1.0169	1.7450	1.181	0.757
6.00	0.60259	1260.8	0.03913	207.09	407.20	1.0254	1.7422	1.187	0.766

续表

温度 t（℃）	绝对压力 p（MPa）	密度 ρ（kg/m³）	比体积 v（kg/m³）	比焓 h（kJ/kg）		比熵 s［kJ/（kg·℃）］		质量比热 c_p［kJ/（kg·℃）］	
		液体	气体	液体	气体	液体	气体	液体	气体
8.00	0.64088	1253.8	0.03683	209.47	407.89	1.0338	1.7395	1.193	0.775
10.00	0.68095	1246.73	0.03470	211.87	408.56	1.0422	1.7368	1.199	0.785
12.00	0.72286	1239.5	0.03271	214.28	409.21	1.0505	1.7341	1.206	0.795
14.00	0.76668	1232.2	0.03086	216.70	409.85	1.0589	1.7315	1.213	0.806
16.00	0.81244	1224.9	0.02912	219.14	410.47	1.0672	1.7289	1.220	0.817
18.00	0.86020	1217.4	0.02750	221.59	411.07	1.0755	1.7263	1.228	0.828
20.00	0.91002	1209.9	0.02599	224.06	411.66	1.0838	1.7238	1.236	0.840
22.00	0.96195	1202.3	0.02457	226.54	412.22	1.0921	1.7212	1.244	0.853
24.00	1.0160	1194.6	0.02324	229.04	412.77	1.1004	1.71887	1.252	0.866
26.00	1.0724	1186.7	0.02199	231.55	413.29	1.1086	1.7162	1.261	0.879
28.00	1.1309	1178.8	0.02082	234.08	413.79	1.1169	1.7136	1.271	0.893
30.00	1.1919	1170.7	0.01972	236.62	414.26	1.1252	1.7111	1.281	0.908
32.00	1.2552	1162.6	0.01869	239.19	414.71	1.1334	1.7086	1.291	0.924
34.00	1.3210	1154.3	0.01771	241.77	415.14	1.1417	1.7061	1.302	0.940
36.00	1.3892	1145.8	0.01679	244.38	415.54	1.1499	1.7036	1.314	0.957
38.00	1.4601	1137.3	0.01593	247.00	415.91	1.1582	1.7010	1.326	0.976
40.00	1.5336	1128.5	0.01511	249.65	416.25	1.1665	1.6985	1.339	0.995
42.00	1.6098	1119.6	0.01433	252.32	416.55	1.1747	1.6959	1.353	1.015
44.00	1.6887	1110.6	0.01360	255.01	416.83	1.1830	1.6933	1.368	1.037
46.00	1.7704	1101.4	0.01291	257.73	417.07	1.1913	1.6906	1.384	1.061
48.00	1.8551	1091.9	0.01226	260.47	417.27	1.1997	1.6879	1.401	1.086
50.00	1.9427	1082.3	0.01163	263.25	417.44	1.2080	1.6852	1.419	1.113
52.00	2.0333	1072.4	0.01104	266.05	417.56	1.2164	1.6824	1.439	1.142
54.00	2.1270	1062.3	0.01048	268.89	417.63	1.2248	1.6795	1.461	1.173
56.00	2.2239	1052.0	0.00995	271.76	417.66	1.2333	1.6766	1.485	1.208
58.00	2.3240	1041.3	0.00944	274.66	417.63	1.2418	1.6736	1.511	1.246
60.00	2.4275	1030.4	0.00896	277.61	417.55	1.2504	1.6705	1.539	1.287
65.00	2.7012	1001.4	0.00785	285.18	417.06	1.2722	1.6622	1.626	1.413
70.00	2.9974	969.7	0.00685	293.10	416.09	1.2945	1.6529	1.743	1.584
75.00	3.3177	934.4	0.00595	301.46	414.49	1.3177	1.6424	1.913	1.832
80.00	3.6638	893.7	0.00512	310.44	412.01	1.3423	1.6299	2.181	2.231
85.00	4.0378	844.8	0.00434	320.38	408.19	1.3690	1.6142	2.682	2.984
90.00	4.4423	780.1	0.00356	332.09	401.87	1.4001	1.5922	3.981	4.975
95.00	4.8824	662.9	0.00262	349.56	387.28	1.4462	1.5486	17.31	25.29
96.15c	4.9900	523.8	0.00191	366.90	366.90	1.4927	1.4927	§	§

续表

R123 饱和液体与饱和气体物性表 **附表 A-3**

温度 t (℃)	绝对压力 p (MPa)	密度 ρ (kg/m³)	比体积 v (kg/m³)	比焓 h (kJ/kg)		比熵 s [kJ/(kg·℃)]		质量比热 c_p [kJ/(kg·℃)]	
		液体	气体	液体	气体	液体	气体	液体	气体
-80.00	0.00013	1709.6	83.667	123.92	335.983	0.6712	1.7691	0.924	0.520
-70.00	0.00034	1687.4	32.842	133.17	341.25	0.7179	1.7422	0.927	0.537
-60.00	0.0081	1665.1	14.33	142.46	346.66	0.7625	1.7206	0.932	0.553
-50.00	0.00177	1642.6	6.8460	151.81	352.21	0.8054	1.7034	0.939	0.569
-40.00	0.00358	1620.0	3.5319	161.25	357.88	0.8468	1.6901	0.948	0.585
-30.00	0.00675	1597.0	1.9470	170.78	363.65	0.8868	1.6800	0.958	0.601
-20.00	0.01200	1573.8	1.1364	180.41	369.52	0.9256	1.6726	0.968	0.617
-10.00	0.02025	1550.1	0.69690	190.15	375.45	0.9633	1.6675	0.979	0.634
0.00	0.03265	1526.1	0.44609	200.00	381.44	1.0000	1.6642	0.990	0.651
2.00	0.03574	1521.3	0.40991	201.98	382.64	1.0072	1.6638	0.993	0.654
4.00	0.03907	1516.4	0.37720	203.97	383.84	1.0144	1.6634	0.995	0.658
6.00	0.04264	1511.5	0.34759	205.97	385.05	1.0216	1.6631	0.997	0.661
8.00	0.04647	1506.6	0.32075	207.96	386.25	1.0287	1.6628	0.999	0.665
10.00	0.05057	1501.6	0.29637	209.97	387.46	1.0358	1.6626	1.002	0.668
12.00	0.05495	1496.7	0.27420	211.97	388.66	1.0428	1.6625	1.004	0.672
14.00	0.05963	1491.7	0.25401	213.99	389.87	1.0499	1.6624	1.006	0.675
16.00	0.06463	1486.7	0.23559	216.00	391.08	1.0569	1.6623	1.009	0.679
18.00	0.06995	1481.7	0.21877	218.02	392.29	1.0638	1.6623	1.011	0.682
20.00	0.07561	1476.6	0.20338	220.05	393.49	1.0707	1.6624	1.014	0.686
22.00	0.08163	1471.5	0.18929	222.08	394.70	1.0776	1.6625	1.016	0.690
24.00	0.08802	1466.4	0.17637	224.12	395.91	1.0845	1.6626	1.018	0.693
26.00	0.09480	1461.3	0.16451	226.16	397.12	1.0913	1.6628	1.021	0.697
27.00	0.10133	1456.6	0.15453	228.03	398.22	1.0975	1.6630	1.023	0.701
28.00	0.10198	1456.2	0.15360	228.21	398.32	1.0981	1.6630	1.023	0.701
30.00	0.10958	1451.0	0.14356	230.26	399.53	1.1049	1.6633	1.026	0.705
32.00	0.11762	1445.8	0.13431	232.31	400.73	1.1116	1.6635	1.028	0.709
34.00	0.12611	1440.6	0.12577	234.38	401.93	1.1183	1.6639	1.031	0.712
36.00	0.13507	1435.4	0.11789	236.44	403.14	1.1250	1.6642	1.033	0.716
38.00	0.14452	1430.1	0.11060	238.51	404.34	1.1317	1.6646	1.036	0.720
40.00	0.15447	1424.8	0.10385	240.59	405.54	1.1383	1.6651	1.038	0.724
42.00	0.16495	1419.4	0.09759	242.67	406.73	1.1449	1.6655	1.041	0.728
44.00	0.17597	1414.1	0.09179	244.76	407.93	1.1515	1.6660	1.044	0.732
46.00	0.18755	1408.7	0.08641	246.86	409.12	1.1581	1.6665	1.046	0.736
48.00	0.19971	1403.3	0.08140	248.95	410.31	1.1646	1.6670	1.049	0.741
50.00	0.21246	1397.8	0.07674	251.06	411.50	1.1711	1.6676	1.052	0.745

续表

温度 t（℃）	绝对压力 p（MPa）	密度 ρ（kg/m^3）	比体积 v（kg/m^3）	比焓 h（kJ/kg）		比熵 s［kJ/（kg·℃）］		质量比热 c_p［kJ/（kg·℃）］	
		液体	气体	液体	气体	液体	气体	液体	气体
52.00	0.22584	1392.3	0.07240	253.17	412.69	1.1776	1.6682	1.055	0.749
54.00	0.23985	1383.8	0.06836	255.28	413.87	1.1840	1.6688	1.058	0.753
56.00	0.25451	1381.2	0.06458	257.41	415.05	1.1905	1.6694	1.060	0.758
58.00	0.26985	1375.6	0.06106	259.53	416.23	1.1969	1.6701	1.063	0.762
60.00	0.28589	1370.0	0.05777	261.67	417.40	1.2033	1.6707	1.066	0.767
62.00	0.30264	1364.3	0.05469	263.81	418.57	1.2096	1.6714	1.069	0.771
64.00	0.32013	1358.6	0.05180	265.95	419.73	1.2160	1.6721	1.072	0.776
66.00	0.33838	1352.8	0.04910	268.10	420.89	1.2223	1.6728	1.076	0.781
68.00	0.35740	1347.0	0.04656	270.26	422.05	1.2286	1.6735	1.079	0.785
70.00	0.37722	1341.2	0.04418	272.42	423.20	1.2349	1.6743	1.082	0.790
72.00	0.39787	1335.3	0.04195	274.60	424.35	1.2411	1.6750	1.085	0.795
74.00	0.41936	1329.3	0.03985	276.77	425.50	1.2474	1.6758	1.089	0.800
76.00	0.44171	1323.4	0.03787	278.96	426.63	1.2536	1.6766	1.092	0.806
78.00	0.46494	1317.3	0.03601	281.15	427.77	1.2598	1.6774	1.096	0.811
80.00	0.48909	1311.2	0.03426	283.35	428.89	1.2660	1.6781	1.100	0.816
82.00	0.51416	1305.1	0.03261	285.55	430.01	1.2722	1.6789	1.103	0.822
84.00	0.54019	1298.9	0.03105	287.77	431.13	1.2783	1.6797	1.107	0.827
86.00	0.56720	1292.6	0.02958	289.99	432.23	1.2845	1.6806	1.111	0.833
88.00	0.59520	1286.3	0.02819	292.22	433.33	1.2906	1.6814	1.115	0.839
90.00	0.62423	1279.9	0.02687	294.45	434.43	1.2967	1.6822	1.120	0.845
92.00	0.65430	1273.5	0.02563	296.70	435.51	1.3028	1.6830	1.124	0.851
94.00	0.68544	1266.9	0.02445	298.95	436.59	1.3089	1.6838	1.129	0.858
96.00	0.71768	1260.3	0.02334	301.21	437.66	1.3150	1.6846	1.133	0.864
98.00	0.75103	1253.7	0.02228	303.49	438.72	1.3211	1.6854	1.138	0.871
100.00	0.78553	1246.9	0.02128	305.77	439.77	1.3271	1.6862	1.143	0.878
110.00	0.97603	1211.9	0.01697	317.32	444.88	1.3752	1.6902	1.172	0.917
120.00	1.1990	1174.4	0.01361	329.15	449.67	1.3872	1.6938	1.207	0.964
130.00	1.4578	1133.6	0.01094	341.32	454.07	1.4173	1.6969	1.254	1.026
140.00	1.7563	1088.3	0.00879	353.92	457.94	1.4475	1.6992	1.318	1.111
150.00	2.0987	1036.8	0.00703	367.10	461.05	1.4782	1.7003	1.415	1.240
160.00	2.4901	975.7	0.00555	381.13	463.01	1.5101	1.6991	1.584	1.473
170.00	2.9372	896.9	0.00425	396.61	462.89	1.5443	1.6939	1.979	2.033
180.00	3.4506	765.9	0.00292	416.22	456.82	1.5867	1.6763	4.549	5.661
183.68c	3.6618	550.0	0.00182	437.39	437.39	1.6325	1.6325		

注：b表示1个标准大气压下的沸点，c表示临界点。

R134a饱和液体与饱和气体物性表

附表 A-4

温度 t（℃）	绝对压力 p（MPa）	密度 ρ（kg/m³）	比体积 v（kg/m³）	比焓 h（kJ/kg）		比熵 s［kJ/（kg·℃）］		质量比热 c_p［kJ/（kg·℃）］	
		液体	气体	液体	气体	液体	气体	液体	气体
−103.30a	0.00039	1591.1	35.469	35.496	71.46	0.4126	1.9639	1.184	0.585
−100.00	0.00056	1582.4	25.193	25.193	75.36	0.4354	1.9456	1.184	0.593
−90.00	0.00152	1555.8	9.7698	9.7698	87.23	0.5020	1.8972	1.189	0.617
−80.00	0.00367	1529.0	4.2682	4.2682	99.16	0.5654	1.8580	1.198	0.642
−70.00	0.00798	1501.9	2.0590	2.0590	111.20	0.6262	1.8264	1.210	0.667
−60.00	0.01591	1474.3	1.0790	1.0790	123.36	0.6846	1.8010	1.223	0.692
−50.00	0.02945	1446.3	0.60620	0.60620	135.67	0.7410	1.7806	1.238	0.720
−40.00	0.05121	1417.7	0.36108	0.36108	148.14	0.7956	1.7643	1.255	0.749
−30.00	0.08438	1388.4	0.22594	0.22594	160.79	0.8486	1.7515	1.273	0.781
−28.00	0.09270	1382.4	0.20680	0.20680	163.34	0.8591	1.7492	1.277	0.788
−26.07b	0.10133	1376.7	0.19018	0.19018	165.81	0.88690	1.7472	1.281	0.794
−26.00	0.10167	1376.5	0.18958	0.18958	165.90	0.8694	1.7471	1.281	0.794
−24.00	0.11130	1370.4	0.17407	0.17407	168.47	0.8798	1.7451	1.285	0.801
−22.00	0.12165	1364.4	0.16006	0.16006	171.05	0.8900	1.7432	1.289	0.809
−20.00	0.13273	1358.3	0.14739	0.14739	173.64	0.9002	1.7413	1.293	0.816
−18.00	0.14460	1352.1	0.13592	176.23	387.79	0.9104	1.7396	1.297	0.823
−16.00	0.15728	1345.9	0.12551	178.83	389.02	0.9205	1.7379	1.302	0.831
−14.00	0.17082	1339.7	0.11605	181.44	390.24	0.9306	1.7363	1.306	0.838
−12.00	0.18524	1333.4	0.10744	184.07	391.46	0.9407	1.7348	1.311	0.846
−10.00	0.20060	1327.1	0.09959	186.70	392.66	0.9506	1.7334	1.316	0.854
−8.00	0.21693	1320.8	0.09242	189.34	393.87	0.9606	1.7320	1.320	0.863
−6.00	0.23428	1314.3	0.08587	191.99	395.06	0.9705	1.7307	1.325	0.871
−4.00	0.25268	1307.9	0.07987	194.65	396.25	0.9804	1.7294	1.330	0.880
−2.00	0.27217	1301.4	0.07436	197.32	397.43	0.9902	1.7282	1.336	0.888
0.00	0.29280	1294.8	0.06931	200.00	398.60	1.0000	1.7271	1.341	0.897
2.00	0.31462	1288.1	0.06466	202.69	399.77	1.0098	1.7260	1.347	0.906
4.00	0.33766	1281.4	0.06039	205.40	400.92	1.0195	1.7250	1.352	0.916
6.00	0.36198	1274.7	0.05644	208.11	402.06	1.0292	1.7240	1.358	0.925
8.00	0.38761	1267.9	0.05280	210.84	403.20	1.0388	1.7230	1.364	0.935
10.00	0.41461	1261.0	0.04944	213.58	404.32	1.0485	1.7221	1.370	0.945
12.00	0.44301	1254.0	0.04633	216.33	405.32	1.0581	1.7212	1.377	0.956
14.00	0.47288	1246.9	0.04345	219.09	406.53	1.0677	1.7204	1.383	0.967
16.00	0.50425	1239.8	0.04078	221.87	407.61	1.0772	1.7196	1.390	0.978
18.00	0.53718	1232.6	0.03830	224.66	408.69	1.0867	1.7188	1.397	0.989
20.00	0.57171	1225.3	0.03600	227.47	409.75	1.0962	1.7180	1.405	1.001

续表

温度 t（℃）	绝对压力 p（MPa）	密度 ρ（kg/m^3）	比体积 v（kg/m^3）	比焓 h（kJ/kg）		比熵 s［kJ/（kg·℃）］		质量比热 c_p［kJ/（kg·℃）］	
		液体	气体	液体	气体	液体	气体	液体	气体
22.00	0.60789	1218.0	0.03385	230.29	410.79	1.1057	1.7173	1.413	1.013
24.00	0.64578	1210.5	0.03186	233.12	411.82	1.1152	1.7166	1.421	1.025
26.00	0.68543	1202.9	0.03000	235.97	412.84	1.1246	1.7159	1.429	1.038
28.00	0.72688	1195.2	0.02826	238.84	413.84	1.1341	1.7152	1.437	1.052
30.00	0.77020	1187.5	0.02664	241.72	414.82	1.1435	1.7145	1.446	1.065
32.00	0.81543	1179.6	0.02513	244.62	415.78	1.1529	1.7138	1.456	1.080
34.00	0.86263	1171.6	0.02371	247.54	416.72	1.1623	1.7131	1.466	1.095
36.00	0.91185	1163.4	0.02238	250.48	417.65	1.1717	1.7124	1.476	1.000
38.00	0.96315	1155.1	0.02113	253.43	418.55	1.1811	1.7118	1.487	1.127
40.00	1.0166	1146.7	0.01997	256.41	419.43	1.1905	1.7111	1.498	1.145
42.00	1.0722	1138.2	0.01887	259.41	420.28	1.1999	1.7103	1.510	1.163
44.00	1.1301	1129.5	0.01784	262.43	421.11	1.2092	1.7096	1.523	1.182
46.00	1.1903	1120.6	0.01687	265.47	421.92	1.2186	1.7089	1.537	1.202
48.00	1.2529	1111.5	0.01595	268.53	422.69	1.2280	1.7081	1.551	1.223
50.00	1.3179	1102.3	0.01509	271.62	423.44	1.2375	1.7072	1.566	1.246
52.00	1.3854	1092.9	0.01428	274.74	424.15	1.2469	1.7064	1.582	1.270
54.00	1.4555	1083.2	0.01351	277.89	424.83	1.2563	1.7055	1.600	1.296
56.00	1.5282	1073.4	0.01278	281.06	425.47	1.2658	1.7045	1.618	1.324
58.00	1.6036	1063.2	0.01209	284.27	426.07	1.2753	1.7035	1.638	1.354
60.00	1.6818	1052.9	0.01144	287.50	426.63	1.2848	1.7024	1.660	1.387
62.00	1.3854	1042.2	0.01083	290.78	427.14	1.2944	1.7013	1.684	1.422
64.00	1.4555	1031.2	0.01024	294.09	427.61	1.3040	1.7000	1.710	1.461
66.00	1.5282	1020.0	0.00969	297.44	428.02	1.3137	1.6987	1.738	1.504
68.00	2.6036	1008.3	0.00916	300.84	428.36	1.3234	1.6972	1.769	1.552
70.00	2.6818	996.2	0.00865	304.28	428.65	1.3332	1.6956	1.804	1.605
72.00	1.2132	983.8	0.00817	307.78	428.86	1.3430	1.6939	1.843	1.665
74.00	1.3130	970.8	0.00771	311.33	429.00	1.3530	1.6920	1.887	1.734
76.00	1.4161	957.3	0.00727	314.94	429.04	1.3631	1.6899	1.938	1.812
78.00	1.5228	943.1	0.00685	318.63	428.98	1.3733	1.6876	1.996	1.904
80.00	1.6332	928.2	0.00645	322.39	428.81	1.3836	1.6850	2.065	2.012
85.00	2.9258	887.2	0.00550	322.22	427.76	1.4104	1.6771	2.306	2.397
90.00	3.2442	837.8	0.00461	342.93	425.42	1.4390	1.6662	2.756	3.121
95.00	3.5912	772.7	0.00374	355.25	420.67	1.4715	1.6492	3.938	5.020
100.00	3.9724	651.2	0.00268	373.30	407.68	1.5188	1.6109	17.59	25.35
101.06c	4.0593	511.9	0.00195	389.64	389.64	1.5621	1.5621		

注：a表示三相点；b表示1个标准大气压下的沸点；c表示临界点。

R717 饱和液体与饱和气体物性表 附表 A-5

温度 t（℃）	绝对压力 p（MPa）	密度 ρ（kg/m^3） 液 体	比体积 v（kg/m^3） 气 体	比焓 h（kJ/kg） 液 体	比焓 h（kJ/kg） 气 体	比熵 s［kJ/（kg·℃）］ 液 体	比熵 s［kJ/（kg·℃）］ 气 体	质量比热 c_p［kJ/（kg·℃）］ 液 体	质量比热 c_p［kJ/（kg·℃）］ 气 体
−77.65a	0.00609	732.9	15.602	−143.15	1341.23	−0.4716	7.1213	4.202	2.063
−70.00	0.01094	724.7	9.0079	−110.81	1355.55	−0.3094	6.9088	4.245	2.086
−60.00	0.02189	713.6	4.7057	−68.06	1373.73	−0.1040	6.6602	4.303	2.125
−50.00	0.04084	702.1	2.6277	−24.73	1391.19	0.0945	6.4396	4.360	2.178
−40.00	0.07169	690.2	1.5533	19.17	1407.76	0.2867	6.2425	4.414	2.244
−38.00	0.07971	687.7	1.4068	28.01	1410.96	0.3245	6.2056	4.424	2.259
−36.00	0.08845	685.3	1.2765	36.88	1414.11	0.3619	6.1694	4.434	2.275
−34.00	0.09795	682.8	1.1604	45.77	1417.11	0.3992	6.1339	4.444	2.291
−33.00	0.10133	682.0	1.1242	48.76	1418.26	0.4117	6.1221	4.448	2.297
−32.00	0.10826	680.3	1.0567	54.67	1420.29	0.4362	6.0092	4.455	2.308
−30.00	0.11943	677.8	0.96396	63.60	1423.31	0.4730	6.0651	4.465	2.326
−28.00	0.13151	675.3	0.88082	72.55	1426.28	0.5096	6.0317	4.474	2.344
−26.00	0.14457	672.8	0.80614	81.52	1429.21	0.5460	5.9989	4.484	2.363
−24.00	0.15864	670.3	0.73896	90.51	1432.08	0.5821	5.9667	4.494	2.383
−22.00	0.17379	667.7	0.67840	99.52	1434.91	0.6180	5.9351	4.504	2.403
−20.00	0.19008	665.1	0.62373	108.55	1437.68	0.6538	5.9041	4.514	2.425
−18.00	0.20756	662.6	0.57428	117.60	1440.39	0.6893	5.8736	4.524	2.446
−16.00	0.22630	660.0	0.52949	126.67	1443.06	0.7246	5.8437	4.534	2.469
−14.00	0.24637	657.3	0.48885	135.67	1445.66	0.7597	5.8143	4.543	2.493
−12.00	0.26782	654.7	0.45192	144.88	1448.21	0.7946	5.7853	4.553	2.517
−10.00	0.29071	652.1	0.41830	154.01	1450.70	0.8293	5.7569	4.564	2.542
−8.00	0.31513	649.4	0.38767	163.16	1453.14	0.8638	5.7289	4.574	2.568
−6.00	0.34114	646.7	0.35970	172.34	1455.51	0.8981	5.7013	4.584	2.594
−4.00	0.36880	644.0	0.33414	181.54	1457.81	0.9323	5.6741	4.595	2.622
−2.00	0.39819	641.3	0.31074	190.76	1460.06	0.9662	5.6474	4.606	2.651
0.00	0.42938	638.6	0.28930	200.00	1462.24	1.0000	5.6210	4.617	2.680
2.00	0.46246	635.8	0.26962	209.27	1464.35	1.0336	5.5951	4.628	2.710
4.00	0.49748	633.1	0.25153	218.55	1466.40	1.0670	5.5695	4.639	2.742
6.00	0.53453	630.3	0.23489	227.87	1468.37	1.1003	5.5442	4.651	2.774
8.00	0.57370	627.5	0.21956	237.20	1470.28	1.1334	5.5192	4.663	2.807
10.00	0.61505	624.6	0.20543	246.57	1472.11	1.1664	5.4946	4.676	2.841
12.00	0.65766	621.8	0.19237	255.95	1473.88	1.1992	5.4703	4.689	2.877
14.00	0.70463	618.9	0.18031	265.37	1475.56	1.2318	5.4463	4.702	2.913
16.00	0.75303	616.0	0.16914	274.81	1477.17	1.2643	5.4226	4.716	2.951
18.00	0.80395	613.1	0.15879	284.28	1478.70	1.2967	5.3991	4.730	2.990

续表

温度 t（℃）	绝对压力 p（MPa）	密度 ρ（kg/m^3）	比体积 v（kg/m^3）	比焓 h（kJ/kg）		比熵 s［kJ/（kg·℃）］		质量比热 c_p［kJ/（kg·℃）］	
		液体	气体	液体	气体	液体	气体	液体	气体
20.00	0.85748	610.2	0.14920	293.78	1480.16	1.3289	5.3759	4.745	3.030
22.00	0.91369	607.2	0.14029	303.31	1481.53	1.3610	5.3529	4.760	3.071
24.00	0.92768	604.3	0.13201	312.87	1482.82	1.3929	5.3301	4.776	3.113
26.00	1.0345	601.3	0.12431	322.47	1484.02	1.4248	5.3076	4.793	3.158
28.00	1.10993	598.2	0.11714	332.09	1485.14	1.4565	5.2853	4.810	3.203
30.00	1.1672	595.2	0.11046	341.76	1486.17	1.4881	5.2631	4.828	3.250
32.00	1.2382	592.1	0.10422	351.45	1487.11	1.5196	5.2412	4.847	3.299
34.00	1.3124	589.0	0.09840	361.19	1487.95	1.5509	5.2194	4.768	3.349
36.00	1.3900	585.8	0.09296	370.96	1488.70	1.5822	5.1978	4.888	3.401
38.00	1.4709	582.6	0.08787	380.78	1489.36	1.6134	5.1763	4.909	3.455
40.00	1.5554	579.4	0.08310	390.64	1489.91	1.6446	5.1549	4.932	3.510
42.00	1.6435	576.2	0.07863	400.54	1490.36	1.6756	5.1337	4.956	3.568
44.00	1.7353	572.9	0.07445	410.48	1490.70	1.7065	5.1126	4.981	3.628
46.00	1.8310	569.6	0.07052	420.48	1490.94	1.7374	5.0915	5.007	3.691
48.00	1.9305	566.3	0.06682	430.52	1491.06	1.7683	5.0706	5.034	3.756
50.00	2.0340	562.9	0.06335	440.62	1491.07	1.7990	5.0497	5.064	3.823
55.00	2.3111	554.2	0.05554	466.10	1490.57	1.8758	4.9977	5.143	4.005
60.00	2.6156	545.2	0.04880	491.97	1489.27	1.9523	4.9458	5.235	4.2081
65.00	2.9491	536.0	0.04296	518.26	1487.09	2.0288	4.8939	5.341	4.438
70.00	3.3135	526.3	0.03787	545.04	1483.94	2.1054	4.8415	5.465	4.699
75.00	3.7105	516.2	0.03342	572.37	1479.72	2.1823	4.7885	5.610	5.001
80.00	4.1420	505.7	0.02951	600.34	1474.31	2.2596	4.7344	5.784	5.355
85.00	4.6100	494.5	0.02606	629.04	1467.53	2.3377	4.6789	5.993	5.777
90.00	5.1167	482.8	0.02300	658.61	1459.19	2.4168	4.6213	6.250	6.291
95.00	5.6643	470.2	0.02027	689.19	1449.01	2.4973	4.5612	6.573	6.933
100.00	6.2553	456.6	0.01782	721.00	1436.63	2.5797	4.4975	6.991	7.762
105.00	6.8923	441.9	0.01561	754.35	1421.57	2.6647	4.4291	7.555	8.877
110.00	7.5783	425.6	0.01360	789.68	1403.08	2.7533	4.3542	8.36	10.46
115.00	8.3170	407.2	0.01174	827.74	1379.99	2.8474	4.2702	9.63	12.91
120.00	9.1125	385.5	0.00999	869.92	1350.23	2.9502	4.1719	11.94	17.21
125.00	9.9702	357.8	0.00828	919.68	1309.12	3.0702	4.0483	17.66	27.00
130.00	10.8977	312.3	0.00638	992.02	1239.32	3.2437	3.8571	54.21	76.49
132.25c	11.3330	225.0	0.00444	1119.22	1119.22	3.5542	3.5542		

注：a表示三相点；b表示1个标准大气压下的沸点；c表示临界点。

氯化钠水溶液物性表　　　　附表 A-6

质量分数 w（%）	凝固点 t_n（℃）	15℃时的密度 ρ（kg/m³）	温度 t（℃）	定压比热 c_p [kJ/（kg·K）]	导热系数 λ [W/（m·K）]	动力黏度 μ（10^3Pa·s）	运动黏度 ν（10^6m²/s）	热扩散率 α（10^6m²/s）	普朗特数 $Pr=\alpha/\nu$
			20	3.834	0.593	1.08	1.03	1.48	6.9
7	−4.4	1050	10	3.835	0.576	1.41	1.34	1.43	9.4
			0	3.827	0.559	1.87	1.78	1.39	12.7
			−4	3.818	0.556	2.16	2.06	1.39	14.8
			20	3.697	0.593	1.15	1.06	1.48	7.2
			10	3.684	0.570	1.52	1.41	1.43	9.9
11	−7.5	1080	0	3.676	0.556	2.02	1.87	1.40	13.4
			−5	3.672	0.549	2.44	2.26	1.38	16.4
			−7.5	3.672	0.545	2.65	2.45	1.38	17.8
			20	3.609	0.593	1.23	1.12	1.50	7.4
			10	3.601	0.568	1.62	1.47	1.43	10.3
13.6	−9.8	1100	0	3.588	0.554	2.15	1.95	1.41	13.9
			−5	3.584	0.547	2.61	2.37	1.39	17.1
			−9.8	3.580	0.540	3.43	3.13	1.37	22.9
			20	3.534	0.573	1.31	1.20	1.45	8.3
			10	3.525	0.569	1.73	1.57	1.44	10.9
16.2	−12.2	1120	−5	3.508	0.544	2.83	2.58	1.39	18.6
			−10	3.504	0.535	3.49	3.18	1.37	23.2
			−12.2	3.500	0.533	4.22	3.84	1.36	28.3
			20	3.462	0.582	1.43	1.26	1.48	8.5
			10	3.454	0.566	1.85	1.63	1.44	11.4
18.8	−15.1	1140	0	3.442	0.550	2.56	2.25	1.40	16.1
			−5	3.433	0.542	3.12	2.74	1.39	19.8
			−10	3.429	0.533	3.87	3.40	1.37	24.8
			−15	3.425	0.524	4.78	4.19	1.35	31.0
			20	3.395	0.579	1.55	1.33	1.46	9.1
			10	3.383	0.563	2.01	1.73	1.44	12.1
			0	3.374	0.547	2.82	2.44	1.40	17.5
21.2	−18.2	1160	−5	3.366	0.538	3.44	2.96	1.38	21.5
			−10	3.362	0.530	4.30	3.70	1.36	27.1
			−15	3.358	0.522	5.28	4.55	1.35	33.9
			−21	3.358	0.518	6.08	5.24	1.33	39.4
			20	3.345	0.565	1.67	1.42	1.47	9.6
			10	3.333	0.549	2.16	1.84	1.40	13.1
			0	3.324	0.544	3.04	2.59	1.39	18.6
23.1	−21.2	1175	−5	3.320	0.536	3.75	3.20	1.38	23.3
			−10	3.312	0.528	4.71	4.02	1.36	29.5
			−15	3.308	0.520	5.75	4.90	1.34	36.5
			−21	3.303	0.514	7.75	6.60	1.32	50.0

氯化钙水溶液物性表 **附表 A-7**

质量分数 w（%）	凝固点 t_n（℃）	15℃时的密度 ρ（kg/m^3）	温度 t（℃）	定压比热 c_p [kJ/（kg·K）]	导热系数 λ [W/（m·K）]	动力黏度 μ (10^3Pa·s)	运动黏度 ν (10^6m^2/s)	热扩散率 α (10^6m^2/s)	普朗特数 $Pr=\alpha/\nu$
9.4	−5.2	1080	20	3.642	0.584	1.24	1.15	1.49	7.8
			10	3.634	0.570	1.55	1.44	1.45	9.9
			0	3.626	0.556	2.16	2.00	1.42	14.1
			5	3.601	0.549	2.55	2.36	1.41	16.7
14.7	−10.2	1130	20	3.362	0.576	1.49	1.32	1.52	8.7
			10	3.349	0.563	1.86	1.64	1.49	11.0
			0	3.328	0.549	2.56	2.27	1.46	15.6
			−5	3.316	0.542	3.04	2.70	1.44	18.7
			−10	3.308	0.534	4.06	3.60	1.43	25.3
18.9	−15.7	1170	20	3.148	0.572	1.80	1.54	1.56	9.9
			10	3.140	0.558	2.24	1.91	1.52	12.6
			0	3.128	0.544	2.99	2.56	1.49	17.2
			−5	3.098	0.537	3.43	2.94	1.48	19.8
			−10	3.086	0.529	4.67	4.00	1.47	27.3
			−15	3.065	0.523	6.15	5.27	1.47	35.9
20.9	−19.2	1190	20	3.077	0.569	2.00	1.68	1.55	10.9
			10	3.056	0.555	2.45	2.06	1.53	13.4
			0	3.044	0.542	3.28	2.76	1.49	18.5
			−5	3.014	0.535	3.82	3.22	1.49	21.5
			−10	3.014	0.527	5.07	4.25	1.47	28.9
			−15	3.014	0.521	6.59	5.53	1.45	38.2
23.8	−25.7	1220	20	2.973	0.565	2.35	1.94	1.56	12.5
			10	2.952	0.551	2.87	2.35	1.53	15.4
			0	2.931	0.538	3.81	3.13	1.51	20.8
			−5	2.910	0.530	4.41	3.63	1.49	24.4
			−10	2.910	0.523	5.92	4.87	1.48	33.0
			−15	2.910	0.518	7.55	6.20	1.46	42.5
			−20	2.889	0.510	9.47	7.77	1.44	53.8
			−25	2.889	0.504	11.57	9.48	1.43	66.5
25.7	−31.2	1240	20	2.889	0.562	2.63	2.12	1.57	13.5
			10	2.889	0.548	3.22	2.51	1.53	16.5
			0	2.868	0.535	4.26	3.43	1.51	22.7
			−10	2.847	0.521	6.68	5.40	1.48	36.6
			−15	2.847	0.514	8.36	6.75	1.46	46.3
			−20	2.805	0.508	10.56	8.52	1.46	58.5
			−25	2.805	0.501	12.90	10.40	1.44	72.0
			−30	2.763	0.494	14.81	12.00	1.44	83.0

续表

质量分数 w (%)	凝固点 t_n (℃)	15℃时的密度 ρ (kg/m^3)	温度 t (℃)	定压比热 c_p [kJ/(kg·K)]	导热系数 λ [W (m·K)]	动力黏度 μ ($10^3 Pa·s$)	运动黏度 ν ($10^6 m^2/s$)	热扩散率 α ($10^6 m^2/s$)	普朗特数 $Pr = \alpha/\nu$
27.5	-38.6	1260	20	2.847	0.558	2.93	2.33	1.56	14.9
			10	2.826	0.545	3.61	2.87	1.53	18.8
			0	2.809	0.531	4.80	3.81	1.50	25.3
			-10	2.784	0.519	7.52	5.97	1.48	40.3
			-20	2.763	0.506	11.87	9.45	1.46	65.0
			-25	2.742	0.499	14.71	11.70	1.44	80.7
			-30	2.742	0.492	17.16	13.60	1.42	95.5
			-35	2.721	0.486	21.57	17.10	1.42	120.0
28.5	-43.5	1270	20	2.805	0.557	3.14	2.47	1.56	15.8
			0	2.780	0.529	5.12	4.02	1.50	26.7
			-10	2.763	0.518	8.02	6.32	1.48	42.7
			-20	2.721	0.505	12.65	10.0	1.46	68.8
			-25	2.721	0.500	15.98	12.6	1.44	87.5
			-30	2.700	0.491	18.83	14.9	1.43	103.5
			-35	2.700	0.484	24.52	19.3	1.42	136.5
			-40	2.680	0.478	30.40	24.0	1.41	171.0
29.4	-50.1	1280	20	2.805	0.555	3.33	2.65	1.55	17.2
			0	2.755	0.528	5.49	4.30	1.5	28.7
			-10	2.721	0.516	8.63	6.75	1.49	45.5
			-20	2.680	0.504	13.83	10.8	1.47	73.4
			-30	2.659	0.490	21.28	16.6	1.44	115.0
			-35	2.638	0.483	25.50	19.9	1.43	139.0
			-40	2.638	0.477	32.36	25.3	1.42	179.0
			-45	2.617	0.470	40.21	31.4	1.40	223.0
			-50	2.617	0.464	49.03	38.3	1.3	235.0
29.9	-55	1286	20	2.784	0.554	3.51	2.75	1.55	17.8
			0	2.738	0.528	5.69	4.43	1.50	29.5
			-10	2.700	0.515	9.04	7.04	1.48	47.5
			-20	2.680	0.502	14.42	11.23	1.46	77.0
			-30	2.659	0.488	22.56	17.6	1.43	123.0
			-35	2.638	0.483	28.44	22.1	1.42	156.0
			-40	2.638	0.476	35.30	27.5	1.40	196.0
			-45	2.617	0.470	43.15	33.5	1.39	240.0
			-50	2.617	0.463	50.99	39.7	1.38	290.0

乙烯乙二醇水溶液物性表 **附表 A-8**

质量分数 w（%）	凝固点 t_n（℃）	15℃时的密度 ρ (kg/m³)	温度 t（℃）	定压比热 c_p [kJ/（kg·K）]	导热系数 λ [W/（m·K）]	动力黏度 μ （10^3Pa·s）	运动黏度 ν （10^6m²/s）	热扩散率 α （10^6m²/s）	普朗特数 $Pr=\alpha/\nu$
4.6	−2	1005	50	4.14	0.62	0.58	0.58	1.54	3.96
			20	4.14	0.58	1.08	1.07	1.39	7.7
			10	4.12	0.57	1.37	1.39	1.37	9.9
			0	4.1	0.56	1.96	1.95	1.35	14.4
12.2	−5	1015	50	4.1	0.58	0.69	0.677	1.41	4.8
			20	4.0	0.55	1.37	1.35	1.33	10.1
			0	4.0	0.53	2.54	2.51	1.33	18.9
19.8	−10	1025	50	3.95	0.55	0.78	0.76	1.33	5.7
			10	3.87	0.51	2.25	2.20	1.29	17
			−5	3.85	0.49	3.82	3.73	1.25	30
27.4	−15	1035	50	3.85	0.51	0.88	0.855	1.28	6.7
			20	3.77	0.49	1.96	1.90	1.25	15.2
			0	3.73	0.48	3.93	3.80	1.24	31
			−10	3.68	0.48	5.68	5.50	1.25	44
			−15	3.66	0.47	7.06	6.83	1.24	35
35	−21	1045	50	3.73	0.48	1.08	1.03	1.22	8.4
			20	3.64	0.47	2.45	2.35	1.22	19.2
			0	3.59	0.46	4.90	4.70	1.22	37.7
			−10	3.56	0.45	7.64	7.35	1.22	60
			−20	3.52	0.45	11.8	11.3	1.24	92
38.8	−26	1050	50	3.68	0.47	1.18	1.12	1.21	9.3
			20	3.56	0.45	2.74	2.63	1.21	21.6
			−10	3.48	0.45	8.62	8.25	1.24	67
			−25	3.41	0.45	18.6	17.8	1.26	144
42.6	−29	1055	50	3.60	0.44	1.37	1.3	1.16	11.2
			20	3.48	0.44	2.94	2.78	1.21	23
			−10	3.39	0.44	9.60	9.1	1.24	73
			−25	3.33	0.44	21.6	20.5	1.26	162
46.4	−33	1060	50	3.52	0.43	1.57	1.48	1.15	12.8
			20	3.39	0.43	3.43	3.24	1.19	27
			−10	3.31	0.43	10.8	10.2	1.22	84
			−20	3.27	0.43	18.1	17.2	1.24	140
			−30	3.22	0.43	32.3	30.5	1.26	242

附录B 制冷剂压焓图

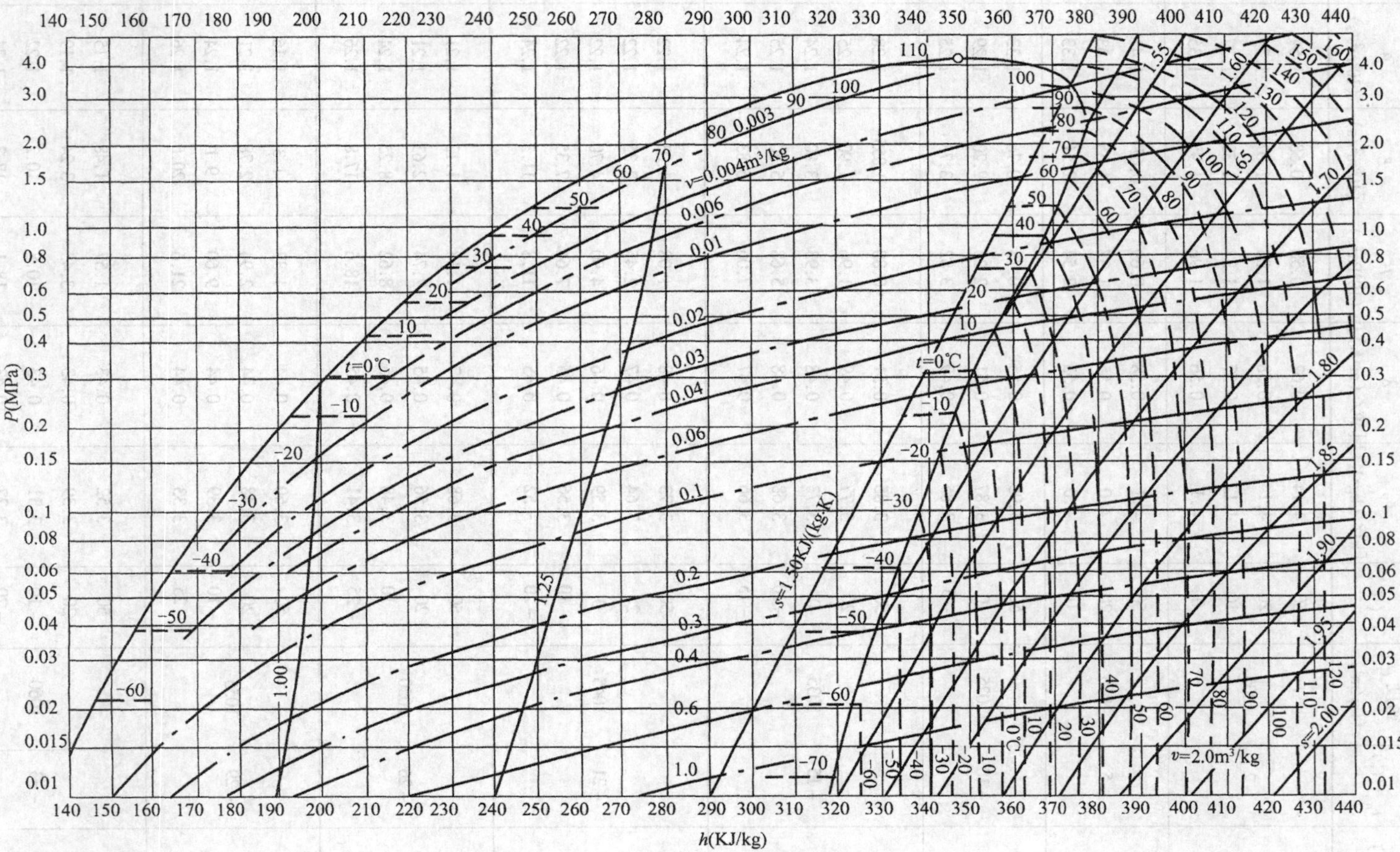

附图 B-1 制冷剂 R12 压焓图

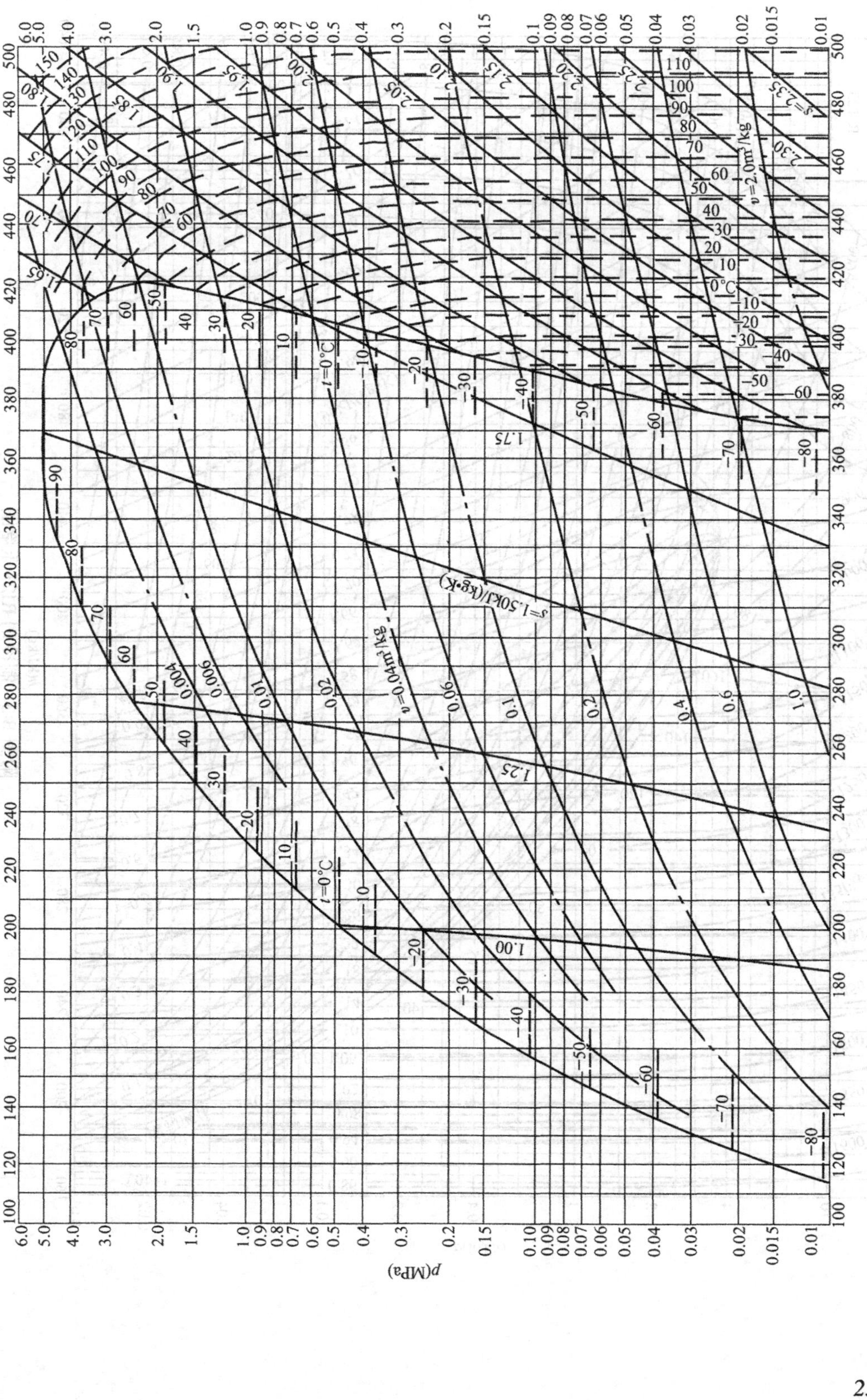

附图 B-2 制冷剂 R22 压焓图

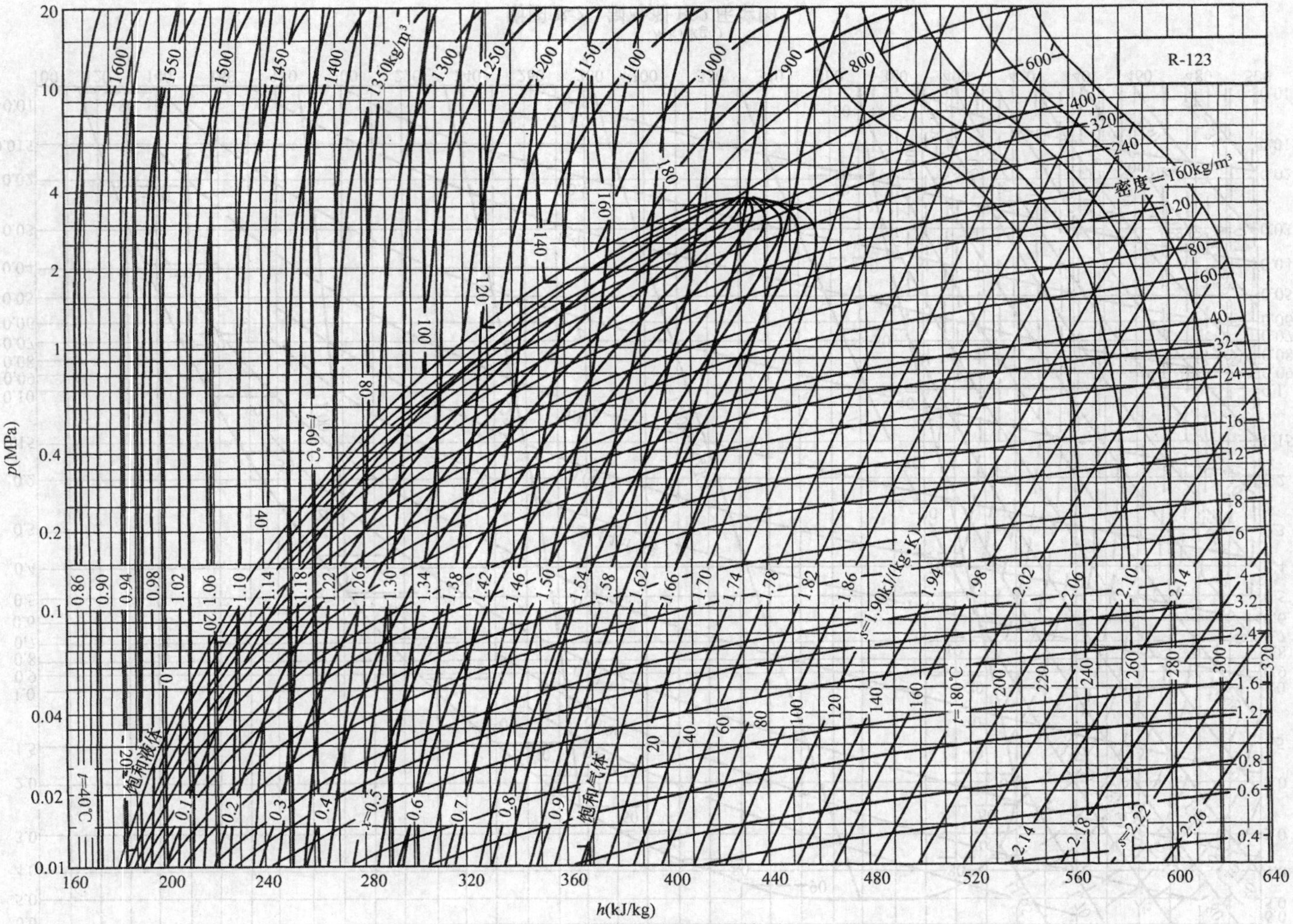

附图 B-3 制冷剂 R123 压焓图

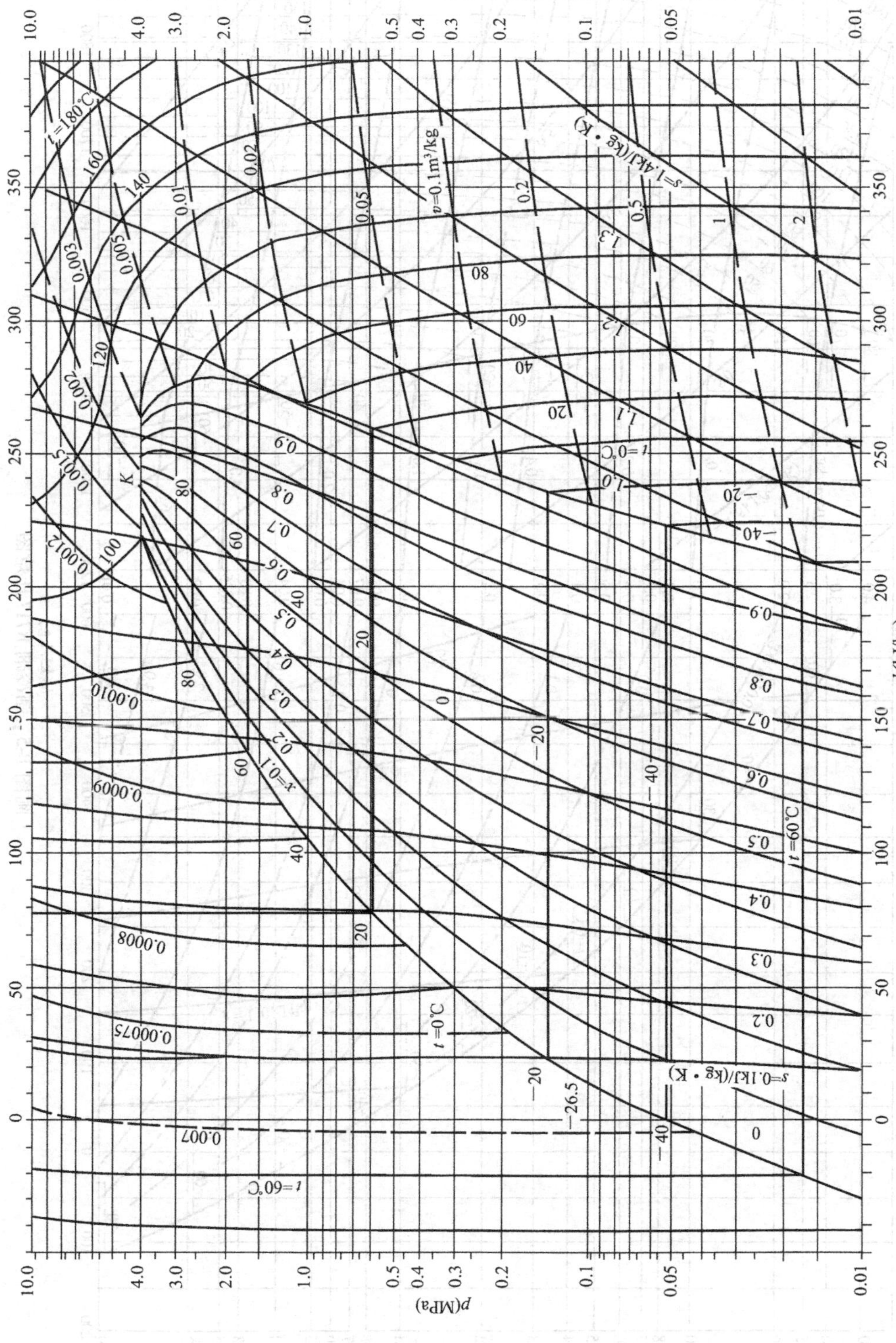

附图 B-4　制冷剂R 134a 压焓图

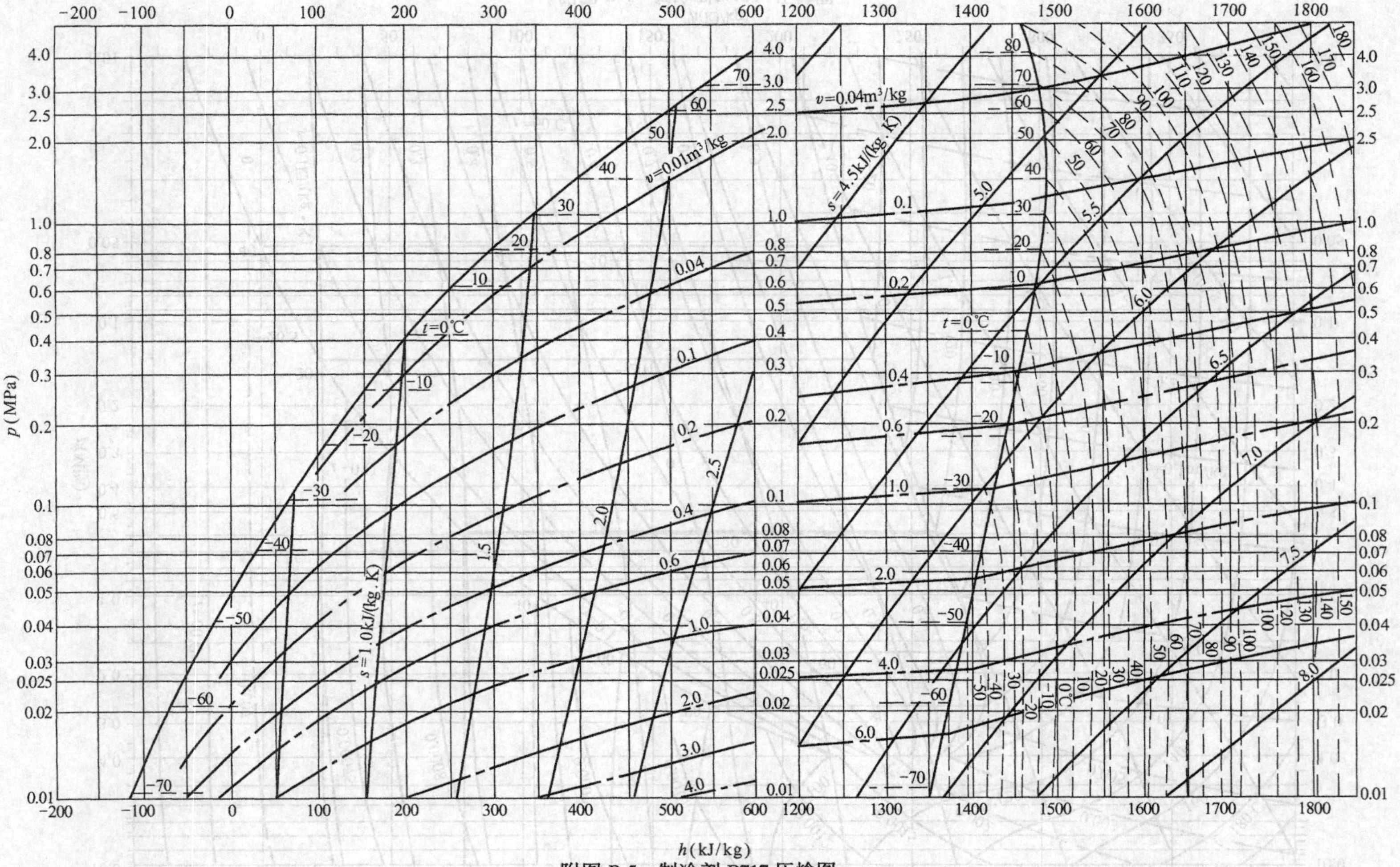

附图 B-5 制冷剂 R717 压焓图

主要参考文献

1. 贺俊杰主编．制冷技术．北京：机械工业出版社，2003

2. 彦启森主编．空气调节用制冷技术（第三版）．北京：中国建筑工业出版社，2004

3. 吴业正，韩宝琦等编．制冷原理及设备．西安：西安交通大学出版社，1987

4. 李树林主编．制冷技术．北京：机械工业出版社，2003

5. 尉迟斌主编．实用制冷与空调工程手册．北京：机械工业出版社，2002

6. 岳孝方，陈汝东编著．制冷技术与应用．上海：同济大学出版社，1992

7. 陆亚俊，马最良，庞志庆编著．制冷技术与应用．北京：中国建筑工业出版社，1992

8. 姚行键等编．空气调节用制冷技术．北京：中国建筑工业出版社，1996

9. 金国砥编著．制冷与制冷设备技术．北京：电子工业出版社，1999

10. 丁国良，张春路，赵力编著．制冷空调新工质．上海：上海交通大学出版社，2003

11. 俞炳丰主编．制冷与空调应用新技术．北京：化学工业出版社，2002

12. 易新，梁仁建编著．现代空调用制冷技术．北京：机械工业出版社，2003

13. 郭庆堂主编．实用制冷工程设计手册．北京：中国建筑工业出版社，1994

14. 《冷藏库设计》编写组．冷藏库设计，北京：中国建筑工业出版社，1980

15. 陈维刚主编．制冷工程与设备．上海：上海交通大学出版社，2002

16. 陆亚俊，马最良，姚杨等编，空调工程中的制冷技术．哈尔滨：哈尔滨工业大学出版社，2001

17. 杨磊主编．制冷技术．北京：科学出版社，1980

18. 张祉佑主编．制冷设备的安装与管理．北京：机械工业出版社，1997

19. 周邦宁主编．空调用螺杆式压缩机．北京：中国建筑工业出版社，2002

20. 张木桦，曲云霞主编．中央空调维护保养实用技术．北京：中国建筑工业出版社，2003

21. 中国机械工程学会设备与维修工程分会，《机械设备维修问答丛书》编委会主编．空调制冷设备维修问答．北京：机械工业出版社，2004

22. 蔡高金主编．建筑安装工程施工技术资料实例应用手册．北京：中国建筑工业出版社，2003

23. 中华人民共和国建设部．建筑工程施工质量验收统一标准．北京：中国计划出版社，2001

24. 中华人民共和国建设部．通风与空调工程施工质量验收标准．北京：中国计划出版社，2002

25. 中国有色工程设计研究总院主编．采暖通风与空气调节设计规范（GB 50019—2003）．北京：中国计划出版社，2004

26. 国家国内贸易局主编．冷库设计规范（GB 50072—2001）．北京：中国计划出版社，2001

27. 原中华人民共和国机械工业部．制冷设备、空气分离设备安装工程施工及验收规范．北京：中国计划出版社，1998

28. 原中华人民共和国机械工业部．压缩机、风机、泵安装工程施工及验收规范．北京：中国计划出版社，1998